U0293261

电子信息科学与技术丛书

零基础学电子系统设计

从元器件、工具仪表、电路仿真到综合系统设计

李正军 编著

清华大学出版社

北京

内 容 简 介

本书详细讲述了模拟电路、数字电路、通信技术、传感器、电源、微控制器、FPGA 的基础知识和设计实例,把初学电子电路设计所需要掌握的内容展现得淋漓尽致。书中不仅讲述了多种电子线路、微控制器和FPGA 仿真与开发工具,并给出了详细的软硬件应用实例,还讲述了国产 Wi-Fi MCU 芯片及其应用和STC 单片机。全书共分为15章,主要内容包括:绪论、电子设计与制作、基本电子元器件、电子系统中的通信技术、电路设计与仿真——Altium Designer、电子电路仿真——Multisim、集成运算放大器的应用与Multisim 仿真、集成运算放大器电路设计实例、传感器与驱动器电路设计、电源电路设计、数字电路、电路设计与数字仿真——Proteus 及其应用、电子系统综合设计——51 单片机及其应用、电子系统综合设计——Arm 微处理器及其应用、电子系统综合设计——FPGA 可编程逻辑器件及其应用。全书内容丰富,体系先进,结构合理,理论与实践相结合,尤其注重工程技术的应用。

本书可作为高等院校自动化、机器人、自动检测、机电一体化、人工智能、电子与电气工程、计算机应用、信息工程、物联网等相关专业的本科、专科学生及研究生的电子竞赛、科技创新的参考书,也可作为电子系统和嵌入式系统开发工程技术人员的参考用书。

图书在版编目(CIP)数据

零基础学电子系统设计:从元器件、工具仪表、电路仿真到综合系统设计/李正军编著.—北京:清华大学出版社,2024.2(2025.1重印)
(电子信息科学与技术丛书)
ISBN 978-7-302-65671-5

Ⅰ.①零… Ⅱ.①李… Ⅲ.①电子系统－系统设计 Ⅳ.①TN02

中国国家版本馆 CIP 数据核字(2024)第 048690 号

策划编辑:盛东亮
责任编辑:钟志芳
封面设计:李召霞
责任校对:时翠兰
责任印制:宋 林

出版发行:清华大学出版社
　　　网　　　址:https://www.tup.com.cn,https://www.wqxuetang.com
　　　地　　　址:北京清华大学学研大厦 A 座　　　邮　　编:100084
　　　社 总 机:010-83470000　　　邮　　购:010-62786544
　　　投稿与读者服务:010-62776969,c-service@tup.tsinghua.edu.cn
　　　质量反馈:010-62772015,zhiliang@tup.tsinghua.edu.cn
　　　课件下载:https://www.tup.com.cn,010-83470236
印 装 者:三河市龙大印装有限公司
经　　销:全国新华书店
开　　本:185mm×260mm　　　印　张:25.5　　　字　　数:622 千字
版　　次:2024 年 4 月第 1 版　　　印　　次:2025 年 1 月第 2 次印刷
印　　数:1501～2100
定　　价:89.00 元

产品编号:102117-01

前 言
PREFACE

现在电子系统设计越来越复杂,难度越来越大,要求设计者掌握多门知识。本书集模拟电路、数字电路、通信技术、传感器、电源、微控制器、FPGA 的基础知识和设计技能于一体,把初学电子线路设计所需要掌握的内容展现得淋漓尽致,本书是多门课程的集成,通过本书的学习,可以全面掌握电子系统设计的知识和技术。

全书语言生动活泼、平实易懂,没有过多复杂的计算,也没有生涩的大理论,更没有读不懂的过程,只要知道欧姆定律就可以在本书的引导下掌握电子电路的设计知识。书中插图丰富,力求用图为读者形象地展示知识及过程,加深印象。

本书特别注重知识的铺垫和循序渐进。电子电路的内容多、难度大,没有基础的读者一时可能不知道从哪里开始学习、如何开始学习。本书在全面介绍各种电子元器件、电路结构、工艺技巧的同时,按照科学的学习方法设置章节,使电子电路设计的基础知识变成了一粒粒珍珠,交给读者朋友们串起来,既授人以鱼,也授人以渔。

书中讲述了多种电子电路、微控制器和 FPGA 仿真与开发工具,并给出了详细的软、硬件应用实例。仿真与开发工具介绍如下:

(1) Altium Designer 23 电路设计与仿真软件

Altium Designer 23 是 Altium Designer 第 29 次升级后的软件,整合了过去发布的一系列更新,包括新的 PCB 特性以及核心 PCB 和原理图工具的更新。作为新一代的板卡级设计软件,其独一无二的 DXP 技术集成平台为设计系统提供了所有工具和编辑器的兼容环境。

(2) Multisim 14.0 电子电路仿真软件

Multisim 14.0 是 NI 公司推出的以 PC 为载体的电子技术综合应用的最新仿真工具,秉承“把实验室装进 PC 中,软件就是仪器”的理念,集电子电路原理分析、设计、虚拟仿真于一体的电子设计自动化环境,在系统建模和电子仿真、科学工程设计及应用系统开发等方面有着广泛的应用。Multisim 14.0 已成为高等院校教师和学生进行电子技术教与学的最青睐的仿真软件之一。

(3) Proteus 电子电路和微控制器仿真软件

Proteus 是英国 Labcenter 公司研发的目前世界上最完善、最优秀的 EDA 软件之一。它具有三十几年的发展历程,引入国内后,得到了高校和社会的一致好评。

(4) STM32Cube 生态系统

STM32Cube 生态系统的两个核心软件是 STM32CubeMX 和 STM32CubeIDE,且都是由 ST 公司官方免费提供的。使用 STM32CubeMX 可以进行 MCU 的系统功能和外设图形化配置;可以生成 MDK-ARM 或 STM32CubeIDE 项目框架代码,包括系统初始化代码和已配置外设的初始化代码。

（5）FPGA 开发软件 Quartus Ⅱ

一个完整的 FPGA 开发环境主要包括运行于 PC 上的 FPGA 开发工具、编程器或编程电缆、FPGA 开发板。Altera 公司的开发工具包括早先版本的 MAX＋plus Ⅱ、Quartus Ⅱ以及目前推广的 Quartus Prime。Quartus Prime 支持绝大部分 Altera 公司的产品，集成了全面的开发工具、丰富的宏功能库和 IP 核，因此，该公司的 PLD 产品获得了广泛的应用。

本书共 15 章，讲述了模拟电路、数字电路、通信技术、传感器、电源、微控制器、FPGA 的基础知识和设计实例，内容精练、图文并茂、循序渐进、重点突出，把初学电子电路设计所需要掌握的内容表现得淋漓尽致。书中讲述了多种电子线路、微控制器和 FPGA 仿真与开发工具，并给出了详细的软硬件应用实例，满足了读者对当前电子系统综合设计的学习需求。

本书结合编者多年的科研和教学经验，遵循循序渐进，理论与实践并重，共性与个性兼顾的原则，将理论实践一体化的教学方式融入其中。本书配有仿真代码、程序代码和电子配套资源。

对本书中所引用的参考文献的作者，在此向他们表示真诚的感谢。由于编者水平有限，加上时间仓促，书中不妥之处在所难免，敬请广大读者不吝指正。

编　者

2024 年 1 月

目 录
CONTENTS

第 1 章 绪论 ······ 1

1.1 电子系统 ······ 1

1.2 电子系统设计的基本内容与方法 ······ 4

1.3 电子系统的设计步骤 ······ 6

1.4 嵌入式系统 ······ 7

1.4.1 嵌入式系统概述 ······ 8

1.4.2 嵌入式系统和通用计算机系统比较 ······ 9

1.4.3 嵌入式系统的特点 ······ 9

1.5 嵌入式系统的组成 ······ 11

1.6 嵌入式系统的软件 ······ 12

1.6.1 无操作系统的嵌入式软件 ······ 12

1.6.2 带操作系统的嵌入式软件 ······ 12

1.6.3 嵌入式操作系统的分类 ······ 12

1.6.4 嵌入式实时操作系统的功能 ······ 13

1.6.5 典型嵌入式操作系统 ······ 14

1.7 嵌入式系统的应用领域 ······ 18

1.8 嵌入式微处理器分类 ······ 18

1.8.1 嵌入式微处理器 ······ 19

1.8.2 嵌入式微控制器 ······ 19

1.8.3 嵌入式 DSP ······ 19

1.8.4 嵌入式 SoC ······ 19

第 2 章 电子设计与制作 ······ 20

2.1 电子制作概述 ······ 20

2.1.1 电子制作基本概念 ······ 20

2.1.2 电子制作基本流程 ······ 20

2.2 电子制作常用工具 ······ 24

2.2.1 板件加工工具 ······ 24

2.2.2 焊接工具 ······ 25

2.2.3 验电笔 ······ 28

2.2.4 万用表 ······ 29

2.2.5 示波器 ······ 30

2.2.6 信号源 ······ 31

2.2.7 逻辑分析仪 ······ 31

2.2.8　晶体管特性图示仪 ⋯⋯⋯⋯⋯⋯⋯⋯⋯⋯⋯⋯⋯⋯⋯⋯⋯⋯ 35

2.2.9　其他工具与材料 ⋯⋯⋯⋯⋯⋯⋯⋯⋯⋯⋯⋯⋯⋯⋯⋯⋯⋯⋯ 36

2.3　电子制作装配技术 ⋯⋯⋯⋯⋯⋯⋯⋯⋯⋯⋯⋯⋯⋯⋯⋯⋯⋯⋯⋯⋯⋯⋯ 37

2.3.1　电子元器件的安装 ⋯⋯⋯⋯⋯⋯⋯⋯⋯⋯⋯⋯⋯⋯⋯⋯⋯⋯ 37

2.3.2　电子制作的装配技术 ⋯⋯⋯⋯⋯⋯⋯⋯⋯⋯⋯⋯⋯⋯⋯⋯⋯ 40

2.4　电子制作调试与故障排查 ⋯⋯⋯⋯⋯⋯⋯⋯⋯⋯⋯⋯⋯⋯⋯⋯⋯⋯⋯⋯ 42

2.4.1　电子制作测量 ⋯⋯⋯⋯⋯⋯⋯⋯⋯⋯⋯⋯⋯⋯⋯⋯⋯⋯⋯⋯ 42

2.4.2　电子制作调试 ⋯⋯⋯⋯⋯⋯⋯⋯⋯⋯⋯⋯⋯⋯⋯⋯⋯⋯⋯⋯ 43

2.4.3　调试过程中的常见故障 ⋯⋯⋯⋯⋯⋯⋯⋯⋯⋯⋯⋯⋯⋯⋯⋯ 47

2.4.4　调试过程中的故障排查法 ⋯⋯⋯⋯⋯⋯⋯⋯⋯⋯⋯⋯⋯⋯⋯ 47

第 3 章　基本电子元器件 ⋯⋯⋯⋯⋯⋯⋯⋯⋯⋯⋯⋯⋯⋯⋯⋯⋯⋯⋯⋯⋯⋯⋯⋯ 49

3.1　电阻器的简单识别与型号命名法 ⋯⋯⋯⋯⋯⋯⋯⋯⋯⋯⋯⋯⋯⋯⋯⋯ 49

3.1.1　电阻器的分类 ⋯⋯⋯⋯⋯⋯⋯⋯⋯⋯⋯⋯⋯⋯⋯⋯⋯⋯⋯⋯ 49

3.1.2　电阻器的型号命名 ⋯⋯⋯⋯⋯⋯⋯⋯⋯⋯⋯⋯⋯⋯⋯⋯⋯⋯ 52

3.1.3　电阻器的主要性能指标 ⋯⋯⋯⋯⋯⋯⋯⋯⋯⋯⋯⋯⋯⋯⋯⋯ 52

3.1.4　电阻器的简单测试 ⋯⋯⋯⋯⋯⋯⋯⋯⋯⋯⋯⋯⋯⋯⋯⋯⋯⋯ 54

3.1.5　选用电阻器常识 ⋯⋯⋯⋯⋯⋯⋯⋯⋯⋯⋯⋯⋯⋯⋯⋯⋯⋯⋯ 54

3.1.6　电阻器和电位器选用原则 ⋯⋯⋯⋯⋯⋯⋯⋯⋯⋯⋯⋯⋯⋯⋯ 55

3.2　电容器的简单识别与型号命名法 ⋯⋯⋯⋯⋯⋯⋯⋯⋯⋯⋯⋯⋯⋯⋯⋯ 55

3.2.1　电容器的分类 ⋯⋯⋯⋯⋯⋯⋯⋯⋯⋯⋯⋯⋯⋯⋯⋯⋯⋯⋯⋯ 55

3.2.2　电容器型号命名法 ⋯⋯⋯⋯⋯⋯⋯⋯⋯⋯⋯⋯⋯⋯⋯⋯⋯⋯ 58

3.2.3　电容器的主要性能指标 ⋯⋯⋯⋯⋯⋯⋯⋯⋯⋯⋯⋯⋯⋯⋯⋯ 58

3.2.4　电容器质量优劣的简单测试 ⋯⋯⋯⋯⋯⋯⋯⋯⋯⋯⋯⋯⋯⋯ 59

3.2.5　选用电容器常识 ⋯⋯⋯⋯⋯⋯⋯⋯⋯⋯⋯⋯⋯⋯⋯⋯⋯⋯⋯ 60

3.3　电感器的简单识别与型号命名法 ⋯⋯⋯⋯⋯⋯⋯⋯⋯⋯⋯⋯⋯⋯⋯⋯ 60

3.3.1　电感器的分类 ⋯⋯⋯⋯⋯⋯⋯⋯⋯⋯⋯⋯⋯⋯⋯⋯⋯⋯⋯⋯ 60

3.3.2　电感器的主要性能指标 ⋯⋯⋯⋯⋯⋯⋯⋯⋯⋯⋯⋯⋯⋯⋯⋯ 61

3.3.3　电感器的简单测试 ⋯⋯⋯⋯⋯⋯⋯⋯⋯⋯⋯⋯⋯⋯⋯⋯⋯⋯ 62

3.3.4　选用电感器常识 ⋯⋯⋯⋯⋯⋯⋯⋯⋯⋯⋯⋯⋯⋯⋯⋯⋯⋯⋯ 62

3.4　半导体器件的简单识别与型号命名法 ⋯⋯⋯⋯⋯⋯⋯⋯⋯⋯⋯⋯⋯⋯ 62

3.4.1　半导体器件型号命名法 ⋯⋯⋯⋯⋯⋯⋯⋯⋯⋯⋯⋯⋯⋯⋯⋯ 62

3.4.2　二极管的识别与简单测试 ⋯⋯⋯⋯⋯⋯⋯⋯⋯⋯⋯⋯⋯⋯⋯ 65

3.4.3　三极管的识别与简单测试 ⋯⋯⋯⋯⋯⋯⋯⋯⋯⋯⋯⋯⋯⋯⋯ 68

3.5　半导体集成电路型号命名法 ⋯⋯⋯⋯⋯⋯⋯⋯⋯⋯⋯⋯⋯⋯⋯⋯⋯⋯⋯ 70

3.5.1　集成电路的型号命名法 ⋯⋯⋯⋯⋯⋯⋯⋯⋯⋯⋯⋯⋯⋯⋯⋯ 70

3.5.2　集成电路的分类 ⋯⋯⋯⋯⋯⋯⋯⋯⋯⋯⋯⋯⋯⋯⋯⋯⋯⋯⋯ 71

3.5.3　集成电路的生产商和封装形式 ⋯⋯⋯⋯⋯⋯⋯⋯⋯⋯⋯⋯⋯ 72

第 4 章　电子系统中的通信技术 ⋯⋯⋯⋯⋯⋯⋯⋯⋯⋯⋯⋯⋯⋯⋯⋯⋯⋯⋯⋯⋯ 74

4.1　串行通信基础 ⋯⋯⋯⋯⋯⋯⋯⋯⋯⋯⋯⋯⋯⋯⋯⋯⋯⋯⋯⋯⋯⋯⋯⋯⋯⋯ 74

4.1.1　串行异步通信数据格式 ⋯⋯⋯⋯⋯⋯⋯⋯⋯⋯⋯⋯⋯⋯⋯⋯ 74

4.1.2　连接握手 ⋯⋯⋯⋯⋯⋯⋯⋯⋯⋯⋯⋯⋯⋯⋯⋯⋯⋯⋯⋯⋯⋯ 75

4.1.3　确认 ⋯⋯⋯⋯⋯⋯⋯⋯⋯⋯⋯⋯⋯⋯⋯⋯⋯⋯⋯⋯⋯⋯⋯⋯ 75

4.1.4　中断 ⋯⋯⋯⋯⋯⋯⋯⋯⋯⋯⋯⋯⋯⋯⋯⋯⋯⋯⋯⋯⋯⋯⋯⋯ 75

4.1.5　轮询 ·· 76

4.1.6　差错检验 ··· 76

4.2　RS-232C 串行通信接口 ··· 76

4.2.1　RS-232C 端子 ·· 76

4.2.2　通信接口的连接 ·· 78

4.2.3　RS-232C 电平转换器 ··· 78

4.3　RS-485 串行通信接口 ··· 79

4.3.1　RS-485 接口标准 ··· 79

4.3.2　RS-485 收发器 ··· 80

4.3.3　应用电路 ··· 81

4.3.4　RS-485 网络互联 ··· 81

4.4　蓝牙通信技术 ·· 83

4.4.1　蓝牙通信技术概述 ·· 84

4.4.2　无线多协议 SoC ··· 88

4.4.3　nRF5340 的主要规格参数 ·· 89

4.4.4　nRF5340 的开发工具 ·· 90

4.4.5　低功耗蓝牙芯片 nRF51822 及其应用电路 ····································· 91

4.5　ZigBee 无线传感器网络 ·· 92

4.5.1　ZigBee 无线传感器网络通信标准 ··· 92

4.5.2　ZigBee 开发技术 ·· 94

4.6　W601 Wi-Fi MCU 芯片及其应用实例 ·· 96

4.6.1　W601/W800/W801/W861 概述 ··· 97

4.6.2　ALIENTEK W601 开发板 ·· 101

4.6.3　W601 LED 灯硬件设计 ·· 102

4.6.4　W601 LED 灯软件设计 ·· 104

第 5 章　电路设计与仿真——Altium Designer ·· 107

5.1　Altium Designer 简介 ·· 107

5.1.1　Altium Designer 23 的主要特点 ·· 107

5.1.2　PCB 总体设计流程 ··· 109

5.2　电路原理图简介 ··· 110

5.2.1　Altium Designer 23 的启动 ·· 110

5.2.2　Altium Designer 23 的主窗口 ·· 111

5.2.3　Altium Designer 23 的开发环境 ··· 115

5.2.4　原理图设计的一般流程 ·· 116

第 6 章　电子电路仿真——Multisim ··· 118

6.1　Multisim 软件简介 ·· 118

6.2　Multisim 软件版本简介 ··· 119

6.3　Multisim 基本功能和主要特点 ··· 120

6.3.1　Multisim 基本功能 ··· 120

6.3.2　Multisim 主要特点 ··· 121

6.4　Multisim 的安装 ·· 122

6.5　Multisim 的基本界面 ··· 123

6.5.1　菜单栏 ··· 125

6.5.2　标准工具栏 ┄┄┄┄┄┄┄┄┄┄┄┄┄┄┄┄┄┄┄┄┄┄┄┄┄┄┄┄┄┄┄┄ 133

6.5.3　视图工具栏 ┄┄┄┄┄┄┄┄┄┄┄┄┄┄┄┄┄┄┄┄┄┄┄┄┄┄┄┄┄┄┄┄ 134

6.5.4　主工具栏 ┄┄┄┄┄┄┄┄┄┄┄┄┄┄┄┄┄┄┄┄┄┄┄┄┄┄┄┄┄┄┄┄┄┄ 134

6.5.5　仿真工具栏 ┄┄┄┄┄┄┄┄┄┄┄┄┄┄┄┄┄┄┄┄┄┄┄┄┄┄┄┄┄┄┄┄ 134

6.5.6　元件工具栏 ┄┄┄┄┄┄┄┄┄┄┄┄┄┄┄┄┄┄┄┄┄┄┄┄┄┄┄┄┄┄┄┄ 134

6.5.7　仪器工具栏 ┄┄┄┄┄┄┄┄┄┄┄┄┄┄┄┄┄┄┄┄┄┄┄┄┄┄┄┄┄┄┄┄ 135

6.5.8　设计工具箱 ┄┄┄┄┄┄┄┄┄┄┄┄┄┄┄┄┄┄┄┄┄┄┄┄┄┄┄┄┄┄┄┄ 135

6.5.9　电路工作区 ┄┄┄┄┄┄┄┄┄┄┄┄┄┄┄┄┄┄┄┄┄┄┄┄┄┄┄┄┄┄┄┄ 136

6.5.10　电子表格视窗 ┄┄┄┄┄┄┄┄┄┄┄┄┄┄┄┄┄┄┄┄┄┄┄┄┄┄┄┄┄┄ 136

6.5.11　状态栏 ┄┄┄┄┄┄┄┄┄┄┄┄┄┄┄┄┄┄┄┄┄┄┄┄┄┄┄┄┄┄┄┄┄┄ 136

6.5.12　其他 ┄┄┄┄┄┄┄┄┄┄┄┄┄┄┄┄┄┄┄┄┄┄┄┄┄┄┄┄┄┄┄┄┄┄┄ 136

第7章　集成运算放大器的应用与 Multisim 仿真 ┄┄┄┄┄┄┄┄┄┄┄┄┄┄ 137

7.1　运算放大器的模型 ┄┄┄┄┄┄┄┄┄┄┄┄┄┄┄┄┄┄┄┄┄┄┄┄┄┄┄┄┄┄ 137

7.1.1　理想运算放大器模型 ┄┄┄┄┄┄┄┄┄┄┄┄┄┄┄┄┄┄┄┄┄┄┄┄ 138

7.1.2　实际运算放大器模型 ┄┄┄┄┄┄┄┄┄┄┄┄┄┄┄┄┄┄┄┄┄┄┄┄ 138

7.2　集成运算放大器 ┄┄┄┄┄┄┄┄┄┄┄┄┄┄┄┄┄┄┄┄┄┄┄┄┄┄┄┄┄┄┄┄ 140

7.2.1　集成运算放大器的主要技术参数 ┄┄┄┄┄┄┄┄┄┄┄┄┄┄┄┄ 141

7.2.2　使用集成运算放大器需要注意的几个问题 ┄┄┄┄┄┄┄┄┄┄ 141

7.3　集成运算放大器的线性应用电路设计基础 ┄┄┄┄┄┄┄┄┄┄┄┄┄┄ 142

7.3.1　反相放大电路 ┄┄┄┄┄┄┄┄┄┄┄┄┄┄┄┄┄┄┄┄┄┄┄┄┄┄┄┄ 142

7.3.2　同相放大电路 ┄┄┄┄┄┄┄┄┄┄┄┄┄┄┄┄┄┄┄┄┄┄┄┄┄┄┄┄ 143

7.3.3　电压跟随器 ┄┄┄┄┄┄┄┄┄┄┄┄┄┄┄┄┄┄┄┄┄┄┄┄┄┄┄┄┄┄ 144

7.3.4　求差电路 ┄┄┄┄┄┄┄┄┄┄┄┄┄┄┄┄┄┄┄┄┄┄┄┄┄┄┄┄┄┄┄┄ 144

7.3.5　积分运算电路 ┄┄┄┄┄┄┄┄┄┄┄┄┄┄┄┄┄┄┄┄┄┄┄┄┄┄┄┄ 145

7.3.6　微分运算电路 ┄┄┄┄┄┄┄┄┄┄┄┄┄┄┄┄┄┄┄┄┄┄┄┄┄┄┄┄ 146

7.4　实验电路的设计与测试 ┄┄┄┄┄┄┄┄┄┄┄┄┄┄┄┄┄┄┄┄┄┄┄┄┄┄ 146

7.4.1　反相放大电路的设计与实现 ┄┄┄┄┄┄┄┄┄┄┄┄┄┄┄┄┄┄┄ 146

7.4.2　反相加法电路的设计与实现 ┄┄┄┄┄┄┄┄┄┄┄┄┄┄┄┄┄┄┄ 148

7.4.3　同相放大电路的设计与实现 ┄┄┄┄┄┄┄┄┄┄┄┄┄┄┄┄┄┄┄ 149

7.4.4　求差电路的设计与实现 ┄┄┄┄┄┄┄┄┄┄┄┄┄┄┄┄┄┄┄┄┄┄ 150

7.4.5　积分运算电路的设计与实现 ┄┄┄┄┄┄┄┄┄┄┄┄┄┄┄┄┄┄┄ 151

7.4.6　微分运算电路的设计与实现 ┄┄┄┄┄┄┄┄┄┄┄┄┄┄┄┄┄┄┄ 152

7.5　集成电压比较器 ┄┄┄┄┄┄┄┄┄┄┄┄┄┄┄┄┄┄┄┄┄┄┄┄┄┄┄┄┄┄┄┄ 153

7.5.1　双电压比较器 LM393 ┄┄┄┄┄┄┄┄┄┄┄┄┄┄┄┄┄┄┄┄┄┄ 154

7.5.2　四电压比较器 LM339 ┄┄┄┄┄┄┄┄┄┄┄┄┄┄┄┄┄┄┄┄┄┄ 154

7.6　实验电路的设计与测试 ┄┄┄┄┄┄┄┄┄┄┄┄┄┄┄┄┄┄┄┄┄┄┄┄┄┄ 155

7.6.1　RC 桥式正弦波振荡电路的设计与测试 ┄┄┄┄┄┄┄┄┄┄┄ 155

7.6.2　迟滞电压比较器的设计与测试 ┄┄┄┄┄┄┄┄┄┄┄┄┄┄┄┄┄ 157

7.6.3　窗口电压比较器的设计与测试 ┄┄┄┄┄┄┄┄┄┄┄┄┄┄┄┄┄ 158

第8章　集成运算放大器电路设计实例 ┄┄┄┄┄┄┄┄┄┄┄┄┄┄┄┄┄┄┄┄ 160

8.1　常见的运算放大器电路 ┄┄┄┄┄┄┄┄┄┄┄┄┄┄┄┄┄┄┄┄┄┄┄┄┄┄ 160

8.1.1　运算放大器基本原理 ┄┄┄┄┄┄┄┄┄┄┄┄┄┄┄┄┄┄┄┄┄┄ 160

8.1.2　运算放大器计算 ┄┄┄┄┄┄┄┄┄┄┄┄┄┄┄┄┄┄┄┄┄┄┄┄┄┄ 161

　　　　8.1.3　常见的放大电路 ……………………………………………………… 163

　　8.2　特殊放大器电路设计 ……………………………………………………… 173

　　　　8.2.1　功率放大器电路 ……………………………………………………… 173

　　　　8.2.2　仪用放大器电路 ……………………………………………………… 174

　　　　8.2.3　可控放大器电路 ……………………………………………………… 176

　　　　8.2.4　自动增益控制电路 …………………………………………………… 179

第 9 章　传感器与驱动器电路设计 ………………………………………………… 181

　　9.1　传感器 ………………………………………………………………………… 181

　　　　9.1.1　传感器的定义和分类及构成 ………………………………………… 183

　　　　9.1.2　传感器的基本性能 …………………………………………………… 185

　　　　9.1.3　传感器的应用领域 …………………………………………………… 186

　　9.2　常见的模拟传感器电路 …………………………………………………… 187

　　　　9.2.1　温度传感器 …………………………………………………………… 187

　　　　9.2.2　流量传感器 …………………………………………………………… 192

　　　　9.2.3　热释电红外传感器 …………………………………………………… 193

　　　　9.2.4　位移传感器 …………………………………………………………… 194

　　　　9.2.5　PM2.5 传感器 ………………………………………………………… 195

　　　　9.2.6　红外传感器 …………………………………………………………… 196

　　　　9.2.7　气体传感器 …………………………………………………………… 197

　　　　9.2.8　压力传感器 …………………………………………………………… 199

　　9.3　常见的数字传感器电路 …………………………………………………… 200

　　　　9.3.1　数字式气流传感器 …………………………………………………… 200

　　　　9.3.2　数字摄像头电路 ……………………………………………………… 202

　　　　9.3.3　数字电感传感器 LDC1314 ………………………………………… 206

　　　　9.3.4　数字电容传感器 FDC2214 ………………………………………… 208

　　　　9.3.5　数字温湿度传感器 …………………………………………………… 211

　　　　9.3.6　数字加速度与陀螺仪传感器 ………………………………………… 213

　　　　9.3.7　加速度传感器 ………………………………………………………… 215

　　9.4　常见的功率驱动电路 ……………………………………………………… 215

　　　　9.4.1　电机驱动基本原理 …………………………………………………… 215

　　　　9.4.2　常见的电机驱动电路 ………………………………………………… 218

第 10 章　电源电路设计 ……………………………………………………………… 223

　　10.1　并联稳压电路 ……………………………………………………………… 223

　　　　10.1.1　稳压二极管工作原理 ……………………………………………… 224

　　　　10.1.2　稳压二极管组成的并联稳压工作电路 …………………………… 225

　　10.2　串联稳压电路 ……………………………………………………………… 227

　　　　10.2.1　串联稳压原理 ……………………………………………………… 227

　　　　10.2.2　三端稳压器简介 …………………………………………………… 229

　　　　10.2.3　三端稳压器电路设计 ……………………………………………… 230

　　10.3　整流电路 …………………………………………………………………… 232

　　　　10.3.1　半波整流原理 ……………………………………………………… 232

　　　　10.3.2　全波整流原理 ……………………………………………………… 233

　　　　10.3.3　桥式整流原理 ……………………………………………………… 233

　　　　10.3.4　桥式整流电路设计 ························· 235

　　10.4　开关电源原理 ·························· 236

　　　　10.4.1　开关电源与线性电源比较 ··············· 236

　　　　10.4.2　常见的开关电源拓扑结构 ··············· 237

　　10.5　降压开关电源电路设计 ····················· 238

　　　　10.5.1　单片开关电源芯片 LM2596 ············· 238

　　　　10.5.2　LM2596 降压电路设计 ················ 239

　　10.6　升压开关电源电路设计 ····················· 239

　　　　10.6.1　单片开关电源芯片 LM2577 ············· 240

　　　　10.6.2　LM2577 升压电路设计 ················ 240

　　10.7　负压开关电源电路设计 ····················· 241

　　　　10.7.1　单片开关电源芯片 TPS5430 ············ 241

　　　　10.7.2　TPS5430 反压电路设计 ··············· 242

第 11 章　数字电路 ······························· 244

　　11.1　基本逻辑门电路 ························· 244

　　　　11.1.1　与门 ··························· 244

　　　　11.1.2　或门 ··························· 246

　　　　11.1.3　非门 ··························· 247

　　　　11.1.4　74HC/LS/HCT/F 系列芯片的区别 ········· 248

　　　　11.1.5　布尔代数运算法则 ·················· 249

　　11.2　数字电路设计步骤及方法 ··················· 250

　　　　11.2.1　数字电路的设计步骤 ················· 250

　　　　11.2.2　数字电路的设计方法 ················· 251

第 12 章　电路设计与数字仿真——Proteus 及其应用 ········· 253

　　12.1　EDA 技术概述 ························· 253

　　12.2　Proteus EDA 软件的功能模块 ················ 255

　　12.3　Proteus 8 体系结构及特点 ·················· 256

　　　　12.3.1　Proteus VSM 的主要功能 ············· 258

　　　　12.3.2　Proteus PCB ····················· 260

　　　　12.3.3　嵌入式微处理器交互式仿真 ············· 260

　　12.4　Proteus 8 的启动和退出 ··················· 260

　　12.5　Proteus 8 窗口操作 ····················· 261

　　　　12.5.1　主菜单栏 ······················· 261

　　　　12.5.2　主工具栏 ······················· 263

　　　　12.5.3　主页 ··························· 263

　　12.6　Schematic Capture 窗口 ··················· 270

　　12.7　Schematic Capture 电路设计 ················· 271

　　12.8　STM32F103 驱动 LED 灯仿真实例 ·············· 272

　　　　12.8.1　实例描述 ······················· 272

　　　　12.8.2　硬件绘制 ······················· 272

　　　　12.8.3　STM32CubeMX 配置工程 ············· 275

　　　　12.8.4　编写用户代码 ····················· 282

　　　　12.8.5　仿真结果 ······················· 282

　　　　12.8.6　代码分析 ··· 283

　12.9　AT89C51 单片机实现 DS18B20 温度测量仿真实例 ············· 285

　　　　12.9.1　新建项目 ··· 285

　　　　12.9.2　添加程序文件 ·· 288

第 13 章　电子系统综合设计——51 单片机及其应用 ························· 293

　13.1　MCS-51 系列及其兼容单片机 ··· 293

　13.2　51 单片机开发板的选择 ··· 299

　13.3　51 单片机的 GPIO 输出应用实例 ·· 300

　　　　13.3.1　51 单片机的 GPIO 输出应用硬件设计 ······················· 301

　　　　13.3.2　51 单片机的 GPIO 输出应用软件设计 ······················· 301

第 14 章　电子系统综合设计——Arm 微处理器及其应用 ··················· 304

　14.1　Arm 嵌入式微处理器简介 ·· 304

　　　　14.1.1　Arm 处理器的特点 ··· 304

　　　　14.1.2　Arm 体系结构的版本和系列 ·· 305

　　　　14.1.3　Arm 的 RISC 结构特性 ·· 306

　　　　14.1.4　Arm Cortex-M 处理器 ·· 307

　14.2　STM32 微控制器概述 ·· 308

　　　　14.2.1　STM32 微控制器产品介绍 ··· 309

　　　　14.2.2　STM32 系统性能分析 ··· 311

　　　　14.2.3　STM32F103VET6 的引脚 ·· 312

　　　　14.2.4　STM32F103VET6 最小系统设计 ··································· 313

　14.3　STM32 开发工具——Keil MDK ·· 316

　14.4　STM32F103 开发板的选择 ·· 318

　14.5　STM32 仿真器的选择 ·· 319

　14.6　STM32 的 GPIO 输出应用实例 ·· 320

　　　　14.6.1　STM32 的 GPIO 输出应用硬件设计 ···························· 320

　　　　14.6.2　STM32 的 GPIO 输出应用软件设计 ···························· 320

　14.7　STM32 的 GPIO 输入应用实例 ·· 326

　　　　14.7.1　STM32 的 GPIO 输入应用硬件设计 ···························· 326

　　　　14.7.2　STM32 的 GPIO 输入应用软件设计 ···························· 327

第 15 章　电子系统综合设计——FPGA 可编程逻辑器件及其应用 ········· 330

　15.1　可编程逻辑器件概述 ·· 330

　　　　15.1.1　PLD 的发展历史 ··· 330

　　　　15.1.2　PAL/GAL ··· 333

　　　　15.1.3　CPLD ··· 334

　　　　15.1.4　FPGA ··· 334

　　　　15.1.5　CPLD 与 FPGA 的区别 ·· 335

　　　　15.1.6　SOPC ··· 337

　　　　15.1.7　IP 核 ·· 337

　　　　15.1.8　FPGA 框架结构 ·· 337

　15.2　FPGA 的内部结构 ·· 338

　　　　15.2.1　可编程输入/输出单元 ·· 339

　　　15.2.2　基本可编程逻辑单元 ……………………………………………… 339

　　　15.2.3　嵌入式块 RAM ………………………………………………………… 340

　　　15.2.4　丰富的布线资源 ……………………………………………………… 340

　　　15.2.5　底层嵌入功能单元 …………………………………………………… 341

　　　15.2.6　内嵌专用硬核 ………………………………………………………… 341

　　15.3　Intel 公司的 FPGA ……………………………………………………………… 342

　　　15.3.1　Cyclone 系列 …………………………………………………………… 342

　　　15.3.2　Cyclone Ⅳ 系列芯片 ………………………………………………… 343

　　　15.3.3　配置芯片 ………………………………………………………………… 344

　　15.4　FPGA 的生产厂商 ……………………………………………………………… 345

　　　15.4.1　Xilinx(赛灵思) ……………………………………………………… 345

　　　15.4.2　Altera(阿尔特拉) …………………………………………………… 346

　　15.5　FPGA 的应用领域 ……………………………………………………………… 347

　　15.6　FPGA 开发工具 ………………………………………………………………… 348

　　15.7　基于 FPGA 的开发流程 ………………………………………………………… 349

　　　15.7.1　FPGA 设计方法概论 ………………………………………………… 349

　　　15.7.2　典型 FPGA 开发流程 ………………………………………………… 350

　　　15.7.3　FPGA 的配置 …………………………………………………………… 350

　　　15.7.4　基于 FPGA 的 SoC 设计方法 ……………………………………… 351

　　15.8　Verilog ……………………………………………………………………………… 353

　　　15.8.1　Verilog HDL 和 VHDL 的发展 …………………………………… 354

　　　15.8.2　Verilog HDL 和 VHDL 的比较 …………………………………… 354

　　　15.8.3　Verilog HDL 基础 …………………………………………………… 355

　　　15.8.4　Verilog 概述 …………………………………………………………… 356

　　　15.8.5　Verilog 基础知识 ……………………………………………………… 357

　　　15.8.6　Verilog 程序框架 ……………………………………………………… 362

　　15.9　FPGA 开发板 ……………………………………………………………………… 364

　　15.10　Quartus Ⅱ 软件的安装 ……………………………………………………… 365

　　15.11　Quartus Ⅱ 软件的应用实例 ………………………………………………… 369

　　　15.11.1　LED 灯硬件设计 ……………………………………………………… 370

　　　15.11.2　LED 灯程序设计 ……………………………………………………… 371

参考文献 …………………………………………………………………………………………… 395

第1章

CHAPTER 1

绪　　论

本章讲述了电子系统和嵌入式系统,包括电子系统设计的基本内容与方法、电子系统的设计步骤、嵌入式系统的组成、嵌入式系统的软件、嵌入式系统的应用领域和嵌入式微处理器分类。

1.1　电子系统

电子系统是由若干相互联系、相互制约的电子元器件或部件组成,能够独立完成某种特定电信号处理的完整电子电路。或者说,凡是可以完成一个特定功能的完整电子装置就可以称为电子系统。如电源系统、通信系统、雷达系统、计算机系统、电子测量系统、自动控制系统等。

例如,数字化语音存储与回放系统就是一个典型的电子系统,其原理框图如图 1-1 所示。声音信号经过传声器(MIC,俗称麦克风)转换成电信号;由于传声器输出的电信号非常微弱,并且含有一定的噪声,因此需要经过放大滤波后送入 A/D 转换器;在微控制器(Microcontroller)的控制下,A/D 转换器将模拟的声音信号转换成数字化的声音信号,然后存储在半导体存储器中,这个过程称为录音;MCU 从半导体存储器中取出数字化的语音信号,通过 D/A 转换器转换恢复成模拟的语音信号;再经过滤波放大后驱动扬声器(俗称喇叭),这个过程称为放音。

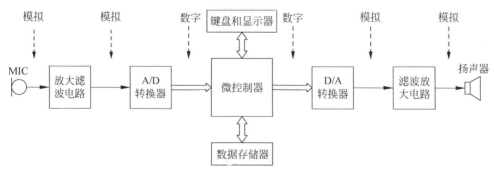

图 1-1　数字化语音存储与回放系统

电子系统种类繁多,涵盖军事、工业、农业、日常生活等方面,大到航天飞机的测控系统,小到日常生活中的电子手表。根据功能划分,电子系统通常可以分为以下几类:

(1) 测控系统。例如航天器的飞行轨道控制系统、工业生产控制系统等。

（2）测量系统。包括电量及非电量的测量。

（3）数据处理系统。例如语音、图像处理系统。

（4）通信系统。包括有线通信系统、无线通信系统。

（5）家用电器。例如数字电视、扫地机器人、智能家电等。

根据所采用的电子器件划分，电子系统可分为模拟电子系统、数字电子系统、微控制器电子系统和综合电子系统。

模拟电子系统：以模拟电子技术为主要技术手段的电子系统称为模拟电子系统。模拟电子系统通常把被处理的物理量（如声音、温度、压力、图像等）通过传感器转换为电信号，然后对其进行放大、滤波、整形、调制、检波，以达到信号处理的目的。

数字电子系统：以数字电子技术为主要技术手段的电子系统称为数字电子系统。从实现的方法来分，数字电子系统可分为3类：

第1类是采用标准数字集成电路实现的数字系统，所谓标准集成电路是指功能及物理配置固定、用户无法修改的集成电路，如74LS系列、74HC系列集成电路。

第2类是采用FPGA/CPLD组成的数字系统，FPGA/CPLD允许用户根据自己的要求实现相应的逻辑功能，并且可以进行多次编程。

第3类是采用定制的专用集成电路（ASIC）实现的数字系统，由于FPGA/CPLD内包含大量可编程开关，消耗了芯片面积，限制了运行速度的提高，因此采用ASIC设计的数字系统集成度最高、性能最好。

微控制器电子系统：以微控制器为核心的电子系统，称为微控制器电子系统。除了微控制器之外，微控制器电子系统通常还包含数字模拟外围电路。为了与综合电子系统相区别，本书介绍的微控制器电子系统特指不包含FPGA芯片的电子系统。微控制器电子系统的主要功能通过软件实现。

综合电子系统：由微控制器、FPGA和模拟电路组成的电子系统称为综合电子系统。在综合电子系统中，系统的功能一般由数字部分实现，而指标则借助模拟电路达到。微控制器和FPGA虽同属数字器件，但在综合电子系统中，两者又有不同的分工，分别发挥着各自的优势。

电子系统的发展趋势之一是复杂度越来越高。什么是电子系统的复杂度？这里借用工程教育专业认证标准中对复杂工程问题的定义来说明。根据2015版工程教育专业认证标准的定义，复杂工程问题必须具备下述特征的部分或全部：

（1）必须运用深入的工程原理，经过分析才可能得到解决。

（2）涉及多方面的技术、工程和其他因素，并可能相互有一定冲突。

（3）需要通过建立合适的抽象模型才能解决，在建模过程中需要体现出创造性。

（4）不是仅靠常用方法就可以完全解决的，需要运用现代工具。

（5）问题中涉及的因素可能没有完全包含在专业工程实践的标准和规范中，具有不确定性。

（6）问题相关各方利益不完全一致。

（7）具有较高的综合性，包含多个相互关联的子问题。

下面以直流电能表的设计为例，说明电子系统复杂度的含义。随着直流电广泛应用于高压直流输电、楼宇自动化、轨道交通、光伏发电以及电动汽车中，对直流电能表的需求急剧增加。直流电能表设计要求高精度、低功耗、低成本、小体积、安全性。其中高精度、安全性与低成本通常是矛盾的。直流电能表设计中的一些工程问题必须运用深入的工程原理经过分析才能得到解决。直流电能表由硬件和软件两部分组成,其原理框图如图 1-2 所示,直流电能表外形如图 1-3 所示。

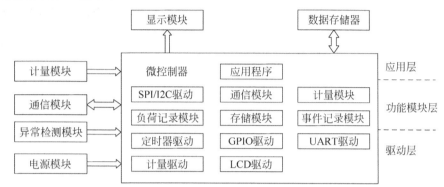

图 1-2 直流电能表原理框图

硬件电路由微控制器和外围电路组成,包括模拟电路、DC/DC 电源电路、数字电路等;软件部分采用模块化设计,由应用层、功能模块层、驱动层 3 部分组成。直流电能表的设计将涉及电路原理、微控制器原理、电力电子技术中的开关电源原理、数字信号处理中的 Σ-Δ 调制原理、数字电路中的低功耗原理等。

图 1-3 直流电能表外形

直流电能表的设计必须运用多种工具才能解决问题,如硬件电路设计需要 EDA 软件 Altium Designer;软件开发需要微控制器集成开发软件;直流电能表的校准需要昂贵的标准直流源。

直流电能表的设计具有较高的综合性,包含多个相互关联的子问题。需要综合运用多门课程知识,如电路原理、模拟电子技术、数字电子技术、嵌入式微控制器原理及应用、C 语言程序设计基础、电力电子技术、电子线路 CAD 等。涉及多个关联子问题,如电源需要与主电路隔离,保证安全性;电流电压检测既要确保精度又要降低成本;还有微控制器的选型和供货问题,能否保证供货,能否用其他微控制器替代。

为了管理电子系统的复杂性,通常将电子系统划分为不同的抽象(Abstraction)层次,如图 1-4 所示。最底层的抽象层为物理层,即电子的运动。高一级的抽象层为器件,包括模拟和数字集成器件(如芯片),也包括电阻、电容、电感、晶体管等分立元件。在模拟电路这一层次,主要研究如何采用模拟集成电路构成放大电路、滤波电路、电源等。在数字电路层次,主要研究基于硬件描述语言和 FPGA/CPLD 设计数字系统。在微控制器层次,主要研究如何选择合适的微控制器型号,如何进行系统扩展,如何使用微控制器的片内和片外资源。进入软件层面后,操作系统负责底层的抽

应用软件	程序设计
操作系统	设备驱动程序
微控制器	结构、内部资源、接口
数字电路	FPGA/CPLD
模拟电路	放大器、滤波器、电源
器件	分立元件、集成芯片
物理层	电子

图 1-4 电子系统的层次划分

象,应用软件使用操作系统提供的功能解决用户的问题。对于复杂的电子系统,不同的抽象层次通常由不同的设计者完成设计。尽管某一设计者可能只负责其中一个抽象层次的设计,但该设计者应该了解当前抽象层次的上层和下层。

电子系统的发展趋势之二是智能化程度越来越高。电子系统可分为智能型电子系统和非智能型电子系统。非智能型电子系统一般指功能简单或功能固定的电子系统,例如电子门铃、楼道灯控制系统等;智能型电子系统是指具有一定智能行为的电子系统,通常应具备信息采集、传输、存储、分析、判断和控制输出的能力。在智能化程度较高的电子系统中,还应该具备预测、自诊断、自适应、自组织和自学习功能。例如,智能机器人对一个复杂的任务具有自行规划和决策能力,有自动躲避障碍运动到目标位置的能力。

电子系统的发展趋势之三是引入互联网+技术。采用移动互联网、云计算、大数据、物联网等信息通信技术,与传统的电子系统相结合。在传统的电子系统基础上增加网络软硬件模块,借助移动互联网技术,实现远程操控、数据自动采集分析等功能,极大地拓展了电子系统的应用范围。

1.2 电子系统设计的基本内容与方法

设计是构思和创造以最佳方式将设想向现实转化的活动过程,一般是根据已经提出的技术设想,制定出具体明确并付诸实施的方案。在一定条件下,以当代先进技术满足社会需求为目标,寻求高效率、高质量完成设计的方法。

1. 电子系统设计的基本内容

通常所说的电子系统设计,一般包括拟定性能指标、电子系统的预设计及试验和修改设计等环节。其可分为方案论证、初步设计、技术设计、试制与试验、设计定型 5 个阶段。衡量设计的标准是:工作稳定可靠,能达到所要求的性能目标,并留有适当的余量;电路简单,成本低;所采用的元器件品种少,体积小,且货源充足,便于生产、测试和维修。电子系统设计的基本内容包括:

(1) 明确电子信息系统设计的技术条件(任务书)。

(2) 选择电源的种类。

(3) 确定负荷容量(功耗)。

(4) 设计电路原理图、接线图、安装图、装配图。

(5) 选择电子、电器元件及执行元件,制定电子、电器元器件明细表。

(6) 画出电动机、执行元件、控制部件及检测元件总布局图。

(7) 设计机箱、面板、印制电路板、接线板及非标准电器和专用安装零件。

(8) 编写设计文档。

2. 电子系统设计的一般方法

基于系统功能与结构上的层次性,电子系统设计的一般方法有以下几种。

(1) 自底向上法(Bottom-Up)。

自底向上法是根据要实现的系统功能要求,首先从现有的可用元件中选出合适的元件,设计成一个个部件。当一个部件不能直接实现系统的某个功能时,就需要设计由多个部件组成的子系统去实现该功能。上述过程一直进行到系统要求的全部功能都实现为止。该方法的优点是可以继承使用经过验证、成熟的部件与子系统,从而可以实现设计重用,减少设计的重复劳动,提高设计效率。其缺点是设计过程中设计人员的思想受限于现成可用的元件,故不容易实现系统化的、清晰易懂及可靠性高和维护性好的设计。自底向上法一般应用于小规模电子系统设计及组装与测试。

(2) 自顶向下法(Top-Down)。

自顶向下法首先从系统级设计开始。系统级的设计任务是:根据原始设计指标或用户的需求,将系统的功能全面、准确地描述出来。即将系统的输入/输出(I/O)关系全面准确地描述出来,然后进行子系统级设计。具体地讲。就是根据系统级设计所描述的功能将系统划分和定义为一个个适当的、能够实现某一功能的相对独立的子系统,每个子系统的功能(即输入/输出关系)必须全面、准确地描述出来。子系统之间的联系也必须全面、准确地描述出来。例如,移动电话要有收信和发信的功能,就必须分别安排一个接收机子系统和一个发射机子系统,还必须安排一个微处理器作为内务管理和用户操作界面管理子系统,此外天线和电源等子系统也必不可少。子系统的划分定义和互连完成后从下级部件向上级部件进行设计,即设计或选用一些部件去组成实现既定功能的子系统。部件级的设计完成后再进行最后的元件级设计,选用适当的元件实现该部件的功能。

自顶向下法是一种概念驱动的设计方法。该方法要求在整个设计过程中尽量运用概念(即抽象)去描述和分析设计对象,而不要过早地考虑实现该设计的具体电路、元器件和工艺,以便抓住主要矛盾,避开具体细节,这样才能控制住设计的复杂性。整个设计在概念上的演化从顶层到底层应当由概括到展开,由粗略到精细。只有当整个设计在概念上得到验证与优化后,才能考虑"采用什么电路、元器件和工艺去实现该设计?"这类具体问题。此外,设计人员在运用该方法时还必须遵循下列原则:

① 正确性和完备性原则。

② 模块化、结构化原则。

③ 问题不下放原则。

④ 高层主导原则。

⑤ 直观性、清晰性原则。

(3) 以自顶向下法为主导,并结合使用自底向上法(TD&BU Combined)。

近代的电子信息系统设计中,为实现设计可重复使用,及对系统进行模块化测试,通常采用以自顶向下法为主导,并结合使用自底向上的方法。这种方法既能保证实现系统化的、清晰易懂的及可靠性高、可维护性好的设计,又能减少设计的重复劳动,提高设计效率。这对于以 IP 核为基础的 VLSI 片上系统的设计特别重要,因而得到普遍采用。

进行一项大型的、复杂的系统设计,实际上是一个自顶向下的过程,是一个上下多次反复进行修改的过程。

传统的电子系统设计一般是采用搭积木式的方法进行,即由器件搭成电路板;由电路板搭成电子系统。系统常用的"积木块"是固定功能的标准集成电路,如运算放大器、74/54系列(TTL)、4000/4500 系列(CMOS)芯片和一些具有固定功能的大规模集成电路。设计者根据需要选择合适的器件,由器件组成电路板,最后完成系统设计。传统的电子系统设计只能对电路板进行设计,通过设计电路板实现系统功能。

进入 20 世纪 90 年代以后,EDA(Electronic Design Automation,电子设计自动化)技术

的发展和普及给电子系统的设计带来了革命性的变化。在器件方面,微控制器、可编程逻辑器件等飞速发展。利用 EDA 工具,采用微控制器、可编程逻辑器件,正在成为电子系统设计的主流。

采用微控制器、可编程逻辑器件通过对器件内部的设计来实现系统功能,是一种基于芯片的设计方法。设计者可以根据需要定义器件的内部逻辑和引脚,将电路板设计的大部分工作放在芯片的设计中进行,通过对芯片设计实现电子系统的功能。灵活的内部功能块组合、引脚定义等,可大大减少电路设计和电路板设计的工作量和难度,有效地增强设计的灵活性,提高工作效率。同时,采用微控制器、可编程逻辑器件,设计人员在实验室可反复编程,修改错误,以期尽快开发产品,迅速占领市场。基于芯片的设计可以减少芯片的数量,缩小系统体积,降低能源消耗,提高系统的性能和可靠性。

1.3 电子系统的设计步骤

电子系统的设计步骤有:明确系统的设计任务要求、方案设计、单元电路的设计、参数计算和器件选择、用 EDA 工具进行电路图绘制、仿真及 PCB 设计电子电路的加工及调试和编写设计文档与总结报告。

电子系统的设计步骤如下。

1. 分析设计题目

对设计题目进行具体分析,明确所要设计的系统功能和技术指标,确保所做的设计不偏题。如果是电子设计竞赛题发生了偏题,则作品可能无法获奖;如果是实际的项目发生了偏题,则作品不但用户拒绝接受,甚至可能要承担经济责任和法律责任。所以,分析设计题目这一步,必须考虑周到。

2. 方案设计

通过查阅文献资料,了解国内外相关课题的技术方案,提出 2~3 种可行的设计方案。从系统的功能、性能指标、稳定性、可靠性、成本、功耗、调试的方便性等方面,对几种方案进行认证比较,确定最优设计方案。在方案论证过程中,要敢于探索,勇于创新。需要指出的是,方案的优劣标准不是唯一的,它与电子系统的开发目的有关。例如,当某一电子系统的开发要求快速完成时,应尽量采用成熟可靠但不十分先进的技术方案。

确定了总体设计方案后,画出完整原理框图,对总体方案的原理、关键技术、主要器件进行说明。对关键技术难点,应深入细致研究。例如,一个电子系统通常既包括模拟电路又包括数字电路,当模拟电路发挥到极致时,如何用数字电路弥补模拟电路的不足? 在方案设计阶段还需要关注电子系统的测试问题,即电子系统设计制作完成后,如何测试技术指标。

如果一个设计项目是由团队成员合作完成的,那么在方案设计阶段,应该明确各成员的分工,确定各自的任务。

3. 相关理论分析

对于复杂的电子系统,需要运用一定的理论才能解决问题。例如,在温度测控系统中,需要运用 PID(Proportion Integration Differentiation,比例积分微分)控制算法;在信号产生中,需要采用直接数字频率合成(Direct Digital Frequency Synthesis,DDS)理论;在信号分析中,需要采用快速傅里叶变换(Fast Fourier Transform,FFT)理论。通过理论分析确定系统设计中的一些技术指标和参数。

4. 软硬件详细设计

根据自顶向下的设计方法,电子系统通常可分为微控制器子系统、FPGA 子系统、模拟子系统等多个不同的子系统。

5. 组装调测

当单元电路设计完成以后,需要将其组装在一起构成系统。元器件应合理布局,提高电磁兼容性;为了方便调测,电路中应留有测试点。组装调测时应采用自底向上法,即分段装调。

6. 撰写设计报告

撰写设计报告是整个设计中非常重要的一个环节。设计报告是技术总结、汇报交流和评价的依据。设计报告的内容应该反映设计思想、设计过程、设计结果和改进设想,要求概念准确、数据完整、条理清晰、突出创新。

1.4 嵌入式系统

随着计算机技术的不断发展,计算机的处理速度越来越快,存储容量越来越大,外围设备的性能越来越好,满足了高速数值计算和海量数据处理的需要,形成了高性能的通用计算机系统。

以往按照计算机的体系结构、运算速度、结构规模、适用领域,将其分为大型机、中型机、小型机和微型机,并以此组织学科和产业分工,这种分类沿袭了约 40 年。近 20 年来,随着计算机技术的迅速发展,以及计算机技术和产品对其他行业的广泛渗透,使得以应用为中心的分类方法变得更为切合实际。

国际电气和电子工程师协会(IEEE)定义的嵌入式系统(Embedded System)是"用于控制、监视或者辅助操作机器和设备运行的装置"(原文为 devices used to control,monitor,or assist the operation of equipment,machinery or plants)。这主要是从应用上加以定义的,从中可以看出嵌入式系统是软件和硬件的综合体,还可以涵盖机械等附属装置。

国内普遍认同的嵌入式系统定义是:以计算机技术为基础,以应用为中心,软件、硬件可剪裁,适合应用系统对功能可靠性、成本、体积、功耗严格要求的专业计算机系统。在构成上,嵌入式系统以微控制器及软件为核心部件,两者缺一不可;在特征上,嵌入式系统具有方便、灵活地嵌入其他应用系统的特征,即具有很强的可嵌入性。

按嵌入式微控制器类型划分,嵌入式系统可分为以微控制器为核心的嵌入式系统、以工业计算机板为核心的嵌入式计算机系统、以 DSP 为核心组成的嵌入式数字信号处理器系统、以 FPGA 为核心的嵌入式 SOPC(System on a Programmable Chip,可编程片上系统)等。

嵌入式系统在含义上与传统的微控制器系统和计算机系统有很多重叠部分。为了方便区分,在实际应用中,嵌入式系统还应该具备下述三个特征。

(1) 嵌入式系统的微控制器通常是由 32 位及以上的 RISC(Reduced Instruction Set Computer,精简指令集计算机)处理器组成的。

(2) 嵌入式系统的软件系统通常是以嵌入式操作系统为核心,外加用户应用程序。

（3）嵌入式系统在特征上具有明显的可嵌入性。

嵌入式系统应用经历了无操作系统、单操作系统、实时操作系统和面向 Internet 4 个阶段。21 世纪无疑是一个网络的时代，互联网的快速发展及广泛应用为嵌入式系统的发展及应用提供了良好的机遇。"人工智能"技术一夜之间人尽皆知。而嵌入式系统在其发展过程中扮演着重要角色。

嵌入式系统的广泛应用和 Internet 的发展导致了物联网概念的诞生，设备与设备之间、设备与人之间以及人与人之间要求实时互联，导致了大量数据的产生，大数据一度成为科技前沿，每天世界各地的数据量呈指数级增长，数据远程分析成为必然要求。云计算被提上日程。数据存储、传输、分析等技术的发展无形中催生了人工智能，因此人工智能看似突然出现在大众视野，实则经历了近半个世纪的漫长发展，其制约因素之一就是大数据。而嵌入式系统正是获取数据的最关键的系统之一。人工智能的发展可以说是嵌入式系统发展的产物，同时人工智能的发展要求更多、更精准的数据，更快、更方便地数据传输。这促进了嵌入式系统的发展，两者相辅相成，嵌入式系统必将进入一个更加快速的发展时期。

1.4.1　嵌入式系统概述

嵌入式系统的发展大致经历了以下三个阶段。

（1）以嵌入式微控制器为基础的初级嵌入式系统。

（2）以嵌入式操作系统为基础的中级嵌入式系统。

（3）以 Internet 和 RTOS 为基础的高级嵌入式系统。

嵌入式技术与 Internet 技术的结合正在推动着嵌入式系统的飞速发展，为嵌入式系统的市场展现出了美好的前景，也对嵌入式系统的生产厂商提出了新的挑战。

通用计算机具有计算机的标准形式，通过装配不同的应用软件，应用在社会的各个方面。现在，在办公室、家庭中广泛使用的个人计算机（PC），就是通用计算机最典型的代表。

而嵌入式计算机则是以嵌入式系统的形式隐藏在各种装置、产品和系统中。在许多应用领域，如工业控制、智能仪器仪表、家用电器、电子通信设备等，对嵌入式计算机的应用有着不同的要求。主要要求如下。

（1）能面对控制对象。例如，面对物理量传感器的信号输入；面对人机交互的操作控制；面对对象的伺服驱动和控制。

（2）可嵌入应用系统。由于体积小，低功耗，价格低廉，可方便地嵌入应用系统和电子产品中。

（3）能在工业现场环境中长时间可靠地运行。

（4）控制功能优良。对外部的各种模拟信号和数字信号能及时地捕捉，对多种不同的控制对象能灵活地进行实时控制。

可以看出，满足上述要求的计算机系统与通用计算机系统是不同的。换句话讲，能够满足和适合以上这些应用的计算机系统与通用计算机系统在应用目标上有巨大的差异。一般将具备高速计算能力和海量存储，用于高速数值计算和海量数据处理的计算机系统称为通用计算机系统；而将面向工控领域对象，嵌入各种控制应用系统、各类电子系统和电子产品中，实现嵌入式应用的计算机系统称为嵌入式计算机系统，简称嵌入式系统。

嵌入式系统将应用程序和操作系统与计算机硬件集成在一起，简单地讲，就是系统的应用软件与系统的硬件一体化。这种系统具有软件代码小、高度自动化、响应速度快等特点，特别适用于面向对象的、要求实时和多任务的应用。

特定的环境和特定的功能要求嵌入式系统与所嵌入的应用环境成为一个统一的整体，并且往往要满足紧凑、可靠性高、实时性好、功耗低等技术要求。面向具体应用的嵌入式系统，以及系统的设计方法和开发技术，构成了今天嵌入式系统的重要内涵，也是嵌入式系统发展成为一个相对独立的计算机研究和学习领域的原因。

1.4.2 嵌入式系统和通用计算机系统比较

作为计算机系统的不同分支，嵌入式系统和人们熟悉的通用计算机系统既有共性也有差异。

1. 嵌入式系统和通用计算机系统的共同点

嵌入式系统和通用计算机系统都属于计算机系统，从系统组成上讲，它们都是由硬件和软件构成的；工作原理是相同的，都是存储程序机制。从硬件上看，嵌入式系统和通用计算机系统都是由 CPU、存储器、I/O 接口和中断系统等部件组成；从软件上看，嵌入式系统软件和通用计算机系统软件都可以划分为系统软件和应用软件两类。

2. 嵌入式系统和通用计算机系统的不同点

作为计算机系统的一个新兴的分支，嵌入式系统与人们熟悉和常用的通用计算机系统相比又具有以下不同点：

（1）形态。通用计算机系统具有基本相同的外形（如主机、显示器、鼠标和键盘等）并且独立存在；而嵌入式系统通常隐藏在具体某个产品或设备（称为宿主对象，如空调、洗衣机、数字机顶盒等）中，它的形态随着产品或设备的不同而不同。

（2）功能。通用计算机系统一般具有通用而复杂的功能，任意一台通用计算机系统都具有文档编辑、影音播放、娱乐游戏、网上购物和通信聊天等通用功能；而嵌入式系统嵌入在某个宿主对象中。功能由宿主对象决定，具有专用性，通常是为某个应用量身定做的。

（3）功耗。目前，通用计算机系统的功耗一般为 200W 左右；而嵌入式系统的宿主对象通常是小型应用系统，如手机、MP3 和智能手环等，这些设备不可能配置容量较大的电源，因此，低功耗一直是嵌入式系统追求的目标，如日常生活中使用的智能手机，其待机功率为 $100\sim200\,\mathrm{mW}$，即使在通话时功率也只有 $4\sim5\,\mathrm{W}$。

（4）资源。通用计算机系统通常拥有大而全的资源（如鼠标、键盘、硬盘、内存条和显示器等）；而嵌入式系统受限于嵌入的宿主对象，通常要求小型化和低功耗，其软硬件资源受到严格的限制。

（5）价值。通用计算机系统的价值体现在"计算"和"存储"上，计算能力（处理器的字长和主频等）和存储能力（内存和硬盘的大小和读取速度等）是通用计算机系统的通用评价指标；而嵌入式系统往往嵌入某个设备和产品中，其价值一般不取决于其内嵌的处理器的性能，而体现在它所嵌入和控制的设备。如一台智能洗衣机往往用洗净比、洗涤容量和脱水转速等衡量，而不以其内嵌的微控制器的运算速度和存储容量等衡量。

1.4.3 嵌入式系统的特点

通过嵌入式系统的定义和嵌入式系统与通用计算机系统的比较，可以看出嵌入式系统具有以下特点。

1. 专用性强

嵌入式系统通常是针对某种特定的应用场景,与具体应用密切相关,其硬件和软件都是面向特定产品或任务而设计的。不但一种产品中的嵌入式系统不能应用到另一种产品中,甚至都不能嵌入同一种产品的不同系列。例如,洗衣机的控制系统不能应用到洗碗机中,甚至不同型号洗衣机中的控制系统也不能相互替换,因此嵌入式系统具有很强的专用性。

2. 裁剪性

受限于体积、功耗和成本等因素,嵌入式系统的硬件和软件必须高效率地设计,根据实际应用需求量体裁衣,去除冗余,从而使系统在满足应用要求的前提下达到最精简的配置。

3. 实时性好

许多嵌入式系统应用于宿主对象系统的数据采集、传输与控制过程时,普遍要求嵌入式系统具有较好的实时性。例如,像现代汽车中的制动器、安全气囊控制系统、武器装备中的控制系统、某些工业装置中的控制系统等。这些应用对实时性有着极高的要求,一旦达不到应有的实时性,就有可能造成极其严重的后果。另外,虽然有些系统本身的运行对实时性要求不是很高,但实时性也会对用户体验感产生影响,例如,需要避免人机交互和遥控反应迟钝等情况。

4. 可靠性高

嵌入式系统的应用场景多种多样,面对复杂的应用环境,嵌入式系统应能够长时间稳定可靠地运行。

5. 体积小、功耗低

由于嵌入式系统要嵌入具体的应用对象中,其体积大小受限于宿主对象,因此往往对体积有着严格的要求,例如,心脏起搏器的大小就像一粒胶囊;2020 年 8 月,埃隆·马斯克发布的拥有 1024 个信道的 Neuralink 脑机接口只有一枚硬币大小。同时,由于嵌入式系统在移动设备、可穿戴设备以及无人机、人造卫星等这样的应用设备中,不可能配置交流电源或大容量的电池,因此低功耗也往往是嵌入式系统所追求的一个重要指标。

6. 注重制造成本

与其他商品一样,制造成本会对嵌入式系统设备或产品在市场上的竞争力有很大的影响。同时嵌入式系统产品通常会进行大量生产,例如,现在的消费类嵌入式系统产品,通常的年产量会在百万数量级、千万数量级甚至亿数量级。节约单个产品的制造成本,就意味着总制造成本的海量节约,会产生可观的经济效益。因此注重嵌入式系统的硬件和软件的高效设计,量体裁衣、去除冗余,在满足应用需求的前提下有效地降低单个产品的制造成本,也成为嵌入式系统所追求的重要目标之一。

7. 生命周期长

随着计算机技术的飞速发展,像桌面计算机、笔记本电脑以及智能手机这样的通用计算机系统的更新换代速度大大加快,更新周期通常为 18 个月左右;然而嵌入式系统和实际具体应用装置或系统紧密结合,一般会伴随具体嵌入的产品维持 8~10 年相对较长的使用时间,其升级换代往往是和宿主对象系统同步进行的。因此,相较于通用计算机系统而言,嵌入式系统产品一旦进入市场后,不会像通用计算机系统那样频繁换代,通常具有较长的生命周期。

8. 不可垄断性

代表传统计算机行业的 Wintel(Windows-Intel)联盟统治桌面计算机市场长达 30 多年,形成了事实上的市场垄断;而嵌入式系统是将先进的计算机技术、半导体电子技术和网络通信技术与各个行业的具体应用相结合后的产物,其拥有更为广阔和多样化的应用市场,行业细分市场极其宽泛,这一点就决定了嵌入式系统必然是一个技术密集、资金密集、高度分散、不断创新的知识集成系统。特别是 5G 技术、物联网技术以及人工智能技术与嵌入式系统的快速融合,催生了嵌入式系统创新产品的不断涌现,给嵌入式系统产品的设计研发提供了广阔的市场空间。

1.5 嵌入式系统的组成

嵌入式系统是一个在功能、可靠性、成本、体积和功耗等方面有严格要求的专用计算机系统,那么无一例外,具有一般计算机组成结构的共性。从总体上看,嵌入式系统的核心部分由嵌入式硬件和嵌入式软件组成;而从层次结构上看,嵌入式系统可划分为硬件层、驱动层、操作系统层以及应用层 4 个层次,如图 1-5 所示。

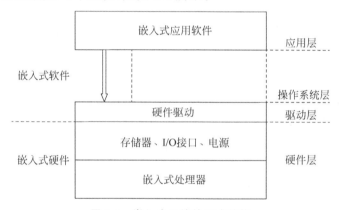

图 1-5 嵌入式系统的组成结构

嵌入式硬件(硬件层)是嵌入式系统的物理基础,主要包括嵌入式处理器、存储器、输入/输出(I/O)接口及电源等。其中,嵌入式处理器是嵌入式系统的硬件核心,通常可分为嵌入式微处理器、嵌入式微控制器、嵌入式数字信号处理器以及嵌入式片上系统等主要类型。

存储器是嵌入式系统硬件的基本组成部分,包括 RAM、Flash、EEPROM 等主要类型,承担着存储嵌入式系统程序和数据的任务。目前的嵌入式处理器中已经集成了较为丰富的存储器资源,同时也可通过 I/O 接口在嵌入式处理器外部扩展存储器。

I/O 接口及设备是嵌入式系统对外联系的纽带,负责与外部世界进行信息交换。I/O 接口主要包括数字接口和模拟接口两大类,其中,数字接口又可分为并行接口和串行接口;模拟接口包括模数转换器(ADC)和数模转换器(DAC)。并行接口可以实现数据的所有位同时并行传送,传输速度快,但通信线路复杂,传输距离短;串行接口则采用数据位一位位顺序传送的方式,通信线路少,传输距离远,但传输速度相对较慢。常用的串行接口有通用同步/异步收发器(USART)接口、串行外设接口(SPI)、芯片间总线(I2C)接口以及控制器局域网络(CAN)接口等,实际应用时可根据需要选择不同的接口类型。I/O 设备主要包括人机交互设备（按键、显示器件等）和机机交互设备（传感器、执行器等），可根据实际应用需求选择所需的设备类型。

1.6 嵌入式系统的软件

嵌入式系统的软件一般固化于嵌入式存储器中，是嵌入式系统的控制核心，控制着嵌入式系统的运行，实现嵌入式系统的功能。由此可见，嵌入式软件在很大程度上决定整个嵌入式系统的价值。

从软件结构上划分，嵌入式系统的软件分为无操作系统和带操作系统两种。

1.6.1 无操作系统的嵌入式软件

对于通用计算机，操作系统是整个软件的核心，不可或缺；然而，对于嵌入式系统，由于其专用性，在某些情况下无需操作系统。尤其在嵌入式系统发展的初期，由于较低的硬件配置、单一的功能需求以及有限的应用领域（主要集中在工业控制和国防军事领域），嵌入式软件的规模通常较小，没有专门的操作系统。

图 1-6 无操作系统嵌入式软件结构

在组成结构上，无操作系统的嵌入式软件仅由引导程序和应用程序两部分组成，如图 1-6 所示。引导程序一般由汇编语言编写，在嵌入式系统上电后运行，完成自检、存储映射、时钟系统和外设接口配置等一系列硬件初始化操作；应用程序一般由 C 语言编写，直接架构在硬件之上，在引导程序之后运行，负责实现嵌入式系统的主要功能。

1.6.2 带操作系统的嵌入式软件

随着嵌入式应用在各个领域的普及和深入，嵌入式系统向多样化、智能化和网络化发展，其对功能、实时性、可靠性和可移植性等方面的要求越来越高，嵌入式软件日趋复杂，越来越多地采用嵌入式操作系统＋应用软件的模式。相比无操作系统的嵌入式软件，带操作系统的嵌入式软件规模较大，其应用软件架构于嵌入式操作系统上，而非直接面对嵌入式硬件，可靠性高，开发周期短，易于移植和扩展，适用于功能复杂的嵌入式系统。

带操作系统的嵌入式软件的体系结构如图 1-7 所示，自下而上包括设备驱动层、操作系统层和应用软件层等。

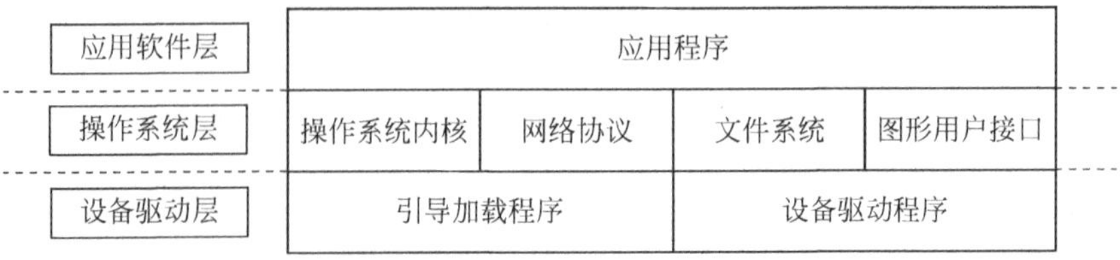

应用软件层	应用程序			
操作系统层	操作系统内核	网络协议	文件系统	图形用户接口
设备驱动层	引导加载程序		设备驱动程序	

图 1-7 带操作系统的嵌入式软件的体系结构

1.6.3 嵌入式操作系统的分类

按照嵌入式操作系统对任务响应的实时性分类，嵌入式操作系统可以分为嵌入式非实时操作系统和嵌入式实时操作系统(RTOS)。这两类操作系统的主要区别在于任务调度处理方式不同。

1. 嵌入式非实时操作系统

嵌入式非实时操作系统主要面向消费类产品应用领域。大部分嵌入式非实时操作系统都支持多用户和多进程,负责管理众多的进程并为它们分配系统资源,属于不可抢占式操作系统。嵌入式非实时操作系统尽量缩短系统的平均响应时间并提高系统的吞吐率,在单位时间内为尽可能多的用户请求提供服务,注重平均表现性能,不关心个体表现性能。例如,对于整个系统来说,注重所有任务的平均响应时间而不关心单个任务的响应时间;对于某个任务来说,注重每次执行的平均响应时间而不关心某次特定执行的响应时间。典型的非实时操作系统有 Linux、iOS 等。

2. 嵌入式实时操作系统

嵌入式实时操作系统主要面向控制、通信等领域。嵌入式实时操作系统除了要满足应用的功能需求,还要满足应用提出的实时性要求,属于抢占式操作系统。嵌入式实时操作系统能及时响应外部事件的请求,并以足够快的速度予以处理,其处理结果能在规定的时间内控制、监控生产过程或对处理系统作出快速响应,并控制所有任务协调、一致地运行。因此,嵌入式实时操作系统采用各种算法和策略,始终保证系统行为的可预测性。这要求在系统运行的任何时刻,在任何情况下,嵌入式实时操作系统的资源调配策略都能为争夺资源(包括 CPU、内存、网络带宽等)的多个实时任务合理地分配资源,使每个实时任务的实时性要求都能得到满足,要求每个实时任务在最坏情况下都要满足实时性要求。嵌入式实时操作系统总是执行当前优先级最高的进程,直至结束执行,中间的时间通过 CPU 频率等可以推算出来。由于虚存技术访问时间的不确定性,在嵌入式实时操作系统中一般不采用标准的虚存技术。典型的嵌入式实时操作系统有 VxWorks、μC/OS-Ⅱ、QNX、FreeRTOS、eCOS、RTX 及 RT-Thread 等。

1.6.4 嵌入式实时操作系统的功能

嵌入式实时操作系统满足了实时控制和实时信息处理领域的需要,在嵌入式领域应用十分广泛,一般有实时内核、内存管理、文件系统、图形接口、网络组件等。在不同的应用中,可对嵌入式实时操作系统进行剪裁和重新配置。一般来讲,嵌入式实时操作系统需要完成以下管理功能。

1. 任务管理

任务管理是嵌入式实时操作系统的核心和灵魂,决定了操作系统的实时性能。任务管理通常包含优先级设置、多任务调度机制和时间确定性等部分。

嵌入式实时操作系统支持多个任务,每个任务都具有优先级,任务越重要,被赋予的优先级越高。优先级的设置分为静态优先级和动态优先级两种。静态优先级指的是每个任务在运行前都被赋予一个优先级,而且这个优先级在系统运行期间是不能改变的;动态优先级则是指每个任务的优先级(特别是应用程序的优先级)在系统运行时可以动态地改变。任务调度主要是协调任务对计算机系统资源的争夺使用,直接影响系统的实时性能,一般采用基于优先级抢占式任务调度。系统中每个任务都有一个优先级,内核总是将 CPU 分配给处于就绪状态的优先级最高的任务运行。如果系统发现就绪队列中有比当前运行任务更高优先级的任务,就会把当前运行任务置于就绪队列,调入高优先级任务运行。系统采用优先级抢占方式进行调度,可以保证重要的突发事件得到及时处理。嵌入式实时操作系统调用的任务与服务的执行时间应具有可确定性,系统服务的执行时间不依赖于应用程序任务的多少,因此,系统完成某个确定任务的时间是可预测的。

2. 任务同步与通信机制

实时操作系统的功能一般要通过若干个任务和中断服务程序共同完成。任务与任务之间、任务与中断的任务及中断服务程序之间必须协调动作、互相配合,这就涉及任务间的同步与通信问题。嵌入式实时操作系统通常是通过信号量、互斥信号量、事件标志和异步信号实现同步的,是通过消息邮箱、消息队列、管道和共享内存提供通信服务的。

3. 内存管理

通常在操作系统的内存中既有系统程序也有用户程序,为了两者都能正常运行,避免程序间相互干扰,需要对内存中的程序和数据进行保护。存储保护通常需要硬件支持,很多系统都采用 MMU,并结合软件实现这一功能;但由于嵌入式系统的成本限制,内核和用户程序通常都在相同的内存空间中。内存分配方式可分为静态分配和动态分配。静态分配是在程序运行前一次性分配给相应内存,并且在程序运行期间不允许再申请或在内存中移动;动态分配则允许在程序运行的整个过程中进行内存分配。静态分配使系统失去了灵活性,但对实时性要求比较高的系统是必需的;而动态分配赋予了系统设计者更多自主性,系统设计者可以灵活地调整系统的功能。

4. 中断管理

中断管理是实时系统中一个很重要的部分,系统经常通过中断与外部事件交互。评估系统的中断管理性能主要考虑的是:是否支持中断嵌套、中断处理、中断延时等。中断处理是整个运行系统中优先级最高的代码,它可以抢占任何任务级代码运行。中断机制是多任务环境运行的基础,是系统实时性的保证。

1.6.5　典型嵌入式操作系统

使用嵌入式操作系统主要是为了有效地对嵌入式系统进行软硬件资源的分配、任务调度切换、中断处理,以及控制和协调资源与任务的并发活动。由于 C 语言可以更好地对硬件资源进行控制,嵌入式操作系统通常采用 C 语言编写。当然为了获得更快的响应速度,有时也需要采用汇编语言编写一部分代码或模块,以达到优化的目的。嵌入式操作系统与通用操作系统相比在两个方面有很大的区别。一方面,通用操作系统为用户创建了一个操作环境,在这个环境中,用户可以和计算机相互交互,执行各种各样的任务;而嵌入式系统一般只是执行有限类型的特定任务,并且一般不需要用户干预。另一方面,在大多数嵌入式操作系统中,应用程序通常作为操作系统的一部分内置于操作系统中,随同操作系统启动时自动在 ROM 或 Flash 中运行;而在通用操作系统中,应用程序一般是由用户来选择加载到 RAM 中运行的。

随着嵌入式技术的快速发展,国内外先后问世了 150 多种嵌入式操作系统,较为常见的国外嵌入式操作系统有 μC/OS-Ⅱ、FreeRTOS、Embedded Linux、VxWorks、QNX、RTX、Windows IoT Core、Android Things 等。虽然国产嵌入式操作系统发展相对滞后,但在物联网技术与应用的强劲推动下,国内厂商也纷纷推出了多种嵌入式操作系统,并得到了日益广泛的应用。目前较为常见的国产嵌入式操作系统有华为 LiteOS、华为 HarmonyOS、阿里 AliOS Things、翼辉 SylixOS、睿赛德 RT-Thread 等。

1. FreeRTOS

FreeRTOS 是 Richard Barry 于 2003 年发布的一款"开源、免费"的嵌入式实时操作系统,其作为一个轻量级的实时操作系统内核,功能包括任务管理、时间管理、信号量、消息队列、内存管理、软件定时器等,可基本满足较小系统的需要。在过去的 20 年,FreeRTOS 历经了 10 个版本,与众多厂商合作密切,拥有数百万开发者,是目前市场占有率相对较高的 RTOS(Real Time Operating System,实时操作系统)。为了更好地反映内核不是发行包中唯一单独版本化的库,FreeRTOS V10.4 版本之后的 FreeRTOS 发行时使用日期戳版本而不是内核版本。

FreeRTOS 体积小巧,支持抢占式任务调度。FreeRTOS 支持市场上大部分处理器架构。FreeRTOS 设计得十分精致,可以在资源非常有限的微控制器中运行,甚至可以在 MCS-51 架构的微控制器上运行。此外,FreeRTOS 是一个开源、免费的嵌入式实时操作系统,相较于 μC/OS-Ⅱ 等需要收费的嵌入式实时操作系统,能有效降低嵌入式产品的生产成本。

FreeRTOS 是可裁剪的小型嵌入式实时操作系统,除开源、免费以外,还具有以下特点。

(1) FreeRTOS 的内核支持抢占式、合作式和时间片 3 种调度方式。

(2) 支持的芯片种类多,已经在超过 30 种架构的芯片上进行了移植。

(3) 系统简单、小巧、易用,通常情况下其内核仅占用 4～9KB 的 Flash 空间。

(4) 代码主要用 C 语言编写,可移植性高。

(5) 支持 ARM Cortex-M 系列中的 MPU(Memory Protection Unit,内存保护单元),如 STM32F407、STM32F429 等有 MPU 的芯片。

(6) 任务数量不限。

(7) 任务优先级不限。

(8) 任务与任务、任务与中断之间可以使用任务通知、队列、二值信号量、计数信号量、互斥信号量和递归互斥信号量进行通信和同步。

(9) 有高效的软件定时器。

(10) 有强大的跟踪执行功能。

(11) 有堆栈溢出检测功能。

(12) 适用于低功耗应用。FreeRTOS 提供了一个低功耗 tickless 模式。

(13) 在创建任务通知、队列、信号量、软件定时器等系统组件时,可以选择动态或静态 RAM。

(14) SafeRTOS 作为 FreeRTOS 的衍生品,具有比 FreeRTOS 更高的代码完整性。

2. 睿赛德 RT-Thread

RT-Thread 的全称是 Real Time-Thread,是由上海睿赛德电子科技有限公司推出的一个开源嵌入式实时多线程操作系统,目前最新版本是 4.0。3.1.0 及以前的版本遵循 GPL V2+开源许可协议,从 3.1.0 以后的版本遵循 Apache License 2.0 开源许可协议。RT-Thread 主要由内核层、组件与服务层、软件包 3 部分组成。其中,内核层包括 RT-Thread 内核和 Libcpu/BSP(芯片移植相关文件/板级支持包)。RT-Thread 内核是整个操作系统的核心部分,包括多线程及其调度、信号量、邮箱、消息队列、内存管理、定时器等内核系统对象的实现;而 Libcpu/BSP 与硬件密切相关,由外设驱动和 CPU 移植构成。组件与服务层是 RT-Thread 内核之上的上层软件,包括虚拟文件系统、FinSH 命令行界面、网络框架、设备框架等,采用模块化设计,做到组件内部高内聚、组件之间低耦合。软件包是运行在操作系统平台上且面向不同应用领域的通用软件组件,包括物联网相关的软件包、脚本语言相关的软件包、多媒体相关的软件包、工具类软件包、系统相关的软件包以及外设库与驱动类软件包等。RT-Thread 支持所有主流的 MCU 架构,如 Arm Cortex-M/R/A、MIPS、x86、Xtensa、C-SKY、RISC-V,即支持市场上几乎所有主流的 MCU 和 Wi-Fi 芯片。相较于 Linux 操作系统,RT-Thread 具有实时性高、占用资源少、体积小、功耗低、启动快速等特点,非常适用于各种资源受限的场合。经过多年的发展,RT-Thread 已经拥有一个国内较大的嵌入式开源社区,同时被广泛应用于能源、车载、医疗、电子消费等多个行业。

3. μC/OS-Ⅱ

μC/OS-Ⅱ(Micro-Controller Operating System Ⅱ)是一种基于优先级的可抢占式的硬实时内核。它属于一个完整、可移植、可固化、可裁剪的抢占式多任务内核,包含了任务调度、任务管理、时间管理、内存管理和任务间的通信和同步等基本功能。μC/OS-Ⅱ嵌入式系统可用于各类 8 位微控制器、16 位微控制器、32 位微控制器和数字信号处理器。

嵌入式系统 μC/OS-Ⅱ源于 Jean J. Labrosse 在 1992 年编写的一个嵌入式多任务实时操作系统(RTOS),1999 年改写后命名为 μC/OS-Ⅱ,并在 2000 年被美国航空管理局认证。μC/OS-Ⅱ系统具有足够的安全性和稳定性,可以运行在诸如航天器等对安全要求极为苛刻的系统之上。

μC/OS-Ⅱ系统是专门为计算机的嵌入式应用而设计的。μC/OS-Ⅱ系统中 90% 的代码是用 C 语言编写的,CPU 硬件相关部分是用汇编语言编写的。总量约 200 行的汇编语言部分被压缩到最低限度,便于移植到任何其他的 CPU 上。用户只要有标准的 ANSI(美国国家标准学会,American National Standards Institute)的 C 交叉编译器,有汇编器、连接器等软件工具,就可以将 μC/OS-Ⅱ系统嵌入所要开发的产品中。μC/OS-Ⅱ系统具有执行效率高、占用空间小、实时性能优良和可扩展性强等特点,可以移植到几乎所有知名的 CPU 上。

μC/OS-Ⅱ系统的主要特点如下:

(1) 开源性。

μC/OS-Ⅱ系统的源代码全部公开,用户可直接登录 μC/OS-Ⅱ的官方网站下载,网站上公布了针对不同微处理器的移植代码。用户也可以从有关出版物上找到详尽的源代码讲解和注释。这样使系统变得透明,极大地方便了 μC/OS-Ⅱ系统的开发,提高了开发效率。

(2) 可移植性。

绝大部分 μC/OS-Ⅱ系统的源代码是用移植性很强的 ANSI C 语句写的,和微处理器硬件相关的部分是用汇编语言写的。汇编语言编写的部分已经压缩到最小限度,使得 μC/OS-Ⅱ系统便于移植到其他微处理器上。

μC/OS-Ⅱ系统能够移植到多种微处理器上的条件是:只要该微处理器有堆栈指针;有 CPU 内部寄存器入栈、出栈指令;另外,使用的 C 编译器必须支持内嵌汇编(In-Line Assembly)或者该 C 语言可扩展、可连接汇编模块,使得关中断、开中断能在 C 语言程序中实现。

（3）可固化。

μC/OS-Ⅱ系统是为嵌入式应用而设计的，只要具备合适的软、硬件工具，μC/OS-Ⅱ系统就可以嵌入用户的产品中，成为产品的一部分。

（4）可裁剪。

用户可以根据自身需求只使用μC/OS-Ⅱ系统中应用程序中需要的系统服务。这种可裁剪性是靠条件编译实现的。只要在用户的应用程序中（用 ♯ define constants 语句）定义哪些 μC/OS-Ⅱ系统中的功能是应用程序需要的就可以了。

（5）抢占式。

μC/OS-Ⅱ系统是完全抢占式的实时内核。其总是运行就绪条件下优先级最高的任务。

（6）多任务。

μC/OS-Ⅱ系统 2.8.6 版本可以管理 256 个任务，目前预留 8 个给系统，因此应用程序最多可以有 248 个任务。系统赋予每个任务的优先级是不相同的，μC/OS-Ⅱ系统不支持时间片轮转调度法。

（7）可确定性。

μC/OS-Ⅱ系统全部的函数调用与服务的执行时间都具有可确定性。也就是说，μC/OS-Ⅱ系统的所有函数调用与服务的执行时间是可知的。进而言之，μC/OS-Ⅱ系统服务的执行时间不依赖于应用程序任务的多少。

（8）任务栈。

μC/OS-Ⅱ系统的每个任务有自己单独的栈，其允许每个任务有不同的栈空间，以便压低应用程序对 RAM 的需求。使用 μC/OS-Ⅱ系统的栈空间校验函数，可以确定每个任务到底需要多少栈空间。

（9）系统服务。

μC/OS-Ⅱ系统提供很多系统服务，例如邮箱、消息队列、信号量、块大小固定的内存的申请与释放、时间相关函数等。

（10）中断管理，支持嵌套。

中断可以使正在执行的任务暂时挂起。如果优先级更高的任务被该中断唤醒，则高优先级的任务在中断嵌套全部退出后立即执行，中断嵌套层数可达 255 层。

4. 嵌入式 Linux

Linux 诞生于 1991 年 10 月 5 日（这是第一次正式向外公布的时间），是一套开源、免费和自由传播的类 UNIX 的操作系统。Linux 是一个基于 POSIX 和 UNIX 的支持多用户、多任务、多线程和多 CPU 的操作系统。它能运行主要的 UNIX 工具软件、应用程序和网络协议，支持 32 位和 64 位硬件。Linux 继承了 UNIX 以网络为核心的设计思想，Linux 是一个性能稳定的多用户网络操作系统，存在许多不同的版本，但它们都使用了 Linux 内核。Linux 可安装在计算机硬件中，如手机、平板电脑、路由器、视频游戏控制台、台式计算机、大型计算机和超级计算机。

Linux 遵守 GPL（General Public License，通用公共许可证）协议，无须为每例应用缴纳许可证费，并且拥有大量免费且优秀的开发工具和庞大的开发人员群体。Linux 有大量应用软件，源代码开放且免费，可以在稍加修改后应用于用户自己的系统，因此软件的开发和维护成本很低。Linux 完全使用 C 语言编写,应用入门简单,只要懂操作系统原理和 C 语言即可。Linux 运行所需资源少、稳定,并具备优秀的网络功能,十分适合嵌入式操作系统应用。

1.7　嵌入式系统的应用领域

嵌入式系统主要应用在以下领域。

(1) 智能消费电子产品。嵌入式系统最为成功的是在智能设备中的应用,如智能手机、平板电脑、家庭音响、玩具等。

(2) 工业控制。目前已经有大量的 32 位嵌入式微控制器应用在工业设备中,如打印机、工业过程控制设备、数字机床、电网检测设备等。

(3) 医疗设备。嵌入式系统已经在医疗设备中取得广泛应用,如血糖仪、血氧计、人工耳蜗、心电监护仪等。

(4) 信息家电及家庭智能管理系统。信息家电及家庭智能管理系统方面将是嵌入式系统未来最大的应用领域之一。例如,冰箱、空调等的网络化、智能化将引领人们的生活步入一个崭新的空间,即使用户不在家,也可以通过电话线、网络进行远程控制。又如水、电、燃气表的远程自动抄表,以及防水、防盗系统,其中嵌入式专用控制芯片将代替传统的人工检查,并实现更高效、更准确和更安全的性能。目前在餐饮服务领域,如远程点菜器等,已经体现了嵌入式系统的优势。

(5) 网络与通信系统。嵌入式系统将广泛用于网络与通信系统。例如,Arm 把针对移动互联网市场的产品分为两类:一类是智能手机;另一类是平板电脑。平板电脑是介于笔记本电脑和智能手机中间的一类产品。Arm 过去在 PC 上的业务很少,但现在市场给更低功耗的移动计算平台的需求带来了新的机会,因此,Arm 在不断推出性能更高的 CPU 来拓展市场。Arm 新推出的 Cortex-A9、Cortex-A55、Cortex-A75 等处理器可以用于高端智能手机,也可用于平板电脑。现在已经有很多半导体芯片厂商在采用 Arm 开发产品并应用于智能手机和平板电脑,如高通骁龙处理器、华为海思处理器均采用 Arm 架构。

(6) 环境工程。嵌入式系统在环境工程中的应用也很广泛,如水文资源实时监测、防洪体系及水土质量检测、堤坝安全、地震监测网、实时气象信息网、水源和空气污染监测。在很多环境恶劣、地况复杂的地区,依靠嵌入式系统将能够实现无人监测。

(7) 机器人。嵌入式芯片的发展将使机器人在微型化、高智能方面优势更加明显,同时会大幅度降低机器人的价格,使其在工业领域和服务领域获得更广泛的应用。

1.8　嵌入式微处理器分类

处理器分为通用处理器与嵌入式处理器两类。通用处理器以 x86 体系架构的产品为代表,基本被 Intel 和 AMD 两家公司垄断。通用处理器追求更快的计算速度、更大的数据吞吐率,有 8 位处理器、16 位处理器、32 位处理器、64 位处理器。

在嵌入式应用领域中应用较多的还是各色嵌入式处理器。嵌入式处理器是嵌入式系统的核心,是控制、辅助系统运行的硬件单元。根据其现状,嵌入式处理器可以分为嵌入式微处理器、嵌入式微控制器、嵌入式 DSP 和嵌入式 SoC。因为嵌入式系统有应用针对性的特点,不同系统对处理器的要求千差万别,因此嵌入式处理器种类繁多。据不完全统计,全世界嵌入式处理器的种类已经超过 1000 种,流行的体系架构有 30 多个。现在几乎每个半导体制造商都生产嵌入式处理器,越来越多的公司有自己的处理器设计部门。

1.8.1　嵌入式微处理器

嵌入式微处理器处理能力较强、可扩展性好、寻址范围大、支持各种灵活设计,且不限于某个具体的应用领域。嵌入式微处理器是 32 位以上的处理器,具有体积小、重量轻、成本低、可靠性高的优点,在功能、价格、功耗、芯片封装、温度适应性、电磁兼容方面更适合嵌入式系统应用要求。嵌入式微处理器目前主要有 Arm、MIPS、PowerPC、xScale、ColdFire 系列等。

1.8.2　嵌入式微控制器

嵌入式微控制器(Microcontroller Unit,MCU)又称单片机,在嵌入式设备中有着极其广泛的应用。嵌入式微控制器芯片内部集成了 ROM/EPROM、RAM、总线、总线逻辑、定时/计数器、看门狗、I/O、串行口、脉宽调制输出、A/D、D/A、Flash RAM 和 EEPROM 等各种必要功能和外设。和嵌入式微处理器相比,嵌入式微控制器最大的特点是单片化,体积大大减小,从而使功耗和成本下降、可靠性提高。嵌入式微控制器的片上外设资源丰富,适合于嵌入式系统工业控制的应用领域。嵌入式微控制器从 20 世纪 70 年代末出现至今,出现了很多种类,比较有代表性的产品有 Cortex-M 系列、8051、AVR、PIC、MSP430、C166 和 STM8 系列等。

1.8.3　嵌入式 DSP

嵌入式数字信号处理器(Embedded Digital Signal Processor,EDSP)又称嵌入式 DSP,是专门用于信号处理的嵌入式处理器,它在系统结构和指令算法方面经过特殊设计,具有很高的编译效率和指令执行速度。嵌入式 DSP 内部采用程序和数据分开的哈佛结构,具有专门的硬件乘法器,广泛采用流水线操作,提供特殊的数字信号处理指令,可以快速实现各种数字信号处理算法。在数字化时代,数字信号处理是一门应用广泛的技术,如数字滤波、FFT、谱分析、语音编码、视频编码、数据编码和雷达目标提取等。传统微处理器在进行这类计算操作时的性能较低,而嵌入式 DSP 的系统结构和指令系统针对数字信号处理进行了特殊设计,因而嵌入式 DSP 在执行相关操作时具有很高的效率。比较有代表性的嵌入式 DSP 产品是 Texas Instruments 公司的 TMS320 系列和 Analog Devices 公司的 ADSP 系列。

1.8.4　嵌入式 SoC

针对嵌入式系统的某一类特定的应用对嵌入式系统的性能、功能、接口有相似的要求的特点,用大规模集成电路技术将某一类应用需要的大多数模块集成在一个芯片上,从而在芯片上实现一个嵌入式系统大部分核心功能的处理器就是 SoC。

SoC 把微处理器和特定应用中常用的模块集成在一个芯片上,应用时往往只需要在 SoC 外部扩充内存、接口驱动、一些分立元件及供电电路就可以构成一套实用的系统,极大地简化了系统设计的难度,还有利于减小电路板面积、降低系统成本、提高系统可靠性。SoC 是嵌入式处理器的一个重要发展趋势。

第 2 章
CHAPTER 2

电子设计与制作

本章讲述电子设计与制作,包括电子制作概述、电子制作常用工具、电子制作装配技术和电子制作调试与故障排查。

2.1 电子制作概述

下面讲述电子制作基本概念和电子制作基本流程。

2.1.1 电子制作基本概念

电子制作是一个电子系统设计理论物化的过程,主要体现在用中小规模集成电路、分立元件等组装成一种或多种功能的装置。电子制作是一种创新思维,除了一般学习之外,它能够体现出制作者自身的特点和个性,不是简单的模仿。电子制作可以检验综合应用电子技术相关知识的能力,它涉及电物理(电物理是物理学的一个分支学科,研究对象广义上包括静电场、电流、静磁场、电磁感应、电磁场等)基本定律、电路理论、模拟电子技术、数字电子技术、机械结构、工艺、计算机应用、传感器技术、电机、测试与显示技术等内容。实践证明,许多发明、创造都是在制作过程中产生的。电子制作的目的是学习、创新,最终产品化和市场化,产生经济效益。

2.1.2 电子制作基本流程

电子制作的基本流程如图 2-1 所示,简要说明如下。

1. 审题

通过审题对给定任务或设计课题进行具体分析,明确所设计系统的功能、性能、技术指标及要求,这是保证所做的设计不偏题、不漏题的先决条件。为此,要求学生与命题老师进行充分交流,务必弄清系统的设计任务要求。在真实的工程设计中如果发生了偏题与漏题,用户将拒绝接受该设计,设计者还要承担巨大的经济责任甚至法律责任;如果该设计是一次毕业设计训练,则设计者将失去毕业设计成绩。所以审题这一步,事关重大,务必走稳、走好。

2. 方案选择与可行性论证

把系统所要实现的功能分配给若干个单元电路,并画出一个能表示各单元功能的整机原理框图。这项工作要综合运用所学知识,并同时查阅有关参考资料,要敢于创新、敢于采

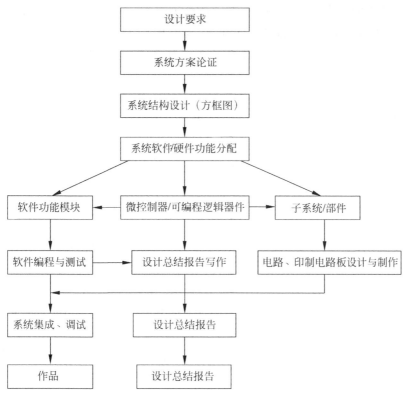

图 2-1 电子制作的基本流程

用新技术,不断完善所提的方案;应提出几种不同的方案,对它们的可行性进行论证,即从完成的功能的齐全程度、性能和技术指标的高低程度、经济性、技术的先进性及完成的进度等方面进行比较,最后选择一个较适中的方案。

3. 单元电路的设计、参数计算和元器件选择

在确定总体方案、画出详细框图之后,即可进行单元电路的设计。

(1)根据设计要求和总体方案的原理框图,确定对各单元电路的设计要求,必要时应拟定主要单元电路的性能指标。应注意各个单元电路之间的相互配合,尽量少用或不用电平转换之类的接口电路,以简化电路结构、降低成本。

(2)拟定出各单元电路的要求,检查无误后方可按一定顺序分别设计每个单元电路。

(3)设计单元电路的结构形式。一般情况下,应查阅有关资料,从而找到适用的参考电路,也可从几个电路综合得出所需要的电路。

(4)选择单元电路的元器件。根据设计要求,调整元件,估算参数。

显然,这一步工作需要有扎实的电子线路和数字电路的知识及清晰的物理概念。

4. 计算参数

在电子系统设计过程中,常需要计算一些参数。如设计积分电路时,需计算电阻值和电容值,还要估算集成电路的开环电压放大倍数、差模输入电阻、转换速率、输入偏置电流、输入失调电压和输入失调电流及温漂,最后根据计算结果选择元器件。

计算参数的具体方法,主要在于正确运用已学过的分析方法,搞清电路原理,灵活运用公式进行计算。一般情况下,计算参数应注意以下几点:

（1）各元器件的工作电压、电流、频率和功耗等应在标称值允许范围内，并留有适当裕量，以保证电路在规定的条件下能正常工作，达到所要求的性能指标。

（2）对于环境温度、交流电网电压变化等工作条件，计算参数时应按最不利的情况考虑。

（3）涉及元器件的极限参数（如整流桥的耐压）时，必须留有足够的裕量，一般按 1.5 倍左右考虑。例如，如果实际电路中三极管 U_{ce} 的最大值为 20V，则挑选三极管时应按大于或等于 30V 考虑。

（4）电阻值尽可能选在 1MΩ 范围内，最大不超过 10MΩ，其数值应在常用电阻标称值之内，并根据具体情况正确选择电阻的品种。

（5）非电解电容尽可能在 100pF～0.1μF 内选择，其数值应在常用电容器标称值系列之内，并根据具体情况正确选择电容器的品种。

（6）在保证电路性能的前提下，尽可能降低成本，减少器件品种，减少元器件的功耗和体积，为安装调试创造有利条件。

（7）应把计算确定的各参数标在电路图的恰当位置。

（8）电子系统设计应尽可能选用中、大规模集成电路，但晶体管电路设计仍是最基本的方法，具有不可代替的作用。

（9）单元电路的输入电阻和输出电阻，应根据信号源的要求确定前置级电路的输入电阻，或用射极跟随器实现信号源与后级电路的医抗配转换，也可考虑选用场效应管电路或采用晶体管自举电路。

（10）放大级数。设备的总增益是确定放大线数的基本依据，可考虑采用运算放大器实现放大级数。在具体选定级数时，应留有 15％～20％ 的增益裕量，以避免实现时可能造成增益不足的问题。除前置级外，放大级一般选用共发射级组态。

（11）级间耦合方式。级间耦合方式通常根据信号、频率和功率增益要求而定。在对低频特性要求很高的场合，可考虑直接耦合；一般小信号大线之间采用阻容耦合；功放级与推动级或功放级与负载级之间一般采用变压器耦合，以获得较高的功率增益和阻抗匹配。

（12）为了降低噪声，I_{CQ} 可选得低些，选 β 较小的管子。后级放大器，因输入信号幅值较大，工作点可适当高一些，同时选 β 较大的管子。工作点的选定以信号不失真为宜，工作点偏低会产生截止失真；工作点偏高会产生地和失真。

实践经验告诉我们，由于诸多因素的影响，在多数计算过程中，本着"定性分析、定量估算、实验调整"的方法是切合实际的，也是行之有效的。

5. 组装与调试

设计结果的正确性需要验证，但手工设计无法实现自动验证。虽然也可以在纸面上进行手工验证，但由于人工管理复杂性的能力有限再加上人工计算时多用近似，设计中使用的器件参数与实际使用的器件参数不一致等因素，使得设计中总是不可避免地存在误差甚至错误，因而不能保证最终的设计是完全正确的。这就需要将设计的系统在面包板上进行组装，并用仪器进行测试，发现问题时随时修改，直到所要求的功能和性能指标全部符合要求为止。一个未经验证的设计总是有这样那样的问题和错误，通过组装与调试对设计进行验证、修改和完善是传统手工设计法不可缺少的一个步骤。

6. 印制电路板的设计与制作

具有印制电路的绝缘底板叫印制电路板(Printed Circuit Board,PCB)。

印制电路板在电子产品中通常有三种作用:

(1) 作为电路中元件和器件的支撑件。

(2) 提供电路元件和器件之间的电气连接。

(3) 通过标记符号把安装在印制电路板上面的元件和器件标注出来,给人一目了然的感觉,这样有助于元件和器件的插装和电气维修,同时大大减少了接线数量和接线错误。

印制电路板有单面印制电路板(绝缘基板的一面有印制电路)、双面印制电路板(绝缘基板的两面有印制电路)、多层印制电路板(在绝缘基板上制成三层以上印制电路)和软印制电路板(绝缘基板是软的层状塑料或其他质软的绝缘材料)。一般电子产品使用单面和双面印制电路板,在导线的密度较大、单面印制电路板容纳不下所有的导线时使用双面印制电路板。双面印制电路板布线容易,但制作校准成本较高,所以从经济角度考虑尽可能采用单面印制电路板。

印制电路板设计软件可以采用 Altium designer。

7. 元件焊接与整机装备调试

电子产品的焊接、装配是在元器件加工整形、导线加工处理之后进行的。装配也是制作产品的重要环节,要求焊点牢固,配线合理,电气连接良好,外表美观,保证焊接与装配的工艺质量。

8. 编写设计文档与总结报告

正如前面所指出的,从设计的第一步开始就要编写文档。文档的组织应当符合系统化、层次化和结构化的要求;文档的语句应当条理分明、简洁、清楚;文档所用的单位、符号及文档的图纸均应符合国家标准。可见,要编写出一个合乎规范的文档并不是一件容易的事,初学者应先从一些简单系统的设计入手,进行编写文档的训练。文档的具体内容与上面所列的设计步骤是相呼应的,即:

(1) 系统的设计要求与技术指标的确定。

(2) 方案选择与可行性论证。

(3) 单元电路的设计、参数计算和元器件选择。

(4) 列出参考资料目录。

总结报告是在组装与调试结束之后开始撰写的,是整个设计工作的总结,其内容应包括:

(1) 设计工作的日志。

(2) 对原始设计修改部分的说明。

(3) 实际电路图、实物布置图、实用程序清单等。

(4) 功能与指标测试结果(含使用的测试仪器型号与规格)。

(5) 系统的操作使用说明。

(6) 存在的问题及改进方向等。

以上介绍的是电子系统生产厂家在进行电子产品制作过程中所包含的内容。对于初学者来说,则没有必要考虑那么多,通常只要挑选出需要的电路进行安装调试就可以了。主要目的是通过电子系统制作,提高电子学理论水平和实际动手能力,更深刻地理解电子学原理,熟悉各种类型的单元电路,掌握各种电子元器件的特点,深入了解电路在不同工作状态下的特性,逐步学习更多、更新的知识,掌握电子产品制作知识和技能,为上岗工作打下良好基础。

2.2 电子制作常用工具

电子制作常用的工具可划分为板件加工、安装焊接和检测调试三大类。板件加工类工具主要有锥子、钢板尺、刻刀、螺丝刀、钢丝钳、小型台钳、手钢锯、小钢锉、锤子和手电钻等;安装焊接类工具主要有镊子、铅笔刀、剪刀、尖嘴钳、偏口钳、剥线钳、热熔胶枪和电烙铁等;检测调试类工具主要有测电笔、万用表、信号源、稳压电源和示波器等。

2.2.1 板件加工工具

下面讲述板件加工工具。

1. 螺钉旋具

螺钉旋具分为十字螺钉旋具和一字螺钉旋具,主要用于拧动螺钉及调整可调元件的可调部分。螺钉旋具俗称改锥、起子。电工用螺钉旋具有 100mm、150mm 和 300mm 3 种。十字螺钉旋具按照其头部旋动螺钉规格的不同分为 Ⅰ、Ⅱ、Ⅲ、Ⅳ 4 个型号,分别用于旋动22.5mm、6～8mm、10～12mm 的螺钉。

无感螺丝刀用于电子产品中电感类组件磁芯的调整,一般采用塑料、有机玻璃等绝缘材料和非铁磁性物质做成。另外,还有带试电笔的螺钉旋具。

普通螺丝刀和组合螺丝刀如图 2-2 所示。

(a) 普通螺丝刀　　　　　　　　　(b) 组合螺丝刀

图 2-2　普通螺丝刀和组合螺丝刀

2. 钳具

电工常用的钳具有钢丝钳、剪线钳、剥线钳、尖嘴钳等,其绝缘柄耐压应为 1000V 以上。

(1) 尖嘴钳:主要用来夹小螺钉帽,绞合硬钢线,其尖口作剪断导线之用,还可用作元器件引脚成形。尖嘴钳如图 2-3 所示。

(2) 钢丝钳:又称虎口钳,主要作用与尖嘴钳基本相同,其铡口可用来铡切钢丝等硬金属丝,常用规格有 150mm、175mm 和 200mm 3 种。钢丝钳如图 2-4 所示。

(3) 剪线钳:又称斜口钳,用于剪细导线、元器件引脚或修剪焊接多余的线头。剪线钳如图 2-5 所示。

(4) 剥线钳:主要用来快速剥去导线外面塑料包线的工具,使用时要注意选好孔径,切勿使刀口剪伤内部的金属芯线,常用规格有 140mm、180mm 2 种。剥线钳如图 2-6 所示。

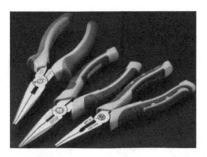

图 2-3　尖嘴钳

图 2-4　钢丝钳

图 2-5　剪线钳

图 2-6　剥线钳

2.2.2　焊接工具

焊接工具是电子制作必需的工具,下面讲述常用的焊接工具。

1. 常用焊接工具和材料

在电子产品设计制作中,元器件的连接处需要焊接。常用的焊接工具和材料有以下几种。

(1)镊子:在焊接过程中,镊子是配合使用不可缺少的工具,特别是在焊接小零件时,用手扶拿会烫手,既不方便,有时还容易引起短路。一般使用的镊子有 2 种:一种是用铝合金制成的尖头镊子,它不易磁化,可用来夹持怕磁化的小元器件;另一种是不锈钢制成的平头镊子,它的硬度较大,除了可用来夹持元器件引脚外,还可以帮助加工元器件引脚,做简单的成型工作。使用镊子进行协助焊接时,还有助于电极的散热,从而起到保护元器件的作用。镊子如图 2-7 所示。

(2)刻刀:用于清除元器件上的氧化层和污垢。刻刀如图 2-8 所示。

图 2-7　镊子

图 2-8　刻刀

（3）吸锡器：把多余的锡除去。常见的有 2 种：自带热源的；不带热源的。吸锡器如图 2-9 所示。

（4）恒温胶枪：采用高科技陶瓷 PTC 发热元件制作，升温迅速，自动恒温，绝缘强度大于 3750V，可以用于玩具模型、人造花及圣诞树、装饰品、工艺品及电子线路固定，是电子制作必备工具。恒温胶枪如图 2-10 所示。

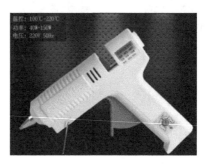

图 2-9　吸锡器　　　　　　　　　　图 2-10　恒温胶枪

（5）焊锡：一般要求熔点低、凝结快、附着力强、坚固、导电率高且表面光洁。其主要成分是铅锡合金。除丝状外，还有扁带状、球状、饼状规格不等的成型材料。焊锡丝的直径有 0.5mm、0.8mm、0.9mm、1.0mm、1.2mm、1.5mm、2.0mm、2.3mm、2.5mm、3.0mm、4.0mm、5.0mm。焊锡丝中间一般均有松香，焊接过程中应根据焊点大小和电烙铁的功率选择合适的焊锡。焊锡如图 2-11 所示。

（6）松香：一种中性焊剂，受热熔化变成液态。它无毒、无腐蚀性、异味小、价格低廉、助焊力强。在焊接过程中，松香受热汽化，将金属表面的氧化层带走，使焊锡与被焊金属充分结合，形成坚固的焊点。松香如图 2-12 所示。

（7）助焊剂：助焊剂是焊接过程中必需的熔剂，它具有除氧化膜、防止氧化、减小表面张力、使焊点美观的作用，有碱性、酸性和中性之分。在印制电路板上焊接电子元器件，要求采用中性焊剂。碱性和酸性焊剂用于体积较大的金属制品的焊接，使用过的元器件都要用酒精擦净，以防腐蚀。助焊剂如图 2-13 所示。

图 2-11　焊锡　　　　　图 2-12　松香　　　　　　图 2-13　助焊剂

（8）清洁毛刷：清理印制电路板。清洁毛刷如图 2-14 所示。

（9）芯片起拔器：取下 PLCC 和 DIP 芯片，芯片起拔器如图 2-15 所示。

2. 电烙铁及其使用

电烙铁是熔解锡进行焊接的工具。

（1）常用电烙铁的种类和功率。

常用电烙铁分为内热式和外热式两种，如图 2-16(a)、图 2-16(b) 所示。

恒温电烙铁和智能拆焊台如图 2-16(c)、图 2-16(d) 所示。

图 2-14 清洁毛刷

图 2-15 芯片起拔器

(a) 外热式电烙铁

(b) 内热式电烙铁

(c) 恒温电烙铁

(d) 智能拆焊台

图 2-16 常用电烙铁实物图

外热式电烙铁既适合于焊接大型的元器件,也适用于焊接小型的元器件。由于发热熔丝在烙铁头的外面,有大部分的热散发到外部空间,所以加热效率低,加热速度较缓慢,一般要预热 6~7min 才能焊接。其体积较大,焊小型器件时显得不方便。但它有烙铁头使用时间较长、功率较大的优点,有 25W、30W、50W、75W、100W、150W、300W 等多种规格。

内热式电烙铁的烙铁头套在发热体的外部,使热量从内部传到烙铁头,具有热得快、加热效率高、体积小、质量轻、耗电省、使用灵巧等优点,适合于焊接小型的元器件。但由于烙铁头温度高而易氧化变黑,烙铁芯易被摔断,且功率小,只有 20W、35W、50W 等几种规格。

电烙铁直接用 220V 交流电源加热,电源线和外壳之间应是绝缘的,电源线和外壳之间的电阻应大于 200MΩ。

恒温电烙铁的烙铁头内装有强磁性体传感器,根据焊嘴热负荷自动调节发热量,实现温度恒定。其配有高效率陶瓷发热芯,回温快,橡胶手柄采用隔热构造,防止热量向手传导,舒适作业。恒温电烙铁可以选配不同的烙铁头用来手工焊接贴片元件。

吸锡电烙铁是将活塞式吸锡器与电烙铁融为一体的拆焊工具。

防静电电烙铁(防静电焊台)主要完成对烙铁的去静电供电、恒温等功能。防静电电子设计与制作基础烙铁价格昂贵,只在有特殊要求的场合使用,如焊接超大规模的 CMOS 集成块、计算机板卡、手机等的维修。

自动送锡电烙铁能在焊接时将焊锡自动输送到焊接点,可使操作者腾出一只手来固定工件,因而在焊接活动的工件时特别方便,如进行导线的焊接、贴片元器件的焊接等。

电热枪由控制台和电热风吹枪组成,其工作原理是利用高温热风加热焊锡膏和电路板及元器件引脚,使焊锡膏熔化,实现焊装或拆焊的目的,是专门用于焊装或拆卸表面贴装元器件的焊接工具。

(2) 选用电烙铁的原则。

① 焊接集成电路、晶体管及受热易损的元器件时,考虑选用 20W 内热式或 25W 外热式电烙铁。

② 焊接较粗导线和同轴电缆时,考虑选用 50W 内热式或 45~75W 外热式电烙铁。

③ 焊接较大元器件时,如金属底盘接地焊片,应选用 100W 以上电烙铁。

④ 烙铁头的形状要适应被焊接件物面要求和产品装配密度。

(3) 使用电烙铁应注意的问题。

① 新电烙铁使用前,应用细砂纸将烙铁头打光亮,通电烧热,蘸上松香后用烙铁头刃面接触焊锡丝,使烙铁头上均匀地镀上一层锡。这样做可便于焊接和防止烙铁头表面氧化。旧的烙铁头若严重氧化而发黑,可用钢锉锉去表层氧化物,使其露出金属光泽后,重新镀锡,才能使用。

② 电烙铁通电后温度高达 250℃ 以上,不用时应放在烙铁架上,较长时间不用时应切断电源,防止高温"烧死"烙铁头(被氧化)。并应防止电烙铁烫坏其他元器件,尤其是电源线。

③ 不要将电烙铁猛力敲打,以免震断电烙铁内部电热丝或引线而产生故障。

④ 电烙铁使用一段时间后,可能在烙铁头部留有锡垢,在电烙铁加热的条件下,可以用湿布轻擦。若出现凹坑或氧化块,应用细纹锉刀修复或直接更换烙铁头。

⑤ 掌握好电烙铁的温度,当在电烙铁上加松香冒出柔顺的白烟时为焊接最佳状态。

⑥ 应选用焊接电子元件用的低熔点焊锡丝,用 25% 的松香溶解在 75% 的酒精(质量比)中作为助焊剂。

2.2.3 验电笔

验电笔是用来测量电源是否有电,电气线路和电气设备的金属外壳是否带电的一种常用工具。验电笔如图 2-17 所示。

常用低压验电笔有钢笔形的,也有一字形螺钉旋具式的,其前端是金属探头,后部的塑料外壳内装配有氖管、电阻和弹簧,还有金属端盖或钢笔形挂钩,这是使用时手触及的金属部分,如图 2-18 所示。普通低压验电笔的电压测量范围在 60~500V,低于 60V 时,验电笔的氖管可能不会发光显示;高于 500V 的电压则不能用普通低压验电笔测量。当用验电笔测试带电体时,带电体上的电压经笔尖(金属体)、电阻、氖管、弹簧、笔尾端的金属体,再经过人体接入大地,形成回路,从而使电笔内的氖管发光。如氖泡内电极一端发辉光,则所测的电是直流电;若氖泡内电极两端都发辉光,则所测电为交流电。

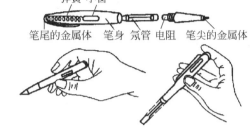

弹簧 小窗

笔尾的金属体 笔身 氖管 电阻 笔尖的金属体

图 2-17 验电笔 　　　图 2-18 验电笔结构及正确操作

2.2.4 万用表

万用表主要用来测量交流、直流电压、电流、直流电阻及晶体管电流放大倍数等。现在常见的主要有机械式万用表和数字式万用表两种。

1. 机械式万用表

机械式万用表又称模拟式万用表,其指针的偏移和被测量保持一定的关系,外观和数字表有一定的区别,但两者的转挡旋钮是差不多的,挡位也基本相同。在机械式万用表上会见到一个表盘,如图 2-19(a)所示,表盘上有几条刻度尺:

(1) 标有"Ω"标记的是测电阻时用的刻度尺。

(2) 标有"～"标记的是测交流/直流电压、直流电流时用的刻度尺。

(3) 标有"HFE"标记的是测三极管时用的刻度尺。

(4) 标有"LI"标记的是测量负载电流、电压的刻度尺。

(5) 标有"DB"标记的是测量电平的刻度尺。

相关厂家的型号说明文档。

(a) 某型号机械式万用表　　　(b) 某型号数字式万用表

图 2-19 万用表实物图

2. 数字式万用表/自动量程万用表

在数字式万用表上有转换旋钮,如图 2-19(b)所示,旋钮所指的是下列被测量的挡位:

(1) "V～"表示的是测量交流电压的挡位。

（2）"V－"表示的是测量直流电压的挡位。

（3）"MA"表示的是测量直流电流的挡位。

（4）"Ω(R)"表示的是测量电阻的挡位。

（5）"HFE"表示的是测量晶体管的电流放大倍数。

新型袖珍数字式万用表大多增加了功能标识符，如单位符号 mV、V、kV、μA、mA、A、Ω、kΩ、MΩ、ns、kHz、pF、nF、μF；测量项目符号 AC、DC、LOΩ、MEM；特殊符号 LO BAT（低电压符号）、H（读数保持符号）、AUTO（自动量程符号）、×10(10 倍乘符号)等。

为克服数字显示不能反映被测量的变化过程及变化趋势等不足，"数字/模拟条图"双重显示袖珍数字式万用表、多重显示袖珍数字式万用表竞相问世。这类仪表兼有数字式万用表和模拟式万用表的优点，为袖珍数字式万用表完全取代指针式（模拟式）万用表创造了条件。

3. 万用表的使用

万用表的红表笔表示接外电路正极，黑表笔表示接外电路负极。万用表可用来测量电压、电流、电阻等基本电路参数，还可用来测量电感值、电容值、晶体管参数，进行音频测量、温度测量。具体使用方法可参见相关仪表说明文档。

数字式万用表：测量前先设置到测量的挡位，要注意的是挡位上所标的是量程，即最大值。机械式万用表：测量电流、电压的方法与数字式万用表相同，但测电阻时，读数要乘以挡位上的数值才是测量值。例如，测量时的挡位是"×100"，读数是 200，则测量值是 200×100＝20000Ω＝20kΩ。表盘上的"Ω"刻度尺是从左到右、从大到小；而其他的是从左到右、从小到大。

4. 注意事项

调"零点"（机械式万用表才有），在使用万用表前，先要看指针是否指在左端"零位"上，如果不是，则应用小改锥慢慢旋表壳中央的"起点零位"校正螺钉，使指针指在零位上。

万用表使用时应水平放置（机械式万用表才有）。

测试前要确定测量内容，将量程转换旋钮旋到所需测量的相应挡位上，以免烧毁表头。如果不知道被测物理量的大小，要先从大量程开始测试。

表笔要正确地插在相应的插口中，测量电流时要注意更换红表笔插孔。

测试过程中，不要任意旋转挡位变换旋钮。

使用完毕后，一定要将万用表挡位变换旋钮调到交流电压的最大量程挡位上测直流电压、电流，要注意电压的正、负极，以及电流的流向，要与表笔相接正确。

2.2.5　示波器

示波器是一种用荧光屏显示电量随时间变化的电子测量仪器，现在荧光屏已被换成液晶屏。它能把人的肉眼无法直接观察到的电信号转换成人眼能够看到的波形，具体显示在示波屏幕上，以便对电信号进行定性和定量观测，其他非电物理量也可经转换成电量后再用示波器进行观测。示波器可用来测量电信号的幅度、频率、时间和相位等电参数，凡涉及电子技术的地方绝大部分都离不开示波器。

示波器的基本特点如下：

（1）能显示电信号波形，可测量瞬时值，具有直观性。

（2）工作频带宽，速度快，便于观察高速变化的波形的细节。

（3）输入阻抗高，对被测信号影响小。

（4）测量灵敏度高，并有较强的过载能力。

示波器的种类、型号很多，功能也不尽相同。电子制作中使用较多的是 20MHz 或 40MHz 的双踪模拟示波器。安捷伦模拟/数字 500MHz 示波器能同时测量模拟电信号和数字逻辑信号，但价格较昂贵。图 2-20 所示为两款常见示波表/示波器，示波器的使用可参照相关厂家的型号说明文档。

 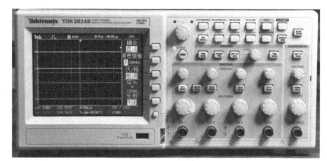

(a) 手持式示波表　　　　　　　　　(b) 数字示波器

图 2-20　示波表和示波器实物图

2.2.6　信号源

凡是产生测试信号的仪器，统称为信号源。信号源的振荡电路也称为信号发生器，它用于产生被测电路所需特定参数的电测试信号。在测试、研究或调整电子电路及设备时，为测定电路的一些电参量，如测量频率响应、噪声系数等，都要求提供符合所定技术条件的电信号，以模拟在实际工作中使用的待测设备的激励信号。当要求进行系统的稳态特性测量时，需使用振幅、频率已知的正弦波信号源；当测试系统的瞬态特性时，又需使用前沿时间、脉冲宽度和重复周期已知的矩形脉冲源。并且要求信号源输出信号的参数，如频率、波形、输出电压或功率等，能在一定范围内进行精确调整，有很好的稳定性，有输出指示。信号源可以根据输出波形的不同，划分为正弦波信号发生器、矩形脉冲信号发生器、函数信号发生器和随机信号发生器四大类。正弦波信号是使用最广泛的测试信号，这是因为产生正弦波信号的方法比较简单，而且用正弦波信号测量比较方便。正弦波信号源又可以根据工作频率范围的不同划分为若干种。信号发生器如图 2-21 所示。

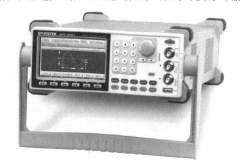

图 2-21　信号发生器

2.2.7　逻辑分析仪

下面讲述什么是逻辑分析仪、逻辑分析仪的参数和逻辑分析仪的使用。

1. 什么是逻辑分析仪

由于电路的发展是从模拟发展到数字这样的过程，因此测量工具的发展也遵循了这个顺序。现在提到测量,首先我们想到的是示波器,尤其是一些老工程师,他们对示波器的认知度非常高。而逻辑分析仪是一种新型测量工具,是随着单片机技术发展而发展起来的,非常适合单片机这类数字系统的测量分析,而通信方面的分析中,逻辑分析仪比示波器要更加方便和强大。

一个待测信号使用10MHz采样率的逻辑分析仪去采集的话,假定阈值电压是1.5V,那么在测量的时候,逻辑分析仪就会每100ns采集一个样点,并且超过1.5V认为是高电平(逻辑1),低于1.5V认为是低电平(逻辑0)。而后呢,逻辑分析仪会用描点法将波形连起来,工程师就可以在这个连续的波形中查看到逻辑分析仪还原的待测信号,从而查找异常之处。

逻辑分析仪和示波器都是还原信号的,示波器前端有ADC,再加上还原算法,可以实现模拟信号的还原;而逻辑分析仪只针对数字信号,不需要ADC,不需要特殊算法,就用最简单的连点就可以了。此外,示波器往往是台式的,波形显示在示波器本身的显示屏上;而逻辑分析仪当前大多数是和PC端的上位机软件结合的,在计算机上直接显示波形。如图2-22所示,是一款逻辑分析仪实物图,最大采样率为500M,通道数为16个,硬件采样深度为32M,经过压缩算法,最多可以实现每通道5G的采样深度,图2-23所示是该逻辑分析仪的上位机软件。

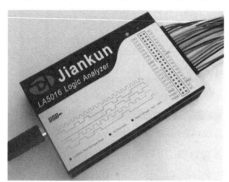

图 2-22 逻辑分析仪实物图

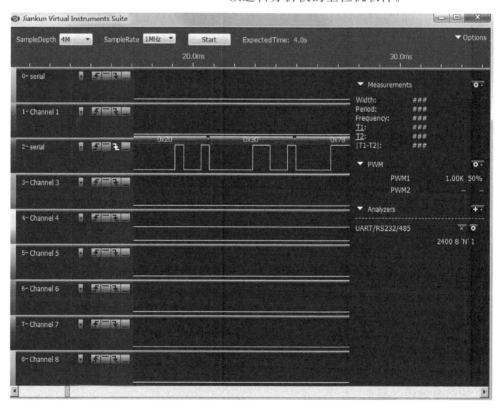

图 2-23 逻辑分析仪的上位机软件

2. 逻辑分析仪的参数

逻辑分析仪有三个重要参数：阈值电压、采样率和存储深度。

(1) 阈值电压：区分高低电平的间隔。逻辑分析仪和单片机都是数字电路，它在读取外部信号的时候，多高电压识别成高电平、多高电压识别成低电平是有一定限制的。比如一款逻辑分析仪，阈值电压为 1.0~2.0V，那么当它采集外部的数字电路信号的时候，高于2.0V 识别为高电平；低于 1.0V 识别为低电平；而在这之间的电压是一种不定态，有可能识别成高也可能识别成低，这是数字电路的固有特性所决定的。

(2) 采样率：每秒钟采集信号的次数。比如一个逻辑分析仪的最大采样率是 100M，那么也就是说它 1 秒可以采集 100M 个样点，即每 10ns 采集一个样点，并且高于阈值电压的认定为高电平，低于阈值电压的认定为低电平。UART 通信的时候，它的每位都会读取 16次，而逻辑分析仪的原理也是类似的，就是在超频读取。频率为 1M 的数字信号，用 100M的采样率去采集，那么一个信号周期就可以采集 100 次，最后用描点法把采集到的样点连起来，就会还原出信号，当然 100 倍采样率的脉宽误差大概是百分之一。根据奈奎斯特定理，采样率必须是信号频率的 2 倍以上才能还原出信号，因为逻辑分析仪是数字系统，算法简单，所以最低也是 4 倍于信号的采样率才可以，一般选择 10 倍左右效果就比较好了。比如待测信号频率是 10M，那么选用的逻辑分析仪采样率最低也得是 40M 的采样率，最好能达到 100M，提高精确度。

(3) 存储深度：刚才讲了采样率，那么采集到的高电平或者低电平信号，要有一个存储器存储起来。比如用 100M 采样率，那么 1 秒就会产生 100M 个状态样点。一款逻辑分析仪能够存储多少个样点数，这是逻辑分析仪很重要的一个指标。如果采样率很高，但是存储的数据量很少，那也没有多大意义，逻辑分析仪可以保存的最大样点数就是一款逻辑分析仪的存储深度。通常情况下，数据采集时间＝存储深度/采样率。

此外，逻辑分析仪还有输入阻抗和耐压值等几个简单参数。所有的逻辑分析仪的通道上，都是有等效电阻和电容的，由于测量信号的时候逻辑分析仪通道是并联在通道上的，所以逻辑分析仪的输入阻抗如果太小，电容过大，就会干扰到线上原来的信号。理论上来讲，阻抗越大越好，电容越小越好。通常情况下，逻辑分析仪的阻抗都在 100kΩ 以上，电容都在10pF 左右。所谓的耐压值，就是说如果测量超过这个电压值的信号，那么逻辑分析仪就可能被烧坏，所以测量的时候必须要注意这个问题。

阻抗(Electrical Impedance)是电路中电阻、电感、电容对交流电的阻碍作用的统称。阻抗的单位是欧姆(Ω)。阻抗衡量流动于电路的交流电所遇到的阻碍。阻抗将电阻的概念加以延伸至交流电路领域，不仅描述电压与电流的相对振幅，也描述其相对相位。当通过电路的电流是直流电时，电阻与阻抗相等，电阻可以视为相位为零的阻抗。在振动系统中，阻抗也用 Z 表示，是一个复数，也是一个相量(Phasor)，含有大小(Magnitude)和相位/极性(Phase/Polarity)。由阻(Resistance)和抗(Reactance)组成。阻是对能量的消耗，而抗是对能量的保存。

3. 逻辑分析仪的使用

逻辑分析仪的使用方法如下：

(1) 硬件通道连接。首先我们要把逻辑分析仪的 GND 和待测板子的 GND 连到一起，以保证信号的完整性；然后把逻辑分析仪的通道接到待测引脚上，待测引脚可以用多种方式引出来。

（2）通道数设置。一般情况下，大多数逻辑分析仪有 8 通道、16 通道、32 通道等数目。而采集信号的时候，往往用不到那么多通道，为了更清晰地观察波形，可以把用不到的通道隐藏起来。

（3）采样率和采样深度设置。首先要对待测信号最高频率有个大概的评估，把采样率设置到它的 10 倍以上，还要大概判断一下要采集的信号的时间长短，在设置采样深度的时候，尽量设置得有一定的余量。采样深度除以采样率，得到的就是可以保存信号的时间。

（4）触发设置。由于逻辑分析仪有深度限制，不可能无限期地保存数据。当使用逻辑分析仪的时候，如果没有采用任何触发设置的话，从开始抓取就开始计算时间，一直到存满设置的存储深度后抓取就停止。在实际操作过程中，开始抓取的一段信号可能是无用信号，有用信号可能只是其中一段，但是无用信号还占据了存储空间。在这种情况下，就可以通过设置触发提高存储深度的利用率。比如想抓取 UART 串口信号，而串口信号平时没有数据的时候是高电平，因此可以设置一个下降沿触发。从点击开始抓取，逻辑分析仪不会把抓到的信号保存到存储器中，而是会等待一个下降沿的产生，一旦产生了下降沿，才开始进行真正的信号采集，并且把采集到的信号存储到存储器中。也就是说，从点击开始抓取到下降沿这段时间内的无用信号，被所设置的触发给屏蔽掉了，这是一个非常实用的功能。

（5）抓取波形。逻辑分析仪和示波器不同，示波器是实时显示的；而逻辑分析仪需要点击开始，才开始抓取波形，一直到存满了所设置的存储深度后结束，然后操作者可以慢慢地去分析抓到的信号，因此点击"开始抓取"这个步骤是必须要有的。

（6）设置协议（标准协议）解析。如果抓取的波形是标准协议，比如 UART、I2C、SPI 等这种协议，逻辑分析仪一般都会配有专门的解码器，可以通过设置解码器，不仅仅像示波器那样把波形显示出来，还可以直接把数据解析出来，以十六进制、二进制、ASCII 码等不同形式显示出来。

（7）数据分析。和示波器类似，逻辑分析仪也有各种测量标线，可以测量脉冲宽度、波形的频率、占空比等信息，通过数据分析，查找波形是否符合设计要求，从而帮助设计者解决问题。

在电子制作过程中还经常用到直流稳压电源、交流毫伏表、Q 表、电阻箱、逻辑笔等测量仪表。标准仪器仪表的使用、型号规格参数均可参考相关厂家的型号说明文档，本书限于篇幅不作介绍。

Q 表是一种通用的多用途、多量程的阻抗测量仪器。可用以测量高频电感或谐振回路的 Q 值、电感器的电感量和分布电容量、电容器的电容量和损耗角、电工材料的高频介质损耗、高频回路的有效并联及串联电阻、传输线的特性阻抗等。可以广泛地用于科研机关、学校、工厂等单位。

Q 值是衡量电感器件的主要参数。是指电感器在某一频率的交流电压下工作时，所呈现的感抗与其等效损耗电阻之比。电感器的 Q 值越高，其损耗越小，效率越高。电感器品质因数的高低与线圈导线的直流电阻、线圈骨架的介质损耗及铁心、屏蔽罩等引起的损耗等有关。Q 值过大，引起电感烧毁，电容击穿，电路振荡。这种现象在电力系统中，往往导致电感器的绝缘和电容器中的电介质被击穿，造成损失。所以在电力系统中应该避免出现谐振现象。而在一些无线电设备中，却常利用谐振的特性，提高微弱信号的幅值。

2.2.8　晶体管特性图示仪

晶体管特性图示仪是一种专用示波器,它能直接观察各种晶体管特性曲线。例如:晶体管共射、共基和共集三种接法的输入、输出及反馈特性;二极管的正向、反向特性;稳压管的稳压或齐纳特性;它也可以测量晶体管的击穿电压、饱和电流等参数。

晶体管特性图示仪可用来测定晶体管的共集电极、共基极、共发射极的输入特性、输出特性、转换特性、α(共基交流电流放大系数)参数特性、β(共射交流电流放大系数)参数特性;可测定各种反向饱和电流 I_{CBO}(发射极开路时,集电极的反向饱和电流)、I_{CEO}(基极开路时,集电极与发射极间的穿透电流)、I_{EBO}(集电极开路时,流过发射极的反向饱和电流)和各种击穿电压 BU_{CBO}(发射极开路时,集电极-基极间的反向击穿电压)、BU_{CEO}(基极开路时,集电极-发射极间的反向击穿电压,此时集电极承受反向电压)、BU_{EBO}(集电极开路时,发射极-基极间的反向击穿电压,这是发射极所允许加的最高反向电压)等;还可以测定二极管、稳压管、可控硅、隧道二极管、场效应管及数字集成电路的特性,用途广泛。

晶体管特性图示仪主要由集电极扫描发生器、基极阶梯发生器、同步脉冲发生器、X 轴电压放大器、Y 轴电流放大器、示波管、电源及各种控制电路等组成。各组成的主要作用如下:

(1)集电极扫描发生器的主要作用是产生集电极扫描电压,其波形是正弦半波波形,幅值可以调节,用于形成水平扫描线。

(2)基极阶梯发生器的主要作用是产生基极阶梯电流信号,其阶梯的高度可以调节,用于形成多条曲线簇。

(3)同步脉冲发生器的主要作用是产生同步脉冲,使扫描发生器和阶梯发生器的信号严格保持同步。

(4)X 轴电压放大器和 Y 轴电流放大器主要用作轴电压放大器,是把从被测元件上取出的电压信号或电流信号进行放大,达到能驱动显示屏发光之所需,然后送至示波管的相应偏转板上,以在屏面上形成扫描曲线。

(5)示波器的主要作用是在荧屏面上显示测试的曲线图像。

(6)电源和各种控制电路的作用:电源是提供整机的能源供给;各种控制电路是便于测试转换和调节。

国内某公司生产的 WQ4830 型晶体管特性图示仪如图 2-24 所示。

WQ4830 晶体管特性图示仪功能特性如下:

(1)数字存储:本机可以存储 10 幅图形,也可以通过 USB 接口无限量存储至计算机。可以保存为特定文件格式,也可以保存为 JPG、BMP等图片格式。保存在计算机上的数据可以通过打印机打印图片也可以通过 USB 接口下载至仪器。

图 2-24　WQ4830 型晶体管特性图示仪

(2)安全:停止状态切断集电极电源及基极电压、电流输出,确保操作人员、被测器件及仪器安全。

（3）显示界面：640×480 TFT 彩色液晶显示器，友好的人机界面。

（4）同步显示：高速 USB 通信可以在测试器件的同时将图形同步显示在计算机屏幕上，使显示界面大小得到了无限的扩展。

（5）参数显示：自动测量并显示电压、电流、α 和 β 测量值及各种设置参数。

（6）配对挑选：可以同时显示一幅静态图形和一幅动态图形，方便对两个器件进行直观地配对。

（7）快速筛选：可以设置某种条件下某个参数的上、下限值，被测参数超出该范围时会声光报警提示。

（8）通信接口：USB。

（9）最大集电极电流：50A。

2.2.9　其他工具与材料

其他工具与材料包括导线、绝缘材料与导电材料。

图 2-25　调试电路用彩色连接线

1. 导线

电子制作过程中需要用到各种电源线、信号线，线芯多为铜材，有软硬之分，软芯线铜芯由多股细铜丝组成，柔软，连接使用方便；硬芯线铜芯是单根铜，线径粗时较硬，容易折断。为调试和连接方便，可采用优质的鳄鱼夹和事先焊接成的柔性彩色软线，如图 2-25 所示；或者用排线和插针/座直接通过机器加工成杜邦线如图 2-26 所示，耐用、方便，调试电路时必不可少，并可提高效率。国标纯铜 RV 多股软电线如图 2-27 所示。

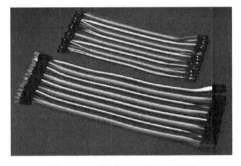

图 2-26　调试电路用杜邦线

图 2-27　国标纯铜 RV 多股软电线

2. 绝缘材料与导电材料

绝缘材料是一种不导电的物质，主要作用是将带电体封闭起来或将带不同电位的导体隔开，以保证电气线路和电气设备正常工作，并防止发生人身触电事故等。绝缘材料有木头、石头、橡胶、橡皮、塑料、陶瓷、玻璃、云母等。

用作导电材料的金属必须具备以下特点：导电性能好，有一定的机械强度，不易氧化和腐蚀，容易加工和焊接，资源丰富，价格便宜。

电气设备和电气线路中常用的导电材料有以下几类。

（1）铜材，电阻率 $p=0.0175\Omega$，其导电性能、焊接性能及机械强度都较好，在要求较高

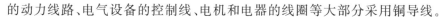

的动力线路、电气设备的控制线、电机和电器的线圈等大部分采用铜导线。

（2）铝材，电阻率 $p=0.029\Omega$，其电阻率虽然比铜大，但密度比铜小，且铝资源丰富，为了节省铜，应尽量采用铝导线。架空线路、照明线已广泛采用铝导线。由于铝导线焊接工艺较复杂，使用受到限制。

（3）钢材，电阻率 $p=0.1\Omega$，使用时会增大线路损耗，但机械强度好，能承受挖、拉力，资源丰富。

电子制作常用辅助材料还有台钻、手电钻、台虎钳、扳手、切割机、滚动轴承、润滑油、链条、传动带、螺钉和螺栓等。

2.3 电子制作装配技术

电子制作装配技术包括电子元器件的安装、电子制作的装配技术。

2.3.1 电子元器件的安装

电子元器件的安装包括电子电路安装布局的原则、元器件安装要求、电路板结构布局和元器件的插接。

1. 安装布局的原则

电子电路的安装布局分为电子装置整体结构布局和电路板上元器件安装布局两种。整体结构布局是一个空间布局问题，应从全局出发，决定电子装置各部分的空间位置。例如，电源变压器、电路板、执行机构、指示与显示部分、操作部分等，在空间尺寸不受限制的场合，这些都好布局；而在空间尺寸受到限制且组成部分复杂的场合，布局则十分艰难，常常要对多个布局方案进行比较后才能确定。整体结构布局没有一个固定的模式，只有一些应遵循的原则，如下所述。

（1）注意电子装置的重心平衡与稳定。为此，变压器和大电容等比较重的元器件应安装在装置的底部，以降低装置的重心。还应注意装置前、后、左、右的重量平衡。

（2）注意发热部件的通风散热。为此，大功率管应加装散热片，并布置在靠近装置的外壳，且开凿通风孔，必要时加装小型排风扇。

（3）注意发热部件的热干扰。为此，半导体器件、热敏器件和电解电容等应尽可能远离发热部件。

（4）注意电磁干扰对电路正常工作的影响，容易受干扰的元器件（如高放大倍数放大器的第一级等）应尽可能远离干扰源（变压器、高频振荡器、继电器和接触器等）。当远离有困难时，应采取屏蔽措施（即将干扰源屏蔽或将易受干扰的元器件屏蔽起来）。

（5）注意电路板的分块与布置。如果电路规模不大或电路规模虽大但安装空间没有限制，则尽可能采用一块电路板，否则可按电路功能分块。电路板的布置可采用卧式，也可用立式，要视具体空间而定。此外，与指示和显示有关的电路板最好安装在面板附近。

（6）注意连线的相互影响。强电流线与弱电流线应分开走线，输入级的输入线应与输出级的输出线分开走线。

（7）操作按钮、调节按钮、指示器与显示器等都应安装在装置的面板上。

（8）注意安装、调试和维修的方便，并尽可能注意整体布局的美观。

2. 元器件安装要求

（1）元器件处理。

① 电子元器件引脚分别有保护塑料套管，元器件各电极套管颜色如下：

二极管和整流二极管：阳极为蓝色，阴极为红色。

晶体管：发射极为蓝色，基极为黄色，集电极为红色。

晶闸管和双向晶闸管：阳极为蓝色，门极为黄色，阴极为红色。

直流电源：电极"＋"为棕色，电极"－"为蓝色，接地中线为淡蓝色。

② 按照元器件在印制电路板上的孔位尺寸要求，进行弯脚及整形，引线弯角半径大于0.5mm，引线弯曲处距离元器件本体至少在2mm以上，绝不允许从引线的根部弯折。元器件型号及数值应朝向可读位置。

③ 各元器件引线须经过镀锡处理（离开元器件本体应大于5mm，防止元器件过热而损坏）。

（2）元器件排列。

① 元器件排列原则上采用卧式排列，高度尽量一致，布局整齐、美观。

② 高、低频电路避免交叉，对直流电源与功率放大器件，采取相应的散热措施。

③ 需要调节的元器件，如电位器、可变电容器、中频变压器和操作按钮等，排列时力求使操作、维修方便。

④ 输入与输出回路，高、低频电路的元器件采取隔离措施，避免寄生耦合产生自激振荡。

⑤ 晶体管、集成电路等元器件排列在印制电路板上，电源变压器放在机壳的底板上，保持一定距离，避免变压器的温升影响它们的电气性能。

⑥ 变压器与电感线圈分开一定距离排列，避免二者的磁场方向互相垂直，产生寄生耦合。

⑦ 集成电路外引线与外围元器件引线距离力求直而短，避免互相交叉。

（3）元器件安装。

① 元器件在印制电路板上的安装方法一般分为贴板安装和间隔安装两种。贴板安装的元器件大、机械稳定性好、排列整齐美观、元器件的跨距大、走线方便；间隔安装的元器件体积小、质量轻、占用面积小，单位面积上容纳元器件的数量多，元器件引线与印制电路板之间留有5～10mm间隙。这种安装方式适合于元器件排列密集紧凑的产品，如微型收音机等许多小型便携式装置。

② 电阻器和电容器的引线应短些，以提高其固有频率，避免震动时引线断裂。对较大的电阻器和电容器应尽量卧装，以利于抗震和散热，并在元器件和底板间用胶粘住。大型电阻器、电容器需加紧固装置，对陶瓷或易脆裂的元器件，则加橡胶垫或其他衬垫。

③ 微电路器件多余的引脚应保留。两印制电路板间距不应过小，以免震动时元器件与另一底板相碰撞。

④ 对继电器、电源变压器、大容量电解电容器、大功率晶体管和功放集成块等重量级元器件，在安装时，除焊接外还应采取加固措施。

⑤ 对产生电磁干扰或对干扰敏感的元器件安装时应加屏蔽。

⑥ 对用插座安装的晶体管和微电路应压上护圈，防止松动。

⑦ 在印制电路板上插接元器件时,参照电路图,使元器件与插孔一一对应,并将元器件的标识面向外,便于辨认与维修。

⑧ 集成电路、晶体管及电解电容器等有极性的元器件,应按一定的方向,对准板孔,将元器件一一插入孔中。

(4) 功率器件与散热器的安装。

① 功率器件与散热器之间应涂敷导热脂,使用的导热脂应对器件芯片表面层无溶解作用,使用聚二甲硅油时应小心。

② 散热器与功率器件的接触面必须平整,不平整和扭曲度不能超过0.05mm。

③ 功率器件与散热器之间的导热绝缘片不允许有裂纹,接触面的间隙内不允许夹杂切屑等多余物。

3. 电路板结构布局

在一块板上按电路图把元器件组装成电路,组装方式通常有两种:插接方式和焊接方式。插接方式是在面包板上进行,电路元器件和连线均接插在面包电路板(通用电路板)的孔中;而焊接方式是在印制电路板上进行,电路组件焊接在印制电路板上,电路连线则为特制的印制线。不论是哪一种组装方式,首先必须考虑元器件在电路板上的结构布局问题。

电路板结构布局没有固定的模式,不同的人所进行的布局设计不相同,但有以下参考原则。

(1) 布置主电路的集成块和晶体管的位置。安排的原则是,按主电路信号流向的顺序布置各级的集成块和晶体管。当芯片多而板面有限时,布成一个"U"字形,"U"字形的口一般靠近电路板的引出线处,以利于第一级的输入线、末级的输出线与电路板引出线之间的连线。此外,集成块之间的间距应视其周围组件的多少而定。

(2) 安排其他电路元器件(电阻、电容、二极管等)的位置。其原则为按级就近布置,即各级元器件围绕各级的集成电路或晶体管布置。如果有发热量较大的元器件,则应注意它与集成块或晶体管之间的间距要足够大。

(3) 电路板的布局还应注意美观和检修方便。为此,集成块的安置方式应尽量一致,不要横竖不分,电阻、电容等元件也应如此。

(4) 连线布置。其原则为第一级输入线与末级的输出线、强电流线与弱电流线、高频线与低频线等应分开走,之间的距离应足够大,以避免相互干扰。

(5) 合理布置接地线。为避免各级电流通过地线时产生相互间的干扰,特别是末级电流通过地线对第一级的反馈干扰,以及数字电路部分电流通过地线对模拟电路产生干扰,通常采用地线割裂法,使各级地线自成回路,然后再分别一点接地。换句话说,各级的地是割裂的,不直接相连,然后再分别接到公共的一点地上。

根据上述一点接地的原则,布置地线时应注意如下几点:

① 输出级与输入级不允许共享一条地线。

② 数字电路与模拟电路不允许共享一条地线。

③ 输入信号的"地"应就近接在输入级的地线上。

④ 输出信号的"地"应接公共地,而不是输出级的"地"。

⑤ 各种高频和低频退耦电容的接"地"端应远离第一级的地。

显然,上述一点接地的方法可以完全消除各级之间通过地线产生的相互影响,但接地方式比较麻烦,且接地线比较长,容易产生寄生振荡。因此,在印制电路板的地线布置上常常采用另一种地线布置方式,即串联接地方式,各级地一级级直接相连后再接到公共的地上。在这种接地方式中,各级地线可就近相连,接地比较简单,但因存在地线电阻,各级电流通过相应的地线电阻产生干扰电压,影响各级工作。为了尽量抑制这种干扰,常常采用加粗和缩短地线的方法,以减小地线电阻。

4. 元器件的插接

元器件的插接主要用于局部电路的实验,无须焊接,方便、快捷、节省时间。其方法是在面包电路板上插接电子元器件引脚即可。面包电路板在市面上很容易获得,在面包电路板上组装电路应注意以下几点:

(1) 所有集成块的插入方向要保持一致,以便正规布线和查线。不能为了临时走线方便或为了缩短导线长度而把集成电路倒插。

(2) 对多次用过的集成电路的引脚,必须修理整齐,引脚不能弯曲,所有的引脚应稍向外偏,使引脚与插孔接触良好。

(3) 分立组件插接时,不用剪断引线,以利于重复使用。

(4) 关于连线的插接。准备连线时,通常用 0.60mm 的单股硬导线(导线太细易接触不良,太粗会损伤插孔),根据布线要求的连线长度剪好导线,剥去导线两头的绝缘皮(剥去 6mm 左右),然后把导线两头弯成直角。把准备好的连线插入相应位置的插孔中。插接连线时,应用镊子夹住导线后垂直插入或拔出插孔,不要用手插拔,以免将导线插弯。

(5) 连线要求贴紧面包电路板,不要留空隙。为了查线和美观,连线应用不同的颜色竖直的布线,不允许连线跨接用露色,地线用黑色,许导线重叠。一个插孔只能插一根线,不允许插两根线。

(6) 插孔允许通过的电流一般在 500mA 以下,因此,电流大的负载不能用插孔接线,必须改用其他接线方式。用插接方式组装电路的最大优点是:不用焊接,不用印制电路板,容易更改线路和器件,而且可以多次使用,使用方便,造价低廉。因此,在产品研制、开发过程和课程设计中得到了广泛的采用。但是,插接方式最大的缺点是:插孔经多次使用后,其簧片会变松,弹性变差,容易造成接触不良。所以,对多次使用后的面包电路板应从背面揭开,取出弹性差的簧片,用镊子加以调整,使弹性增强,以延长面包电路板的使用寿命。

2.3.2 电子制作的装配技术

电子制作的整机装配工序和操作内容从大的方面分为机械装配、印制电路板装配和束线装配,本着"先机械,后印制电路板,最后束线连接"的顺序进行。虽然因整机的种类、规格、构造不同而有所差异,但工序是基本相同的。如图 2-28 所示为电子制作整机装配工艺流程,在实施过程中可简化、合并步骤,灵活运用。

1. 机械装配

机械装配包括机壳装配、机壳前后面板和底板上元器件的安装固定、印制电路板的安装固定等。装配步骤如下:

(1) 组装机壳及壳内用于固定其他元器件和组件的支撑件,如接线端等。

(2) 在前面板上安装指示灯、指示仪表、按钮等,在后面板上安装电源插座、熔丝、输入/输出插座等。

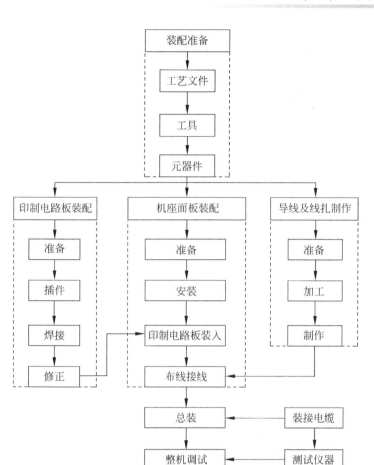

图 2-28 电子制作整机装配工艺流程

（3）印制电路板、电源变压器、继电器等固定件或插座件安装在底板上。

（4）为了防止运输和使用过程中螺母松动，螺钉和螺栓连接固定时加弹簧垫圈和垫片，对于易碎零件应加胶木垫圈。

（5）继电器的安装应避免使衔铁运动方向与受震动方向一致，以免误动作，空中使用的产品应尽量避免选用具有运动衔铁的继电器。

2. 整机连线和束线

电子产品电子线路中的套管，可以防止导线断裂、焊点间短路，具有电气安全保护（高压部分）作用。电子产品的整机连线要考虑导线的合理走向，杂乱无章的连线，不仅看起来不美观，而且还会影响质量（性能特性、可靠性）。

（1）走线原则。

① 以最短距离连线：以最短距离连线是降低干扰的重要手段。但是，在连线时需要松一些，要留有充分余量，以便在组装、调试和检修时移动。

② 直角连线：直角连线利于操作，而且能保持连线质量稳定不变(尤其在扎成线束时)。

③ 平面连线：平面连线的优点是，容易看出接线的头尾，便于调试、维修时查找。

(2) 在实际连线过程中应注意的问题。

① 沿底板、框架和接地线走线，可以减少干扰、方便固定。

② 高压走线要架空，分开捆扎和固定，高频或小信号走线也应分开捆扎和固定，减小相互间的干扰。电源线和信号线不要平行连接，否则交流噪声经导线间静电电容而进入信号电路。

③ 走线不要形成环路，环路中一旦有磁通通过，就会产生感应电流。

④ 接地点都是同电位，应把它们集中起来，一点接机壳。

⑤ 离开发热体走线，因为导线的绝缘外皮不能耐高温。

⑥ 不要在元器件上面走线，否则会妨碍元器件的调整和更换。

⑦ 线束要按一定距离用压线板或线夹固定在机架或底座上，要求在外界机械力作用下(冲击、振动)不会变形和产生位移。

(3) 多导线连接原则。

电子装置的连接导线较多时，要对其进行扫描，归纳捆扎，变杂乱无章为井然有序，这样能稳定质量和少占空间。

2.4　电子制作调试与故障排查

电子制作调试是制作过程中的关键环节。电子电路通过调试，使之满足各项性能指标，达到设计的技术要求。在调试过程中，可以发现电路设计和实际制作中的错误与不足之处，不断改进设计制作方案，使之更加完善。调试工作又是运用理论知识解决制作中各种问题的主要途径。通过调试可以提高制作者的理论水平和解决实际问题的能力。因此，应引起每个电子制作者的高度重视。

电子产品的调试指的是整机调试，是在整机装配以后进行的。电子产品的质量固然与元器件的选择、印制电路板的设计制作、装配焊接工艺密切相关，但也与整机的调试步骤及方法分不开。在这一阶段，不但要实现电路达到设计时预想的性能指标，对整机在前期加工工艺中存在的缺陷也应尽可能进行修改和补救。整机的调试包括调整和测试两个方面。即用测试仪器仪表调整电路的参数，使之符合预定的性能指标要求；并对整机的各项性能指标进行系统的测试。

2.4.1　电子制作测量

测试是在安装结束后对电路的工作状态和电路参数进行测量。

1. 测量前的准备工作与仪器仪表的选择

测量前的准备工作与仪器仪表的选择介绍如下：

(1) 布置好场地，有条理地放置好调试用的图样、文件、工具、备件，准备好测试记录本或测试卡。

(2) 检查各单元或各功能部件是否符合整机装配要求，初步检查有无错焊、漏焊、线间短路等问题。

(3) 要懂得整机和各单元的性能指标及电路工作原理。

（4）要熟悉在调试过程中查找故障及消除故障的方法。

（5）根据技术文件的要求，正确地选择和确定测试仪器仪表、专用测试设备，熟练地掌握仪表的性能和使用方法。

（6）按照调试说明和调试工艺文件的规定，仪器仪表要选好量程，调准零点。

（7）仪器仪表要预热到规定的预热时间。

（8）各测试仪表之间、测试仪表与被测整机的公共参考点（零线，也称公共地线）应连在一起，否则将得不到正确的测量结果。

（9）被测量的数值不得超过测试仪表的量程，否则将损坏指针，甚至烧坏表头。如果预先不知道被测量的大致数值，可以先将测试仪表量程调到最高挡，再逐步调整到合适的量程。当被测信号很大时，要加衰减器进行衰减。

（10）有 MOS 电路器件的测试仪表或被测电路，电路和机壳都必须有良好的接地，以免损坏 MOS 电路器件。

（11）用高灵敏仪表（如毫伏表、微伏表）进行测量时，不但要有良好的接地，还要使它们之间的连接线采用屏蔽线。

（12）高频测量时，应使用高频探头直接和被测点接触进行测量；地线越短越好，以减小测量误差。

2. 测量技术

测量是调试的基础，准确的测量为调试提供依据。通过测量，一般要获得被测电路的有关参数、波形、性能指标及其他必要的结果。测量方法和仪表的选用应从实际出发，力求简便有效，并注意设备和人身安全。测量时，必须根据模拟电路的实际情况（如外接负载、信号源内阻等），不能由于测量而使电路失去真实性，或者破坏电路的正常工作状态。要采取边测量、边记录、边分析估算的方法，养成求实的作风和科学的态度。对所测结果立即进行分析、判断，以区别真伪，进而决定取舍，为调试工作提供正确的依据。

电路的基本测量项目可分为两类，即"静态"测量和"动态"测量。测量顺序一般是先静态后动态。此外，根据实际需要有时还进行某些专项测试，如电源波动情况下的电路稳定性检查、抗干扰能力测定，以确保装置能在各种情况下稳定、可靠地工作。静态测量一般指输入端不加输入信号或加固定电位信号，使电路处于稳定状态的测量。静态测量的主要对象是有关工作点的直流电位和直流工作电流。动态测量是在电路输入端输入合适的变化信号的情况下进行测量。动态测量常用示波器观察测量电路有关工作点的波形及其幅度、周期、脉宽、占空比、前后沿等参数。

例如，晶体管交流放大电路的静态测量应是晶体管静态工作点的检查；而动态测量要在输入端注入一个交流信号，用双踪示波器监测放大电路的输入、输出端，可以看到交流放大器的主要性能：交流信号电压放大量、最大交流输出幅值（调节输入信号的大小）、失真情况及频率特性（当输入信号幅度相同、频率不同时，输出信号的幅度和相位移情况的曲线）等。根据测量结果，结合电路原理图进行分析，确定电路工作是否正常，为故障查找和调试工作提供依据。

2.4.2 电子制作调试

电子制作的调试工作一般分为"分调"和"总调"两步进行。分调的目的是使组成装置的各个单元电路工作正常;在此基础上,再进行整机调试。整机调试又称为总调或联调,通过联调,才能使装置达到预定的技术要求。

1. 调试方法

电子制作产品组装完成以后,一般需要调试才能正常工作,不同电子产品的调试方法有所不同,但也有一些普遍规律。电子电路的调试是电子技术人员的一项基本操作技能,掌握一定的电子电路理论,学会科学的分析方法,在实际工作中总结积累经验是作好电子制作调试的保证。

调试的关键是善于对实测结果进行分析,而科学的分析是以正确的测量为基础的。根据测量得到的数据、波形和现象,结合电路进行分析、判断,确定症结所在,进而拟定调整、改进的措施。可见,"测量"是发现问题的过程;"调整"则是解决问题、排除故障的过程。而调试后的再测量,往往又是判断和检验调试是否正确的有效方法。

通常电路由各种功能的单元电路组成,有两种调试方法:一种是装好一级单元电路调试一级,即分级调试法;另一种是装好整机电路后统一调试,即整机调试法,应根据电路的复杂程度确定调试方法,一般较为复杂的电路,在调试过程中,采取分级调试的方法较好。两种调试方法的调试步骤是基本一样的。

(1) 检查电路及电源电压。

检查电路元器件是否接错,特别是晶体管引脚、二极管的方向、电解电容的极性是否接对;检查各连接线是否接错,特别是直流电源的极性及电源与地线是否短接,各连接线是否焊牢,是否有漏焊、虚焊、短路等现象、检查电路无误后才能进行通电调试。

(2) 调试供电电源。

一般的电子设备都是由整流、滤波、稳压电路组成的直流稳压电源供电,调试前要把供电电源与电子设备的主要电路断开,先把电源电路调试好才能将电源与电路接通。测量直流输出电压的数值、纹波系数和电源极性与电路设计要求相符并能正常工作时,方可接通电源,调试主电路。若电子设备是由电池供电的,要按规定的电压、极性装接好,检查无误后再接通电源开关。同时要注意电池的容量应能满足设备的工作需要。

(3) 静态调试。

静态调试是在电路没有外加信号的情况下调整电路各点的电位和电流。有振荡电路时可暂不接通。对于模拟电路主要应调整各线的静态工作点;对于数字电路主要是调整各输入、输出端的电平和各单元电路间的逻辑关系。然后将测出的电路各点的电压、电流与设计值相比较,若两者相差较大,则先调节各有关可调零部件,若还不能纠正,则要从以下方面分析原因:电源电压是否正确;电路安装有无错误;元器件型号是否选正确,本身质量是否有问题等。

一般来说,在能正确安装的前提下,交流放大电路比较容易成功。因为交流放大电路的各级之间以隔直流电容器互相隔离,在调整静态工作点时互不影响。对于直流放大电路来说由于各级电路直流相连,各点的电流、电压互相牵制。有时调整一个晶体管的静态工作点会使各级的电压、电流值都发生变化。所以在调整电路时要有耐心,一般要反复多次进行调整才能成功。

(4) 动态调试。

动态调试就是在整机的输入端加上信号,检查电路的各种指标是否符合设计要求,包括输出波形、信号幅度、信号间的相位关系、电路放大倍数、频率、输出动态范围等。动态调试时,可由后级开始逐级向前检测,这样容易发现故障,及时调整改进。例如,收音机在其输入端送入高频信号或直接接收电台的信号,来对其进行中频频率的调整、频率覆盖范围和灵敏度的调整,使其满足设计时的要求。调整电子电路的交流参数最好有信号发生器和示波器。对于数字电路来说,由于多数采用集成电路,调试的工作量要少一些。只要元器件的选择符合要求,直流工作状态正常后,逻辑关系通常不会有太大的问题。

(5) 指标测试。

电路正常工作之后,即可进行技术指标测试。根据设计要求,逐个测试指标完成情况,凡未能达到指标要求的,须分析原因,重新调整,以便达到技术指标要求。

(6) 负荷实验。

调试后还要按规定进行负荷实验,并定时对各种指标进行测试,做好记录。若能符合技术要求,正常工作,则此部整机调试完毕。

调试结束后,需要对调试全过程中发现问题、分析问题到解决问题的经验、教训进行总结,并建立"技术档案",积累经验,有利于日后对产品使用过程中的故障进行维修。单元电路调试(分调)的总结内容一般有测调目的、使用的仪器仪表、电路图与接线图、实测波形和数据、计算结果(包括绘制曲线),以及测调结果和有关问题的分析讨论(主要指实测结果与预期结果的符合情况,误差分析和测调中出现的故障及其排除等)。总调的总结内容常有方框图、逻辑图、电路原理图、波形图等。结合这些图简要解释装置的工作原理,同时指出所采用的设计技巧、特点。对调试过程中遇到的问题和异常现象提高到理论上进行分析,以便今后改进。

2. 调试时应注意的问题

在进行电子制作调试时,通常应注意以下问题。

(1) 上电观察。

产品调试首次通电时不要急于试机或测量数据,要先观察有无异常现象发生,如冒烟、发出油漆气味、元器件表面颜色改变等。

用手摸元器件是否发烫,特别要注意末级功率比较大的元器件和集成电路的温度情况,最好在电源回路中串入一只电流表。若有电流过大、发热或冒烟等情况,应立即切断电源,待找出原因、排除故障后方可重新通电。对于学习电子制作的初学者,为防意外,可在电源回路中串入一只限流电阻器,电阻值在几欧姆,这样就可以有效地限制过大的电流,一旦确认没有问题后,再将限流电阻器去掉,恢复正常供电。

(2) 正确使用仪器。

正确使用仪器包含两方面的内容:一方面应能保障人机安全,避免触电或损坏仪器;另一方面只有正确使用仪器,才能保证正确地调试。否则,错误的接入方式或读数方法,均会使调试陷入困境。

例如,当示波器接入电路时,为了不影响电路的幅频特性,不要用塑料导线或电缆线直接从电路引向示波器的输入端,而应当采用衰减探头。

当示波器测量小信号波形时,要注意示波器的接地线不要靠近大功率器件的地线,否则波形可能出现干扰。

在使用扫频仪测量检波器、鉴频器,或者电路的测试点位于三极管的发射极时,由于这些电路本身已经具有检波作用,故不能使用检波探头;而在用扫频仪测量其他电路时,均应使用检波探头。

扫频仪的输出阻抗一般为 75Ω,如果直接接入电路,会短路高阻负载,因此在信号测试点需要接入隔离电阻器或电容器。

在使用扫频仪时,仪器的输出信号幅度不宜太大,否则会使被测电路的某些元器件处于非线性工作状态,导致特性曲线失真。

（3）及时记录数据。

在调试过程中,要认真观察、测量和记录,包括记录观察到的现象、测量的数据、波形及相位关系等,必要时在记录中还要附加说明,尤其是那些与设计要求不符合的数据更是记录的重点。根据记录的数据才能将实际观察到的现象和设计要求进行定量的对比,以便找出问题,加以改进,使设计方案得到完善。通过及时记录数据,还可以帮助自己积累实践经验,使设计、制作水平不断地提高。

（4）焊接应断电。

在电子制作调试过程中,当发现元器件或电路有异常需要更换或修改时,必须先断开电源后进行焊接,待故障排除确认无误后才可重新通电调试。

（5）复杂电路的调试应分块。

① 分块规律。在复杂的电子产品中。其电路通常都可以划分成多个单元功能块,这些单元功能块相对独立地完成某种特性的电气功能,其中每个功能块往往又可以进一步细分为几个具体电路。细分的界限通常有以下规律:

- 对于分立元器件,通常是以某一、两个半导体三极管为核心的电路;
- 对于集成电路,一般是以某个集成电路芯片为核心的电路。

② 分块调试的特点。复杂电路的分块调试是指在整机调试时,可对各单元电路功能块分别加电,逐块调试。这种方法可以避免各单元电路功能块之间电信号的相互干扰。且发现问题,可大大缩小搜寻原因的范围。

实际上,有些设计人员在进行电子产品设计时,往往为各个单元电路功能块设置了一些隔离元器件,如电源插座、跨接线或接通电路的某一电阻等。整机调试时,除了正在调试的电路外,其他部分都被隔离元器件断开不工作,因此不会相互干扰。当每个单元电路功能块都调试完毕后,再接通各个隔离元器件,使整个电路进入工作状态进行整机调试。

对于那些没有设置隔离元器件的电路,可以在装配的同时逐级调试,调好一级再焊接下一级进行调整。

（6）直流与交流状态间的关系。

在电子电路中,直流工作状态是电路工作的基础。直流工作点不正常,电路就无法实现其特定的电气功能。因此,成熟的电子产品原理图上一般都标注有直流工作点(例如,三极管各极的直流电压或工作电流,集成电路各引脚的工作电压、关键点上的信号波形等),作为整机调试的参考依据。但是,由于元器件的参数都具有一定的误差,加之所用仪表内阻的影响,实测得到的数据可能与图标的直流工作点不完全相同,但两者之间的变化规律是相同的,误差不会太大,相对误差一般不会超出 $\pm10\%$。当直流工作状态调试结束以后,再进行交流通路的调试,检查并调整有关的元器件,使电路完成其预定的电气功能。

（7）出现故障时要沉住气。

调试出现故障，属于正常现象，不要手忙脚乱。要认真查找故障原因，仔细作出判断，切不可解决不了就拆掉电路重装。因为重新安装的电路仍然会存在各种问题，如果原理上有错误则不是重新安装能解决的。

2.4.3　调试过程中的常见故障

故障无非是由元器件、线路和装配工艺三方面的原因引起的。例如，元器件的失效、参数发生偏移、短路、错接、虚焊、漏焊、设计不善和绝缘不良等，都是导致发生故障的原因，常见的故障有以下几类。

（1）焊接工艺不当，虚焊造成焊接点接触不良，以及接插件（如印制电路板）和开关等接点的接触不良。

（2）由于空气潮湿，使印制电路板、变压器等受潮、发霉或绝缘性能降低，甚至损坏。

（3）元器件检查不严，某些元器件失效。例如，电解电容器的电解液干涸，导致电解电容器的失效或损耗增加而发热。

（4）接插件接触不良。如印制电路板插座弹簧片弹力不足；继电器触点表面氧化发黑，造成接触不良，使控制失灵。

（5）元器件的可动部分接触不良。如电位器、半可变电阻的滑动点接触不良，造成开路或噪声的增加等。

（6）线扎中某个引出端错焊、漏焊。在调试过程中，由于多次弯折或受震动而使接线断裂；或是紧固的零件松动（如面板上的电位器和波段开关），来回摆动，使连线断裂。

（7）元器件由于排布不当，相碰而引起短路；有的是连接导线焊接时绝缘外皮剥除过多或因过热而后缩，也容易和别的元器件或机壳相碰而引起短路。

（8）线路设计不当，允许元器件参数的变动范围过窄，以致元器件参数稍有变化，机器就不能正常工作。例如，由于使用不当或负载超过额定值，使晶体管瞬时过载而损坏（如稳压电源中的大功率硅管由于过载引起的二次击穿，滤波电容器的过压击穿引起的整波二极管的损坏等）。

（9）由于某些原因造成机内原先调谐好的电路严重失谐等。

以上列举了电子制作产品装配后出现的一些常见故障，也就是说，这些都是电子产品的薄弱环节，是查找故障原因时的重点怀疑对象。一般来说，电子产品任何部分发生故障，都会引起其工作不正常。不同类型的产品，出现的故障各不相同，有时同类产品的故障类别也并不一致，应按一定的程序，根据电路原理进行分段检测，将故障点的范围定在某一部分电路后再进行详细检查和测量，最后加以排除。

2.4.4　调试过程中的故障排查法

经验来自实践。有经验的调试维修技术人员总结出 12 种具体排除故障的方法，读者可以根据电路的难易程度，灵活运用这些方法。

1. 不通电观察法

在不通电的情况下，用直观的办法和使用万用表电阻挡检查有无断线、脱焊、短路、接触不良，检查绝缘情况、熔丝通断、变压器好坏、元器件情况等。因为许多故障是由于安装焊接工艺上的原因,用眼睛观察就能发现问题。盲目通电检查反而会扩大故障范围。

2. 通电检查法

打开机壳,接通电源,观察是否有冒烟、烧断、烧焦、跳火(一般是接线头、开关触头接触不良造成的火花)、发热的现象。若有这些情况,一定要做到"发现故障要断电,查了线路查元件"。在观察无果的情况下,用万用表和示波器对测试点进行检查。可重复开机几次,但每次时间不要太长,以免扩大故障范围。

3. 信号替代法

选择有关的信号源,接入待检的输入端,取代该级正常的输入信号、判断各级电路的情况是否正常,从而迅速确定产生故障的原因和所在单元。检查的顺序是:从后往前逐级前移,"各个击破"。

4. 信号寻迹法

用单一频率的信号源加在电路输入单元的入口,然后用示波器、万用表等测量仪器从前向后逐级观察电路的输出电压波形或幅度。

5. 波形观察法

用示波器检查各级电路的输入、输出波形是否正常,是检修波形,变换电路、振荡器、脉冲电路的常用方法。这种方法对于发现寄生振荡、寄生调制或外界干扰及噪声等引起的故障,具有独到之处。

6. 电容旁路法

利用适当容量的电容器,逐级跨接在电路的输入、输出端上,当电路出现寄生振荡或寄生调制时,观察接入电容后对故障的影响,可以迅速确定有问题的电路部位。

7. 元(部)件替代法

用好的元件或部件替代有可能产生故障的部分,若机器能正常工作,说明故障就在被替代的部分里。这种方法检查方便,且不影响生产。

8. 整机比较法

用正常的、同样的整机与有故障的机器比较,发现其中的问题。这种方法与替代法相似,只是比较的范围大一些。

9. 分割测试法

逐级断开各级电路的隔离器件或逐块拔掉各印制电路板,把整机分割成多个相对独立的单元电路,测试其对故障电路的影响。例如,从电源电路上切断其负载并通电观察,然后逐级接通各级电路测试,这是判断电源本身故障还是某级电路负载故障的常用方法。

10. 测量直流工作点法

根据电路原理图,测量各点的直流工作电位并判断电路的工作状态是否正常。

11. 测试电路元器件法

把可能引起电路故障的元器件卸下来,用测试仪器仪表对其性能和参数进行测量,将损坏的予以更换。

12. 调整可调器件法

在检修过程中,如果电路中有可调器件(如电位器、可调电容器及可变线圈等),适当调整它们的参数,以观测对故障现象的影响。注意,在决定调整这些器件之前,要给原来的位置做个记号,一旦发现故障不在此处,还要恢复到原来的位置上。

第 3 章

CHAPTER 3

基本电子元器件

本章讲述了基本电子元器件,包括电阻器的简单识别与型号命名法、电容器的简单识别与型号命名法、电感器的简单识别与型号命名法、半导体器件的简单识别与型号命名法和半导体集成电路型号命名法。

3.1 电阻器的简单识别与型号命名法

电阻器(Resistor)在日常生活中一般直接称为电阻。它是一个限流元件,将电阻器接在电路中后,电阻器的阻值是固定的一般是两个引脚,它可限制通过它所连支路的电流大小。阻值不能改变的称为固定电阻器。阻值可变的称为电位器或可变电阻器。理想的电阻器是线性的,即通过电阻器的瞬时电流与外加瞬时电压成正比。用于分压的可变电阻器,在裸露的电阻器上,紧压着一至两个可移金属触点,触点位置确定电阻器任一端与触点间的阻值。

端电压与电流有确定函数关系,体现电能转化为其他形式能力的两端器件,用字母 R 来表示,单位为 Ω。实际器件如灯泡、电热丝、电阻器等均可表示为电阻器元件。

3.1.1 电阻器的分类

电阻器是电路元件中应用最广泛的一种,在电子设备中约占元件总数的 30% 以上,其质量的好坏对电路的稳定性有极大的影响。电阻器的主要用途是稳定和调节电路中的电流和电压,其次还可作为分流器、分压器和消耗电能的负载等。

电阻器按结构可分为固定式和可变式两大类。

固定式电阻器一般称为"电阻"。由于制作材料和工艺不同,可分为膜式电阻、实芯电阻和特殊电阻等几种类型。

(1) 膜式电阻:包括碳膜电阻 RT,金属膜电阻 RJ,合成膜电阻 RH 和氧化膜电阻 RY 等。

(2) 实芯电阻:包括有机实芯电阻 RS 和无机实芯电阻 RN。

(3) 特殊电阻:包括 MG 型光敏电阻和 MF 型热敏电阻。

可变式电阻器分为滑线式变阻器和电位器,其中应用最广泛的是电位器。

电位器是一种具有三个接头的可变式电阻器,其阻值在一定范围内连续可调。

电位器的分类有以下几种。

电阻器按材料可分为薄膜和线绕两种。薄膜电位器又可分为 WTX 型小型碳膜电位器、WTH 型合成碳膜电位器、WS 型有机实芯电位器、WHJ 型精密合成膜电位器和 WHD

型多圈合成膜电位器等;线绕电位器的代号为 WX,一般线绕电位器的误差不大于±10%。非线绕电位器的误差不大于±20%。其阻值、误差和型号均标在电位器上。

按调节机构的运动方式分,有旋转式、直滑式。按结构分,可分为单联、多联、带开关、不带开关等;开关形式又有旋转式、推拉式、按键式等。按用途分,可分为普通电位器、精密电位器、功率电位器、微调电位器和专用电位器等。按阻值随转角的变化关系,又可分为线性电位器和非线性电位器,如图 3-1 所示。

它们的特点分别如下。

(1) X 式(直线式):常用于示波器的聚焦电位器和万用表的调零电位器(如 MF-20 万用表),其线性精度为±2%、±1%、±0.3%、±0.05%。

(2) D 式(对数式):常用于电视机的黑白对比度调节电位器,其特点是先粗调后细调。

(3) Z 式(指数式):常用于收音机音量调节电位器,其特点是先细调后粗调。

所有 X、D、Z 字母符号一般都印在电位器上,使用时应注意。

电阻器及电位器的符号如图 3-2 所示。

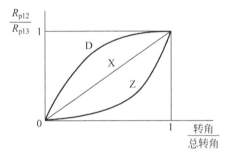

图 3-1　电位器阻值随转角变化曲线　　　　图 3-2　电阻器及电位器的符号

常用电阻器的外形如图 3-3 所示。

(a) 热敏电阻

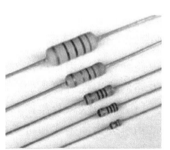

(b) 金属膜电阻

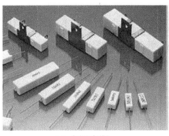

(c) 水泥电阻

(d) 碳膜电阻

图 3-3　常用电阻器的外形

(e) 贴片电阻

(f) 铝电阻

(g) 铜电阻

(h) 电阻排

图 3-3 （续）

常用电位器的外形如图 3-4 所示。

(a) 音响功放机电位器

(b) 精密多圈电位器

(c) 3362P精密可调电位器

(d) 0932电位器

(e) 调声台单声道电位器

图 3-4 常用电位器的外形

3.1.2　电阻器的型号命名

电阻器的型号命名如表 3-1 所示。

表 3-1　电阻器的型号命名

第 一 部 分		第 二 部 分		第 三 部 分		第 四 部 分
用字母表示主称		用字母表示材料		用数字和字母表示特性		用数字表示序号
符号	意义	符号	意义	符号	意义	意义
R	电阻器	T	碳膜	1,2	普通	包括：
RP	电位器	P	硼碳膜	3	超高频	额定功率
		U	硅碳膜	4	高阻	阻值
		C	沉积膜	5	高温	允许误差
		H	合成膜	7	精密	精度等级
		I	玻璃釉膜	8	电阻器—高压	
		J	金属膜（箔）		电位器—特殊函数	
		Y	氧化膜	9	特殊	
		S	有机实芯	G	高功率	
		N	无机实芯	T	可调	
		X	线绕	X	小型	
		R	热敏	L	测量用	
		G	光敏	W	微调	
		M	压敏	D	多圈	

示例：RJ71-0.125-5.1kI 型的命名含义。

含义：精密金属膜电阻器，其额定功率为 1/8W。标称电阻值为 $5.1k\Omega$，允许误差为 1 级±5%。

3.1.3　电阻器的主要性能指标

电阻器的主要性能指标包括额定功率、标称电阻值、允许误差和最高工作电压。

1. 额定功率

电阻器的额定功率是在规定的环境温度和湿度下，假定周围空气不流通，在长期连续负载而不损坏或基本不改变性能的情况下，电阻器上允许消耗的最大功率。当超过额定功率时，电阻器的阻值将发生变化，甚至发热烧毁。为保证使用安全，一般选其额定功率比它在电路中消耗的功率高 1～2 倍。

额定功率分为 19 个等级，常用的有 1/0m、1/8x、1/4W、1/2W、1W、2W、4W、5W……。

在电路图中，非线绕电位器额定功率的符号表示法如图 3-5 所示。

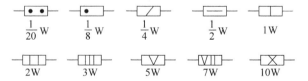

图 3-5　非线绕电位器额定功率的符号表示法

实际中非线绕电位器应用较多的有 1/8W、1/4W、1/2W、1W、2W；线绕电位器应用较多的有 2W、3W、5W、10W 等。

2. 标称电阻值

标称电阻值是产品标志的"名义"电阻值，其单位为欧（Ω）、千欧（kΩ）、兆欧（MΩ）。标称电阻值系列如表 3-2 所示。

任何固定电阻器的电阻值都符合表 3-2 所示数值乘以 10^n Ω，其中 n 为整数。

表 3-2 标称电阻值

允许误差	系列代号	标称电阻值系列
±5%	E24	1.1 1.2 1.3 1.5 1.6 1.8 2.0 2.2 2.4 2.7 3.0 3.3 3.6 3.9 4.3 4.7 5.1 5.6 6.2 6.8 7.5 8.2 9.1
±10%	E12	1.0 1.2 1.5 1.8 2.2 2.7 3.3 3.9 4.7 5.6 6.8 8.2
±20%	E6	1.0 1.5 2.2 3.3 4.7 6.8

3. 允许误差

允许误差是指电阻器和电位器实际电阻值对于标称电阻值的最大允许偏差范围，它表示产品的精度。允许误差等级如表 3-3 所示。线绕电位器的允许误差一般小于±10%，非线绕电位器的允许误差一般小于±20%。

表 3-3 允许误差等级

级别	005	01	02	I	II	III
允许误差	±0.5%	±1%	±2%	±5%	±10%	±20%

电阻器的电阻值和误差一般都用数字标印在电阻器上，但字号很小。一些合成电阻器其电阻值和误差常用色环来表示，如图 3-6 及表 3-4 所示。平常使用的色环电阻可以分为

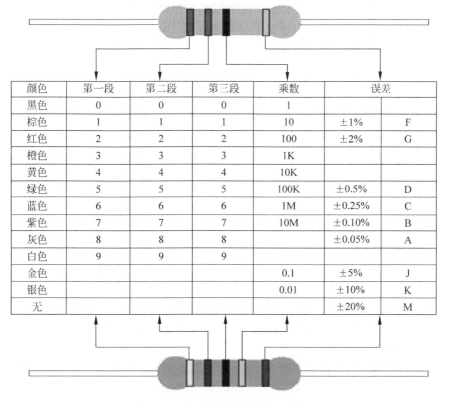

颜色	第一段	第二段	第三段	乘数	误差	
黑色	0	0	0	1		
棕色	1	1	1	10	±1%	F
红色	2	2	2	100	±2%	G
橙色	3	3	3	1K		
黄色	4	4	4	10K		
绿色	5	5	5	100K	±0.5%	D
蓝色	6	6	6	1M	±0.25%	C
紫色	7	7	7	10M	±0.10%	B
灰色	8	8	8		±0.05%	A
白色	9	9	9			
金色				0.1	±5%	J
银色				0.01	±10%	K
无					±20%	M

图 3-6 电阻值和误差的色环标记

四环和五环,通常用四环。其中,四环电阻前两环为数字,第三环表示前面数字再乘以 10 的 n 次幂,最后一环为误差;五环电阻前三环为数字,第四环表示前面数字再乘以 10 的 n 次幂,最后一环为误差。

表 3-4　色环颜色的意义

数　值	颜　　色						
	黑	棕	红	橙	黄	绿	蓝
代表数值	0	1	2	3	4	5	6
允许误差	F($\pm 1\%$)	G($\pm 2\%$)				D($\pm 0.5\%$)	C($\pm 0.25\%$)

例如,四色环电阻器的第一、二、三、四道色环分别为棕、绿、红、金色,则该电阻的电阻值和误差分别为 $R=(1\times 10+5)\times 10^2\,\Omega=1500\Omega$ 和 $\pm 5\%$。

即表示该电阻的电阻值和误差是 $1.5\mathrm{k}\Omega\pm 5\%$。

4. 最高工作电压

最高工作电压是根据电阻器和电位器最大电流密度、电阻体击穿及其结构等因素所规定的工作电压限度。对电阻值较大的电阻器,当工作电压过高时,虽功率不超过规定值,但内部会发生电弧火花放电,导致电阻变质损坏。一般 1/8W 碳膜电阻器或金属膜电阻器,最高工作电压分别不能超过 150V 或 200V。

3.1.4　电阻器的简单测试

测量电阻的方法很多,可用欧姆表、电阻电桥和数字欧姆表直接测量,也可根据欧姆定律 $R=V/I$,通过测量流过电阻的电流 I 及电阻上的压降 V 来间接测量电阻值。

当测量精度要求较高时,采用电阻电桥测量电阻。电阻电桥有单臂电桥(惠斯通电桥)和双臂电桥(凯尔文电桥)两种,这里不再赘述。

当测量精度要求不高时,可直接用欧姆表测量电阻。现以 MF-20 型万用表为例,介绍测量电阻的方法。首先将万用表的功能选择波段开关置"Ω"挡,量程波段开关置合适挡。将两根测试笔短接,表头指针应在刻度线零点;若不在零点,则要调节"Ω"旋钮(0Ω 调节电位器)回零。调回零后即可将被测电阻串接于两根测试笔之间,此时表头指针偏转,待稳定后可从刻度线上直接读出所示数值,再乘以事先所选择的量程,即可得到被测电阻的阻值。当换另一量程时必须再次短接两根测试笔,重新调零。每换一个量程挡,都必须调零一次。

特别要指出的是,在测量电阻时,不能用双手同时捏住电阻或测试笔,否则,人体阻将会与被测电阻并联在一起,表头上指示的数值就不单纯是被测电阻的阻值了。

3.1.5　选用电阻器常识

根据电子设备的技术指标和电路的具体要求选用电阻的型号和误差等级。

为提高设备的可靠性,延长使用寿命,应选用额定功率大于实际消耗功率的 1.5～2 倍。

电阻装接前应进行测量、核对,尤其是在精密电子仪器设备装配时,还需经人工老化处理,以提高稳定性。

在装配电子仪器时,若使用非色环电阻,则应将电阻标称值标志朝上,且标志顺序一致,以便于观察。

焊接电阻时,烙铁停留时间不宜过长。

选用电阻时应根据电路中信号频率的高低来选择。一个电阻可等效成一个 R、L、C 二端线性网络,如图 3-7 所示。不同类型的电阻,R、L、C 三个参数的大小有很大差异。线绕电阻本身是电感线圈,所以不能用于高频电路中。在薄膜电阻中,若电阻体上刻有螺旋槽,其工作频率在 10MHz 左右;未刻螺旋槽的(如 RY 型)则工作频率更高。

当电路中需串联或并联电阻来获得所需电阻值时,应考虑其额定功率。电阻值相同的电阻串联或并联,额定功率等于各个电阻规定功率之和;电阻值不同的电阻串联时,额定功率取决于高电阻值电阻,并联时,额定功率取决于低电阻值电阻,且需计算方可应用。

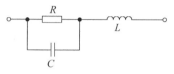

图 3-7 电阻器的等效电路

3.1.6 电阻器和电位器选用原则

电阻器的选用一般应遵循如下原则:

(1) 金属膜电阻稳定性好、温度系数小、噪声小,常用在要求较高的电路中,适合应用在运放电路、宽带放大电路、仪用放大电路和高频放大电路中。

(2) 金属氧化膜电阻有极好的脉冲、高频特性,外形和应用场合同上。

(3) 碳膜电阻温度系数为负数、噪声大、精度等级低,常用于要求一般的电路中。

(4) 线绕电阻精度高,但分布参数较大,不适合高频电路。

(5) 敏感电阻又称半导体电阻,通常有光敏、热敏、湿敏、压敏和气敏等不同类型,可以作为传感器,用来检测相应的物理量。

电位器选用的原则如下:

(1) 在高频、高稳定性的场合,选用薄膜电位器。

(2) 要求电压均匀变化的场合,选用直线式电位器。

(3) 音量控制宜选用指数式电位器。

(4) 要求高精度的场合,选用线绕多圈电位器。

(5) 要求高分辨率的场合,选用各类非线绕电位器、多圈微调电位器。

(6) 普通应用场合,选用碳膜电位器。

3.2 电容器的简单识别与型号命名法

电容器(Capacitor)是一种容纳电荷的器件,由两个相互靠近的导体在中间夹一层不导电的绝缘介质构成。通常简称其容纳电荷的本领为电容,用字母 C 表示。

电容器是电子设备中大量使用的电子元件之一,广泛应用于电路中的隔直通交、耦合、旁路、滤波、调谐回路、能量转换和控制等方面。

3.2.1 电容器的分类

下面分别按结构、电容器介质材料对电容器进行分类。

1. 按结构分类

(1) 固定电容器。

电容量是固定不可调的,称为固定电容器。图 3-8 所示为几种固定电容器的外形和电路符号。其中,图 3-8(a)为电容器符号(带"＋"的为电解电容器);图 3-8(b)为瓷介电容器;图 3-8(c)为云母电容器;图 3-8(d)为涤纶薄膜电容器;图 3-8(e)为金属化纸介电容器;图 3-8(f)为电解电容器。

(a) 电容器符号

(b) 瓷介电容器

(c) 云母电容器

(d) 涤纶薄膜电容器

(e) 金属化纸介电容器

(f) 电解电容器

图 3-8　几种固定电容器外形及电路符号

(2) 半可变电容器(微调电容器)。

半可变电容器容量可在小范围内变化,其可变容量为几皮法至几十皮法,最高达一百皮法(以陶瓷为介质时),适用于整机调整后电容量不需经常改变的场合。它常以空气、云母或陶瓷作为介质。其外形和电路符号如图 3-9 所示。

(a) 微调电容器电路符号

(b) 微调电容器外形

图 3-9　微调电容器外形和电路符号

(3) 可变电容器。

可变电容器容量可在一定范围内连续变化。常有"单联""双联"之分,它们由若干片形状相同的金属片拼接成一组定片和一组动片,其外形及符号如图 3-10 所示。动片可以通过

(a) 单、双联可变电容器外形

(b) 单联符号　　　(c) 双联符号

图 3-10　单、双联可变电容器外形及符号

转轴转动,以改变动片插入定片的面积,从而改变电容量。它一般以空气作为介质,也有用有机薄膜作为介质的,但后者的温度系数较大。

2. 按电容器介质材料分类

(1)电解电容器。

电解电容器是以铝、钽、铌、钛等金属氧化膜作为介质的电容器。应用最广的是铝电解电容器,它容量大、体积小、耐压高(但耐压越高,体积也越大),一般在 500V 以下,常用于交流旁路和滤波;缺点是容量误差大,且随频率而变动,绝缘电阻低。电解电容器有正、负极之分(外壳为负极,另一接头为正极)。通常电容器外壳上都标有"+""-"记号,若无标记则引线长的为"+"极,引线短的为"-"极,使用时必须注意不要接反,若接反,则电解作用会反向运行,氧化膜很快变薄,漏电流急剧增加,如果所加的直流电压过大,则电容器很快发热,甚至会引起爆炸。由于铝电解电容器具有不少缺点,因此在要求较高的地方常用钽、铌或钛电容器,它们比铝电解电容器的漏电流小,体积小,但成本高。

(2)云母电容器。

云母电容器是以云母片作为介质的电容器。其特点是高频性能稳定,损耗小、漏电流小、电压高(从几百伏到几千伏),但容量小(从几十皮法到几万皮法)。

(3)瓷介电容器。

瓷介电容器以高介电常数、低损耗的陶瓷材料为介质,故体积小、损耗小、温度系数小,可工作在超高频范围,但耐压较低(一般为 $60\sim70$V),容量较小(一般为 $1\sim1000$pF)。为克服容量小的特点,现在采用了铁电陶瓷和独石电容器。它们的容量分别可达 680pF$\sim$ 0.047μF 和 0.01μF 至几微法,但其温度系数大、损耗大、容量误差大。

(4)玻璃釉电容器。

玻璃釉电容器以玻璃釉作为介质,它具有瓷介电容的优点,且体积比同容量的瓷介电容器小。其容量范围为 4.7pF$\sim4\mu$F。另外,其介电常数在很宽的频率范围内能保持不变,还可应用到 125℃高温下。

(5)纸介电容器。

纸介电容器的电极用铝箔或锡箔做成,绝缘介质是浸蜡的纸,相叠后卷成圆柱体,外包防潮物质,有时外壳采用密封的铁壳以提高防潮性。大容量的电容器常在铁壳里灌满电容器油和变压器油,以提高耐压强度,被称为油浸纸介电容器。纸介电容器的优点是在一定体积内可以得到较大的电容量,且结构简单,价格低廉;缺点是介质损耗大,稳定性不高,主要用于低频电路的旁路和隔直电容。其容量一般为 100pF$\sim10\mu$F。新发展的纸介电容器用蒸发的方法使金属附着于纸上作为电极,因此体积大大缩小,称为金属化纸介电容器,其性能与纸介电容器相仿。但它有一个最大的特点是被高电压击穿后,有自愈作用,即电压恢复正常后仍能工作。

(6)有机薄膜电容器。

有机薄膜电容器是用聚苯乙烯、聚四氟乙烯或涤纶等有机薄膜代替纸介质做成的各种电容器。与纸介电容器相比,它的优点是体积小、耐压高、损耗小、绝缘电阻大、稳定性好,但温度系数大。

3.2.2 电容器型号命名法

电容器的型号命名法如表 3-5 所示。

表 3-5 电容器的型号命名法

第 一 部 分		第 二 部 分		第 三 部 分		第 四 部 分
用字母表示主称		用字母表示材料		用字母表示特性		用字母和数字表示序号
符号	意义	符号	意义	符号	意义	意义
C	电容器	C	瓷介	T	铁电	包括品种、尺寸代号、温度特性、直流工作电压、标称值、允许误差、标准代号
		I	玻璃釉	W	微调	
		O	玻璃膜	J	金属化	
		Y	云母	X	小型	
		V	云母纸	S	独石	
		Z	纸介	D	低压	
		J	金属化纸	M	密封	
		B	聚苯乙烯	Y	高压	
		F	聚四氟乙烯	C	穿心式	
		L	涤纶(聚酯)			
		S	聚碳酸酯			
		Q	漆膜			
		H	纸膜复合			
		D	铝电解			
		A	钽电解			
		G	金属电解			
		N	铌电解			
		T	钛电解			
		M	压敏			
		E	其他材料电解			

例如：CJX-250-0.33-±10％电容器的命名含义。

含义：$0.33\mu F$，$250V$，小型金属化纸介质电容器，允许误差为±10％。

3.2.3 电容器的主要性能指标

电容器的主要性能指标包括电容量、标称电容量、允许误差、额定工作电压、绝缘电阻和介质损耗。

1. 电容量

电容量是指电容器加上电压后储存电荷的能力。常用单位是法(F)、微法(μF)和皮法(pF)，皮法也称微微法。三者的关系为 $1pF = 10^{-6}\mu F = 10^{-12}F$。

一般电容器上都直接写出其容量，也有的是用数字来标志容量的。如有的电容器上标有"332"三位数字，左起两位数字给出电容量的第一、二位数字，而第三位数字则表示附加上零的个数,以 pF 为单位,因此数字"332"即表示该电容的电容量为 3300pF。

2. 标称电容量

标称电容量是标志在电容器上的"名义"电容量。我国固定电容器的标称电容量系列为 E24、E12、E6,电解电容器的标称电容量参考系列为 1、1.5、2.2、3.3、4.7、6.8(以 μF 为单位)。

3. 允许误差

允许误差是实际电容量对于标称电容量的最大允许偏差范围。固定电容器的允许误差分为 8 级,如表 3-6 所示。

表 3-6 固定电容器的允许误差等级

级别	01	02	I	II	III	IV	V	VI
允许误差	±1%	±2%	±5%	±10%	±20%	+20%～−30%	+50%～−20%	+100%～−10%

4. 额定工作电压

额定工作电压是电容器在规定的工作范围内,长期、可靠地工作所能承受的最高电压。常用固定电容器的直流工作电压系列为 6.3V、10V、16V、25V、40V、63V、100V、250V 和 400V。

5. 绝缘电阻

绝缘电阻是加在电容器上的直流电压与通过它的漏电量的比值。绝缘电阻一般应在 5000MΩ 以上,优质电容器可达 TΩ(10^{12}Ω,称为太欧)级。

6. 介质损耗

理想的电容器应没有能量损耗。但实际上电容器在电场的作用下,总有一部分电能转换成热能,所损耗的能量称为电容器损耗,它包括金属极板的损耗和介质损耗两部分,小功率电容器主要是介质损耗。

所谓介质损耗,是指介质缓慢极化和介质电导所引起的损耗。通常用电容器的损耗功率和无功功率之比,即损耗角的正切值表示:

$$\tan\delta = 损耗功率 / 无功功率$$

在同容量、同工作条件下,损耗角越大,电容器的损耗也越大。损耗角大的电容器不适合在高频情况下工作。

3.2.4 电容器质量优劣的简单测试

利用万用表的欧姆挡就可以简单地测量出电解电容器的优劣情况,粗略地辨别其漏电、容量衰减或失效的情况。具体方法是:选用"R×1k"或"R×100"挡,将黑表笔接电容器的正极,红表笔接电容器的负极,若表针摆动大,且返回慢,返回位置接近∞,说明该电容器正常,且电容量大;若表针摆动大,但返回时表针显示的值较小,说明该电容器漏电量较大;若表针摆动很大,接近于 0,且不返回,说明该电容器已击穿;若表针不摆动,则说明该电容器已开路,失效。

该方法也适用于辨别其他类型的电容器。但当电容器容量较小时,应选择万用表的"R×10k"挡测量。另外,如果需要对电容器再进行一次测量,必须将其放电后方能进行。

如果要求更精确的测量,可以用交流电桥和 Q 表(谐振法)测量,这里不做介绍。

3.2.5　选用电容器常识

电容器装接前应进行测量,看其是否短路、断路或漏电严重,并在装入电路时,应使电容器的标志易于观察,且标志顺序一致。

电路中,电容器两端的电压不能超过电容器本身的工作电压。装接时应注意正、负极性不能接反。

当现有电容器与电路要求的容量或耐压不合适时,可以采用串联或并联的方法进行调整。当两个工作电压不同的电容器并联时,耐压值取决于低的电容器;当两个容量不同的电容器串联时,容量小的电容器所承受的电压高于容量大的电容器。

技术要求不同的电路,应选用不同类型的电容器。例如,谐振回路中需要介质损耗小的电容器,应选用高频陶瓷电容器(CC 型)和云母电容器;隔直、耦合电容可选独石、涤纶、电解等电容器;低频滤波电路一般应选用电解电容器;旁路电容可选涤纶、独石、陶瓷和电解电容器。

选用电容器时应根据电路中信号频率的高低选择,一个电容器可等效成 R、L、C 二端线性网络,如图 3-11 所示。

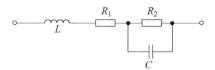

图 3-11　电容器的等效电路

不同类型的电容器其等效参数 R、L、C 的差异很大。等效电感大的电容器(如电解电容器)不适合用于耦合、旁路高频信号;等效电阻大的电容器不适合用于 Q 值要求高的振荡回路。为满足从低频到高频滤波旁路的要求,在实际电路中,常将一个大容量的电解电容器与一个小容量的、适合与高频的电容器并联使用。

3.3　电感器的简单识别与型号命名法

电感器(Inductor,又称:扼流器、电抗器)是一种电路元件,会因为通过的电流的改变而产生电动势,从而抵抗电流的改变。最原始的电感器是 1831 年英国法拉第发现电磁感应现象的铁芯线圈。

电感器的结构类似于变压器,但只有一个绕组,一般由骨架、绕组、屏蔽罩、封装材料、磁芯或铁芯等组成。如果电感器在没有电流通过的状态下,电路接通时它将试图阻碍电流流过它;如果电感器在有电流通过的状态下,电路断开时它将试图维持电流不变。电感量用字母 L 来表示,单位为亨利(H)。

3.3.1　电感器的分类

电感器一般由线圈构成。为了增加电感量 L,提高品质因数 Q 和减小体积,通常在线圈中加入软磁性材料的磁芯。

根据电感器的电感量是否可调,电感器分为固定、可变和微调电感器。

电感器的符号如图 3-12 所示。常见的固定电感器如图 3-13 所示。

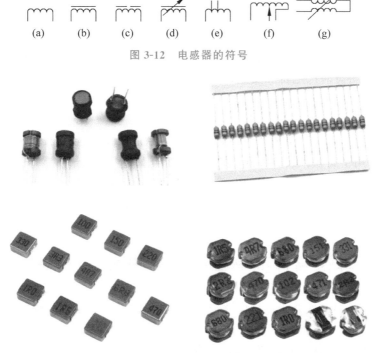

图 3-12 电感器的符号

图 3-13 固定电感器

可变电感器的电感量可通过磁芯在线圈内移动而在较大的范围内调节。它与固定电容器配合应用于谐振电路中起调谐作用。

微调电感器可以满足整机调试的需要和补偿电感器生产中的分散性,一次调好后,一般不再变动。

3.3.2 电感器的主要性能指标

电感器的主要性能指标包括电感量 L、品质因数 Q 和额定电流。

1. 电感量 L

电感量是指电感器通过变化电流时产生感应电动势的能力。其大小与磁导率 μ、线圈单位长度中的匝数 n 及体积 V 有关。当线圈的长度远大于直径时,电感量为

$$L = \mu n^2 V$$

电感量的常用单位为 H(亨利)、mH(毫亨)、μH(微亨)。

2. 品质因数 Q

品质因数 Q 反映电感器传输能量的本领。Q 值越大,传输能量的本领越大,即损耗越小,一般要求 $Q = 50 \sim 300$。

$$Q = \omega L / R$$

式中:ω 为工作角频率;L 为线圈电感量;R 为线圈电阻。

3. 额定电流

额定电流主要针对高频电感器和大功率调谐电感器而言。通过电感器的电流超过额定值时,电感器将发热,严重时会烧坏。

3.3.3 电感器的简单测试

测量电感器的方法与测量电容器的方法相似,也可以用电桥法、谐振回路法测量。常用测量电感器的电桥有海氏电桥和麦克斯韦电桥,这里不做详细介绍。

3.3.4 选用电感器常识

在选电感器时,首先应明确其使用频率范围。铁芯线圈只能用于低频;一般铁氧体线圈、空芯线圈可用于高频。其次要弄清线圈的电感量。

线圈是磁感应元件,它对周围的电感性元件有影响。安装时一定要注意电感性元件之间的位置,一般应使相互靠近的电感线圈的轴线互相垂直,必要时可在电感性元件上加屏蔽罩。

3.4 半导体器件的简单识别与型号命名法

半导体器件是导电性介于良导电体与绝缘体之间,利用半导体材料特殊电特性完成特定功能的电子器件。

它可用来产生、控制、接收、变换、放大信号和进行能量转换。半导体器件的半导体材料是硅、锗或砷化镓,可用作整流器、振荡器、发光器、放大器和测光器等器材。

3.4.1 半导体器件型号命名法

半导体二极管和三极管是组成分立元件电子电路的核心器件。二极管具有单向导电性,可用于整流、检波、稳压、混频电路中;三极管对信号具有放大作用和开关作用。它们的管壳上都印有规格和型号。其型号命名法有多种,主要有:中华人民共和国国家标准——半导体器件型号命名法(GB 24P—1974)、国际电子联合会半导体器件型号命名法、美国半导体器件型号命名法、日本半导体型号命名法等。

1. 中华人民共和国半导体器件型号命名法

中华人民共和国半导体器件型号命名法,如表 3-7 所示。

例如:3AX31A 的命名含义。

含义:三极管,PNP 型锗材料,低频小功率管,序号为 31,管子规格为 A 挡。

2. 国际电子联合会半导体器件型号命名法

国际电子联合会半导体器件命名法是主要由欧盟等国家依照国际电子联合会规定制定的命名方法,其组成各部分的意义如表 3-8 所示。

3. 美国半导体器件型号命名法

美国半导体器件型号命名法是由美国电子工业协会(EIA)制定的晶体管分立器件型号命名方法,其组成各部分的意义如表 3-9 所示。

表 3-7   中华人民共和国半导体器件型号命名法

第 一 部 分		第 二 部 分		第 三 部 分		第 四 部 分	第 五 部 分
用数字表示器件的电极数		用字母表示器件的材料和极性		用字母表示器件的类别		用数字表示器件的序号	用字母表示规格号
符号	意义	符号	意义	符号	意义	意义	意义
2	二极管	A	N 型锗材料	P	普通管		
		B	P 型锗材料	V	微波管		
		C	N 型硅材料	W	稳压管		
		D	P 型硅材料	C	参量管		
		A	PNP 型锗材料	Z	整流管		
3	三极管	B	NPN 型锗材料	L	整流堆		
		C	PNP 型硅材料	S	隧道管		
		D	NPN 型硅材料	N	阻尼管		
		E	化合物材料	U	光电器件		
				K	开关管		
				X	低频小功率管 (foc<3MHz Pc<1W)		反映了承受反向击穿电压的程度。如规格号为 A、B、C、D… 其中 A 承受的反向击穿电压最低，B 次之…
				G	高频小功率管 (foc<3MHz Pc<1W)	反映了极限参数、直流参数和交流参数等的差别	
				D	低频大功率管 (foc<3MHz Pc<1W)		
				A	高频大功率管 (foc<3MHz Pc<1W)		
				T	半导体闸流管 (可控整流管)		
				Y	体效应器件		
				B	雪崩管		
				J	阶跃恢复管		
				CS	场效应器件		
				BT	半导体特殊器件		
				FH	复合管		
				PIN	PIN 管		
				JG	激光器件		

表 3-8　国际电子联合会半导体器件型号命名法

第 一 部 分		第 二 部 分				第 三 部 分		第 四 部 分	
用字母代表制作材料		用字母代表类型及主要特性				用字母或数字表示登记序号		用字母对同型号分类	
符号	意义	符号	意义	符号	意义	符号	意义	符号	意义
A	锗材料	A	检波、开关和混频二极管	M	封闭磁路中的霍尔元件	三位数字	通用半导体器件的登记号（同一类型号器件使用同一登记号）	A B C D E ⋮	同一型号器件按某一参数进行分挡的标志
		B	变容二极管	P	光敏器件				
B	硅材料	C	低频小功率三极管	Q	发光器件				
		D	低频大功率三极管	R	小功率可控硅				
C	砷化镓	E	隧道二极管	S	小功率开关管				
		F	高频小功率三极管	T	大功率可控硅		专用半导体器件的登记号（同一类型号器件使用同一登记号）		
D	锑化铟	G	复合器件及其他器件	U	大功率开关管				
		H	磁敏二极管	X	倍增二极管				
E	复合	K	开放磁路中的霍尔元件	Y	整流二极管				
		L	高频大功率三极管	Z	稳压二极管				

表 3-9　美国电子工业学会半导体器件型号命名法

第 一 部 分		第 二 部 分		第 三 部 分		第 四 部 分		第 五 部 分	
用符号表示用途的类别		用数字表示 PN 结的数目		美国电子工业学会注册标志		美国电子工业学会登记顺序号		用字母表示器件分挡	
符号	意义	符号	意义	符号	意义	符号	意义	符号	意义
JAN 或 J	军品	1	二极管	N	该器件已在美国电子工业学会注册登记	多位数字	该器件在美国电子工业协会登记的顺序号	A B C D …	同一型号的不同挡位
		2	三极管						
无	非军用品	3	三个 PN 结器件						
		n	N 个 PN 结器件						

4. 日本半导体器件型号命名法

日本半导体器件型号命名法按日本工业标准(JIS)规定的命名法(JIS-C-702)命名,由五至七个部分组成,第六、七个部分的符号及意义通常是各公司自行规定的,其余各部分的符号及意义如表 3-10 所示。

表 3-10　日本半导体器件型号命名法

第一部分		第二部分		第三部分		第四部分		第五部分	
用数字表示类型及有效电极数		S 表示日本电子工业协会（EIAJ）注册产品		用字母表示器件的极性及类型		用数字表示在日本电子工业协会登记的顺序号		用字母表示对原来型号的改进产品	
符号	意义	符号	意义	符号	意义	符号	意义	符号	意义
0	光电（光敏）二极管、晶体管及其复合管	S	表示已在日本工业协会注册登记的半导体器件	A	PNP 型高频管	四位以上的数字	用从 11 开始的数字，表示在日本电子工业协会登记的顺序号，不同公司性能相同器件可以使用同一顺序号，其数字越大越是近期产品	A B C D E F …	用字母表示对原来型号的改进产品
1	二极管			B	PNP 型低频管				
2	三极管、具有两个以上 PN 结的其他晶体管			C	NPN 型高频管				
3	具有 3 个 PN 结或 4 个有效电极的晶体管			D	NPN 型低频管				
				F	P 控制极晶闸管				
				G	N 控制极晶闸管				
				H	N 基极单结晶体管				
				J	P 沟道场效应管				
				K	N 沟道场效应管				
…	…								
$n-1$	具有（$n-1$）个 PN 结或 n 个有效极的晶体管			M	双向晶闸				

3.4.2　二极管的识别与简单测试

二极管（Diode）是用半导体材料（硅、硒、锗等）制成的一种电子器件，是世界上第一种半导体器件，具有单向导电性能、整流功能。

二极管的种类繁多，主要应用于电子电路和工业产品。经过多年来科学家们不懈努力，半导体二极管发光的应用已逐步得到推广，发光二极管的应用范围也渐渐扩大，它是一种符合绿色照明要求的光源，是普通发光器件所无法比拟的。

1. 普通二极管的识别与简单测试

普通二极管一般为玻璃封装和塑料封装两种，如图 3-14 所示。其外壳上均印有型号和标记，标记箭头所指方向为阴极。有的二极管上只有一个色点，有色点的一端为阳极。

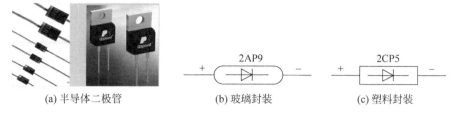

(a) 半导体二极管　　　　　(b) 玻璃封装　　　　　(c) 塑料封装

图 3-14　半导体二极管及其符号

若遇到型号标记不清时,可以借助万用表的欧姆挡进行简单的判别。众所周知,万用表正端(＋)红表笔接表内电池的负极,而负端(－)黑表笔接表内电池的正极。根据 PN 结正向导通电阻值小,反向截止电阻值大的原理可以简单确定二极管的好坏和极性。具体做法是:万用表欧姆挡置"R×100"或"R×1k"处,将红、黑两表笔反过来再次接触二极管两端,表头又将有一指示。若两次指示的电阻值相差很大,说明该二极管的单向导电性好,并且阻值大(几百千欧以上)的那次红表笔所接为二极管的阳极;若两次指示的电阻值相差很小,说明该二极管已失去单向导电性,并且阻值大(几百千欧以上)的那次红表笔所接为二极管的阳极;若两次指示的电阻值均很大,则说明该二极管已开路。

2. 特殊二极管的识别与简单测试

特殊二极管的种类较多,在此只介绍 4 种常用的特殊二极管。

(1) 发光二极管(LED)。

发光二极管是用砷化镓、磷化镓等制成的一种新型器件。它具有工作电压低、耗电少、响应速度快、抗冲击、耐振动、性能好及轻而小的特点,被广泛用于单个显示电路或做成七段矩阵式显示器;在数字电路实验中,常用作逻辑显示器。发光二极管的电路符号如图 3-15 所示。

发光二极管和普通二极管一样具有单向导电性,正向导通时才能发光。发光二极管的发光颜色有多种,如红、绿、黄等,形状有圆形和长方形等。发光二极管在出厂时,一根引线做得比另一根引线长,通常,较长的引线表示阳极(＋),另一根为阴极(－),如图 3-16 所示。若辨别不出引线的长短,可以用辨别普通二极管引脚的方法辨别其阳极和阴极。发光二极管的正向工作电压一般在 1.5～3V,允许通过的电流为 2～20mA,电流的大小决定发光的亮度。电压、电流的大小依器件型号不同而稍有差异。若与 TTL 组件相连接使用,一般需串联一个 470Ω 的降压电阻,以防止器件的损坏。

阳极　　阴极

图 3-15　发光二极管的电路符号　　　　图 3-16　发光二极管的外形

(2) 稳压管。

稳压二极管简称稳压管,有玻璃、塑料封装和金属外壳封装三种。塑料封装的外形与普通二极管相似,如 2CW7,金属外壳封装的外形与小功率三极管相似,但内部为双稳压管,其本身具有温度补偿作用,如 2CW231,详见图 3-17。

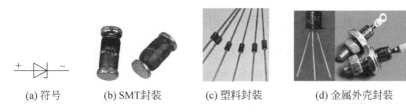

(a) 符号   (b) SMT封装   (c) 塑料封装   (d) 金属外壳封装

图 3-17 稳压管

稳压管在电路中是反向连接的,它能使稳压管所接电路两端的电压稳定在一个规定的电压范围内,称为稳压值。确定稳压管稳压值的方法有如下三种:

① 根据稳压管的型号查阅手册得知。

② 在 WQ4830 型晶体管特性图示仪上测出其代安特性曲线获得。

③ 通过一个简单的实验电路测得,实验电路如图 3-18 所示。

改变直流电源电压 V,使之为零开始缓慢增加,同时稳压管两端用直流电压表监视。当电压增加到一定值,使稳压管反向击穿、直流电压表指示某一电压值时,这时再增加直流电源电压,而稳压管两端电压不再变化,则电压表所指示的电压值就是该稳压管的稳压值。

(3) 光电二极管。

光电二极管是一种将光电信号转换成电信号的半导体器件,其符号如图 3-19(a)所示。在光电二极管的管壳上备有一个玻璃口,以便接收光。当有光照时,其反向电流随光照强度的增加成正比上升。

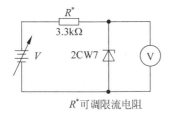

R^*可调限流电阻

图 3-18 测试稳压管稳压值的实验电路

(a) 光电二极管   (b) 变容二极管

图 3-19 光电二极管和变容二极管符号

光电二极管可用于光的测量。当制成大面积的光电二极管时,可作为一种能源,称为光电池。光电二极管的外形如图 3-20(a)所示。

(4) 变容二极管。

变容二极管在电路中能起到可变电容的作用,其结电容随反向电压的增加而减小。变容二极管的符号如图 3-19(b)所示。

变容二极管主要用于高频电路中,如变容二极管调频电路。变容二极管的外形如图 3-20(b)所示。

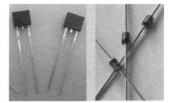

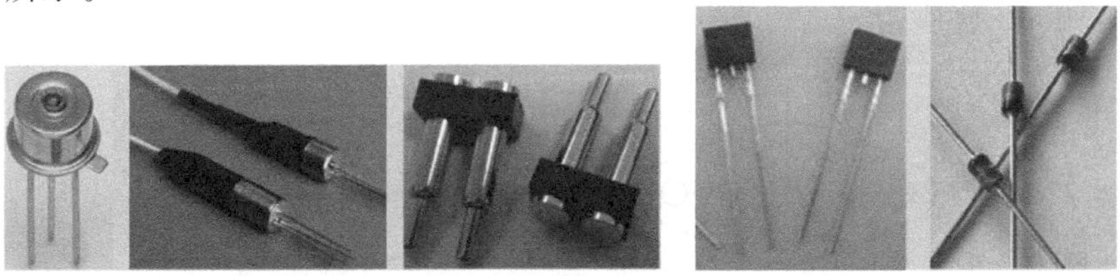

(a) 光电二极管   (b) 变容二极管

图 3-20 光电二极管和变容二极管外形

3.4.3 三极管的识别与简单测试

半导体三极管,也称双极型晶体管、晶体三极管,是一种控制电流的半导体器件其作用是把微弱信号放大成幅度值较大的电信号,也用作无触点开关。

晶体三极管(以下简称三极管)是半导体基本元器件之一,也是电子电路的核心元件。三极管是在一块半导体基片上制作两个相距很近的 PN 结,两个 PN 结把整块半导体分成三部分:中间部分是基区;两侧部分是发射区和集电区,排列方式有 PNP 和 NPN 两种。

三极管具有电流放大作用,其实质是三极管能以基极电流微小的变化量控制集电极电流较大的变化量。这是三极管最基本的和最重要的特性。

三极管主要有 NPN 型和 PNP 型两大类。一般,可以根据命名法从三极管管壳上的符号识别它的型号和类型。例如,三极管管壳上印的是 3DG6,表明它是 NPN 型高频小功率硅三极管。同时,还可以从管壳上色点的颜色判断管子的放大系数 β 值的大致范围。以 3DG6 为例,若色点为黄色,表示 β 值在 30~60;为绿色,表示 β 值在 50~110;为蓝色,表示 β 值在 90~160;为白色,表示 β 值在 140~200。但是也有的厂家并非按此规定,使用时要注意。

当从管壳上知道三极管的类型和型号及 β 值后,还应进一步辨别它的三个电极。对于小功率三极管来说,有金属外壳封装和塑料封装两种。

如果金属外壳封装的管壳上带有定位销,则将管底朝上,从定位销起,按顺时针方向,三根电极依次为 e、b、c;如果管壳上无定位销,且三根电极在半圆内,可将有三根电极的半圆置于上方,按顺时针方向,三根电极依次为 e、b、c,如图 3-21(a)所示。

塑料外壳封装的,可面对平面,将三根电极置于下方,从左到右,三根电极依次为 e、b、c,如图 3-21(b)所示。

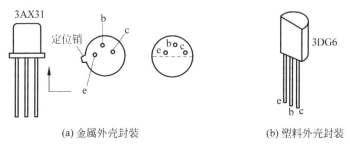

(a) 金属外壳封装   (b) 塑料外壳封装

图 3-21 半导体三极管电极的识别

对于大功率三极管,一般分为 F 型和 G 型两种,如图 3-22 所示。F 型管,从外形上只能看到两根电极,可将管底朝上,两根电极置于左侧,则上为 e;下为 b;底座为 c。G 型管的三个电极一般在管壳的顶部,将管底朝下,三根电极置于左方,从最下方电极起,沿顺时针方向,依次为 e、b、c。底座为 c。

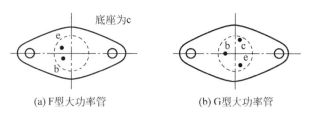

(a)F型大功率管   (b)G型大功率管

图 3-22 F 型和 G 型管引脚识别

常见的三极管如图 3-23 所示。

图 3-23 常见的三极管

三极管的引脚必须正确确认,否则接入电路不但不能正常工作,还可能烧坏管子。当一个三极管没有任何标记时,可以用万用表初步确定该三极管的好坏及类型(NPN 型还是 PNP 型),以及辨别出 e、b、c 三个电极。

1. 先判断基极 b 和三极管类型

将万用表欧姆挡置"R×100"或"R×1k"处,先假设三极管的某极为基极,并将黑表笔接在假设的基极上,再将红表笔先后接到其余两个电极上,如果两次测得的电阻值都很大(或都很小),为几千至几十千欧(或为几百欧至几千欧),而对换表笔后测得两个电阻值都很小(或都很大),则可确定假设的基极是正确的;如果两次测得的电阻值一大一小,则可肯定原假设的基极是错误的,这时就必须重新假设另一电极为基极,重复上述的测试。最多重复两次就可以找出真正的基极。

当基极确定以后,将黑表笔接基极,红表笔分别接其他两极。此时,若测得的电阻值都很小,则该三极管为 NPN 型管;反之,则为 PNP 型管。

2. 再判断集电极 c 和发射极 e

以 NPN 型管为例,把黑表笔接到假设的集电极 c 上,红表笔接到假设的发射极 e 上,并且用手捏住 b 和 c 电极(不能使 b、c 电极直接接触),通过人体,相当于在 b、c 电极之间接入偏置电阻。读出表头所示 c、e 间的电阻值,然后将红、黑两表笔反接重测。若第一次电阻值比第二次小,说明原假设成立,黑表笔所接为三极管集电极 c,红表笔所接为三极管发射极 e。因为 c、e 电极间电阻值小说明通过万用表的电流大,偏值正常,如图 3-24 所示。

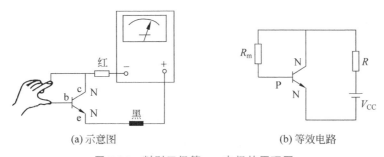

(a) 示意图　　　　　　　　(b) 等效电路

图 3-24 判别三极管 c、e 电极的原理图

以上介绍的是比较简单的测试,要想进一步精确测试可借助于 WQ4830 型晶体管特性图示仪,它能十分清晰地显示出三极管的输入特性曲线,以及电流放大系数 β 等。

3.5　半导体集成电路型号命名法

半导体集成电路(Semiconductor Integrated Circuit),是指在一个半导体衬底上至少有一个电路块的半导体集成电路装置。

半导体集成电路是将晶体管、二极管等有源元件和电阻器、电容器等无源元件,按照一定的电路互联,"集成"在一块半导体单晶片上,从而完成特定的电路或者系统功能。

半导体集成电路是电子产品的核心器件,其产业技术的发展情况直接关系着电力工业的发展水平。就总体情况来看,半导体产业的技术进步在一定程度上推动了新兴产业的发展,包括光伏、半导体照明以及平板显示等多种产业,促进了半导体集成电路上下游产业供应链的完善,并在一定程度上优化了生态环境。因此加强半导体集成电路产业技术的研究和探索,具有重要的现实意义。

3.5.1　集成电路的型号命名法

集成电路现行国际规定的命名法如下(摘自《电子工程手册系列丛书》A15,《中外集成电路简明速查手册》TTL、CMOS 电路及 GB3430),器件的型号由 5 部分组成,各部分的符号及意义如表 3-11 所示。

表 3-11　器件型号的组成

第 零 部 分		第 一 部 分		第 二 部 分		第 三 部 分		第 四 部 分
用字母表示器件符合国家标准		用字母表示器件的类型		用阿拉伯数字和字母表示器件系列品种		用字母表示器件的工作温度范围		用字母表示器件的封装
符号	意义	符号	意义	符号	意义	符号	意义	意义
C	中国制造	T	TTL 电路	C⑤	TTL 分为:	F	0～70℃	多层陶瓷扁平封装
		H	HTL 电路	G	54/74XXX①	B	−25～70℃	塑料扁平封装
		E	ECL 电路	L	54/74HXXX②	H	−25～85℃	黑瓷扁平封装
		C	CMOS	E	54/74LXXX③	D	−40～85℃	多层陶瓷双列直插封装
		M	存储器	R	54/74SXXX	I	−55～85℃	黑瓷双列直插封装
		u	微型机电器	M⑥	54/74LSXXX④	P	−55～125℃	黑瓷双列直插封装
		F	线性放大器		54/74ASXXX	S		塑料单列直插封装
		W	稳压器		54/74ALSXXX	T		塑料封装
		D	音响、电视电路		54/74FXXX	K		金属圆壳封装
		B	非线性电路		CMOS 分为:	C		金属菱形封装
		J	接口电路		4000 系列	E		陶瓷芯片载体封装
		AD	A/D 转换器		54/74HCXXX	G		塑料芯片载体封装
		DA	D/A 转换器		54/74HCTXXX	：		网格针栅陈列封闭
		SC	通信专用电路			SOIC		小引线封装

注:
① 74:国际通用 74 系列(民用);54 为国际通用 54 系列(军用)。
② H:高速。
③ L:低速。
④ LS:低功耗。
⑤ C:只出现在 74 系列。
⑥ M:只出现在 54 系列。

例如,CT74LS160CI,表示:中国——TTL 集成电路——民用低功耗——十进制计数器——工作温度 0～70℃——黑瓷双列直插封装。

3.5.2 集成电路的分类

集成电路是现代电子电路的重要组成部分,它具有体积小、耗电少、工作性能好等优点。概括来说,集成电路按制造工艺可分为半导体集成电路、薄膜集成电路和由二者组合而成的混合集成电路。

按功能可分为模拟集成电路和数字集成电路。

按集成度可分为小规模集成电路(SSI,集成度<10 个门电路)、中规模集成电路(MSI,集成度为 10～100 个门电路)、大规模集成电路(LSI,集成度为 100～1000 个门电路),以及超大规模集成电路(VLSI,集成度>1000 个门电路)。

按外形又可分为圆形(金属外壳晶体管封装型,适用于大功率)、扁平型(稳定性好,体积小)和双列直插型(有利于采用大规模生产技术进行焊接,因此获得广泛的应用)。

目前,已经成熟的集成逻辑技术主要有三种:TTL(晶体管－晶体管逻辑)、CMOS 逻辑(互补金属-氧化物-半导体逻辑)和 ECL(发射极耦合逻辑)。

1. TTL

TTL 于 1964 年由美国 TI 公司生产。其发展速度快、系列产品多,有速度及功耗折中的标准型;有改进型、高速的标准肖特基型;有改进型高速及低功耗的低功耗肖特基型。所有 TTL 电路的输出、输入电平均是兼容的。该系列有两个常用的系列产品,如表 3-12 所示。

表 3-12 常用 TTL 系列产品参数

TTL 系列	工作环境温度/℃	电源电压范围/V
军用 54XXX	−55～+125	+4.5～+5.5
工业用 74XXX	0～+75	+4.75～+5.25

2. CMOS 逻辑

CMOS 逻辑的特点是功耗低,工作电源电压范围较宽,速度快(可达 7MHz)。CMOS 逻辑的 CC4000 系列有两种类型产品,如表 3-13 所示。

表 3-13 CC4000 系列产品参数

CMOS 系列	封装	温度范围/℃	电源电压范围/V
CC4000	陶瓷	−55～+125	+3～+12
CC4000	塑料	−40～+85	+3～+12

3. ECL

ECL 的最大特点是工作速度高。因为在 ECL 电路中数字逻辑电路开始采用非饱和型,消除了三极管的存储时间,大大加快了工作速度。MECL Ⅰ 系列品是由美国摩托罗拉公司于 1962 年生产的,后来又生产了改进型的 MECL Ⅱ、MEC Ⅲ 及 MECL10000 系列。

以上几种逻辑电路的有关参数如表 3-14 所示。

表 3-14　几种逻辑电路的参数比较

电路种类	工作电压/V	每个门的功耗	门延时	扇出系列
TTL 标准	+5	10mW	10ns	10
TTL 标准肖特基	+5	20mW	3ns	10
TTL 低功耗肖特基	+5	2mW	10ns	10
BCL 标准	−5.2	25mW	2ns	10
ECL 高速	−5.2	40mW	0.75ns	10
CMOS	+5～+15	μW 级	ns 级	50

3.5.3　集成电路的生产商和封装形式

集成电路(IC)的封装不仅起到使集成电路芯片内键合点与外部进行电气连接的作用，也为集成电路芯片提供了一个稳定可靠的工作环境，对集成电路芯片起到机械或环境保护的作用，从而使集成电路芯片能够发挥正常的功能，并保证其具有高稳定性和可靠性。总之，集成电路封装质量的好坏，对集成电路总体的性能优劣关系很大。因此，封装应具有较强的机械性能和良好的电气性能、散热性能及化学稳定性。

虽然集成电路的物理结构、应用领域、I/O 数量差异很大，但是集成电路封装的作用和功能却差别不大，封装的目的也相当一致。作为"芯片的保护者"，封装起到了若干作用，归纳起来主要有两个根本的功能：

(1) 保护芯片，使其免受物理损伤。

(2) 重新分布 I/O，获得更易于在装配中处理的引脚间距。

封装还有其他一些次要的作用，比如提供一种更易于标准化的结构，为芯片提供散热通路，使芯片避免产生 α 粒子造成的软错误，以及提供一种更便于测试老化试验的结构。封装还能用于多个集成电路的互连。可以使用引线键合技术等标准的互联技术基本电子元器件来直接进行互连，或者也可用封装提供的互连通路，如混合封装技术、多芯片组件（Multi-Chip Module，MCM）系统级封装（System in Packaging，SiP），以及更广泛的系统体积小型化和互连（Vast System Miniaturization and Interconnection，VSMI）概念所包含的其他方法中使用的互连通路，来间接地进行互连。

部分电子元器件生产商的 Logo 如图 3-25 所示。

图 3-25　部分电子元器件生产商的 Logo

半导体集成电路的封装形式多种多样,按封装材料大致可分为金属、陶瓷、塑料封装。常见的半导体集成电路的封装形式如图 3-26 所示。

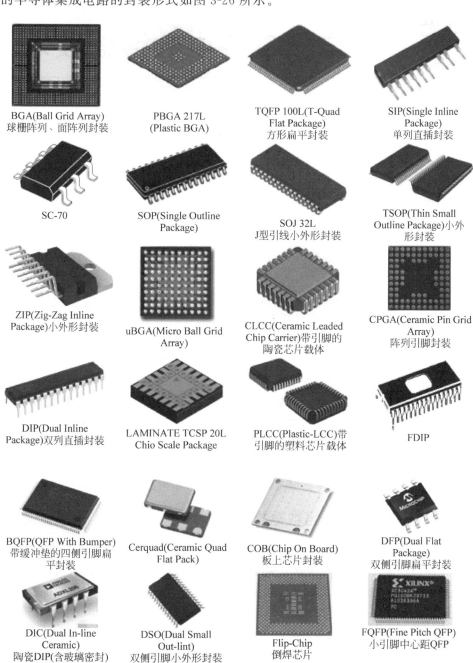

图 3-26 常见的半导体集成电路的封装形式

## 第 4 章

电子系统中的通信技术

本章讲述了电子系统中的通信技术,包括串行通信基础、RS-232C 串行通信接口、RS-485 串行通信接口、蓝牙通信技术、ZigBee 无线传感网络和 W601 Wi-Fi MCU 芯片及其应用实例。

4.1 串行通信基础

在串行通信中,参与通信的两台或多台设备通常共享一条物理通路。发送者依次逐位发送一串数据信号,按一定的约定规则为接收者所接收。由于串行端口通常只是规定了物理层的接口规范,所以为确保每次传送的数据报文能准确到达目的地,使每个接收者能够接收到所有发向它的数据,必须在通信连接上采取相应的措施。

由于借助串行端口所连接的设备在功能、型号上往往互不相同,其中大多数设备除了等待接收数据之外还会有其他任务。例如,一个数据采集单元需要周期性地收集和存储数据;一个控制器需要负责控制计算或向其他设备发送报文;一台设备可能会在接收方正在进行其他任务时向它发送信息。必须有能应对多种不同工作状态的一系列规则来保证通信的有效性。这里所讲的保证串行通信有效性的方法包括:使用轮询或者中断来检测、接收信息;设置通信帧的起始、停止位;建立连接握手;实行对接收数据的确认、数据缓存以及错误检查等。

4.1.1 串行异步通信数据格式

无论是 RS-232 还是 RS-485,均可采用串行异步收发数据格式。

在串行端口的异步传输中,接收方一般事先并不知道数据会在什么时候到达。在它检测到数据并作出响应之前,第一个数据位就已经过去了。因此每次异步传输都应该在发送的数据之前设置至少一个起始位,以通知接收方有数据到达,给接收方一个准备接收数据、缓存数据和作出其他响应所需要的时间。而在传输过程结束时,则应由一个停止位通知接收方本次传输过程已终止,以便接收方正常终止本次通信而转入其他工作程序。

串行异步收发通信的数据格式如图 4-1 所示。

若通信线上无数据发送,该线路应处于逻辑 1 状态(高电平)。当计算机向外发送一个字符数据时,应先送出起始位(逻辑 0,低电平),随后紧跟着数据位,这些数据构成要发送的字

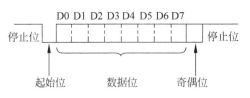

图 4-1 串行异步收发通信的数据格式

符信息。有效数据位的个数可以规定为 5、6、7 或 8。奇偶校验位视需要设定,紧跟其后的是停止位(逻辑 1,高电平),其位数可在 1、1.5、2 中选择其一。

4.1.2　连接握手

通信帧的起始位可以引起接收方的注意,但发送方并不知道,也不能确认接收方是否已经做好了接收数据的准备。利用连接握手可以使收发双方确认已经建立了连接关系,接收方已经做好准备,可以进入数据收发状态。

连接握手过程是指发送者在发送一个数据块之前使用一个特定的握手信号引起接收者的注意,表明要发送数据,接收者则通过握手信号回应发送者,说明它已经做好了接收数据的准备。

连接握手可以通过软件,也可以通过硬件实现。在软件连接握手中,发送者通过发送一字节表明它想要发送数据。接收者看到该字节的时候,也发送一个编码声明可以接收数据,当发送者看到这个信息时,便知道它可以发送数据了。接收者还可以通过另一个编码告诉发送者停止发送。

在普通的硬件握手方式中,接收者在准备好了接收数据的时候将相应的导线带入高电平,然后开始全神贯注地监视它的串行输入端口的允许发送端。这个允许发送端与接收者的已准备好接收数据的信号端相连,发送者在发送数据之前一直在等待这个信号的变化。一旦得到信号说明接收者已处于准备好接收数据的状态,便开始发送数据。接收者可以在任何时候将这根导线带入低电平,即便是在接收一个数据块的过程中间也可以把这根导线带入低电平。当发送者检测到这个低电平信号时,就应该停止发送。而在完成本次传输之前,发送者还会继续等待这根导线再次回到高电平,以继续被中止的数据传输。

4.1.3　确认

接收者为表明数据已经收到而向发送者回复信息的过程称为确认。有的传输过程可能会收到报文而不需要向相关节点回复确认信息。但是在许多情况下,需要通过确认告知发送者数据已经收到。有的发送者需要根据是否收到确认信息来采取相应的措施,因此确认对某些通信过程是必要的和有用的。即便接收者没有其他信息要告诉发送者,也要为此单独发一个确认数据告知已经收到信息。

确认报文可以是一个特别定义过的字节,例如一个标识接收者的数值。发送者收到确认报文就可以认为数据传输过程正常结束。如果发送者没有收到所希望回复的确认报文,它就认为通信出现了问题,然后将采取重发或者其他行动。

4.1.4　中断

中断是一个信号,它通知 CPU 有需要立即响应的任务。每个中断请求对应一个连接到中断源和中断控制器的信号。通过自动检测端口事件发现中断并转入中断处理。

许多串行端口采用硬件中断。在串口发生硬件中断,或者一个软件缓存的计数器到达一个触发值时,表明某个事件已经发生,需要执行相应的中断响应程序,并对该事件给出及时的反应。这种过程也称为事件驱动。

采用硬件中断就应该提供中断服务程序,以便在中断发生时让它执行所期望的操作。

很多微控制器为满足这种应用需求而设置了硬件中断。在一个事件发生的时候,应用程序会自动对端口的变化作出响应,跳转到中断服务程序。例如发送数据、接收数据、握手信号变化、接收到错误报文等,都可能成为串行端口的不同工作状态,或称为通信中发生了不同事件,需要根据状态变化停止执行现行程序而转向与状态变化相适应的应用程序。

外部事件驱动可以在任何时间插入并且使得程序转向执行一个专门的应用程序。

4.1.5 轮询

通过周期性地获取特征或信号读取数据或发现是否有事件发生的工作过程称为轮询。它需要足够频繁地轮询端口,以便不遗失任何数据或者事件。轮询的频率取决于对事件快速反应的需求以及缓存区的大小。

轮询通常用于计算机与 I/O 端口之间较短数据或字符组的传输。由于轮询端口不需要硬件中断,因此可以在一个没有分配中断的端口运行此类程序。很多轮询使用系统计时器确定周期性读取端口的操作时间。

4.1.6 差错检验

数据通信中的接收者可以通过差错检验判断所接收的数据是否正确。冗余数据校验、奇偶校验、校验和、循环冗余校验等都是串行通信中常用的差错检验方法。

4.2 RS-232C 串行通信接口

RS-232C 标准(协议)的全称是 EIA-RS-232C 标准,定义是"数据终端设备(DTE)和数据通信设备(DCE)之间串行二进制数据交换接口技术标准"。它是在 1970 年由美国电子工业协会联合贝尔公司、调制解调器厂家及计算机终端生产厂家共同制定的用于串行通信的标准。其中 EIA(Electronic Industry Association)代表美国电子工业协会,RS(Recommended Standard)代表推荐标准,232 是标识号,C 代表 RS232 的最新一次修改。

4.2.1 RS-232C 端子

RS-232C 的连接插头用 9 针的 EIA 连接插头座,如图 4-2 所示,其主要端子分配如表 4-1 所示。

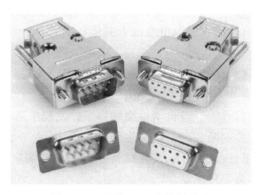

图 4-2　9 针的 EIA 连接插头座

表 4-1 RS-232C 主要端子

端　脚	方　向	符　号	功　能
3	输出	TXD	发送数据
2	输入	RXD	接收数据
7	输出	RTS	请求发送
8	输入	CTS	为发送清零
6	输入	DSR	数据设备准备好
5		GND	信号地
1	输入	DCD	
4	输出	DTR	数据信号检测
9	输入	RI	

1. 信号含义

（1）从计算机到 MODEM 的信号。

DTR——数据终端准备好：告诉 MODEM 计算机已接通电源，并准备好。

RTS——请求发送：告诉 MODEM 现在要发送数据。

（2）从 MODEM 到计算机的信号。

DSR——数据设备准备好：告诉计算机 MODEM 已接通电源，并准备好。

CTS——为发送清零：告诉计算机 MODEM 已做好了接收数据的准备。

DCD——数据信号检测：告诉计算机 MODEM 已与对端的 MODEM 建立连接了。

RI——振铃指示器：告诉计算机对端电话已在振铃了。

（3）数据信号。

TXD——发送数据。

RXD——接收数据。

2. 电气特性

RS-232C 的电气线路连接如图 4-3 所示。

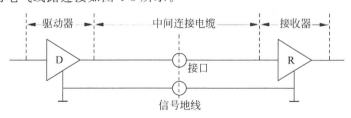

图 4-3 RS-232C 的电气线路连接

接口为非平衡型，每个信号用一根导线，所有信号回路共用一根地线。信号速率限于 20kb/s 内，电缆长度限于 15m 之内。由于是单线，线间干扰较大。其电性能用±12V 标准脉冲。值得注意的是 RS-232C 采用负逻辑。

在数据线上：传号 Mark＝－5～－15V，逻辑"1"电平

　　　　　　空号 Space＝＋5～＋15V，逻辑"0"电平

在控制线上：通 On＝＋5～＋15V，逻辑"0"电平

　　　　　　断 Off＝－5～－15V，逻辑"1"电平

RS-232C 的逻辑电平与 TTL 电平不兼容,为了与 TTL 器件相连必须进行电平转换。

由于 RS-232C 采用电平传输,在通信速率为 19.2kb/s 时,其通信距离只有 15m。若要延长通信距离,必须以降低通信速率为代价。

4.2.2　通信接口的连接

当两台计算机经 RS-232C 接口直接通信时,两台计算机之间的联络线可用图 4-4 表示。虽然不接 MODEM,图中仍连接着有关的 MODEM 信号线,这是由于 INT 14H 中断使用这些信号,假如程序中没有调用 INT 14H,在自编程序中也没有用到 MODEM 的有关信号,两台计算机直接通信时,只连接 2、3、7(25 针 EIA)或 3、2、5(9 针 EIA)就可以了。

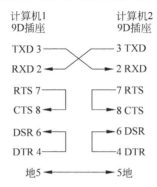

图 4-4　不使用 MODEM 信号的 RS-232C 接口

4.2.3　RS-232C 电平转换器

为了实现采用 +5V 供电的 TTL 和 CMOS 通信接口的电路能与 RS-232C 标准接口连接,必须进行串行口的输入/输出信号的电平转换。

目前常用的电平转换器有 MOTOROLA 公司生产的 MC1488 驱动器、MC1489 接收器,TI 公司的 SN75188 驱动器、SN75189 接收器,以及美国 MAXIM 公司生产的单一 +5V 电源供电、多路 RS-232 驱动器/接收器,如 MAX232A 等。

MAX232A 内部具有双充电泵电压变换器,把 +5V 变换成 ±10V,作为驱动器的电源,具有两路发送器及两路接收器,使用相当方便。MAX232A 外形和引脚如图 4-5 所示,典型应用如图 4-6 所示。

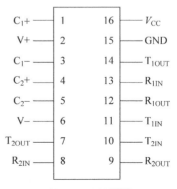

(a) MAX232A 外形　　　　　(b) MAX232A 引脚

图 4-5　MAX232A 外形和引脚图

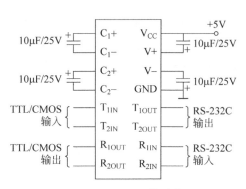

图 4-6 MAX232A 典型应用

单一＋5V 电源供电的 RS-232C 电平转换器还有 TL232、ICL232 等。

4.3 RS-485 串行通信接口

RS-485 接口组成的半双工网络，一般是两线制（以前有四线制接法，只能实现点对点的通信方式，现很少采用），多采用屏蔽双绞线传输。这种接线方式为总线式拓扑结构，在同一总线上最多可以挂接 32 个节点。在 RS-485 通信网络中一般采用的是主从通信方式，即一个主机带多个从机。很多情况下，连接 RS-485 通信链路时只是简单地用一对双绞线将各个接口的"A""B"端连接起来。

由于 RS-232C 通信距离较近，当传输距离较远时，可采用 RS-485 串行通信接口。

4.3.1 RS-485 接口标准

RS-485 接口采用二线差分平衡传输，其信号定义如下。

当采用＋5V 电源供电时：

（1）若差分电压信号为 $-2500 \sim -200\,\text{mV}$ 时，为逻辑"0"。

（2）若差分电压信号为 $+2500 \sim +200\,\text{mV}$ 时，为逻辑"1"。

（3）若差分电压信号为 $-200 \sim +200\,\text{mV}$ 时，为高阻状态。

RS-485 的差分平衡电路如图 4-7 所示。其一根导线上的电压值是另一根导线上的电压值取反。接收器的输入电压值为这两根导线电压的差值 $V_A - V_B$。

图 4-7 RS-485 的差分平衡电路

RS-485 实际上是 RS-422 的变形。RS-422 采用两对差分平衡线路；而 RS-485 只用一对。差分电路的最大优点是抑制噪声。由于在它的两根信号线上传递着大小相同、方向相反的电流，而噪声电压往往在两根导线上同时出现，一根导线上出现的噪声电压会被另一根导线上出现的噪声电压抵消，因而可以极大地削弱噪声对信号的影响。

差分电路的另一个优点是不受节点之间接地电平差异的影响。在非差分（即单端）电路中，多个信号共用一根接地线，长距离传输时，不同节点接地线的电平差异可能相差好几伏，甚至会引起信号的误读。差分电路则完全不会受到接地电平差异的影响。

RS-485 价格比较便宜,能够很方便地添加到一个系统中,还支持比 RS-232C 更长的距离、更快的速度以及更多的节点。RS-485、RS-422、RS-232C 之间的主要性能指标的比较如表 4-2 所示。

表 4-2　RS-485、RS-422、RS-232C 的主要性能指标的比较

规范	RS-232C	RS-422	RS-485
最大传输距离	15m	1200m(速率 100kb/s)	1200m(速率 100kb/s)
最大传输速度	20kb/s	10Mb/s(距离 12m)	10Mb/s(距离 12m)
驱动器最小输出/V	±5	±2	±1.5
驱动器最大输出/V	±15	±10	±6
接收器敏感度/V	±3	±0.2	±0.2
最大驱动器数量	1	1	32 单位负载
最大接收器数量	1	10	32 单位负载
传输方式	单端	差分	差分

可以看到,RS-485 更适用于多台计算机或带微控制器的设备之间的远距离数据通信。

应该指出的是,RS-485 标准没有规定连接器、信号功能和引脚分配。要保持两根信号线相邻,两根差动导线应该位于同一根双绞线内,引脚 A 与引脚 B 不要调换。

4.3.2　RS-485 收发器

RS-485 收发器种类较多,如 MAXIM 公司的 MAX485,TI 公司的 SN75LBC184、SN65LBC184、高速型 SN65ALS1176 等。它们的引脚是完全兼容的,其中 SN65ALS1176 主要用于高速应用场合,如 PROFIBUS-DP 现场总线等。下面仅介绍 SN75LBC184。

SN75LBC184 为具有瞬变电压抑制的差分收发器,SN75LBC184 为商业级,其工业级产品为 SN65LBC184。外形和引脚如图 4-8 所示。

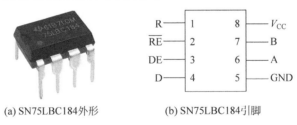

(a) SN75LBC184外形　　　　(b) SN75LBC184引脚

图 4-8　SN75LBC184 外形和引脚图

引脚介绍如下:

R:接收端。

$\overline{RE}$:接收使能,低电平有效。

DE:发送使能,高电平有效。

D:发送端。

A:差分正输入端。

B:差分负输入端。

V_{CC}：+5V 电源。

GND：地。

SN75LBC184 和 SN65LBC184 具有如下特点。

(1) 具有瞬变电压抑制能力,能防雷电和抗静电放电冲击。

(2) 限斜率驱动器,使电磁干扰减到最小,并能减少传输线终端不匹配引起的反射。

(3) 总线上可挂接 64 个收发器。

(4) 接收器输入端开路故障保护。

(5) 具有热关断保护。

(6) 低禁止电源电流,最大 300μA。

(7) 引脚与 SN75176 兼容。

4.3.3　应用电路

RS-485 应用电路如图 4-9 所示。

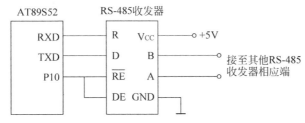

图 4-9　RS-485 应用电路

在图 4-9 中,RS-485 收发器可为 SN75LBC184、SN65LBC184、MAX485 等。当 P10 为低电平时,接收数据;当 P10 为高电平时,发送数据。

如果采用 RS-485 组成总线拓扑结构的分布式测控系统,在双绞线终端应接 120Ω 的终端电阻。

4.3.4　RS-485 网络互联

利用 RS-485 接口可以使一个或者多个信号发送器与接收器互联,在多台计算机或带微控制器的设备之间实现远距离数据通信,形成分布式测控网络系统。

1. RS-485 的半双工通信方式

在大多数应用条件下,RS-485 的端口连接都采用半双工通信方式。有多个驱动器和接收器共享一条信号通路。图 4-10 为 RS-485 端口半双工连接的电路图。其中 RS-485 差动总线收发器采用 SN75LBC184。

图 4-10 中的两个 120Ω 的电阻是作为总线的终端电阻存在的。当终端电阻等于电缆的特征阻抗时,可以削弱甚至消除信号的反射。

特征阻抗是导线的特征参数,它的数值随着导线的直径、在电缆中与其他导线的相对距离以及导线的绝缘类型而变化。特征阻抗值与导线的长度无关,一般双绞线的特征阻抗值为 100~150Ω。

RS-485 的驱动器必须能驱动 32 个单位负载加上一个 60Ω 的并联终端电阻。总的负载包括驱动器、接收器和终端电阻,不低于 54Ω。图中两个 120Ω 的电阻的并联值为 60Ω,

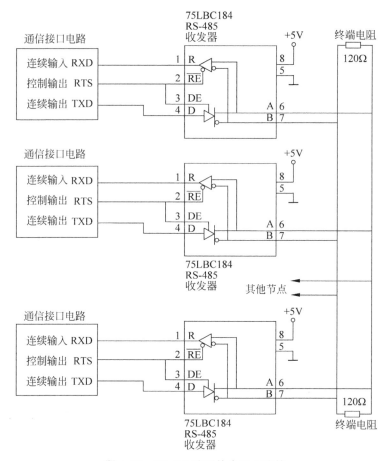

图 4-10　RS-485 端口的半双工连接

32 个单位负载中接收器的输入阻抗会使得总负载略微降低;而驱动器的输出与导线的串联阻抗又会使总负载增大,最终需要满足不低于 54Ω 的要求。

还应该注意的是,在一个半双工连接中,在同一时间内只能有一个驱动器工作。如果发生两个或多个驱动器同时启用,一个企图使总线上呈现逻辑 1,另一个企图使总线上呈现逻辑 0,则会发生总线竞争,在某些元件上就会产生大电流。因此所有 RS-485 的接口芯片上都必须包括限流和过热关闭功能,以便在发生总线竞争时保护芯片。

2. RS-485 的全双工连接

尽管大多数 RS-485 的连接是半双工的,但是也可以形成全双工 RS-485 连接。图 4-11(a) 和图 4-11(b) 分别表示两点和多点之间的全双工 RS-485 连接。在全双工连接中信号的发送和接收方向都有它自己的通路。在全双工、多节点连接中,一个节点可以在一条通路上向所有其他节点发送信息;而在另一条通路上接收来自其他节点的信息。

两点之间全双工连接的通信在发送和接收上都不会存在问题。但当多个节点共享信号通路时,需要以某种方式对网络控制权进行管理。这是在全双工、半双工连接中都需要解决的问题。

RS-232C 和 RS-485 之间的转换可采用相应的转换模块,如图 4-12 所示。

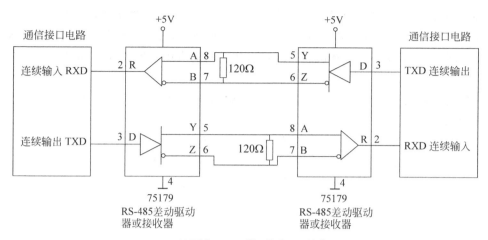

(a) 两个RS-485端口的全双工连接

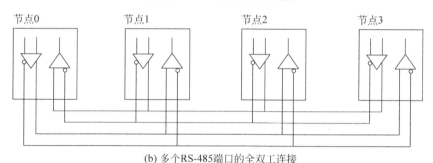

(b) 多个RS-485端口的全双工连接

图 4-11　RS-485 端口的全双工连接

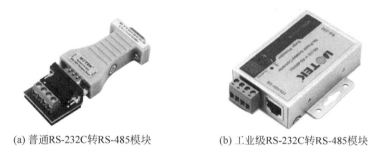

(a) 普通RS-232C转RS-485模块　　　　(b) 工业级RS-232C转RS-485模块

图 4-12　RS-232C 转 RS-485 模块

4.4　蓝牙通信技术

　　互联网得以快速发展的关键之一是解决了"最后一公里"的问题;物联网得以快速发展的关键之一是解决了"最后一百米"的问题。在"最后一百米"的范围内,可连接的设备密度远远超过了"最后一公里",特别是在智能家居、智慧城市、工业物联网等领域。围绕着物联网"最后一百米"的技术解决方案,业界提出了多种中短距离无线标准,随着技术的不断进步,这些无线标准在向实用落地不断迈进。低功耗蓝牙的标准始终在围绕物联网发展的需求而不断升级迭代,自蓝牙 4.0 开始,蓝牙技术进入了低功耗蓝牙时代,在智能可穿戴设备领域,低功耗蓝牙已经是应用最广泛的技术标准之一,并在消费物联网领域大获成功。低功耗蓝牙在点对点、点对多点、多角色、长距离通信、复杂 Mesh(网格)网络、蓝牙测向等方面不断增加新特性,低功耗蓝牙标准在持续拓展物联网的应用场景及边界,获得了令人瞩目的发展。

低功耗蓝牙从 4.0 到 5.3,5. x 是最重要的版本,越来越多的开发者开始把目光投向低功耗蓝牙 5. x。

Nordic 推出了采用双核处理器架构的无线多协议 SoC 芯片 nRF5340,该芯片不仅支持功耗蓝牙 5. x,还支持蓝牙 Matter、Mesh、ZigBee、Thread、IEEE 802.15.4、ANT、NFC 等协议和 2.4GHz 私有协议,使得采用 nRF5340 开发的产品具有极大的灵活性和平台通用性。对于物联网开发人员而言,选择一个好的平台是十分重要的,好的平台可以使开发的产品具有更多的灵活性,并提供了进行创新的基础与支撑条件,使开发的产品在无线通信可靠性、功耗效率和用户体验等方面得到重要提升。

4.4.1 蓝牙通信技术概述

蓝牙是一种支持设备短距离通信(一般 10m 内)的无线电技术。能在包括移动电话、掌上电脑(PDA)、无线耳机、笔记本电脑、相关外设等众多设备之间进行无线信息交换。利用蓝牙技术,能够有效地简化移动通信终端设备之间的通信,也能够成功地简化设备与Internet 之间的通信,从而使数据传输变得更加迅速高效,为无线通信拓宽道路。蓝牙采用分散式网络结构以及快跳频和短包技术,支持点对点及点对多点的通信,工作在全球通用的2.4GHz ISM(即工业、科学、医学)频段。其数据速率为 1Mb/s。采用时分双工传输方案实现全双工传输。

下面讲述蓝牙通信技术的发展及蓝牙 1.0 到蓝牙 5.0。

1. 蓝牙通信技术的发展

蓝牙自 20 世纪末诞生以来,就被赋予了连接的使命,从音频传输、图文传输、视频传输,发展到了以低功耗为主的智能物联网传输,蓝牙创新应用的场景变得越来越广阔。据蓝牙联盟预测,到 2025 年,蓝牙设备的出货量将超过 60 亿。

蓝牙(Bluetooth)一词取自 10 世纪丹麦国王哈拉尔的名字——Harald Bluetooth。哈拉尔国王由于统一了因宗教战争和领土争议而分裂的挪威与丹麦而闻名于世。传说哈拉尔国王特别喜欢吃蓝莓,甚至吃得牙齿都变成了蓝色,因而当时人们把这位国王的牙齿称为蓝牙(Bluetooth)。

1996 年,英特尔、诺基亚、爱立信等公司都在短距离无线技术领域进行了研究。英特尔在研究"商业无线"的项目;爱立信在研究"MC-Link"网络;诺基亚在研究"低功耗无线"项目。在这种情况下,和三个或更多个的独立标准相比,有一个统一的标准显然是更好的选择,并且更容易在市场上取得成功。因此,这些利益相关方聚在一起,成立了特别兴趣小组(SIG),以制定一个共同的标准。

1997 年夏天,英特尔的吉姆·卡尔达奇(Jim Kardach)和爱立信的斯文·马蒂森(Sven Mattisson)一起去了一家酒吧。在酒吧里,他们开始谈论历史,斯文·马蒂森说他最近读完了《长船》,该书讲述的是丹麦国王哈拉尔·戈尔姆森的统治。吉姆·卡尔达奇回家后读了一本名叫《维京人》的书,在这本书中,他更多地了解了当时的国王是如何统一斯堪的纳维亚半岛的。后来,吉姆·卡尔达奇建议特别兴趣小组的名称就叫蓝牙特别兴趣小组(Bluetooth SIG)。

2007年,吉姆·卡尔达奇在一篇专栏文章中写道:蓝牙的名称是从10世纪丹麦国王Harald Bluetooth 的名字中借鉴来的;哈拉尔因统一斯堪的纳维亚半岛而闻名,正如我们打算用短距离无线技术的统一标准将 PC 和手机连接起来一样。

这就是蓝牙名字的由来,蓝牙成为统一的通用传输标准——将所有分散的设备与内容互联互通。蓝牙的 Logo 来自后弗萨克文的字母组合,将国王 Harald Bluetooth 名字的首字母 H 和 B 对应后弗萨克文的字母拼在一起,构成了大家熟知的蓝色 Logo(✱)。

1999年5月20日,爱立信、IBM、英特尔、诺基亚及东芝等公司创立了蓝牙特别兴趣小组(Special Interest Group,SIG),也称为蓝牙技术联盟或蓝牙联盟。

蓝牙联盟既不生产、也不出售蓝牙设备,其主要任务是发布蓝牙规范,进行资格管理,保护蓝牙商标,推广蓝牙技术。来自蓝牙联盟的成员在蓝牙技术的发展中扮演重要的角色。

2019年蓝牙联盟的成员已达到35761个。亚太地区的成员占比是最多的,这是因为众多蓝牙设备生产商位于中国,这也说明蓝牙技术在中国有良好的发展基础和应用前景。中国拥有超过6000个会员,成为蓝牙技术的一个重要和积极的参与国家。据统计,每周付运的蓝牙设备数量目前已超过2亿部。

2. 经典蓝牙(Classic Bluetooth)阶段:从蓝牙 1.0 到蓝牙 3.0

(1) 第一代蓝牙:关于蓝牙早期的探索。

1999年:蓝牙 1.0。

蓝牙 1.0 不仅存在很多问题,产品的兼容性也不好,而且蓝牙设备还十分昂贵,因此蓝牙 1.0 推出以后,蓝牙技术并未得到广泛的应用。

2003年:蓝牙 1.2。

针对蓝牙 1.0 的安全问题,蓝牙 1.2 完善了匿名方式,可以保护用户免受身份嗅探攻击和跟踪。此外,蓝牙 1.2 还增加了 4 项新功能:适应性跳频(Adaptive Frequency Hopping,AFH)功能,可减少蓝牙产品与其他无线通信装置之间的干扰问题;延伸同步连接导向频道(Extended Synchronous Connection-Oriented links,ESCO)功能,可提供 QoS(Quality of Service,服务质量)的音频传输,进一步满足高阶语音与音频产品的需求;快速连接(Faster Connection,FS)功能,可缩短重新搜索与再连接的时间,使连接过程变得更加稳定快速;支持 Stereo 音效的传输要求,但只能以单模方式工作。

(2) 第二代蓝牙:蓝牙进入实用阶段。

2004年:蓝牙 2.0。

蓝牙 2.0 是蓝牙 1.2 的改良版,蓝牙设备的传输速率可达 3Mb/s,蓝牙 2.0 支持双模。

2007年:蓝牙 2.1。

蓝牙 2.1 改善了蓝牙设备的配对体验,同时提升了使用和安全强度,可以支持近场通信(NFC)配对,无须手动输入。

(3) 第三代蓝牙:高速蓝牙,传输速率可高达 24Mb/s。

2009年:蓝牙 3.0。

蓝牙 3.0 新增了可选 High Speed(高速)功能,该功能可以使蓝牙通过 IEEE 802.11 的物理层实现高速数据传输，传输速率高达 24Mb/s，是蓝牙 2.0 的 8 倍。

3. 低功耗蓝牙与经典蓝牙并存的阶段：从蓝牙 4.0 开始

在过去的十年中，低功耗蓝牙以一种新的方式发展起来了，从第一款配备低功耗蓝牙的智能手机可连接非常简单的配件，到现在已经可以连接更先进的设备。

如今，低功耗蓝牙已成为 HID(Human Interface Device，人机接口设备)，如键盘/鼠标、平板电脑手写笔、多种训练设备，以及健康和医疗设备中不可或缺的一部分。智能灯泡、热能控制和工业控制等通过采用低功耗蓝牙技术，可以有效减少能源消耗，为推动低碳节能提供帮助。

蓝牙联盟于 2010 年发布了蓝牙 4.0，蓝牙 4.0 由经典蓝牙和低功耗蓝牙(Bluetooth Low Energy)两部分组成。

(1) 为什么会出现低功耗蓝牙。

经过多年的发展，蓝牙技术和产品已经广泛应用于消费电子领域，日常所使用的手机都已内置了蓝牙。经典蓝牙可以满足传输音频、图片及文件等应用场景的需求，对于更多需要低功耗、多连接的应用场景却有心无力。

在低功耗蓝牙出现以前，不少运动健康类的产品使用的是传统蓝牙技术，但蓝牙 2.1 或者 3.0 的耗电是个难以规避的问题，这些产品只能持续工作一天至数天，特别是对于那些采用纽扣电池供电的运动健康类产品及可穿戴设备，尽管有很好的创意，但由于必须经常更换电池或充电，实际使用效果和用户体验均不理想，也很少看到传统蓝牙在这方面有成功的应用。

低功耗蓝牙技术就是在这种需求的推动下应运而生的。

(2) 低功耗蓝牙的起源。

低功耗蓝牙的前身是诺基亚、北欧半导体(Nordic Semiconductor)、颂拓(Suunto)等公司于 2006 年发起的致力于超低功耗应用的 Wibree 技术联盟。低功耗蓝牙是一项专为移动设备开发的功耗极低的移动无线通信技术，其目的是开发与蓝牙互补的低功耗应用，并希望凭借低功耗的优势，除了在智能手机，还能在智能手表、无线 PC 外设、运动和医疗设备，甚至儿童玩具上获得广泛应用。

上述三家公司都是相关领域中的领先者：诺基亚当时在手机领域有巨大的影响力；Nordic Semiconductor(Nordic)专注于低功耗无线芯片的设计；颂拓是专业的运动手表厂商。这三家企业形成了良好的应用基础和生态。

Wibree 技术联盟的发展引起了蓝牙联盟的关注。蓝牙联盟已经认识到低功耗无线应用的巨大潜力，也一直希望得到低功耗无线技术，因此蓝牙联盟和 Wibree 技术联盟最终走到了一起，Wibree 技术联盟于 2007 年并入蓝牙联盟，作为蓝牙技术的扩展，相关技术成为蓝牙规范的组成部分，被称为低功耗蓝牙技术(Bluetooth Low Energy，BLE)。

蓝牙 4.0 的芯片模式分为单模(Single Mode)与双模(Dual Mode)两种。单模只能与蓝牙 4.0 交互，无法与蓝牙 3.0/2.1/2.0 向下兼容，仅支持与低功耗蓝牙设备的连接；双模可以向下兼容蓝牙 3.0/2.1/2.0，通常智能手机、平板电脑、计算机等设备会采用双模的蓝牙芯片，以便与低功耗蓝牙设备和传统蓝牙设备进行交互。

单模主要面向高集成、低数据量、低功耗的应用场景，具有快速连接、可靠的点对多点数据传输、安全的加密连接等特性。本书主要探讨低功耗蓝牙的单模应用。

4. 低功耗蓝牙的物联网阶段：从低功耗蓝牙 5.0 开始

低功耗蓝牙 5.0 及后续版本围绕着物联网的应用场景持续发展和迭代。

（1）低功耗蓝牙 5.0 简介。

低功耗蓝牙 5.0 是在 2016 年推出的，开启了"物联网时代"大门，低功耗蓝牙 5.0 具备更快、更远的传输能力。

① 低功耗蓝牙 5.0 的 PHY（物理层）传输速率是低功耗蓝牙 4.2 的 2 倍，低功耗蓝牙 4.2 的 PHY 传输速率的上限是 1Mb/s；低功耗蓝牙 5.0 的 PHY 传输速率为 2Mb/s。

② 低功耗蓝牙 5.0 的有效通信距离是低功耗蓝牙 4.2 的 4 倍。低功耗蓝牙 5.0 除了在硬件上支持 LE 1M PHY 和 LE 2M PHY，还支持 LE Coded PHY（两种编码方式的 PHY）。LE Coded PHY 使用的是 LE 1M PHY 的物理通道，一种是 500 kb/s（S＝2）的 LE Coded PHY；另一种是 125kb/s（S＝8）的 LE Coded PHY。LE Coded PHY 的数据包类型和 LE 1M PHY、LE 2M PHY 数据包类型略有不同，增加了 CI（Coding Indicator，编码指示）和 TERM1、TERM2。CI 和 TERM1/2 构成了前向纠错（Forward Error Correction，FEC），发射端在发送码元序列中加入差错控制码元，接收端不但能发现错码，还能将错码恢复其正确取值，是一种增加数据通信可信度的方法，从而提高了接收灵敏度和有效通信距离。

在低功耗蓝牙 4.2 及以前的版本中，低功耗蓝牙在无线传输中均未使用前向纠错，蓝牙协议规定的基准接收灵敏度为 −70dBm（实际上每一家蓝牙芯片厂商都可以做到 −90dBm）。低功耗蓝牙从 5.0 开始引入了卷积前向纠错编码（Convolutional Forward Error Correction Coding），不仅提高了接收端的抗干扰能力，将接收端的基准接收灵敏度提高到了 −75dBm；还提高了接收端的载干比（C/I，Carrier/Interference，载干比是指载波信号强度/干扰信号强度），在发射功率不变的情况下，可以将有效通信距离提高到低功耗蓝牙 4.2 的 4 倍。

③ 低功耗蓝牙 5.0 的广播数据包容量是低功耗蓝牙 4.2 的 8 倍。在低功耗蓝牙 4.2 中，广播是在 40 个 2.4GHz 的 ISM 频道中的 3 个频道（第 37、38 和 39 个频道）上进行的。在低功耗蓝牙 5.0 中，将 40 个 2.4GHz 的 ISM 频道分为两组广播频道，即主（Primary）广播频道（第 37、38 和 39 个频道）和次（Secondary）广播频道（其他频道），广播可在所有的频道上进行。按照低功耗蓝牙 4.0 的定义，广播有效载荷最多为 31B；而在低功耗蓝牙 5.0 中，通过添加额外的广播频道（次广播频道）和新的广播 PDU，将有效载荷的上限提高到了 255B，从而大幅提升了广播数据的传输量，使得设备能够在广播数据包中传输更多的数据，为面向非连接应用提供了更多的灵活性，且提供更为丰富的应用场景。

（2）低功耗蓝牙 5.1 简介。

2019 年，蓝牙联盟正式推出了低功耗蓝牙 5.1，引入了业界期待已久的寻向功能。通过寻向功能，可以侦测蓝牙信号的方向，实现厘米级的实时定位，不仅为室内定位的实现提供了一个解决方案，还为优化物联网的应用提供了多项新特性。

（3）低功耗蓝牙 5.2 简介。

2019 年 12 月，蓝牙联盟发布了新版本的蓝牙核心规范（Bluetooth Core Specification）——低功耗蓝牙 5.2。针对低功耗蓝牙 5.1，低功耗蓝牙 5.2 增加了三个新功能：增强型属性协议（Enhanced Attribute Protocol，EATT）、LE 功率控制（LE Power Control）和 LE 同步频道（LE Isochronous Channel）。

LE 功率控制有以下优点：

① 通过在连接设备之间进行动态功率管理，降低发射端的总功耗。

② 通过控制接收端信号强度，使其保持在接收端的最佳范围内，从而提高可靠性。

③ 与环境中使用 2.4GHz 频率的其他无线设备共存，减少相互间的干扰。这一优点对所有工作于相同频段的设备都有帮助，而不仅仅是低功耗蓝牙设备。

LE 功率控制的应用场景如下：

① 调整设备的发射功率并通知对方。

② 基于双方设备可接受的功率最佳值，调整自己的发射功率。

③ 监控链路的路径损耗（Path Loss）。在这种应用场景中，可以使低功耗蓝牙设备既能保证通信质量，又能使功耗最小化，还能尽可能减少其对周边设备无线电环境的干扰与影响。

（4）低功耗蓝牙 5.3 简介。

2021 年 7 月蓝牙联盟发布了最新版本的蓝牙核心规范，即低功耗蓝牙 5.3，这个新版本引入了两项增强功能和一项新功能。引入的增强功能包括周期广播增强（Periodic Advertising Enhancement）功能和频道分类增强（Channel Classification Enhancement）功能；引入的新功能是连接分级（Connection Subrating）功能。这些功能进一步提高了低功耗蓝牙的通信效率、降低了功耗、提高了无线共存性，使低功耗蓝牙设备的可靠性、能源效率和用户体验等得到了显著的改善。

4.4.2　无线多协议 SoC

SoC 是一种集成电路的芯片，可以有效地降低电子信息系统产品的开发成本，缩短开发周期，提高产品的竞争力，是未来工业界将采用的最主要的产品开发方式。下面讲述无线多协议 SoC。

1. 无线多协议 SoC 简介

Nordic 是中短距离无线应用的领跑者，是低功耗蓝牙技术和标准的创始者之一，其超低功耗无线技术已成为业界的标杆。按照产品发展的脉络，Nordic 的低功耗蓝牙芯片分为 nRF51 系列、nRF52 系列、nRF53 系列。

（1）nRF51 系列芯片是 Nordic 早期推出的 SoC，采用 Arm Cortex-M0 内核处理器架构，支持低功耗蓝牙 4.0 及以上的特性。由于性能稳定、性价比高，目前在市面上还有较多客户在使用，该系列的代表芯片是 nRF51822。

（2）nRF52 系列芯片采用 Arm Cortex-M4 内核处理器架构，支持低功耗蓝牙 5.0 及以上的特性，功耗更优，约为 nRF51 系列芯片的一半；性能更强大，除了内存空间有所增加，还支持无线多协议和 NFC，依赖于协议栈的支持，可同时作为主机和从机使用；在射频方面，nRF52 系列芯片的内部集成了巴伦芯片，减少了外部元器件。nRF52 系列芯片的规格型号齐全，可满足不同应用要求，是目前市面上主流的低功耗蓝牙芯片，该系列的代表芯片是 nRF52832、nRF52840。巴伦是平衡/不平衡转换器（balun）的英文音译，balun 是由 balanced 和 unbalanced 两个词组成的。其中 balance 代表差分结构；而 unbalance 代表是单端结构。巴伦电路可以在差分信号与单端信号之间互相转换,巴伦电路有很多种形式,可以包括不必要的变换阻抗,平衡变压器也可以用来连接行不同的阻抗。

(3) nRF53 系列芯片是高端无线多协议 SoC,采用双 Arm Cortex-M33 内核处理架构,即一个内核用于处理无线协议;另一个内核用于应用开发。双核处理器高效协同工作在性能与功耗方面得到完美的结合,同时 nRF53 系列芯片还具备高性能、低功耗、可扩展、耐热性高等优势,可广泛用于智能家居、室内导航、专业照明、工业自动化、可穿戴设备以及其他复杂的物联网应用。该系列的代表芯片是 nRF5340。

2. 无线多协议 SoC 的未来发展路线图

Nordic 致力于超低功耗中短距离无线技术的应用市场,目前已有规格齐全的芯片型号可满足不同应用场景的需要,并兼顾资源配置和性价比。在不久的将来,nRF53、nRF54 都会陆续推出新的芯片型号,在功耗、射频、安全加密等性能上会有更大的提升。

4.4.3 nRF5340 的主要规格参数

下面讲述 nRF5340 的主要规格参数。

1. nRF5340 简介

nRF5340 是 Nordic 推出的高端无线多协议 SoC,是基于 Nordic 经过验证并在全球范围得到广泛采用的 nRF51 和 nRF52 系列无线多协议 SoC 构建的,同时引入了具有先进安全功能的全新灵活双核处理器硬件架构,是世界上第一款配备双 Arm Cortex-M33 处理器的无线多协议 SoC。nRF5340 外形如图 4-13 所示,支持低功耗蓝牙 5.3、蓝牙 Mesh 网络、NFC、Thread、ZigBee 和 Matter。

nRF5340 带有 512KB 的 RAM,可满足下一代高端可穿戴设备的需求;可通过高速 SPI、QSPI、USB 等接口与外设连接;同时可最大限度地减少功耗。其中的 QSPI 接口,能够以96MHz 的时钟频率与外部存储器连接;高速 SPI 接口能够以32MHz 的时钟频率连接显示器和复杂传感器。

nRF5340 采用双核处理器架构,包括应用核处理器和网络核处理器。应用核处理器针对性能进行了优化,其时钟频率为

图 4-13 nRF5340 外形

128MHz 或 64MHz,具有 1MB 的 Flash、512KB 的 RAM、一个浮点单元(Float Point Unit,FPU)、一个 8KB 的 2 路关联缓存和 DSP 功能;网络核处理器针对低功耗和效率进行了优化,其时钟频率为 64MHz,具有 256KB 的 Flash、64KB 的 RAM。两个处理器可以各自独立地工作,也可直接通过 IPC 外设连接,互相唤醒对方。

nRF5340 集成了 Arm TrustZone 的 Arm CryptoCell-312 技术和安全密钥存储,可提供最高级别的安全性。nRF5340 通过 Arm CryptoCell-312 对最通用的互联网加密标准进行了硬件加速,并与密钥管理单元(Key Management Unit,KMU)一起实现加密和安全密钥存储。同时 Arm TrustZone 通过在单个内核上创建安全和非安全代码执行区,为受信任的软件提供系统范围内的硬件隔离,并且与密钥管理单元外围设备一起实现加密和安全密钥存储。nRF5340 的安全性能可实现先进的信任根和安全的固件更新,同时保护免受恶意攻击。

nRF5340 支持多种无线协议,支持低功耗蓝牙,并且能够在蓝牙测向中实现了到达角

(Angle of Arrival,AoA)和离开角(Angle of Departure,AoD)测量的功能。此外,nRF5340还支持 LE 音频、高速率通信(2Mb/s)、扩展广播数据包和长距离通信,以及对蓝牙 Mesh、Thread、ZigBee、NFC、ANT、IEEE 802.15.4 和 2.4GHz 等协议的支持,可以与低功耗蓝牙同时运行,通过智能手机能够调试、配置和控制 Mesh 网络节点。

nRF5340 集成了全新功耗优化的多协议 2.4GHz 无线电单元,其 TX 的电流仅为3.2mA(在 0dBm、3V、DC/DC 的条件下),RX 的电流为 2.6mA(在 3V、DC/DC 的条件下),睡眠电流低至 1.1μA。作为一款高性能的 SoC,nRF5340 的特色是增强了对动态多协议的支持;可并发支持低功耗蓝牙和蓝牙 Mesh、Thread、ZigBee、Matter;可通过带低功耗蓝牙的智能手机对 nRF5340 进行配置、通信和调试,并与蓝牙 Mesh 交互;射频单元具有低功耗蓝牙 5.1 测向的全部功能;工作电压为 1.7~5.5V,可由可充电锂电池或 USB供电。

值得一提的是,nRF5340 芯片内还集成了用于 32MHz 和 32.762kHz 晶体振荡器的负载电容,与 nRF52 系列芯片相比,所需的外部组件数目减少了 4 个,有利于减小产品的尺寸。

2. nRF5340 的主要特性

nRF5340 的主要特性如下:

(1)采用双核处理器架构。nRF5340 包含两个 Arm Cortex-M33 处理器,其中的网络核处理器用于处理无线协议和底层协议栈,应用核处理器用于开发应用及功能;双核处理器架构兼顾高性能和高效率,可进一步优化性能和效率,达到最优;低功耗蓝牙协议栈的主机(Host)和控制器(Controller)分别运行在不同的处理器上,效率更高。

(2)支持多协议。nRF5340 支持低功耗蓝牙 5.3 及更高版本;支持蓝牙 Mesh、Thread、ZigBee、NFC、ANT、IEEE 802.15.4 和 2.4GHz 等协议。

(3)优化了射频功耗。在 TX 的峰值功耗降低 30%,即 0dBm 时,TX 的电流约为3.2mA,RX 的电流约为 2.6mA;RX 的灵敏度为−97.5dBm;在+3dBm~−20dBm 的范围内,能够以 1dB 为单位调整 TX 的发射功率。

(4)高安全性。采用 Arm TrustZone 和安全密钥存储;可设置 Flash、RAM、GPIO 和外设的安全属性;采用 Arm CryptoCell-312 实现了硬件加速加密;具有独立的密钥存储单元。

(5)全合一。采用全新的芯片系列、双核处理器架构、最高级别的安全加密技术,工作温度可以达到 105℃,具有更大的存储空间和内存、更快的运行效率,并且功耗更优。

(6)专为 LE 音频设计。支持同步频道、LC3,采用低抖动音频 PLL 时钟源。

(7)运行效率更高。CPU 运行在时钟频率 64MHz 时,无论网络处理器还是应用核处理器,nRF5340 的运算性能均高于 nRF52840。

4.4.4 nRF5340 的开发工具

下面讲述 nRF5340 的开发工具。

1. nRF Connect SDK 软件开发平台

nRF Connect SDK(NCS)是 Nordic 最新的软件开发平台,该平台支持 Nordic 所有产品线,集成了 Zephyr RTOS、低功耗蓝牙协议栈、应用示例和硬件驱动程序,统一了低功耗蜂窝物联网和低功耗中短距离无线应用开发。nRF Connect SDK 可以在 Windows、macOS 和 Linux 上运行,由 GitHub 提供源代码管理,并提供免费的 SES(SEGGER Embedded Studio)综合开发编译环境支持。

SES 是 SEGGER 公司开发的一个跨平台 IDE(支持 Windows、Linux、macOS)。从用户体验上来看,SES 是优于 IAR 和 MDK 的。同时,使用 Nordic 的 BLE 芯片可以免费使用这个 IDE,没有版权的纠纷,Nordic 官方跟 SEGGER 公司已经达成合作协议。

2. nRF5340 DK(开发板,Development Kit)

nRF5340 DK 是用于开发 nRF5340 的开发板,如图 4-14 所示,该开发板包含了开发工作所需的硬件组件及外设。nRF5340 DK 支持使用多种无线协议,配有一个 SEGGER 的 J-Link 调试器,可对 nRF5340 DK 上的 nRF5340 或基于 Nordic 的 SoC 的外部目标板进行全面的编程和调试。

开发者可通过 nRF5340 DK 的连接器和扩展接口使用 nRF5340 的模拟接口、数字接口及 GPIO,该 DK 上配置了 4 个按钮和 4 个 LED,可简化 nRF5340 的输入和输出设置,并且可由开发者编程控制。

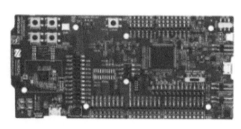

在实际使用时,nRF5340 DK 既可以通过 USB 供电,也可以通过 1.7~5.0V 的外部电源供电。

图 4-14　nRF5340 DK

4.4.5　低功耗蓝牙芯片 nRF51822 及其应用电路

Nordic 低功耗蓝牙 4.0 芯片 nRF51822 内含一个 Cortex-M0 CPU,拥有 256/128KB Flash 和 32/16KB RAM,为低功耗蓝牙产品应用提供了性价比最高的单芯片解决方案,是超低功耗与高性能的完美结合。nRF51822 低功耗蓝牙模块外形如图 4-15 所示。

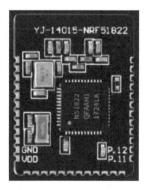

图 4-15　nRF51822 低功耗蓝牙模块外形

nRF51822 低功耗蓝牙模块的原理图如图 4-16 所示。

图 4-16 右边方框内的电路为阻抗匹配网络部分电路,将 nRF51822 的射频差分输出转为单端输出 50Ω 标准阻抗,相应的天线也应该是 50Ω 阻抗,这样才能确保功率最大化地传输到空间。

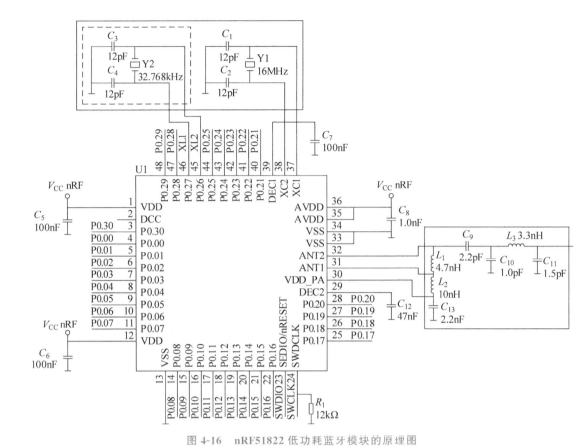

图 4-16 nRF51822 低功耗蓝牙模块的原理图

4.5 ZigBee 无线传感器网络

无线传感器网络(Wireless Sensor Network,WSN)采用微小型的传感器节点获取信息,节点之间具有自动组网和协同工作能力,网络内部采用无线通信方式,采集和处理网络中的信息,发送给观察者。目前 WSN 使用的无线通信技术过于复杂,非常耗电,成本很高。而 ZigBee 是一种短距离、低成本、低功耗、低复杂度的无线网络技术,在无线传感器网络应用领域极具发展潜力。

无线传感器网络有着十分广泛的应用前景,在工业、农业、军事、环境、医疗、数字家庭、绿色节能、智慧交通等传统和新兴领域都具有巨大的运用价值,无线传感器网络无处不在,将完全融入日常生活。

4.5.1 ZigBee 无线传感器网络通信标准

下面讲述 ZigBee 无线传感器网络通信标准。

1. ZigBee 标准概述

ZigBee 技术在 IEEE 802.15.4 的推动下,不仅在工业、农业、军事、环境、医疗等传统领域取得了成功的应用,在未来其应用可能涉及人类日常生活和社会生产活动的所有领域,真正实现无处不在的网络。

ZigBee 技术是一种近距离、低复杂度、低功耗、低成本的双向无线通信技术,主要用于距离短、功耗低且传输速率不高的各种电子设备之间进行数据传输以及典型的有周期性数据、间歇性数据和低反应时间数据传输的应用,因此非常适用于家电和小型电子设备的无线控制指令传输。其典型的传输数据类型有周期性数据(如传感器)、间歇性数据(如照明控制)和重复低反应时间数据(如鼠标)。其目标功能是自动化控制。它采用跳频技术,使用的频段分别为 2.4GHz(ISM)、868MHz(欧洲)及 915MHz(美国),而且均为免执照频段,有效覆盖率为 10~275m。当网络速率降低到 28kb/s 时,传输范围可以扩大到 334m,具有更高的可靠性。

ZigBee 标准是一种新兴的短距离无线网络通信技术,它是基于 IEEE 802.15.4 协议栈,主要针对低速率的通信网络设计的。它本身的特点使其在工业监控、传感器网络、家庭监控、安全系统等领域有很大的发展空间。ZigBee 体系结构如图 4-17 所示。

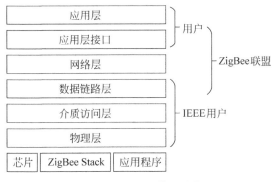

图 4-17 ZigBee 体系结构

2. ZigBee 协议框架

ZigBee 堆栈是在 IEEE 802.15.4 标准基础上建立的,定义了协议的 MAC 和 PHY 层。ZigBee 设备应该包括 IEEE 802.15.4 的 PHY 和 MAC 层,以及 ZigBee 堆栈层:网络层(NWK)、应用层和安全服务提供层。

完整的 ZigBee 协议栈由物理层、介质访问控制层、网络层、安全层和高层应用规范组成,如图 4-18 所示。

图 4-18 ZigBee 协议栈

ZigBee 协议栈的网络层、安全层和应用程序接口等由 ZigBee 联盟制定。物理层和 MAC 层由 IEEE 802.15.4 标准定义。在 MAC 子层上面提供与上层的接口,可以直接与网络层连接,或者通过中间子层 SSCS 和 LLC 实现连接。ZigBee 联盟在 IEEE 802.15.4 基础上定义了网络层和应用层。其中,安全层主要实现密钥管理、存取等功能。应用程序接口负责向用户提供简单的应用程序接口(API),包括应用子层支持(Application Sub-layer Support,APS)、ZigBee 设备对象(ZigBee Device Object,ZDO)等,实现应用层对设备的管理。

3. ZigBee 网络层规范

协调器也称为全功能设备(Full-Function Device,FFD),相当于蜂群结构中的蜂后,是唯一的,是 ZigBee 网络启动或建立网络的设备。

路由器相当于雄蜂,数目不多,需要一直处于工作状态,需要主干线供电。

末端节点则相当于数量最多的工蜂,也称为精简功能设备(Reduced-Function Device,RFD),只能传送数据给 FFD 或从 FFD 接收数据,该设备需要的内存较少(特别是内部RAM)。

4. ZigBee 应用层规范

ZigBee 协议栈的层结构包括 IEEE 802.15.4 媒体接入控制层(MAC)和物理层,以及ZigBee 网络层。每一层通过提供特定的服务完成相应的功能。其中,ZigBee 应用层包括APS 子层、ZDO(包括 ZDO 管理层)以及用户自定义的应用对象。APS 子层的任务包括维护绑定表和绑定设备间消息传输。所谓的绑定指的是根据两个设备在网络中的作用,发现网络中的设备并检查它们能够提供哪些应用服务,产生或者回应绑定请求,并在网络设备间建立安全的通信。

ZigBee 应用层有三个组成部分,包括应用子层支持、应用框架(Application Framework,AF)、ZigBee 设备对象。它们共同为各应用开发者提供统一的接口,规定了与应用相关的功能,如端点(EndPoint)的规定,绑定(Binding)、服务发现和设备发现等。

4.5.2　ZigBee 开发技术

随着集成电路技术的发展,无线射频芯片厂商采用 SoC 的方法,对高频电路进行了高度集成,大大地简化了无线射频应用程序的开发。其中最具代表性的是 TI 公司开发的CC2530 无线微控制器,为 2.4GHz、IEEE 802.15.4/ZigBee SoC 解决方案。

TI 公司提供完整的技术手册、开发文档、工具软件,使得普通开发者开发无线传感器网络应用成为可能。TI 公司不仅提供了实现 ZigBee 网络的无线微控制器,而且免费提供了符合 ZigBee 2007 协议规范的协议栈 Z-Stack 和较为完整的开发文档。因此,CC2530＋Z-Stack 成为目前 ZigBee 无线传感器网络开发的最重要技术之一。

1. CC2530 无线 SoC 概述

CC2530 无线 SoC 微控制器是用于 IEEE 802.15.4、ZigBee 和 RF4CE 应用的一个真正的 SoC 解决方案。它能够以非常低的总的材料成本建立强大的网络节点。CC2530 结合了领先 2.4GHz 的 RF 收发器的优良性能,业界标准的增强型 8051 微控制器,系统内可编程闪存,8KB RAM 和许多其他强大的功能。根据芯片内置闪存的不同容量,CC2530 有 4 种不同的型号: CC2530 F32/64/128/256。CC2530 具有不同的运行模式,使得它尤其适应超低功耗要求的系统。运行模式之间的转换时间短,进一步确保了低能源消耗。

CC2530 大致可以分为 4 部分: CPU 和内存相关的模块、外设、时钟和电源管理相关的模块,以及无线电相关的模块。

（1）CPU 和内存。

CC2530 x 系列芯片使用的 8051CPU 内核是一个单周期的 8051 兼容内核,包括一个调试接口和一个 18 输入扩展中断单元。

（2）时钟和电源管理。

数字内核和外设由一个 1.8V 低差稳压器供电。它提供了电源管理功能,可以实现使用不同供电模式来延长电池寿命。

（3）外设。

CC2530 包括许多不同的外设,允许应用程序设计者开发先进的应用。

（4）无线设备。

CC2530 具有一个 IEEE 802.15.4 兼容无线收发器,RF 内核控制模拟无线模块。另外,它提供了 MCU 和无线设备之间的一个接口,这使得可以发出命令、读取状态、自动操作以及确定无线设备事件的顺序。无线设备还包括一个数据包过滤和地址识别模块。

2. CC2530 引脚功能

CC2530 芯片采用 QFN40 封装,共有 40 个引脚,可分为 I/O 引脚、电源引脚和控制引脚,CC2530 外形和引脚如图 4-19 所示。

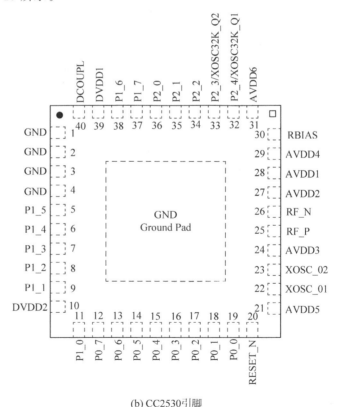

(a) CC2530外形   (b) CC2530引脚

图 4-19　CC2530 外形和引脚

（1）I/O 端口引脚功能。

CC2530 芯片有 21 个可编程 I/O 引脚,P0 和 P1 是完整的 8 位 I/O 端口,P2 只有 5 个可以使用的位。

（2）电源引脚功能。

AVDD1～AVDD6：为模拟电路提供 2.0～3.6V 工作电压。

DCOUPL：提供 1.8V 的去耦电压，此电压不为外电路使用。

DVDD1，DVDD2：为 I/O 端口提供 2.0～3.6V 电压。

GND：接地。

（3）控制引脚功能。

RESET_N：复位引脚，低电平有效。

RBIAS：为参考电流提供精确的偏置电阻。

RF_N：RX 期间负 RF 输入信号到 LNA。

RF_P：RX 期间正 RF 输入信号到 LNA。

XOSC_01：32MHz 晶振引脚 1。

XOSC_02：32MHz 晶振引脚 2。

CC2530 无线模块如图 4-20 所示。

(a) PCB印刷天线　　　　　　　　　　　(b) 外置天线

图 4-20　CC2530 无线模块

3. CC2530 的应用领域

CC2530 应用领域如下：

（1）2.4GHz IEEE 802.15.4 系统。

（2）RF4CE 远程控制系统（需要大于 64KB Flash）。

（3）ZigBee 系统（需要 256KB Flash）。

（4）家庭/楼宇自动化。

（5）照明系统。

（6）工业控制和监控。

（7）低功耗无线传感器网络。

（8）消费型电子。

（9）医疗保健。

4.6　W601 Wi-Fi MCU 芯片及其应用实例

2018 年初，联盛德（Winner Micro）公司推出了新一代 IoT Wi-Fi 芯片 W600，上市伊始就以其优异的性价比优势迅速获得智能硬件领域的认可并取得骄人的业绩。

目前市面上智能家电产品普遍采用主控 MCU＋Wi-Fi 模块的双芯片系统架构，MCU 负责实现和处理产品应用流程；Wi-Fi 模块负责处理联网通信和云端交互功能。单芯片 W601 既能够满足小家电领域 MCU 的应用需求也能够满足 Wi-Fi 模块的无线通信功能需求，让智能家电方案更加优化，既提高了系统集成度、减少主板面积和器件，又降低了系统成本，甚至可以说花一个 MCU 的钱，免费增加了智能化功能。

本节讲述北京联盛德微电子公司推出的具有 Cortex-M3 内核的 Wi-Fi 和蓝牙 SoC 系列及其应用。

4.6.1　W601/W800/W801/W861 概述

W601/W800/W801/W861 是北京联盛德微电子公司推出的具有 Cortex-M3 内核的 Wi-Fi 和蓝牙 SoC 系列，简单介绍如下。

（1）W601-智能家电 Wi-Fi MCU 芯片。

W601 Wi-Fi MCU 是一款支持多功能接口的 SoC。可作为主控芯片应用于智能家电、智能家居、智能玩具、医疗监护、工业控制等物联网领域。该 SoC 集成 Cortex-M3 内核，内置 Flash，支持 SDIO、SPI、UART、GPIO、RC、PWM、I2S、7816、LCD、ADC 等丰富的接口，支持多种硬件加/解密协议，如 PRNG/SHA1/MD5/RC4/DES/3DES/AES/CRC/RSA 等；支持 IEEE 802:11b/g/n 国际标准。W601 内部集成射频收发前端 RF Transceiver，PA 功率放大器，基带处理器/媒体访问控制。

（2）W800-安全物联网 Wi-Fi/蓝牙 SoC。

W800 芯片是一款安全 IoT Wi-Fi/蓝牙双模 SoC。支持 2.4G IEEE 802.11b/g/n Wi-Fi 通信协议；支持 BLE4.2 协议。芯片集成 32 位 CPU，内置 UART、GPIO、SPI、I2C、I2S、7816 等数字接口；支持 TEE（Trusted Execution Environment，可信执行环境）安全引擎，支持多种硬件加/解密算法，内置 DSP、浮点运算单元，支持代码安全权限设置，内置 2MB Flash 存储器，支持固件加密存储、固件签名、安全调试、安全升级等多项安全措施，保证产品安全特性。适用于智能家电、智能家居、智能玩具、无线音视频、工业控制、医疗监护等广泛的物联网领域。

（3）W801-IoT Wi-Fi/BLE SoC。

W801 芯片是一款安全 IoT Wi-Fi/蓝牙双模 SoC。芯片提供丰富的数字功能接口。支持 2.4G IEEE 802.11b/g/n Wi-Fi 通信协议；支持 BT/BLE 双模工作模式，支持 BT/BLE 4.2 协议。芯片集成 32 位 CPU，内置 UART、GPIO、SPI、I2C、I2S、7816、SDIO、ADC、PSRAM、LCD、TouchSendor（触摸感应器）等数字接口；支持 TEE 安全引擎，支持多种硬件加/解密算法，内置 DSP、浮点运算单元与安全引擎，支持代码安全权限设置，内置 2MB Flash 存储器，支持固件加密存储、固件签名、安全调试、安全升级等多项安全措施，保证产品安全特性。适用于智能家电、智能家居、智能玩具、无线音视频、工业控制、医疗监护等广泛的物联网领域。

（4）W861 大内存 Wi-Fi/蓝牙 SoC。

W861 芯片是一款安全 IoT Wi-Fi/蓝牙双模 SoC。芯片提供大容量 RAM 和 Flash 空间，支持丰富的数字功能接口。支持 2.4G IEEE 802.11b/g/n Wi-Fi 通信协议；支持

BLE4.2 协议。芯片集成 32 位 CPU,内置 UART、GPIO、SPI、I2C、I2S、7816、SDIO、ADC、LCD、TouchSendor 等数字接口;内置 2MB Flash 存储器,2MB 内存;支持 TEE 安全引擎,支持多种硬件加/解密算法,内置 DSP、浮点运算单元与安全引擎,支持代码安全权限设置,支持固件加密存储、固件签名、安全调试、安全升级等多项安全措施,保证产品安全特性。适用于智能家电、智能家居、智能玩具、无线音视频、工业控制、医疗监护等广泛的物联网领域。

本节以 W601 Wi-Fi MCU 芯片为例,讲述该系列芯片的应用。

W601 Wi-Fi MCU 芯片的外形如图 4-21 所示。

图 4-21　W601 Wi-Fi MCU 芯片的外形

W601 主要有如下优势:

(1)具有 Cortex M3 内核,拥有强劲的性能,更高的代码密度、位带操作、可嵌套中断、低成本、低功耗,高达 80MHz 的主频,非常适合物联网场景的使用。

(2)该芯片最大的优势就是集成了 Wi-Fi 功能,单芯片方案可代替传统的 Wi-Fi 模组+外置 MCU 方案,并且采用 QFN68 封装,7mm×7mm,可以大大缩小产品体积。

(3)具有丰富的外设,拥有高达 288KB 的片内 SRAM 和 1MB 的片内 Flash,并且支持 SDIO、SPI、UART、GPIO、I2C、PWM、I2S、7861、LCD、ADC 等外设。

W601 内嵌了 Wi-Fi 功能,对于 Wi-Fi 应用场景来说,该国产芯片是个非常不错的选择,既可以降低产品体积,又可以降低成本。

1. W601 特征

W601 具有如下特征:

(1)芯片外观。

W601 为 QFN68 封装。

(2)芯片集成程度。

① 集成 32 位嵌入式 Cortex-M3 处理器,工作频率 80MHz。

② 集成 288KB 数据存储器。

③ 集成 1MB Flash。

④ 集成 8 通道 DMA 控制器,支持任意通道分配给硬件使用或是软件使用,支持 16 个硬件申请,支持软件链表管理。

⑤ 集成 2.4G 射频收发器,满足 IEEE 802.11 规范。

⑥ 集成 PA/LNA/TR-Switch。

⑦ 集成 10 比特差分 ADC/DAC。

⑧ 集成 32.768kHz 时钟振荡器。

⑨ 集成电压检测电路、LDO、电源控制电路、集成上电复位电路。

⑩ 集成通用加密硬件加速器,支持 PRNG/SHA1/MD5/RC4/DES/3DES/AES/CRC/RSA 等多种加/解密协议。

（3）芯片接口。

① 集成 1 个 SDIO2.0 Device 控制器，支持 SDIO 1 位/4 位/SPI 三种操作模式；工作时钟范围为 0～50MHz。

② 集成 2 个 UART 接口，支持 RTS/CTS，波特率范围为 1200b/s～2Mb/s。

③ 集成 1 个高速 SPI 设备控制器，工作时钟范围为 0～50MHz。

④ 集成 1 个 SPI 主/从接口，主设备工作频率支持 20Mb/s；从设备支持 6Mb/s 数据传输速率。

⑤ 集成一个 IC 控制器，支持 100/400kb/s 传输速率。

⑥ 集成 GPIO 控制器。

⑦ 集成 PWM 控制器，支持 5 路 PWM 单独输出或者 2 路 PWM 输入。最高输出频率 20MHz，最高输入频率 20MHz。

⑧ 集成双工 I2S 控制器，支持 32kHz 到 192kHz I2S 接口编解码。

⑨ 集成 7816 接口，支持 ISO-78117-3T＝0/1 模式，支持 EVM2000 规范，并兼容串口功能。

⑩ 集成 LCD 控制器，支持 8×16/4×20 接口，支持 2.7～3.6V 电压输出。

（4）协议与功能。

① 支持 GB15629.11-2006、IEEE 802.11 b/g/n/e/i/d/k/r/s/w。

② 支持 WAPI2.0；支持 Wi-Fi WMM/WMM-PS/WPA/WPA2/WPS；支持 Wi-Fi Direct。

③ 支持 EDCA 信道接入方式；支持 20b/s、40Mb/s 带宽工作模式。

④ 支持 STBC、GreenField、Short-GI，支持反向传输；支持 RIFS 帧间隔；支持 AMPDU、AMSDU。

⑤ 支持 IEEE 802.11n MCS 0～7、MCS32 物理八层传输速率挡位，传输速率最高到 150Mb/s；2/5.5/11Mb/s 速率发送时支持 Short Preamble。

⑥ 支持 HT-immediate Compressed BlockAck、Normal Ack、No Ack 应答方式；支持 CTS to self；支持 AP 功能；支持作为 AP 和 STA 同时使用。

⑦ 在 BSS 网络中，支持多个组播网络，并且支持各个组播网络加密方式不同，最多可以支持总和为 32 个的组播网络和入网 STA 加密；BSS 网络支持作为 AP 使用时，支持站点与组的总和为 32 个，IBSS 网络中支持 16 个站点。

（5）供电与功耗。

① 3.3V 单电源供电。

② 支持 PS-Poll、U-APSD 功耗管理。

③ SoC 待机电流小于 10μA。

2. W601 芯片结构

W601 芯片结构如图 4-22 所示。

3. W601 引脚定义

W601 引脚定义如图 4-23 所示。

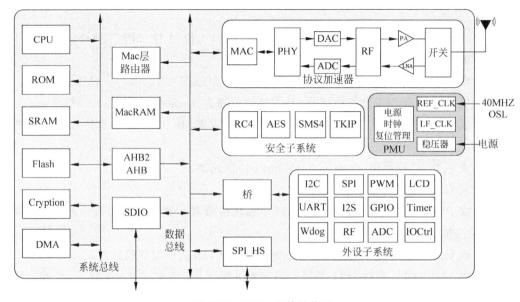

图 4-22　W601 芯片结构图

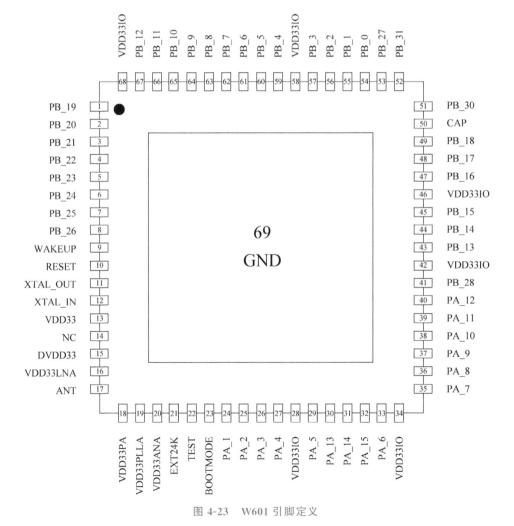

图 4-23　W601 引脚定义

4.6.2 ALIENTEK W601 开发板

随着嵌入式行业的高速发展,国内也涌现出大批芯片厂商,ALIENTEK W601 开发板的主芯片 W601 就是国内联盛德微电子推出的一款集 Wi-Fi 与 MCU 于一体的 Wi-Fi 芯片方案,以代替传统的 Wi-Fi 模组+外置 MCU 方案。它集成了 Cortex-M3 内核,内置 Flash,支持 SDIO、SPI、UART、GPIO、I2C、PWM、I2S、7861、LCD 和 ADC 等丰富的接口,支持多种硬件加/解密协议。并支持 IEEE 802.11b/g/n 国际标准。集成射频收发前端 RF、PA 功率放大器、基带处理器等。

1. W601 开发板介绍

正点原子新推出的一款 Wi-Fi MCU SoC 的 ALIENTEK W601 开发板。

ALIENTEK W601 开发板的资源图如图 4-24 所示。

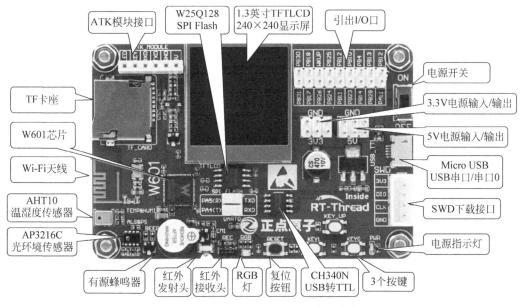

图 4-24 ALIENTEK W601 开发板的资源图

从图 4-24 可以看出,W601 开发板资源丰富,接口繁多,W601 芯片的绝大部分内部资源都可以在此开发板上验证,同时扩充丰富的接口和功能模块,整个开发板显得十分大气。

开发板的外形尺寸为 53mm×80mm 大小,比身份证还要小,可方便随身携带,板子充分考虑了人性化设计,经过多次改进,最终确定了这样的外观。

ALIENTEK W601 开发板载资源如下:

(1) MCU:W601,QFN68;SRAM:288KB;Flash:1MB。

(2) 外扩 SPI Flash:W25Q128,16MB。

(3) 1个电源指示灯(蓝色)。

(4) 1个 SWD 下载接口(仿真器下载接口)。

(5) 1个 Micro USB 接口(可用于供电、串口通信和串口下载)。

(6) 1组 5V 电源供应/接入(输入/输出)口。

(7) 1组 3.3V 电源供应/接入(输入/输出)口。

（8）1 个电源开关，控制整个板的电源。

（9）1 组 I/O 口扩展接口，可自由配置使用方式。

（10）1 个 TFTLCD 显示屏：1.3 英寸 240×240 分辨率。

（11）1 个 ATK 模块接口，支持蓝牙/GPS/MPU6050/RGB/LORA 等模块。

（12）1 个 TF 卡座。

（13）1 个板载 Wi-FiPCB 天线。

（14）1 个温湿度传感器：AHT10。

（15）1 个光环境传感器：AP3216C。

（16）1 个有源蜂鸣器。

（17）1 个红外发射头。

（18）1 个红外接收头，并配备一款小巧的红外遥控器。

（19）1 个 RGB 状态指示灯（红、绿、蓝三色）。

（20）1 个复位按钮。

（21）3 个功能按钮。

（22）1 个 USB 转 TTL 芯片 CH340N，可用于串口通信和串口下载功能。

2. 软件资源

上面详细介绍了 ALIENTEK W601 开发板的硬件资源。接下来，简要介绍一下 ALIENTEK W601 开发板的软件资源。

由于 ALIENTEK W601 开发板是正点原子、RT-Thread 和星通智联公司推出的一款基于 W601 芯片的开发板，所以这款开发版的软件资料会有两份，一份是正点原子提供的基于 W601 的基础裸机学习例程；还有一份就是 RT-Thread 提供的基于 RT-Thread 操作系统的进阶学习例程。

正点原子提供的基础例程多达 21 个，这些例程全部是基于官方提供的最底层的库编写。这些例程拥有非常详细的注释，代码风格统一、循序渐进，非常适合初学者入门。

4.6.3　W601 LED 灯硬件设计

本节将要实现的是控制 ALIENTEK W601 开发板上的 RGB 实现一个类似跑马灯的效果，该实验的关键在于如何控制 W601 的 I/O 口输出。了解了 W601 的 I/O 口如何输出的，就可以实现跑马灯了。通过这一节的学习，将初步掌握 W601 基本 I/O 口的使用，而这是迈向入门的第一步。

在讲解 W601 的 GPIO 之前，首先打开跑马灯实例工程，可以看到实验工程目录如下图 4-25 所示。

工程目录下面的组件以及重要文件如下。

（1）组 USER 下面存放的主要是用户代码。main. c 文件主要存放的是主函数。

（2）组 SYSTEM 是 ALIENTEK 提供的共用代码，这些代码提供了时钟配置函数、延时函数和串口驱动函数。

（3）组 WMLIB 下面存放的是 W601 官方提供的库文件，每一个源文件. c 都对应一个头文件. h。分组内的源文件可以根据工程需要添加和删除。还有就是 W601 的启动文件 startup. s 文件。

图 4-25 跑马灯实验工程目录结构

（4）组 HARDWARE 下面存放的是每个实验的外设驱动代码，是通过调用 WMLIB 下面的 HAL 库文件函数实现的，比如 led. c 中函数调用 wm_gpio. c 内定义的函数对 led 进行初始化，这里面的函数是讲解的重点。后面的实验中可以看到会引入多个源文件。

W601 芯片的每个 GPIO 都可以通过软件单独配置，设置其作为输入端口、输出端口，并且可以设置浮空、上拉、下拉状态。

使用 W601 芯片的 I/O 口非常简单，只需要调用官方提供的以下函数就可以完成对某个 I/O 口的初始化。

void tls_gpio_cfg(enum tls_io_name gpio_pin, enum tls_gpio_dir dir, enum tls_gpio_attr attr)

其中，gpio_pin 是 I/O 口的名字，对应哪一个 I/O 口；dir 是 I/O 口的方向，设置成输入还是输出；attr 为 I/O 的状态，设置成浮空、上拉或者下拉状态；而 I/O 口电平状态可以通过位带操作实现。

本实验用到的硬件只有 RGB 灯。电路在 ALIENTEK W601 开发板上默认是已经连接好了的。

开机上电后,先初始化与 RGB 灯连接的 I/O 口,然后每 500ms 改变一下 RGB 灯的颜色(RGB 可以通过 R/G/B 三色组合成多种不同颜色),以实现类似跑马灯的效果。

红色 LED(R)接 PA13;绿色 LED(G)接 PA14;蓝色 LED(B)接 PA15,由于 R、G、B 三个 LED 是共阳的,所以 I/O 口输出低电平才能使灯亮。其连接原理图如图 4-26 所示。

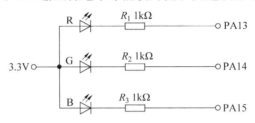

图 4-26　RGB 灯与 W601 连接原理图

4.6.4　W601 LED 灯软件设计

程序代码如下:

1. led. h

```
#ifndef _LED_H
#define _LED_H
#include "sys.h"

//RGB 接口定义
#define LED_R   PAout(13)
#define LED_G   PAout(14)
#define LED_B   PAout(15)

void LED_Init(void);

#endif
```

2. led. c

```
#include "led.h"
/**
 * @brief   LED I/O 初始化函数
 *
 * @param void
 *
 * @return void
 */
void LED_Init(void)
{
    /*
     LED - B   PA13
     LED - G   PA14
     LED - R   PA15
     */
    tls_gpio_cfg(WM_IO_PA_13, WM_GPIO_DIR_OUTPUT, WM_GPIO_ATTR_PULLHIGH);
    tls_gpio_cfg(WM_IO_PA_14, WM_GPIO_DIR_OUTPUT, WM_GPIO_ATTR_PULLHIGH);
    tls_gpio_cfg(WM_IO_PA_15, WM_GPIO_DIR_OUTPUT, WM_GPIO_ATTR_PULLHIGH);

    LED_R = 1;
```

```
        LED_G = 1;
        LED_B = 1;
}
```

3. main.c 函数

```
#include "sys.h"
#include "delay.h"
#include "usart.h"
#include "led.h"

int main(void)
{
    u8 color = 0;

    delay_init(80);                    //延时函数初始化
    uart_init(115200);                 //串口初始化

    LED_Init();                        //LED 接口初始化

    while(1)
    {
        switch(color % 7)
        {
            case 0:
                LED_R = 0;
                LED_G = 1;
                LED_B = 1;
                break;

            case 1:
                LED_R = 1;
                LED_G = 0;
                LED_B = 1;
                break;

            case 2:
                LED_R = 1;
                LED_G = 1;
                LED_B = 0;
                break;

            case 3:
                LED_R = 0;
                LED_G = 0;
                LED_B = 1;
                break;

            case 4:
                LED_R = 0;
                LED_G = 1;
                LED_B = 0;
                break;

            case 5:
                LED_R = 1;
                LED_G = 0;
```

```
            LED_B = 0;
            break;

        case 6:
            LED_R = 0;
            LED_G = 0;
            LED_B = 0;
            break;

        default:
            break;
    }

    color++;
    delay_ms(500); //延时500ms就改变一次颜色
    }

}
```

程序下载完之后,可以看到 ALIENTEK W601 开发板上的 RGB 灯以不同颜色闪烁,每 500ms 改变一次颜色。

## 第 5 章

电路设计与仿真
——Altium Designer

本章讲述了电路设计与仿真——Altium Designer,包括 Altium Designer 简介、电路原理图简介。

5.1 Altium Designer 简介

Altium 系列软件是进入我国较早的电子设计自动化软件,一直以易学易用的特点深受广大电子设计者的喜爱。它的前身是 Protel Technology 公司推出的 Protel 系列软件,于 2006 年更名为 Altium Designer 系列软件。

Altium Designer 23 是第 29 次升级后的软件,整合了在过去所发布的一系列更新,包括新的 PCB 特性以及核心 PCB 和原理图工具更新。作为新一代的板卡级设计软件,其独一无二的 DXP 技术集成平台为设计系统提供了所有工具和编辑器的兼容环境。

Altium Designer 23 是一套完整的板卡级设计系统,真正实现了在单个应用程序中的集成。Altium Designer 23 PCB 线路图设计系统完全利用了 Windows 平台的优势,具有更好的稳定性、增强的图形功能和易用的用户界面,设计者可以选择适当的设计途径以优化的方式工作。

5.1.1 Altium Designer 23 的主要特点

Altium Designer 23 是一款功能全面的 3D PCB 设计软件,该软件配备了具有创新性、功能强大且直观的印制电路板(PCB)技术,支持 3D 建模、增强的高密度互连(High Density Interconnector,HDI),自动化布线等功能,可以连接 PCB 设计过程中的所有方面,使用户始终与设计的每个方面和各个环节无缝连接。同时用户还可以利用软件中强大的转换工具,从竞争对手的工具链中迁移到 Altium 的一体化平台,从而轻松地设计出高品质的电子产品。

Altium Designer 23 的功能进行了全面升级,主要更新集中在额外增强方面,如增加了新的 PCB 连接绘图选项。新的选项在“查看配置”对话框中已经被执行,以便“在单层模式中显示所有连接”以及“为连接图显示层级颜色”。软件还进一步改善了 PCB 中的 3D 机械 CAD 接口,改进了在 STEP 文件中输出的变化,这样在为板级部分使用“组件后缀”选项以及在 PCB IDF 导出实用程序时,如果检测到了一个空的元器件注释,则会发出警告。最后 Altium Designer 23 还支持备用的 PDF 阅读器,使设计者能够运用该版本中提供的诸多全新功能,将自己从干扰设计工作的琐碎任务中解放出来,从而完全专注于设计本身,尽情享受创新激情。

1. 设计环境

设计过程中各个方面的数据互连(包括原理图、PCB、文档处理和模拟仿真),可以显著地提升生产效率。

(1)变量支持:管理任意数量的设计变量,而无须另外创建单独的项目或设计版本。

(2)一体化设计环境:Altium Designer 23 从一开始就致力于构建功能强大的统一应用电子开发环境,包含完成设计项目所需的所有高级设计工具。

(3)全局编辑:Altium Designer 23 提供灵活而强大的全局编辑工具,方便使用,可一次更改所有或特定元器件。多种选择工具可以快速查找、过滤和更改所需的元器件。

2. 可制造性设计

学习并应用可制造性设计(Design for Manufacturing,DFM)方法,确保每一次的 PCB 设计都具有功能性、可靠性和可制造性。

(1)可制造性设计入门:了解可制造性设计的基本技巧,帮助设计者为成功制造电路板做好准备。

(2)PCB 拼版:通过使用 Altium Designer 23 进行拼版,在制造过程中保护电路板并显著降低其生产成本。

(3)设计规则驱动的设计:在 Altium Designer 23 中应用设计规则覆盖 PCB 的各个方面,轻松定义设计需求。

(4)Draftsman 模板:在 Altium Designer 23 中直接使用 Draftsman 模板,轻松满足设计文档标准。

3. 轻松转换

使用业内最强大的翻译工具,轻松转换设计信息。

4. 软硬结合设计

在 3D 环境中设计软硬结合板,并确认其 3D 元器件、装配外壳和 PCB 间距满足所有机械方面的要求。

(1)定义新的层堆栈:为了支持先进的 PCB 分层结构,该软件开发了一种新的层堆栈管理器,它可以在单个 PCB 设计中创建多个层堆栈。这既有利于嵌入式元器件,又有利于软硬结合电路的创建。

(2)弯折线:Altium Designer 23 包含软硬结合设计工具集,其中弯折线能够创建动态柔性区域,还可以在 3D 空间中完成电路板的折叠和展开,可以使设计者准确地看到成品的外观。

(3)层堆栈区域:设计中具有多个 PCB 层堆栈,但是设计人员只能查看正在工作的堆栈对应的电路板的物理区域,对于这种情况,Altium Designer 23 会利用其独特的查看模式——电路板规划模式。

5. PCB 设计

控制元器件布局和在原理图与 PCB 之间完全同步,可以轻松地操控电路板布局上的对象。

(1)智能元器件摆放:使用 Altium Designer 23 中的直观对齐系统可快速将对象捕捉到与附近对象的边界或焊盘对齐的位置,在遵守设计规则的同时,将元器件推入狭窄的空间。

（2）交互式布线：使用 Altium Designer 23 的高级布线引擎，可以在很短的时间内设计出高质量的 PCB 布局布线，它包括几个强大的布线选项，如环绕、推挤、环抱并推挤、忽略障碍以及差分对布线。

（3）原生 3D PCB 设计：使用 Altium Designer 23 中的高级 3D 引擎，以原生 3D 实现清晰可视化，并与设计者的设计进行实时交互。

6. 原理图设计

通过层次式原理图和设计复用，设计者可以在一个内聚的、易于导航的用户界面中更快、更高效地设计顶级电子产品。

（1）层次化设计及多通道设计：使用 Altium Designer 23 分层设计工具将任何复杂或多通道设计简化为可管理的逻辑块。

（2）电气规则检查：使用 Altium Designer 23 电气规则检查（Electrical Rules Check，ERC）在原理图捕获阶段尽早发现设计中的任何错误。

（3）简单易用：Altium Designer 23 为设计者提供了轻松创建多通道和分层设计的功能，可以将复杂的设计简化为视觉上令人愉悦且易于理解的逻辑模块。

（4）元器件搜索：从通用符号和封装中创建真实的、可购买的元器件，或从数十万个元器件库中搜索，以找到并放置需要的确切元器件。

7. 发布

体验从容有序的数据管理，并通过无缝、简化的文档处理功能为其发布做好准备。

（1）自动化的项目发布：Altium Designer 23 提供受控和自动化的设计发布流程，确保文档易于生成、内容完整并且可以进行良好的沟通。

（2）PCB 拼版支持：在 PCB 编辑器中轻松定义相同或不同电路板设计的面板，降低生产成本。

（3）无缝 PCB 绘图过程：在 Altium Designer 23 统一环境中创建制造和装配图，使所有文档与设计保持同步。

5.1.2 PCB 总体设计流程

为了让用户对电路设计过程有一个整体的认识和理解，下面我们介绍一下 PCB 的总体设计流程。

通常情况下，从接到设计要求到最终制作出 PCB，主要会经历以下几个流程。

1. 案例分析

这个步骤严格来说并不是 PCB 设计的内容，但对后面的 PCB 设计又是必不可少的。案例分析的主要任务是决定如何设计电路原理图，同时也影响到 PCB 的规划。

2. 电路仿真

在设计电路原理图之前，有时候对某一部分电路设计方案并不十分确定，因此需要通过电路仿真验证。电路仿真还可以用于确定电路中某些重要元器件的参数。

3. 绘制原理图元器件

Altium Designer 23 虽然提供了丰富的原理图元器件库，但不可能包括所有元器件，必要时需动手设计原理图元器件，建立自己的元器件库。

4. 绘制电路原理图

找到所有需要的原理图元器件后，就可以开始绘制原理图了。根据电路复杂程度决定是否需要使用层次原理图。完成原理图后,用电气规则检查工具查错,如果发现错误,则找到出错原因并修改原理图,重新查错,直到没有原则性错误为止。

5. 绘制元器件封装

与原理图元器件库一样,Altium Designer 23 也不可能提供所有元器件的封装,必要时需自行设计并建立新的元器件封装库。

6. 设计 PCB

确认原理图没有错误之后,开始绘制 PCB 图。首先绘出 PCB 图的轮廓,确定工艺要求(使用几层板等),然后将原理图传输到 PCB 图中,在网络表(简单介绍来历功能)、设计规则和原理图的引导下布局和布线,最后利用设计规则检查(Design Rules Check,DRC)工具查错。此过程是电路设计时的另一个关键环节,它将决定该产品的实用性能,这期间需要考虑的因素很多,且不同的电路有不同的要求。

7. 文件保存

对原理图、PCB 图及元器件清单等文件予以保存,以便以后维护、修改。

5.2　电路原理图简介

Altium Designer 23 强大的集成开发环境使电路设计中绝大多数的工作可以迎刃而解,从构建设计原理图开始到复杂的 FPGA 设计,从电路仿真到多层 PCB 的设计,Altium Designer 23 都提供了具体的一体化应用环境,使从前需要多个开发环境的电路设计变得简单。

5.2.1　Altium Designer 23 的启动

成功安装 Altium Designer 23 后,系统会在 Windows 系统的"开始"菜单中加入程序项,并在桌面上建立 Altium Designer 23 的快捷方式。

启动 Altium Designer 23 的方法很简单,与启动其他 Windows 程序没有什么区别。在 Windows 系统的"开始"菜单中找到 Altium Designer 选项并单击,或在桌面上双击 Altium Designer 快捷方式,即可启动 Altium Designer 23。启动 Altium Designer 23 时,将有一个启动界面出现,启动界面区别于其他的 Altium Designer 版本,如图 5-1 所示。

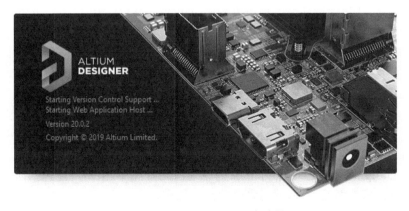

图 5-1　Altium Designer 23 启动界面

5.2.2 Altium Designer 23 的主窗口

Altium Designer 23 成功启动后便进入主窗口,如图 5-2 所示。用户可以在该窗口中进行项目文件的操作,如创建新项目、打开文件等。

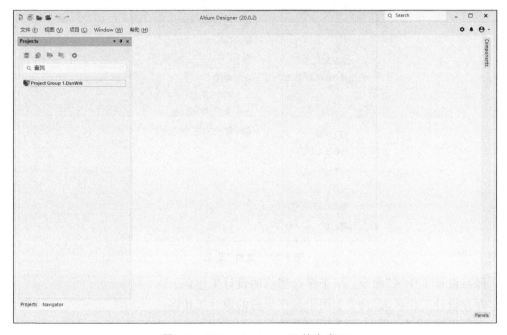

图 5-2　Altium Designer 23 的主窗口

主窗口类似于 Windows 系统的界面风格,它主要包括 6 部分,分别为快速访问栏、工具栏、菜单栏、工作区面板、状态栏、导航栏。

1. 快速访问栏

快速访问栏位于工作区的左上角。快速访问栏允许快速访问常用的命令,包括保存当前的活动文档,使用适当的按钮打开任何现有的文档,以及撤销和重做功能;还可以单击"保存"按钮来一键保存所有文档。

使用快速访问栏可以快速保存和打开文档、取消或重做最近的命令。

2. 菜单栏

菜单栏包括"文件""视图""项目""Window(窗口)"和"帮助"5 个菜单。

(1)"文件"菜单。

"文件"菜单主要用于文件的新建、打开和保存等,如图 5-3 所示。下面详细介绍"文件"菜单中的各命令及其功能。

"新的"命令:用于新建一个文件,其子菜单如图 5-3 所示。

"打开"命令:用于打开 Altium Designer 23 可以识别的各种文件。

"打开工程"命令:用于打开各种工程文件。

"打开设计工作区"命令:用于打开设计工作区。

"保存工程"命令:用于保存当前的工程文件。

"保存工程为"命令:用于另存当前的工程文件。

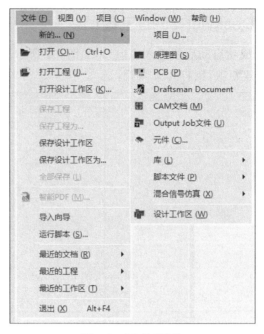

图 5-3　"文件"菜单

"保存设计工作区"命令：用于保存当前的设计工作区。

"保存设计工作区为"命令：用于另存当前的设计工作区。

"全部保存"命令：用于保存所有文件。

"智能 PDF"命令：用于生成 PDF 格式设计文件的向导。

"导入向导"命令：用于将其他 EDA 软件的设计文档及库文件导入 Altium Designer 23 的导入向导，如 Protel 99SE、CADSTAR、OrCAD、P-CAD 等设计软件生成的设计文件。

"运行脚本"命令：用于运行各种脚本文件，如用 Delphi、VB、Java 等语言编写的脚本文件。

"最近的文档"命令：用于列出最近打开过的文件。

"最近的工程"命令：用于列出最近打开过的工程文件。

"最近的工作区"命令：用于列出最近打开过的设计工作区。

"退出"命令：用于退出 Altium Designer 23。

图 5-4　"视图"菜单

（2）"视图"菜单。

"视图"菜单主要用于工具栏、工作区面板、命令行及状态栏的显示和隐藏，如图 5-4 所示。

"工具栏"命令：用于控制工具栏的显示和隐藏，其子菜单如图 5-4 所示。

"面板"命令：用于控制工作区面板的打开与关闭，其子菜单如图 5-5 所示。

"状态栏"命令：用于控制工作窗口下方状态栏上标签的显示与隐藏。

"命令状态"命令：用于控制命令行的显示与隐藏。

（3）"项目"菜单。

"项目"菜单主要用于项目文件的管理，包括项目文件的编译、添加、删除、差异显示和版本控制等，如图 5-6 所示。这里主要介绍"显示差异"和"版本控制"两个命令。

图 5-5 "面板"命令子菜单   图 5-6 "项目"菜单

"显示差异"命令：执行该命令，将弹出如图 5-7 所示的"选择比较文档"对话框。"版本控制"命令：执行该命令，可以查看版本信息，还可以将文件添加到"版本控制"数据库中，并对数据库中的各种文件进行管理。

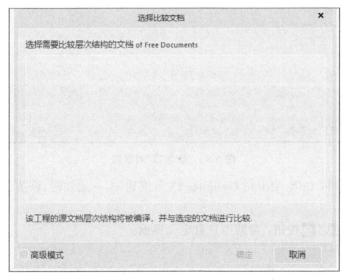

图 5-7 "选择比较文档"对话框

（4）"Window（窗口）"菜单。

"Window（窗口）"菜单用于对窗口进行纵向排列、横向排列、打开、隐藏及关闭等操作。

（5）"帮助"菜单。

"帮助"菜单用于打开各种帮助信息。

3. 工具栏

工具栏是系统默认的用于工作环境基本设置的一系列按钮的组合，包括不可移动与关闭的固定工具栏和灵活工具栏。

固定工具栏中只有 ☼ 🔔 👤▾ 3 个按钮,用于配置用户选项。

"设置系统参数" ☼ 按钮:单击该按钮,弹出"优选项"对话框,用于设置 Altium Designer 23 的工作状态,如图 5-8 所示。

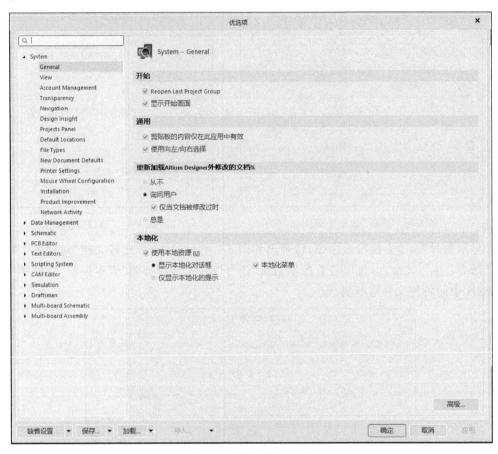

图 5-8 "优选项"对话框

"注意" 🔔 按钮:访问 Altium Designer 23 系统通知,有通知时,该按钮处将显示通知的个数。

"当前用户信息" 👤 按钮:帮助用户自定义界面。

4. 工作区面板

在 Altium Designer 23 中,可以使用系统型面板和编辑器面板 2 种类型的面板。系统型面板在任何时候都可以使用;而编辑器面板只有在相应的文件被打开时才可以使用。

使用工作区面板是为了便于设计过程中的快捷操作。Altium Designer 23 启动后,系统将自动激活 Projects(工程)面板和 Navigator(导航)面板,可以单击面板底部的标签,在不同的面板之间切换。

下面简单介绍 Projects 面板,展开的面板如图 5-9 所示。

工作区面板有自动隐藏显示、浮动显示和锁定显示 3 种显示方式。每个面板的右上角都有 3 个按钮:▾ 按钮用于在各种面板之间进行切换操作;📌 按钮用于改变面板的显示方式;✖ 按钮用于关闭当前面板。

图 5-9　工作区面板

5.2.3　Altium Designer 23 的开发环境

下面简单了解一下 Altium Designer 23 的几种主要开发环境的风格。

1. Altium Designer 23 原理图开发环境

图 5-10 所示为 Altium Designer 23 原理图开发环境，在操作界面上有相应的菜单和工具栏。

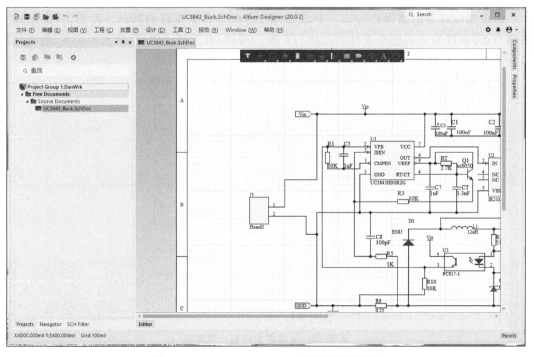

图 5-10　Altium Designer 23 原理图开发环境

2．Altium Designer 23 PCB 电路开发环境

图 5-11 所示为 Altium Designer 23 PCB 电路开发环境。

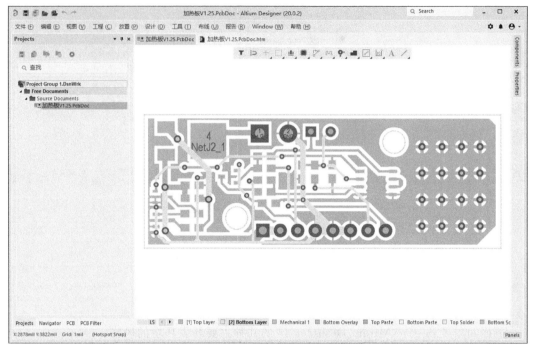

图 5-11　Altium Designer 23 PCB 电路开发环境

5.2.4　原理图设计的一般流程

原理图设计是电路设计的第一步，是制板、仿真等后续步骤的基础。因而，一幅原理图正确与否，直接关系到整个设计的成功与失败。另外，为方便读图，原理图的美观、清晰和规范也是十分重要的。

Altium Designer 23 的原理图设计大致可分为图 5-12 所示的 9 个步骤。

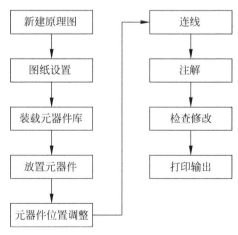

图 5-12　原理图设计的一般流程

1. 新建原理图

这是设计一幅原理图的第一个步骤。

2. 图纸设置

图纸设置就是要设置图纸的大小、方向等属性。图纸设置要根据电路图的内容和标准化要求进行。

3. 装载元器件库

装载元器件库就是将需要用到的元器件库添加到系统中。

4. 放置元器件

从装入的元器件库中选择需要的元器件放置到原理图中。

5. 元器件位置调整

根据设计的需要,将已经放置的元器件调整到合适的位置和方向,以便连线。

6. 连线

根据所要设计的电气关系,用导线和网络将各个元器件连接起来。

7. 注解

为了设计得美观、清晰,可以对原理图进行必要的文字注解和图片修饰。这些都对后来的 PCB 设置没有影响,只是为了方便读图。

8. 检查修改

设计基本完成后,应该使用 Altium Designer 23 提供的各种校验工具,根据各种校验规则对设计进行检查,发现错误后进行修改。

9. 打印输出

设计完成后,根据需要可选择对原理图进行打印,或制作各种输出文件。

## 第 6 章

电子电路仿真——Multisim

本章讲述了电子电路仿真——Multisim,包括 Multisim 软件简介、Multisim 软件版本简介、Multisim 基本功能和主要特点、Multisim 的安装和 Multisim 的基本界面。

6.1 Multisim 软件简介

Multisim 的前身为 EWB(Electronics Workbench)软件。它以其界面形象直观、操作方便、分析功能强大、易学易用等突出优点,早在 20 世纪 90 年代就在我国得到迅速推广,作为电子类专业课程教学和实验的一种辅助手段。在 21 世纪初,EWB 5.0 版本更新换代推出 EWB 6.0,并更名为 Multisim 2001;在 2003 年升级为 Multisim 7;2005 年发布 Multisim 8,其功能已十分强大,能胜任电路分析、模拟电路、数字电路、高频电路、RF 电路、电力电子及自控原理等各方面的虚拟仿真,并提供多达 18 种基本分析方法。

Multisim 和 Ultiboard 是美国国家仪器公司(NI)下属的 ElectroNIcs Workbench Group 推出的交互式 SPICE 仿真和电路分析软件的最新版本,专用于原理图捕获、交互式仿真、电路板设计和集成测试。这个平台将虚拟仪器技术的灵活性扩展到了电子设计者的工作台上,弥补了测试与设计功能之间的缺口。通过将 NI 的 Multisim 电路仿真软件和 LabVIEW 测量软件相集成,需要设计制作自定义 PCB 的工程师能够非常方便地比较仿真数据和真实数据,规避设计上的反复,减少原型错误并缩短产品上市时间。

使用 Multisim 可交互式地搭建电路原理图,并对电路行为进行仿真。Multisim 简化了 SPICE 仿真的复杂内容,这样使用者无须深入懂得 SPICE 技术就可以很快地进行捕获、仿真和分析新的设计,这也使其更适合电子学科教育。通过 Multisim 和虚拟仪器技术,使用者可以完成从理论到原理图捕获与仿真,再到原型设计和测试这样一个完整的综合设计流程。

Multisim 和 Ultiboard 推出了很多专业设计特性,主要是高级仿真工具、新增元器件和扩展的用户功能,主要的新增特性包括:

(1)改进电路的仿真和分析流程,所有分析及其设置都放在一个对话框中,以便更直观地设置和仿真分析。单独分析对话框已不存在。

(2)探针功能被重新设计,可以用一个清晰和方便的方式对电压、支路电流和功率等进行测量。同时可以对选择的输出变量进行自动分析,如瞬态分析和交流分析,运行分析后,变量的值会显示到记录仪中。

（3）元器件可以在搜索结果中预览，在搜索结果对话框中加入了元器件符号和封装预览窗口。

（4）在两个仿真之间可以自动保存的记录仪设置有：图表标题、图表背景颜色、网格线、数轴标题、迹线颜色、跟踪启用/禁用状态、轨迹线视觉风格、手动改变的缩放比例、光标状态/位置、加到图表中的顶部和右坐标轴。但这不适用于参数分析、温度分析、蒙特卡洛分析和最坏情况分析中。

（5）用户可以添加自定义的封装到主数据库的 RLC 元器件中。在 RLC 元器件表中有新的管理封装按钮可以打开新的管理 RLC 封装对话框。使用这个对话框可以从主数据库、用户数据库或者共同数据库增加任何封装到默认封装菜单以供选择。

（6）当放置图表或从剪贴板粘贴时，支持的图片格式有：. bmp、. jpg、. jpeg、. jpe、. jfif、. gif、. tif、. tiff、png、. ico 和. cur。

（7）PLD 电路仿真支持 Xilinx ISE 10.1 SP3 或者更高版本，12 系列和更高版本，13 系列和 14.1～14.7 版本，NI LabVIEW FPGA Xilinx ISE 14.7 工具。

（8）Multisim 包括了合作商增加的元器件，有：1 个连接器、57 个 ADI 公司的元器件、10 个 Avago 公司的元器件、1 个 Hirose 连接器、26 个 Infineon 公司元器件、588 个国际整流元器件、29 个 Maxim 公司元器件、2 个 Microchip 元器件、1 个 Molex 公司连接器、6 个 NI 公司元器件/连接器、636 个 NXP 公司元器件、15 个 OnSemi 公司元器件、45 个 TI 公司元器件、2 个 Samtec 公司连接器、59 个 Vishay 公司元器件、5 个新单 5 引脚功率器件、5 个新组件。

NI Ultiboard 为用户在做 PCB 设计时的布板、布线提供了一个易于使用的直观平台。整个设计的过程从布局、元器件摆放到布铜线都在一个灵活设计的环境中完成，使操作速度和控制都达到最优化。拖放和移动元器件以及布铜线的速度在 NI Ultiboard 得到了显著提高。这些功能的增强都使从原理图到实际电路板的转换变得更便捷，也使最后的 PCB 设计质量得到很大提高。

本章主要集中介绍 Multisim 仿真软件的主要功能及构建电路原理图和分析电路的方法，有关 NI Ultiboard PCB 设计的内容在此不作介绍。

6.2　Multisim 软件版本简介

目前，常用的 Multisim 版本主要是 Multisim 12.0 与 Multisim 14.0。

为了方便教学使用，NI 公司分别推出了 Multisim 教学版与 Multisim 专业版（仿真）软件。

Multisim 教学版软件专为进行电路和电子技术相关内容的教学而开发，可实现学生在理论、仿真、实验、项目设计和开发之间的无缝对接和学习。专业版 Multisim 包含 SPICE 仿真和原型设计工具，可用于设计具有高可靠性的电路。

下面简单介绍 Multisim 14.0 的特性。

Multisim 14.0 特性主要体现如下。

（1）全新的主动分析模式，可让用户更快速获得仿真结果和运行分析。

（2）通过全新的电压、电路、功率和数字探针工具，实现在线可视化交互仿真结果。

（3）探索原始 VHDL（超高速集成电路硬件描述语言）格式的逻辑数字原理图，以便在各种 FPGA 数字教学平台上运行。

（4）全新的 MPLAB 教学应用程序，可用于实现微控制器和外设仿真。

（5）Ultiboard 教学版新增了 Gerber 和 PCB 制造文件导出函数，以帮助学生完成课程设计、毕业设计等项目。Gerber 格式是线路板行业软件描述线路板（线路层、阻焊层、字符层等）图像及钻、铣数据的文档格式集合。

（6）借助全新的 iPad 版 Multisim，可随时随地进行各类电路仿真。

（7）借助半导体制造商的 6000 多种新组件和升级版仿真模型，扩展模拟和数字电子混合模式应用。

（8）借助来自 NXP（恩智浦半导体）公司和美国国际整流器公司开发的全新 MOSFET和 IGBT（Insulated Gate Bipolar Translator，绝缘栅门极晶体管），可以搭建先进的电力电子和电源电路。

Multisim 14.0 与 Multisim 12.0 工作环境及用法基本相同，只是由于科技的发展添加了一些新的仪器元器件，拓展了一些功能。对于一般的用户，各版本的区别甚至可忽略不计。但在低版本环境下创建的 Multisim 文件，可在高版本环境下打开编辑；反之则不然。

考虑到尽可能多地兼容各版本的 Multisim 电路文件进行仿真和教学，本章主要介绍 Multisim 14.0 版本的电路设计及仿真。

6.3　Multisim 基本功能和主要特点

Multisim 用软件的方法虚拟电子与电工元器件，虚拟电子与电工仪器和仪表，实现了"软件即元器件""软件即仪器"。Multisim 是一个原理电路设计、电路功能测试的虚拟仿真软件。

Multisim 的元器件库提供数千种电路元器件供实验选用，同时也可以新建或扩充已有的元器件库，而且建库所需的元器件参数可以从生产厂商的产品使用手册中查到，因此也很方便在工程设计中使用。

Multisim 的虚拟测试仪器、仪表种类齐全，有一般实验用的通用仪器，如万用表、函数信号发生器、双踪示波器、直流电源；还有一般实验室少有或没有的仪器，如波特图仪、字信号发生器、逻辑分析仪、逻辑转换器、失真仪、频谱分析仪和网络分析仪等。

下面讲述 Multisim 基本功能和主要特点。

6.3.1　Multisim 基本功能

一般电子产品的设计和制作主要包括电路原理、软件编程、仿真调试、物理级设计、PCB制图制板、元器件清单、自动贴片、焊膏漏印、总装配图等生产环节，以上全部由计算机完成的过程称为电子设计自动化（Electronic Design Automation，EDA）技术。

EDA 工具软件主要有 3 类：电子电路设计与仿真软件、PCB 设计软件与可编程逻辑器件开发软件。

在 EDA 工具软件中，Multisim 的功能尤为强大，可同时完成以下基本功能。

（1）电子电路仿真。

（2）PCB 设计。

（3）可编程逻辑器件开发。

作为 Windows 下运行的个人桌面电子设计工具，Multisim 是一个完整的集成化设计环境，用户可以十分方便地进行各类电子电路设计与仿真，在电子类课程教学和电子产品开发设计中都有着强劲的需求和广阔的应用前景。

6.3.2 Multisim 主要特点

Multisim 主要特点如下。

1. 直观的图形界面

Multisim 整个操作界面就像一个电子实验工作台，绘制电路所需的元器件和仿真所需的测试仪器均可直接拖放到屏幕上，利用鼠标可使用导线将它们连接起来。虚拟仪器的控制面板和操作方式与实物相似，用户看到的测量数据、波形和特性曲线与真实仪器基本相同。

2. 丰富的元器件

提供了上万种主流电子元器件，同时能方便地对元器件的各种参数进行编辑修改。具有利用模型生成器以及代码模式创建所需要的元器件模型等功能。

3. 强大的仿真能力

以 SPICE3F5 和 XSPICE 的内核作为仿真引擎，通过 Electronic Workbench 带有的增强设计功能将数字和混合模式的仿真性能进行优化。包括 SPICE 仿真、RF 仿真、MCU 仿真、VHDL 仿真和电路向导等功能。

4. 丰富的测试仪器

虚拟仪器种类丰富，可动态交互显示，其设置和使用与真实的一样。除了 Multisim 提供的默认的仪器外，还可以创建 LabVIEW 的自定义仪器，在图形环境中可以灵活地进行仿真测试。

5. 完备的分析手段

利用仿真产生的数据执行各种需要的分析。可以自动执行将一种分析作为另一种分析的一部分。

集成 LabVIEW 和 Signal express 可以快速进行原型开发和测试设计，具有符合行业标准的交互式测量和分析功能。

6. 独特的射频（RF）模块

提供基本射频电路的设计、分析和仿真，包括以下模块和分析。

（1）RF-specific：射频特殊元器件，包括自定义的 RF SPICE 模型。

（2）用于创建用户自定义的 RF 模型的模型生成器。

（3）RF-specific 仪器：Spectrum Analyzer（频谱分析仪）和 Network Analyzer（网络分析仪）。

（4）进行 RF-specific 分析：电路特性、匹配网络单元、噪声系数等。

7. 强大的 MCU 模块

支持 4 种类型的微控制器芯片，分别对 4 种类型芯片提供编译支持，所建项目支持 C 语言代码、汇编语言代码以及十六进制代码，并兼容第三方工具源代码；支持对外部 RAM、外部 ROM、键盘和 LCD 等外围设备的仿真；支持包含设置断点、单步运行、查看和编辑内部 RAM、特殊功能寄存器等高级调试功能。

8. 完善的后处理

对分析结果进行的数学运算操作类型包括算术运算、三角运算、指数运算、对数运算、复合运算、向量运算和逻辑运算等。

9. 详细的报告

能够呈现材料清单、元器件详细报告、网络报表、原理图统计报告、多余门电路报告、模型数据报告、交叉报表共 7 种报告。

10. 兼容性好的信息转换

提供了转换原理图和仿真数据与其他模块的链接方法，可以输出原理图到 PCB 布线（如 Ultiboard、OrCAD、PAD Sayou2005、P-CAD 和 Protel），输出仿真结果到 MathCAD、Excel 或 LabVIEW，输出网络表文件，提供 Internet Design Sharing（互联网共享文件）等。

6.4 Multisim 的安装

下面逐步介绍 Multisim 的安装过程。安装前应关闭 Windows 其他应用程序，关闭病毒扫描功能，这样可以提高安装速度。Multisim 的安装步骤如下：

（1）将安装光盘放入光驱会自动运行安装程序，出现如图 6-1 所示的安装窗口。如果没有自动运行安装程序，可手动运行光盘中的 SETUP.EXE 文件。安装程序首先初始化，如要取消安装，则单击 Cancel 按钮。

图 6-1 安装窗口

（2）初始化后单击 Next 按钮可执行下一步安装。

（3）弹出用户信息对话框，要求输入用户全名及公司或组织名称。如已有软件产品序列号，则输入相应序列号；如没有序列号，则选择后面的备选项，安装评估版产品。单击

Cancel 按钮取消安装；单击 Next 按钮继续执行下一步安装；单击 Back 按钮回到上一步。

（4）输入的序列号校验通过后，将弹出安装地址对话框，用户可选择默认的安装路径，或者单击 Browse 按钮选择新的安装地址。

（5）选择要安装的功能模块如图 6-2 所示，这部分有一个备选模块，是主要程序部分，即 NI Circuit Design Suite 14.0.1。对话框下面的按钮的作用如下："Restore Feature Defaults"按钮可恢复默认设置，"Disk Cost"按钮可对相应磁盘的剩余空间及所需的安装空间进行分析，其他按钮的功能和上面相同。

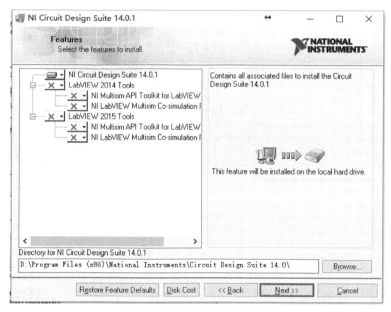

图 6-2　安装功能模块的选择界面

（6）弹出 NI 软件许可协议对话框，选择接受协议，才可选择下一步。

（7）仍然是两个协议，选择接受协议，进入下一步。

（8）对安装信息进行确认，Multisim 为用户展示已安装模块，可单击"Adding or Changing"重新选择安装模块。如确认无误，单击进行软件安装。

（9）软件安装完毕后，选中备选项后可对支持和升级单元进行配置。如不准备配置支持和升级单元，可结束安装。

（10）软件安装及配置结束后，软件提示重启计算机。计算机重启后，软件就可以使用了。此时已安装的软件除了 Multisim 14 以外，还包括 Ultiboard 14。

6.5　Multisim 的基本界面

打开 Multisim 后，其基本界面如图 6-3 所示。本书讲述的 Multisim 的界面为中文界面。对于英文界面，会在介绍菜单时作单独的讲述。Multisim 的基本界面主要包括菜单栏、标准工具栏、视图工具栏、主工具栏、仿真工具栏、元器件工具栏、仪器工具栏、设计工具箱、电路工作区、电子表格视窗等，下面对它们进行详细说明。

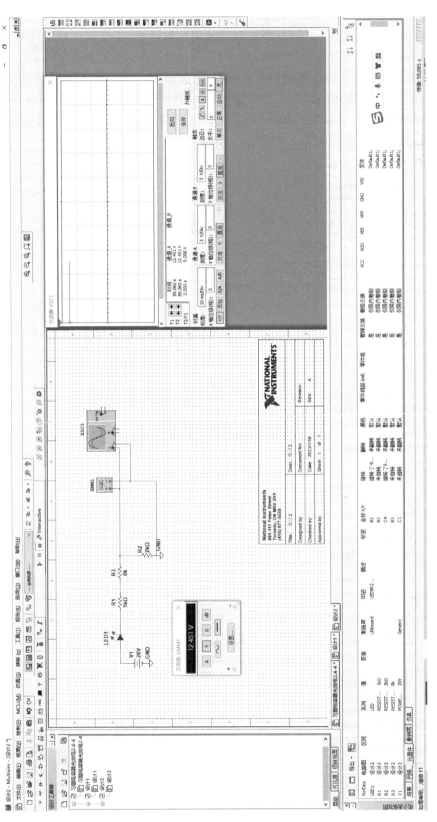

图 6-3 Multisim 的基本界面

6.5.1　菜单栏

Multisim 和所有应用软件相同,菜单栏中分类集中了软件的所有功能命令。Multisim 的菜单栏包含 12 个菜单项,它们分别为文件(File)菜单、编辑(Edit)菜单、视图(View)菜单、绘制(Place)菜单、MCU 菜单、仿真(Simulate)菜单、转移(Transfer)菜单、工具(Tools)菜单、报告(Reports)菜单、选项(Options)菜单、窗口(Window)菜单和帮助(Help)菜单。以上每个菜单下都有一系列功能命令,用户可以根据需要在相应的菜单下寻找功能命令。下面对各菜单项作详细的介绍。

1. 文件菜单

文件菜单主要用于管理所创建的电路文件,如对电路文件进行打开、保存和打印等操作,如图 6-4 所示,其中大多数命令和一般 Windows 应用软件基本相同,这里不再赘述,下面主要介绍一下 Multisim 的主要命令菜单。

(1)"打开样本(Open Samples)":可打开软件安装路径下的自带实例。

(2)"片段(Snippets)":为对工程中的某部分电路进行的操作,该选项包括 4 个子选项,分别为将所选内容保存为片段(Save selection as snippet)、将有效设计保存为片段(Save active design as snippet)、粘贴片段(Paste Snippet)和打开片段文件(Open Snippet File),可以实现对部分电路的灵活操作。

(3)"项目与打包(Projects and Packing)":为对工程项目进行的操作,该选项包括 8 个子选项,分别为对工程文件进行创建(New Project)、打开(Open Project)、保存(Save Project)、关闭操作(Close Project)、对工程文件进行打包(Pack Project)、解包(Unpack Project)和升级(Upgrade Project)和控制工程的版本(Version Control),用户可以用系统默认产生的文件名或自定义文件名作为备份文件的名称对当前工程进行备份,也可以恢复以前版本的工程。一个完整的工程包括原理图、PCB 文件、仿真文件、工程文件和报告文件几部分。

图 6-4　文件菜单

(4)"打印选项(Print Options)":包括两个子选项,打印电路设置(Print Sheet Setup)和打印当前工作区内仪表波形图(Print Instruments)。

2. 编辑菜单

编辑菜单下的命令如图 6-5 所示,主要用于绘制电路图的过程中对电路和元件进行各种编辑,其中一些常用操作如复制、粘贴等和一般 Windows 应用程序基本相同,这里不再赘述。

下面介绍一些 Multisim 的主要命令菜单。

(1)"选择性粘贴(Paste Special)":为对支电路进行的操作,该选项包括 2 个子选项,"粘贴支电路(Paste as Subcircuit)"用于将剪贴板中的已选内容粘贴成子电路形式;"在不对主页连接器重命名的情况下粘贴(Paste without renaming on-page connectors)"用于对子电路进行层次化编辑,完成对子电路的嵌套。

（2）"删除多页（Delete Multi-page）"：从多页电路文件中删除指定页，该操作无法撤销。

（3）"查找（Find）"：搜索当前工作区内的元件，选择该项后可弹出如图 6-6 所示的对话框，其中包括要查找元件的名称、类型以及查找的范围等。

图 6-5　编辑菜单　　　　　　　　　图 6-6　查找元件对话框

（4）"合并所选总线（Merge Selected Buses）"：对工程中选定的总线进行合并。

（5）"图形注解（Graphic Annotation）"：图形注释选项，包括填充颜色、样式，画笔颜色、样式和箭头类型。

（6）"次序（Order）"：安排已选图形的放置层次。

（7）"图层赋值（Assign to Layer）"：将已选的项目（如 ERC 错误标志、静态探针、注释和文本/图形）安排到注释层。

（8）"图层设置（Layer Setting）"：设置可显示的对话框。

（9）"方向（Orientation）"：设置元件的旋转角度。

（10）"对齐（Align）"：设置元件的对齐方式。

（11）"标题块位置（Title Block Position）"：设置已有标题框的位置。

（12）"编辑符号/标题块（Edit Symbol/Title Block）"：对已选元件的图形符号或工作区内的标题块进行编辑。在工作区内选择一个元件，选择该项命令编辑元件符号，则弹出如图 6-7 所示的元件符号编辑窗口，在这个窗口中可对元件各引脚端的线型、线长等参数进行编辑，还可自行添加文字和线条等。

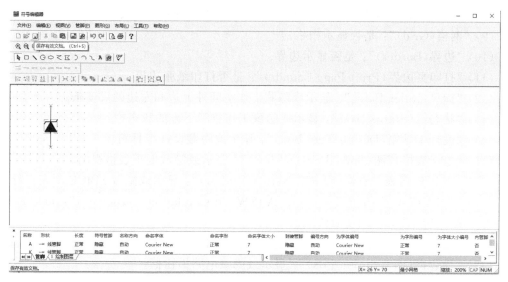

图 6-7　元件符号编辑窗口

（13）"字体（Font）"：对已选项目的字体进行编辑。

（14）"注释（Comment）"：对已有注释项进行编辑。

（15）"表单/问题（Forms/Questions）"：对有关电路的问题或选项进行编辑。当一个设计任务由多人完成时，常需要通过邮件的形式对电路题或选项及有关问题进行汇总和讨论，Multisim 可方便地实现这一功能。

（16）"属性（Properties）"：当不选中任何元件时选择此项，可对电路图属性进行编辑，包括电路图可见性、颜色、工作区、布线、字体等信息进行编辑；当选中一个元件时选择此项，可对其参数值、标识符等信息进行编辑。

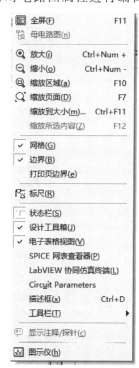

3．视图菜单

视图菜单用于设置仿真窗口的显示及电路图的缩放显示等，其菜单如图 6-8 所示。

视图菜单的主要命令及功能如下：

（1）"全屏（Full Screen）"：将电路图全屏显示。

（2）"母电路图（Parent Sheet）"：总电路显示切换，当用户正编辑子电路或分层模块时，单击该命令可快速切换到总电路；当用户同时打开许多子电路时，该功能将方便用户的操作。

（3）"放大（Zoom In）"：原理图放大。

（4）"缩小（Zoom Out）"：原理图缩小。

（5）"缩放区域（Zoom Area）"：对所选区域的元件进行放大。

（6）"缩放页面（Zoom Sheet）"：显示整个原理图页面。

（7）"缩放到大小（Zoom to Magnification）"：按一定比例显示页面。

图 6-8　视图菜单

（8）"缩放所选内容（Zoom Selection）"：对所选的电路进行放大。

（9）"网格（Grid）"：是否显示栅格。

（10）"边界（Border）"：是否显示边界。

（11）"打印页边界（Print Page Bounds）"：是否打印纸张边界。

（12）"标尺（Ruler Bars）"：显示或隐藏工作空间外上边和左边的尺度条。

（13）"状态栏（Status Bar）"：显示或隐藏工作空间下方的状态栏。

（14）"设计工具箱（Design Tool Box）"：显示或隐藏设计工具箱。

（15）"电子表格视图（Spread Sheet View）"：显示或隐藏电子表格视图。

（16）"SPICE 网表查看器（SPICE Netlist Viewer）"：显示或隐藏 SPICE 网表查看器。

（17）"LabVIEW 协同仿真终端（LabVIEW Co-simulation Terminals）"：可以选择显示或者隐藏 LabVIEW 协同仿真终端。

（18）"Circuit Parameters"：显示或隐藏电路参数表。

（19）"描述框（Description Box）"：显示或隐藏电路描述框。

（20）"工具栏（Toolbars）"：弹出工具栏选项（图 6-9）的菜单可以选择显示或者隐藏工具栏。

（21）"显示注释/探针（Show Comment/Probe）"：显示或隐藏已选注释或静态探针的信息窗口。

（22）"图示仪（Grapher）"：显示或隐藏仿真结果的图表。

4. 绘制菜单

绘制菜单提供在电路窗口内放置元件、连接点、总线和子电路等命令，其下拉菜单如图 6-10 所示。

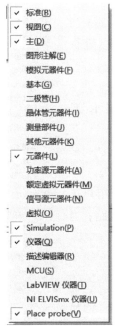

图 6-9　工具栏选项　　　　　　　　图 6-10　绘制菜单

该菜单的主要命令及功能为：

（1）"元器件（Component）"：选择一个元件。

（2）"Probe"：绘制一个探针。

（3）"结（Junction）"：绘制一个节点。

（4）"导线（Wire）"：绘制一根导线（可以不和任何元件相连）。

（5）"总线（Bus）"：绘制一根总线。

（6）"连接器（Connectors）"：绘制连接器，如图6-11所示，其级联菜单包括在页连接器（On-pageconnector）；全局连接器（Global connector）；HB/SC连接器；Input connector（输入连接器）；Output connector（输出连接器）；总线HB/SC连接器；离页连接器；总线离页连接器；LabVIEW co-simulation terminals（协同仿真终端），其级联菜单如图6-12所示，包括电压输入、输出终端。

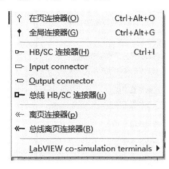

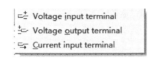

图6-11　连接器级联菜单　　　图6-12　LabVIEW co-simulation terminals级联菜单

（7）"新建层次块（New Hierarchical Block）"：绘制一个新的层次电路模块。

（8）"层次块来自文件（Hierarchical block from file）"：从已有电路文件中选择一个作为层次电路模块。

（9）"用层次块替换（Replace by hierarchical block）"：将已选电路用一个层次电路模块代替。

（10）"新建支电路（New Subcircuit）"：绘制一个新的子（支）电路。

（11）"用支电路替换（Replace by Subcircuit）"：将已选电路用一个子（支）电路模块代替。

（12）"多页（Multi-page）"：新建一个平行设计页。

（13）"总线向量连接（Bus Vector Connect）"：绘制总线向量连接器，这是从多引脚器件上引出很多连接端的首选方法。

（14）"注释（Comment）"：在工作空间中绘制注释。

（15）"文本（Text）"：在工作空间中绘制文字。

（16）"图形（Graphics）"：绘制图形。

（17）"Circuit parameter legend"：电路参数图例。

（18）"标题块（Title Block）"：绘制标题栏，可从Multisim自带的模板中选择一种进行修改。

5. MCU菜单

MCU模块用于含微处理器的电路设计，MCU菜单提供微处理器编译和调试等功能。图6-13所示为工作空间内没有微处理器时的MCU菜单。

6. 仿真菜单

仿真菜单主要提供电路仿真的设置与操作命令,其下拉菜单如图 6-14 所示。

图 6-13　无微处理器时的 MCU 菜单

图 6-14　仿真菜单

其中的主要命令及功能如下:

(1)"运行(Run)":运行仿真开关。

(2)"暂停(Pause)":暂停仿真。

(3)"停止(Stop)":停止仿真。

(4)"Analyses and simulation":选择仿真分析方法。

(5)"仪器(Instruments)":选择仿真用各种仪器。

(6)"混合模式仿真设置(Mixed-mode Simulation settings)":用户可以选择进行理想仿真或实际仿真,理想仿真较快;而实际仿真更准确。

(7)"Probe settings":设置探针属性。

(8)"反转探针方向(Reverse Probe Direction)":选择探针,执行该命令可改变探针的方向。

(9)"Locate reference Probe":把选定的探针锁定在固定位置。

(10)"NI ELVIS Ⅱ 仿真设置(NI ELVIS Ⅱ simulation settings)":NI ELVIS Ⅱ仿真设置。

(11)"后处理器(Post Processor)";打开后处理器对话框。

(12)"仿真错误记录信息窗口(Simulation error log/audit trail)":显示仿真的错误记录/检查仿真轨迹。

(13)"XSPICE 命令行界面(XSPICE command line interface)":打开可执行 XSPICE 命令的窗口。

(14)"加载仿真设置(Load Simulation Settings)":加载曾经保存的仿真设置。

（15）"保存仿真设置（Save Simulation Settings）"：保存仿真设置。

（16）"自动故障选项（Automatic Fault Option）"：电路故障自动设置选项，用户可以设置添加到电路中的故障的类型和数目。

（17）"清除仪器数据（Clear Instrument Data）"：清除仿真仪器（如示波器）中的波形，但不清除仿真图形中的波形。

（18）"使用容差（Use Tolerances）"：设置在仿真时是否考虑元件容差。

图 6-15　转移菜单

7. 转移菜单

转移菜单提供将仿真结果输出给其他软件处理的命令，其下拉菜单如图 6-15 所示。

其中的主要命令及功能为：

（1）"转移到 Ultiboard（Transfer to Ultiboard）"：将原理图传送给 Ultiboard。

（2）"正向注解到 Ultiboard（Forward annotate to Ultiboard）"：将原理图传送给 Ultiboard。

（3）"从文件反向注解（Backward annotate from file）"：将 Ultiboard 电路的改变反标到 Multisim 电路文件中，使用该命令时，电路文件必须打开。

（4）"导出到其他 PCB 布局文件（Export to other PCB layout file）"：如果用户使用的是 Ultiboard 外的其他 PCB 设计软件，可以将所需格式的文件传到该第三方 PCB 设计软件中。

（5）"导出 SPICE 网表（Export SPICE netlist）"：输出网格表。

（6）"高亮显示 Ultiboard 中的选择（Highlight selection in Ultiboard）"：当 Ultiboard 运行时，如果在 Multisim 中选择某元件，则在 Ultiboard 的对应部分将高亮显示。

8. 工具菜单

工具菜单提供一些管理元器件及电路的部分常用工具，其下拉菜单如图 6-16 所示。

其中的主要命令及功能为：

（1）"元器件向导（Component Wizard）"：打开创建新元件向导。

（2）"数据库（Database）"：数据库菜单，下面又包括一个子菜单，其中"数据库管理器（Database Manager）"为数据库管理，用户可进行增加元件族、编辑元件等操作；"将元器件保存到数据库（Save Component to DB）"将对已选元器件的改变保存到数据库中；"合并数据库（Merge Database）"可进行合并数据库的操作；"转换数据库（Convert Database）"将公共或用户数据库中的元件转成 Multisim 格式。

（3）"电路向导（Circuit Wizards）"：电路设计向导。

（4）"SPICE 网表查看器（SPICE Netlist Viewer）"：查看网络表。

（5）"元器件重命名/重新编号"：可以实现对元器件名/编号

图 6-16　工具菜单

的统一修改。

(6)"替换元器件(Replace Components)"：对已选元器件进行替换。

(7)"更新电路图上的元器件(Update Components)"：若工作空间中打开的电路是由旧版本 Multisim 创建的,用户可以将电路中元器件升级,以匹配当前数据库。

(8)"更新 HB/SC 符号"：更新 HB/SC 符号。

(9)"电气法则查验(Electrical Rules Check)"：运行电气规则检查,可检查电气连接错误。

(10)"清除 ERC 标记(Clear ERC Markers)"：清除 ERC 错误标记。

(11)"切换 NC 标记(Toggle NC(no connection)Markers)"：在已选的引脚放置一个无连接标号,防止将导线错误连接到该引脚。

(12)"符号编辑器(Symbol Editor)"：打开符号编辑器。

(13)"标题块编辑器(Title Block Editor)"：打开标题栏编辑器。

(14)"描述框编辑器(Description Box Editor)"：打开描述框编辑器。

(15)"捕获屏幕区(Capture Screen Area)"：对屏幕上的特定区域进行图形捕捉,可将捕捉到的图形保存到剪切板中。

(16)"在线设计资源(Online Design Resources)"：在线设计资源。

9. 报告菜单

报告菜单用于输出电路的各种统计报告,其下拉菜单如图 6-17 所示。

其中主要的命令及功能为：

(1)"材料单(Bill of Materials)"：材料清单。

(2)"元器件详情报告(Component Detail Report)"：元器件细节报告。

(3)"网表报告(Netlist Report)"：网络表报告,提供每个元件的电路连通性信息。

(4)"交叉引用报表(Cross Reference Report)"：元件的交叉相关报告。

(5)"原理图统计数据(Schematic Statistics)"：原理图统计报告。

(6)"多余门电路报告(Spare Gates Report)"：空闲门报告。

10. 选项菜单

选项菜单用于对电路的对话框及电路的某些功能的设定,其下拉菜单如图 6-18 所示。

图 6-17　报告菜单

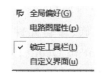

图 6-18　选项菜单

其中主要的命令及功能为：

(1)"全局偏好(Global Restrictions)"：打开全局限制属性设置对话框。

(2)"电路图属性(Sheet Properties)"：打开页面属性设置对话框。

(3)"锁定工具栏(Lock Toolbars)"：锁定工具条。

(4)"自定义界面(Customize Interface)"：自定义用户对话框。

11. 窗口菜单

窗口菜单为对文件窗口的一些操作,其下拉菜单如图 6-19 所示。

其中的主要的命令及功能为:

(1)"新建窗口(New Window)":打开一个和当前窗口相同的窗口。

(2)"关闭(Close)":关闭当前窗口。

(3)"全部关闭(Close All)":关闭所有打开的文件。

(4)"层叠(Cascade)":层叠显示电路。

(5)"横向平铺(Tile Horizontally)":调整所有打开的电路窗口使它们在屏幕上水平排列,方便用户浏览所有打开的电路文件。

(6)"纵向平铺(Tile Vertically)":调整所有打开的电路窗口使它们在屏幕上垂直排列,方便用户浏览所有打开的电路文件。

(7)"下一个窗口(Next Window)":转到下一个窗口。

(8)"上一个窗口(Previous Window)":转到前一个窗口。

(9)"窗口(Windows)":打开窗口对话框,用户可以选择对已打开文件激活或关闭。

12. 帮助菜单

帮助菜单主要为用户提供在线技术帮助和使用指导,其下拉菜单如图 6-20 所示。

图 6-19 窗口菜单

图 6-20 帮助菜单

其中的主要命令及功能为:

(1)"Multisim 帮助(Multisim Help)":显示关于 Multisim 的帮助目录。

(2)"NI ELVISmx 帮助(NI ELVISmx Help)":显示关于 NI ELVISmx 的帮助目录。

(3)"New Features and Improvemcnts":显示关于 Multisim 新特点和提高的帮助目录。

(4)"入门(Getting Started)":打开 Multisim 入门指南。

(5)"专利(Patents)":打开专利对话框。

(6)"查找范例(Find Examples)":查找实例。

(7)"关于 Multisim(About Multisim)":显示有关 Multisim 的信息。

6.5.2 标准工具栏

标准工具栏如图 6-21 所示,主要提供一些常用的文件操作功能,按钮从左到右的功能分别为新建文件、打开文件、打开设计实例、文件保存、打印电路、打印预览、剪切、复制、粘贴、撤销和恢复。

图 6-21 标准工具栏

6.5.3　视图工具栏

视图工具栏如图 6-22 所示，其中按钮从左到右的功能分别为放大、缩小、对指定区域进行放大、在工作空间一次显示整个电路和全屏显示。

图 6-22　视图工具栏

6.5.4　主工具栏

主工具栏如图 6-23 所示，它集中了 Multisim 的核心操作，从而使电路设计更加方便。该工具栏中的按钮从左到右分别为：

图 6-23　主工具栏

（1）显示或隐藏设计工具栏。

（2）显示或隐藏电子表格视图。

（3）显示或隐藏 SPICE 网表查看器。

（4）图示仪。

（5）对仿真结果进行后处理。

（6）打开母电路图。

（7）打开新建元器件向导。

（8）打开数据库管理窗口。

（9）正在使用元器件列表。

（10）ERC 电路规则检测。

（11）将 Multisim 原理图文件的变化标注到存在的 Ultiboard14 文件中。

（12）将 Ultiboard 电路的改变反标到 Multisim 电路文件中。

（13）将 Multisim 电路的注释标到 Ultiboard 电路文件中。

（14）查找范例。

（15）打开 Multisim 帮助文件。

6.5.5　仿真工具栏

仿真工具栏中用于控制仿真过程有 3 个开关和 1 个选项如图 6-24 所示。依次为仿真启动、暂停、停止开关和交互式仿真分析选择。

图 6-24　仿真工具栏

6.5.6　元件工具栏

Multisim 的元件工具栏包括 20 种元件分类库，如图 6-25 所示，每个元件库放置同一类型的元件，此外元件工具栏还包括放置层次电路和总线的命令。元件工具栏从左到右的模块分别为电源库、基本元件库、二极管库、晶体管库、模拟器件库、TTL 器件库、CMOS 元件库、其他数字元件库、混合元件库、显示元件库、功率元件库、其他元件库、高级外设元件库、RF 射频元件库、机电类元件库、NI 元件库、连接器元件库、微处理器模块、层次化模块和总线模块，其中层次化模块是将已有的电路作为一个子模块加到当前电路中。

图 6-25　元件工具栏

6.5.7　仪器工具栏

仪器工具栏包含各种对电路工作状态进行测试的仪器、仪表及探针，如图 6-26 所示。仪器工具栏从左到右分别为数字万用表、函数信号发生器、瓦特表、双通道示波器、四通道示波器、波特图仪、频率计、字信号发生器、逻辑转换仪、逻辑分析仪、伏安特性分析仪、失真分析仪、频谱分析仪、网络分析仪、安捷伦函数发生器、安捷伦万用表、安捷伦示波器、泰克示波器、LabVIEW 虚拟仪器 NI ELVISmx 仪器和电流探针。

图 6-26　仪器工具栏

6.5.8　设计工具箱

设计工具箱用来管理原理图的不同组成元素。设计工具箱由 3 个不同的标签页组成，它们分别为层级（Hierarchy）页、可见度（Visibility）页和项目视图（Project View）页，如图 6-27(a)、图 6-27(b)所示。下面介绍各标签页的功能。

(a) 层级页　　　　　(b) 可见度页

图 6-27　设计工具箱

（1）"层级（Hierarchy）"页：该页包括了所设计的各层电路，页面上方的 6 个按钮从左到右分别为新建原理图、打开原理图、保存、关闭当前电路图和（对子电路、层次电路和多页电路）重命名。

（2）"可见度（Visibility）"页：由用户决定工作空间的当前页面显示哪些层。

（3）"项目视图（Project View）"页：显示所建立的项目，包括原理图文件、PCB 文件、仿真文件等。

6.5.9　电路工作区

在电路工作区可进行电路图的编辑绘制、仿真分析及波形数据显示等操作，如果需要，还可在电路工作区内添加说明文字及标题框等。

6.5.10　电子表格视窗

在电子表格视窗中可方便地查看和修改设计参数，如元件详细参数、设计约束和总体属性等。电子表格视窗包括 5 个页面，下面将简单介绍各页面的功能。

（1）"Results"页：该页面可显示电路中元件的查找结果和 ERC 结果，但要使 ERC 的结果显示在该页面，需要运行 ERC 时选择将结果显示在 Result Pane。

（2）"Nets"页：显示当前电路中所有网点的相关信息，部分参数可自定义修改；该页面上方有 9 个按钮，它们的功能分别为找到并选择指定网点、将当前列表以文本格式保存到指定位置、将当前列表以 CSV（Comma Separate Values）格式保存到指定排列数据、将当前列表以 Excel 电子表格的形式保存到指定位置、按已选栏数据的升序排列数据、按已选栏数据的降序排列数据、打印已选表项中的数据、复制已选表项中的数据到剪切板和显示当前设计页面中的所有网点（包括所有子电路、层次电路模块及多页电路）。

（3）"Components"页：显示当前电路中所有元件的相关信息，部分参数可自定义修改。

（4）"Copper Layers"页：显示 PCB 层的相关信息。

（5）"Simulation"页：显示运行仿真时相关信息。

6.5.11　状态栏

状态栏用于显示有关当前操作以及鼠标所指条目的相关信息。

6.5.12　其他

以上主要介绍了 Multisim 的基本界面组成，当用户常用 View 菜单下其他的功能窗口和工具栏时，也可将其放入界面中，各功能窗口和工具栏的说明此处不再重复。

## 第 7 章

集成运算放大器的应用与 Multisim 仿真

本章讲述了集成运算放大器的应用与 Multisim 仿真,包括运算放大器的模型、集成运算放大器、集成运算放大器的线性应用电路设计基础、实验电路的设计与测试、集成电压比较器和实验电路的设计与测试。

7.1 运算放大器的模型

运算放大器(简称运放)是一种高增益直接耦合放大器,是最有代表性、应用最广泛的一种模拟集成电路。运算放大器最早应用于模拟计算机中,它可以完成诸如加法、减法、微分、积分等各种数学运算。随着集成电路技术的不断发展,运算放大器的应用日益广泛,可以实现信号的产生、变换、处理等各种功能,已成为构成模拟系统最基本的集成电路。

运算放大器是由多级基本放大电路直接耦合而组成的高增益放大器。通常由高阻输入级、中间放大级、低阻输出级和偏置电路组成,其内部结构框图如图 7-1 所示。

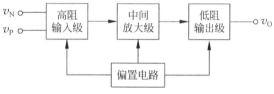

图 7-1 运算放大器的内部结构框图

实际的运算放大器内部电路比较复杂,为了便于理解其原理,这里给出了如图 7-2 所示的简化的运算放大器电路图:第 1 级为由 VT1、VT2 构成的基本差分放大电路,把双端输

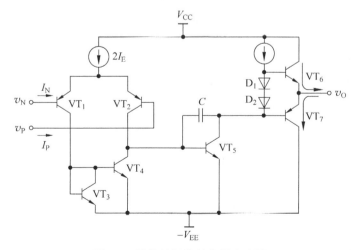

图 7-2 简化的运算放大器电路图

入信号变成单端输入信号;第 2 级进一步放大输入信号并提供频率补偿;第 3 级为典型的甲乙类功放,增加运算放大器的驱动能力。

当运算放大器与外部电路连接组成各种功能电路时,无须关心其复杂的内部电路,而是着重研究其外部特性。具体地讲,通常利用运算放大器的模型分析运算放大器构成的各种电路。运算放大器有两种模型:一种是理想运算放大器模型;另一种是实际运算放大器模型,分别介绍如下。

7.1.1 理想运算放大器模型

理想运算放大器的模型如图 7-3 所示。

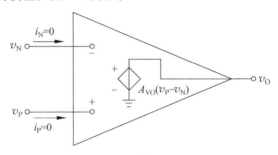

图 7-3 理想运算放大器的模型

运算放大器具有以下特性:
(1)开环电压增益 $A_{VO}=\infty$。
(2)输入电阻 $r_{id}=\infty$。
(3)输出电阻 $r_O=\infty$。
(4)上限截止频率 $f_H=\infty$。
(5)共模抑制比 $K_{CMR}=\infty$。
(6)失调电压、失调电流和内部噪声均为 0。

对于理想运算放大器的前 3 条特性,通用运算放大器一般可以近似满足;后 3 条特性通用运算放大器不易达到,需要选用专用运算放大器来近似满足。例如,可选用宽带运算放大器获得很宽的频带宽度,选用精密运算放大器使失调电压、内部噪声趋于 0。

从理想运算放大器的特性可以导出理想运算放大器在线性运用时具有的 2 个重要特性:
(1)理想运算放大器的同相输入端和反相输入端的电流近似为 0,即 $i_N=i_P=0$。这一结论是由理想运放输入电阻 $r_{id}=\infty$ 而得到的。
(2)理想运算放大器的两输入端电压差趋于 0,即 $v_N=v_P$,这一结论是由理想运算放大器的电压增益 $A_{VO}=\infty$、输出电压为有限值而得到的。

7.1.2 实际运算放大器模型

实际运算放大器的模型如图 7-4 所示。
实际运算放大器的模型包括以下典型参数:
(1)差分输入电阻 r_{id}。
(2)开环电压增益 A_{VO}。

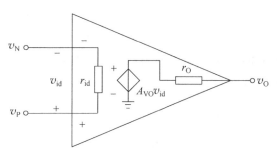

图 7-4 实际运算放大器的模型

（3）输出电阻 r_O。

其中，增益 A_{VO} 也称为开环差模增益，在输出不加负载时有

$$v_O = A_{VO} v_{id} = A_{VO}(v_P - v_N)$$

$$v_{id} = \frac{v_O}{A_{VO}}$$

实际运算放大器的参数从器件的数据手册中给出。如运算放大器 LM741 的主要参数为 $r_{id} = 2\text{M}\Omega, A_{VO} = 200\text{V/mV}, r_O = 75\Omega$。由于运算放大器的开环增益都非常大，对于一个有限的输出，只需要非常小的差分输入电压。譬如，要维持 $v_O = 6\text{V}$，运算放大器 LM741 空载时需要 $v_{id} = 6/200000\text{V} = 30\mu\text{V}$，是非常小的电压。

根据电路结构的不同，运算放大器可以分为电压反馈型（Voltage-Feedback，VFB）运算放大器和电流反馈型（Current-Feedback，CFB）运算放大器。实际使用的运算放大器大多属于电压反馈型运算放大器，图 7-3 和图 7-4 所示的模型就是电压反馈型运算放大器的模型。本书在电子系统中所使用的运算放大器如果没有特别说明，一般指电压反馈型运算放大器。

电流反馈型运算放大器在结构上与电压反馈型运算放大器有明显不同。图 7-5 所示为电流反馈型运算放大器的电路模型。电流反馈型运算放大器的两个输入端之间是一个单位增益缓冲器。理想情况下，缓冲器有无穷大的输入阻抗和零输出阻抗。因此，理想开环端口具有以下特性：

（1）同相输入端阻抗为 ∞。

（2）反相输入端阻抗为 0。

（3）输出阻抗为 0。

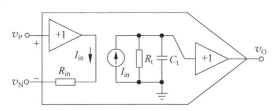

图 7-5 电流反馈型运算放大器的电路模型

图 7-6 所示为电流反馈型运算放大器构成的同相放大器。输出是一个受反相端产生的误差电流 I_{err} 控制的电压源。当放大器接成闭环方式时，由于开环跨导增益 $Z(s)$ 可认为

∞,反馈将使误差电流 I_{err} 为 0,这也是电流反馈型运算放大器名称的由来。电流反馈型运算放大器特殊的等效电路决定了它与电压反馈型运算放大器的电路分析方法有本质的不同。虚短路和虚断路成立的原因不是像电压反馈型运算放大器那样是放大器本身具有的,而是由电路深度负反馈实现的。

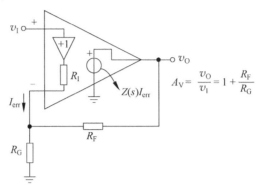

$$A_{\mathrm{V}} = \frac{v_{\mathrm{O}}}{v_{\mathrm{I}}} = 1 + \frac{R_{\mathrm{F}}}{R_{\mathrm{G}}}$$

图 7-6　电流反馈型运算放大器构成的同相放大器

电流反馈型运算放大器在很宽的频率范围内增益恒定,频率响应要远优于电压反馈型运算放大器,所以宽带放大器大都是电流反馈型的。电流反馈型运算放大器的宽带特性导致了噪声增大。由图 7-6 所示,输入部分是单位增益放大器加输入电阻的结构,使得电流反馈型运算放大器的稳定性较难控制,外围电阻选择不当容易引起自激振荡。

电压反馈型运算放大器具有同相和反相输入端阻抗基本相同、均为高阻、噪声更低、更好的直流,增益带宽积为常数,反馈电阻的取值较为自由等特点;电流反馈型运算放大器则具有同相输入端为高阻、反相输入端为低阻,带宽不受增益的影响,压摆率更高,反馈电阻的取值有限制等特点。电压反馈型运算放大器的反馈电阻一般电阻值较大(通常在 $10\mathrm{k}\Omega$ 以上),这样反馈电阻获得反馈电压的能力更大,而电流反馈型运算放大器的反馈电阻一般电阻值较小(通常小于 $1\mathrm{k}\Omega$),这样反馈电阻获得的反馈电流的能力更大。电压反馈型运算放大器适合于需要低失调电压、低噪声的电路中;而电流反馈型运算放大器适用于需要高压摆率、低失真和可以设置电路增益而不影响带宽的电路中。

7.2　集成运算放大器

集成运算放大器(Integrated Operational Amplifier)简称集成运放,是由多级直接耦合放大电路组成的高电压增益、高输入阻抗、低输出阻抗的模拟集成器件。集成运算放大器的输入部分是差动放大电路,有同相和反相两个输入端,同相输入端用"＋"表示,反相输入端用"－"表示。集成运算放大器的应用十分广泛,可以在放大、求和、积分运算、微分运算、振荡、迟滞比较、阻抗匹配、有源滤波等电路中使用。

集成运算放大器的内部输入级一般采用差分放大电路,以提高共模抑制比;中间级由一级或多级直接耦合放大电路组成,以提高电压增益;输出级多采用互补对称电路或共集电极单管放大电路,以降低输出阻抗,提高带载能力。

集成运算放大器的电压传输特性曲线如图 7-7 所示,其中 v_{P} 为同相输入端的电压,v_{N} 为反相输入端的电压。由集成运算放大器的电压传输特性曲线可以看出,其输出电压 v_{out}

的最大值为正、负饱和电压($\pm V_{om}$),并且正、负饱和电压不会超过正、负电源电压,即集成运算放大器的输出电压在正、负饱和电压之间变化。

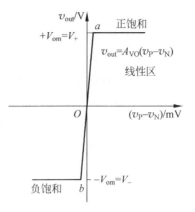

图 7-7 集成运算放大器的电压
传输特性曲线

集成运算放大器的差模开环电压增益很高,当反馈电路开环时,即使差模输入电压值 $v_P - v_N$ 很小,也能使集成运算放大器的输出电压饱和。当输出电压未达到饱和值时,集成运算放大器工作在很窄的线性放大区。在分析电路时,从输入端看进去,集成运算放大器的输入阻抗 r_{in} 很大,在分析电路时通常可以近似为无穷大,即 $r_{in} \rightarrow \infty$,可以认为流入(或流出)反相(或同相)输入端的电流为零。集成运算放大器的输出阻抗 r_{out} 很小,在分析电路时通常可以近似为零,即 $r_{out} \rightarrow 0$。

7.2.1 集成运算放大器的主要技术参数

集成运算放大器是模拟电路设计中应用最为广泛的器件之一,了解其技术指标和主要性能是正确选择和合理使用集成运算放大器的基础,其主要技术参数如下。

(1)供电电压 V_{CC}:集成运算放大器在正常工作时所允许的供电电压。

(2)最大功耗 P_D:集成运算放大器自身所允许消耗的最大功率。

(3)静态功耗:当输入信号为零时,集成运算放大器自身所消耗的总功率。

(4)输入失调电压 V_{IO}:为使输出端电压为零,在输入端所加的直流补偿电压。

(5)输入失调电流 I_{IO}:当输入电压为零时,流过两个输入端的静态电流之差。

(6)输入偏置电流 I_{BIAS}:集成运算放大器的两个输入端的静态工作电流的平均值。

(7)输出电压摆幅:输出电压允许的摆动范围,即从负饱和电压到正饱和电压。

(8)共模抑制比 K_{CMR}:集成运算放大器的差模电压放大倍数与共模电压放大倍数比值的绝对值。共模抑制比反映了集成运算放大器的放大能力和抗共模干扰能力。

(9)输出短路电流 I_{os}:在一定的测试条件下,当输出引脚对地短接时的输出电流。

(10)输出电流:分为最大释放电流 I_{source} 和最大吸收电流 I_{sink}。

(11)差模开环电压增益 A_{VO}:当集成运算放大器工作在线性区时,在无外接负反馈器件的条件下,差模电压的放大倍数。

(12)单位增益带宽 B_{G1}:差模电压放大倍数下降到1时所对应的输入信号频率。可以用输入信号的频率乘以该频率下的最大电压增益得到。

(13)电压转换速率:也称压摆率,是指当输入阶跃信号时,集成运算放大器的输出电压相对于时间的最大变化速率,单位为 $V/\mu s$。

7.2.2 使用集成运算放大器需要注意的几个问题

集成运算放大器是模拟电路中常用的集成器件,在模拟电路设计中有着广泛的应用。集成运算放大器种类繁多、性能各异,在选用时应注意以下几个问题。

(1)集成运算放大器可以采用两种供电方式:双电源供电和单电源供电。在采用双电源供电时,输入、输出信号的变化以直流参考地(GND)电压为基准做上、下摆动;在采用单电源供电时,需要在电源和地之间加一个参考电压,输入、输出信号的变化以该参考电压为基准做上、下摆动。

（2）输入电压信号与电压放大倍数的乘积不要超过饱和输出电压,否则输出信号会出现失真。在工程设计上,要求将输出电压摆幅设计为最大输出电压值与参考电压的平均值,以保证输出信号的线性度。

（3）虽然在理论计算时,电压增益只与外接电阻的比值有关,但在实际确定电阻值时,还必须兼顾放大电路的输入阻抗、直流偏置电流、级间阻抗匹配、电路热噪声等问题。

（4）在用集成运算放大器设计电路时,电压放大倍数与频带宽度的乘积是一个常数,称为单位增益带宽。在设计电路时,必须考虑单位增益带宽是否满足设计要求。

（5）为消除电源内阻引起的振荡,在使用集成运算放大器时,常将芯片的正电源和负电源分别对地接两个电容:一个是容值较大的电解电容,如 $10\sim100\mu F$ 的电解电容;另一个是容值较小的独石电容或瓷片电容,如 $0.01\sim0.1\mu F$ 的陶瓷电容,以降低因电源内阻而产生的噪声。

（6）因受集成运算放大器内部的晶体三极管极间电容及其他寄生参量的影响,集成运算放大器比较容易产生自激振荡,为了使集成运算放大器稳定工作,在设计电路时,有时需要外加 RC 消振电路或消振电容,以破坏产生自激振荡的条件。

（7）因集成运算放大器的内部参数不可能做到完全对称,所以当要求较高时,需要对输入失调电压或输入失调电流进行误差补偿,以提高电路的设计精度。

7.3　集成运算放大器的线性应用电路设计基础

在分析集成运算放大器的线性应用电路时,应将集成运算放大器视为理想器件,即输入阻抗为无穷大（$r_{in}\rightarrow\infty$）,输出阻抗为零（$r_{out}\rightarrow0$）,差模开环电压增益为无穷大（$A_{VO}\rightarrow\infty$）,开环输出电压等于饱和输出电压,即 $v_{out}=A_{VO}(v_P-v_N)$。同相输入电压 v_P、反相输入电压 v_N、输出电压 v_{out} 都是以正、负电源电压的平均值为参考电压的。

由如图 7-7 所示的集成运算放大器的电压传输特性曲线可以看出,在极窄的线性区内,差模输入电压近似等于零,即 $v_{id}=v_P-v_N\approx0$;同相输入端的电压与反相输入端的电压近似相等,即 $v_P\approx v_N$,称为"虚短"。同时,集成运算放大器的输入阻抗很高,流经两个输入端的电流很小,在分析电路时可以认为流经两个输入端的电流近似等于零,即 $i_{Pi}\approx i_{Ni}$,称为"虚断"。集成运算放大器的两个输入端满足"虚短""虚断",是判断其工作在线性区的主要依据。为保证集成运算放大器能正常工作,必须给集成运算放大器提供一个合适的直流稳压电源,直流稳压电源是集成运算放大器内部电路正常工作及对输入信号进行处理的能量来源。

7.3.1　反相放大电路

在如图 7-8 所示的反相放大电路中,输入信号 v_{in} 经阻值为 R_{i1} 的输入电阻加到集成运算放大器的反相输入端,反相输入端与输出端之间跨接一个阻值为 R_f 的负反馈电阻,同相输入端对地接有一个阻值为 R_P 的平衡电阻,这样就构成了最简单的反相放大电路。

为削弱集成运算放大器的输入失调对电路的影响,在设计电路时应满足两个输入端静态特性的对称性,即保证两个输入端对地静态平衡,因此在同相输入端接了一个阻值为 R_P 的平衡电阻。

平衡电阻的阻值 R_P 可以按下式计算得到

$$R_P = R_{i1} \mathbin{/\!/} R_f$$

在反相放大时,集成运算放大器工作在线性区,两个输入端均满足"虚短""虚断",则有

$$v_N = v_P = 0$$

$$\frac{v_{out} - v_N}{R_f} = \frac{v_N - v_{in}}{R_{i1}}$$

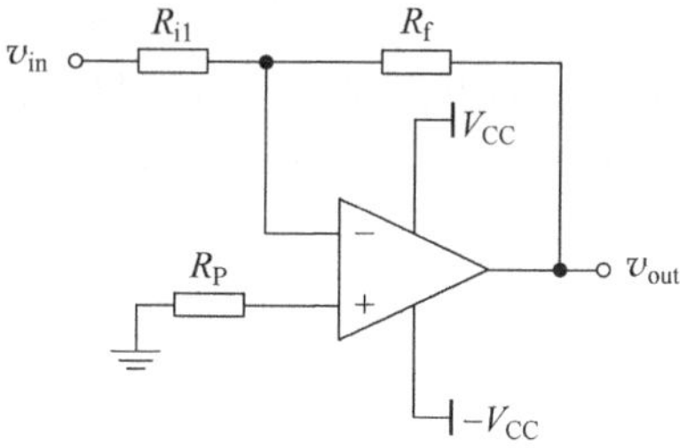

反相放大电路的电压放大倍数 A_v 为

$$A_v = \frac{v_{out}}{v_{in}} = \frac{R_f}{R_{i1}}$$

图 7-8 反相放大电路

式中,负号表示输出电压与输入电压反相。

在引入负反馈回路后,当集成运算放大器工作在线性区时,其电压增益与输入电阻的阻值 R_{i1} 和负反馈电阻的阻值 R_f 有关,而与集成运算放大器的差模开环电压增益 A_{VO}、输入阻抗 r_{in}、输出阻抗 r_{out} 无关。

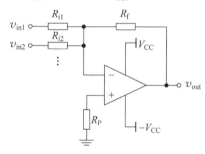

图 7-9 反相加法电路

当输入电阻与负反馈电阻的阻值相等时,集成运算放大器的电压增益等于 -1,反相放大电路就变成了反相电路。

在如图 7-9 所示的反相加法电路中,集成运算放大器的反相输入端接有多个输入电阻,每个输入电阻接有一路输入信号,这样就构成了反相加法电路。

反相加法电路也称为反相求和电路,其输出电压为

$$v_{out} = A_{v1} \times v_{in1} + A_{v2} \times v_{in2} + \cdots$$

式中,$A_{v1} = -\dfrac{R_f}{R_{i1}}$,$A_{v2} = -\dfrac{R_f}{R_{i2}}$,$\cdots$

7.3.2 同相放大电路

同相放大电路如图 7-10 所示,输入信号通过接在同相输入端的阻值为 R_{i1} 的电阻引入,反相输入端和输出端之间接有一个阻值为 R_f 的负反馈电阻,反相输入端与地之间接有一个阻值为 R_1 的电阻。

负反馈电阻使集成运算放大器工作在线性区,两个输入端均满足"虚短""虚断",即

$$v_N = v_P = v_{in}$$

$$\frac{v_{out} - v_n}{R_f} = \frac{v_n}{R_1}$$

同相放大电路的电压放大倍数 A_v 为

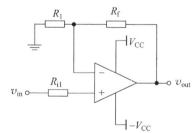

图 7-10 同相放大电路

$$A_{\text{v}} = \frac{v_{\text{out}}}{v_{\text{in}}} = \frac{R_1 + R_f}{R_1} = 1 + \frac{R_f}{R_1}$$

由上式可知,同相放大电路的电压放大倍数与接在反相输入端的电阻的阻值 R_1 和负反馈电阻的阻值 R_f 有关,而与接在同相输入端的电阻的阻值 R_{i1} 及集成运算放大器的差模开环电压增益 A_{VO}、输入阻抗 r_{in}、输出阻抗 r_{out} 无关,输出电压与输入电压同相同。

7.3.3 电压跟随器

电压跟随器如图 7-11 所示。

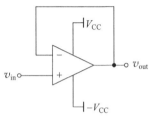

图 7-11　电压跟随器

根据理想集成运算放大器工作在线性区时两个输入端满足"虚短""虚断",可得

$$v_{\text{out}} = v_{\text{N}} = v_{\text{P}} = v_{\text{in}}$$

即输出电压随着输入电压的变化而变化,电压放大倍数 $A_{\text{v}} = 1$。

和同相放大电路一样,电压跟随器的输入信号从同相输入端接入,其输入阻抗等于从同相输入端看进去的阻抗,即 $R_{\text{in}} \rightarrow \infty$;输出阻抗近似等于集成运算放大器的输出阻抗,即 $R_{\text{out}} \rightarrow 0$。

7.3.4 求差电路

从电路结构上看,如图 7-12(a)所示的求差电路是由一个反相放大电路和一个同相放大电路组成的,两个输入信号 v_{in1} 和 v_{in2} 分别通过接在反相输入端的阻值为 R_1 的电阻和接在同相输入端的阻值为 R_2 的电阻引入;输入信号 v_{in1} 被反相放大,输入信号 v_{in2} 被同相放大。

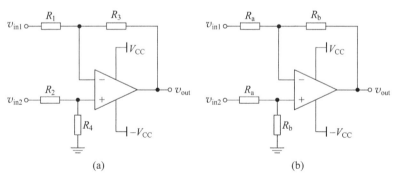

(a) (b)

图 7-12　求差电路

为计算方便,通常取 $R_1 = R_2 = R_{\text{a}}$,$R_3 = R_4 = R_{\text{b}}$,其电路原理图如图 7-12(b)所示。工作在线性区的集成运算放大器的两个输入端满足"虚短""虚断",因此

$$v_{\text{P}} = v_{\text{N}}$$

$$\frac{v_{\text{out}} - v_{\text{N}}}{R_{\text{b}}} = \frac{v_{\text{N}} - v_{\text{in1}}}{R_{\text{a}}}$$

$$\frac{v_{\text{in2}} - v_{\text{P}}}{R_{\text{a}}} = \frac{v_{\text{P}}}{R_{\text{b}}}$$

由以上三式可以推出输出电压为

$$v_{out} = \frac{R_b}{R_a}(v_{in2} - v_{in1})$$

即输出信号是对两个输入信号放大后的叠加。

求差电路的差模电压增益 A_{vd} 为

$$A_{vd} = \frac{v_{out}}{v_{in2} - v_{in1}} = \frac{R_b}{R_a}$$

对于如图7-12(b)所示的电路,其输入阻抗 $R_{in} = 2R_a$,输出阻抗 $R_{out} \rightarrow 0$。

7.3.5 积分运算电路

将反相放大电路中的负反馈电阻换成电容,即可构成积分运算电路,如图7-13所示。

和反相放大电路一样,积分运算电路在同相输入端与地之间接一个阻值为 R_P 的平衡电阻,以保证集成运算放大器的两个输入端静态平衡,削弱集成运算放大器的输入失调对电路的影响。

在积分运算过程中,集成运算放大器工作在线性区,两个输入端满足"虚短""虚断",输入信号 v_{in} 产生的电流流经阻值为 R_1 的电阻后对电容进行充电。若电容两端的初始电压为零,则有

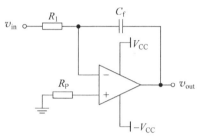

图 7-13 积分运算电路

$$v_N = v_P = 0$$

$$v_N - v_{out} = \frac{Q}{C_f} = \frac{1}{C_f}\int i_C dt = \frac{1}{C_f}\int \frac{v_{in}}{R_1}dt$$

从而可得

$$v_{out} = \frac{1}{R_1 C_f}\int v_{in} dt$$

上式表明,输出电压与输入电压对时间的积分有关,负号表示输出电压的变化方向,即当输入信号为正电压时,输出电压减小;当输入电压为负电压时,输出电压增大。

当输入信号是直流电压信号时,充电电流恒定,电容将以恒流的方式被充电,则输出电压与时间之间是线性关系,即为线性积分

$$v_{out} = -\frac{v_{in}}{R_1 C_f}t = -\frac{v_{in}}{\tau}t$$

式中,$\tau = R_1 C_f$,为积分时间常数,其作用主要是体现积分速度变化的快慢。积分时间常数越大,积分速度变化越慢;积分时间常数越小,积分速度变化越快。积分运算电路的输出电压的最大值受集成运算放大器的饱和输出电压的制约,当输出电压达到饱和输出电压时,积分运算电路停止积分。

积分时间常数 τ 过小,会导致积分速度变化过快,积分时间过短,输出电压会迅速达到饱和输出电压。当输出电压达到饱和状态时,在没有漏电的情况下会一直保持下去,直到输入电压的极性发生变化,电容才向相反的方向放电,继续完成反相积分。

7.3.6 微分运算电路

将积分运算电路中的积分电阻和电容交换位置,即可构成微分运算电路,如图 7-14 所示。

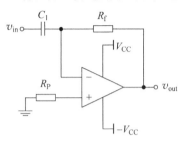

图 7-14 微分运算电路

微分运算电路的输入信号通过接在反相输入端的电容引入,同相输入端与地之间接一个阻值为 R_P 的平衡电阻,以保证集成运算放大器的两个输入端静态平衡,削弱集成运算放大器的输入失调对电路的影响。

当工作在线性区时,理想集成运算放大器的两个输入端满足"虚短""虚断"。若电容的初始电压为零,则接入输入信号后开始对电容进行充电,充电电流满足

$$i_C = C_1 \frac{\mathrm{d}v_{in}}{\mathrm{d}t}$$

在负反馈电阻上产生的压降为

$$v_N - v_{out} = i_C R_f = R_f C_1 \frac{\mathrm{d}v_{in}}{\mathrm{d}t}$$

$$v_N = v_P = 0$$

从而可得

$$v_{out} = -R_f C_1 \frac{\mathrm{d}v_{in}}{\mathrm{d}t} = -\tau \frac{\mathrm{d}v_{in}}{\mathrm{d}t}$$

上式表明,输出信号与输入信号是微分关系,负号表示两个信号的变化方向相反。

为了保证输出信号变化速度较快、脉冲宽度较窄,在选取微分运算电路的电阻和电容时,应使 RC 值远小于输入信号的脉冲宽度,最好小于脉冲宽度的 1/5,否则微分效果不好。

7.4 实验电路的设计与测试

从集成运算放大器(如 μA741、LM358、LM324 等)中选出一种,查阅产品数据手册,画出其引脚封装图和电路原理图,写出所选用的集成运算放大器的主要技术参数,如最高供电电压、输入偏置电流、供电电流、输入失调电压、输入失调电流、单位增益带宽等,了解各参数的意义。

7.4.1 反相放大电路的设计与实现

用 Multisim 设计的反相放大电路如图 7-15 所示。

如图 7-15 所示的电路选用了集成运算放大器 LM324AD,电阻的参数设置见相关电路原理图。交流输入信号的幅值为 30mV(有效值),频率为 1kHz,其设置如图 7-16 所示。

单击"仿真 ▶ "按钮,通过示波器 XSC1 的 A、B 通道观测到的输入、输出信号波形如图 7-17 所示。

输入信号的幅值应根据实际电路的需要进行合理设置,须保证输出电压的幅值小于集成运算放大器的最大允许输出电压,最好小于工程设计要求的输出动态范围,以免引起非线性失真。

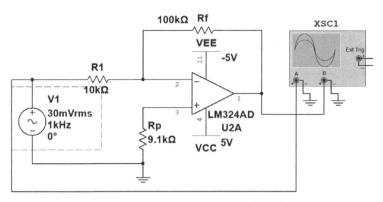

图 7-15 用 Multisim 设计的反相放大电路

图 7-16 交流输入信号的设置

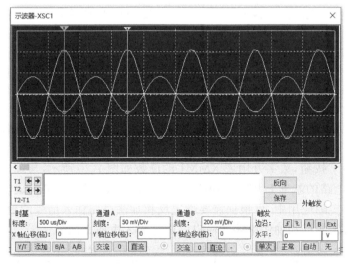

图 7-17 通过示波器 XSC1 的 A、B 通道观测到的输入、输出信号波形

根据如图 7-18 所示的电路,用集成运算放大器(如 μA741、LM358、LM324 等)设计一个反相放大电路,实现对输入信号的反相放大,即

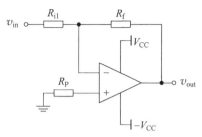

$$v_{out} = \frac{R_f}{R_{i1}} v_{in}$$

为减小由输入失调引起的误差,最好在集成运算放大器的同相输入端接一个阻值为 R_P 的平衡电阻,平衡电阻的阻值应与接在反相输入端的直流等效电阻相等,即

$$R_P = R_{i1} \,/\!/\, R_f$$

图 7-18 反相放大电路

根据实验条件及输入阻抗和放大倍数的要求,选用合适的器件并搭接实验电路,计算平衡电阻的阻值,在电路原理图上标注出最终所选用的器件的参数值。

检查实验电路;接通直流稳压电源,注意观察直流稳压电源的供电电流是否超过集成运算放大器的最大静态工作电流;测试集成运算放大器各引脚的直流工作电压是否满足设计要求,即确认芯片电源引脚上的电压与供电电压是否一致;测试同相输入端的静态工作电压与接入的直流参考电压是否一致,即是否满足"虚断"条件;测试反相输入端的静态工作电压与同相输入端的静态工作电压是否一致,即是否满足"虚短"条件。

只要发现以上测试结果有一个不能满足设计要求,就必须重新检查电路,定位错误的所在位置,纠正错误后重新进行测试。

当确定以上测试结果都满足设计要求时,方可继续实验。

将函数发生器的输出信号波形设置成正弦波,并将频率为 1kHz 的小信号(幅度的有效值最好大于 10mV,否则信号会叠加较大的噪声)加在反相放大电路的输入端。用示波器观测输入信号的波形是否正常,同时用示波器的其他通道观测反相放大电路的输出端是否有与输入信号同频率且反相放大的不失真信号输出。

若观测到的输出信号发生了饱和失真,则需要将输入信号适当调小或降低电压放大倍数;若观测到的输出信号幅值较小、相对噪声较大,则需要将输入信号适当调大或提高电压放大倍数;若没有观测到按理论计算结果放大的输出信号,则需要检查所选用的电阻的阻值是否满足要求,或者重新检测电路的静态工作点是否正常。

当在输出端可以观测到与输入信号同频率且反相放大的不失真输出信号时,设计实验数据记录表,测试并记录实验数据,画出输入、输出信号波形,计算电压放大倍数,检验反相放大电路是否满足设计要求。

将反相放大电路改成反相电路,重新完成上述实验。

7.4.2 反相加法电路的设计与实现

用 Multisim 设计的反相加法电路如图 7-19 所示,两个输入信号必须同频率、同相位,图 7-19 所示电路选用的是直流电压信号,电压分别为 0.1V、0.3V。

单击"仿真 ▶"按钮,数字万用表 XMM1 的读数如图 7-20 所示,与理论计算结果相符。

在反相放大电路的基础上,给实验电路加入多个输入信号,即可构成反相加法电路,如图 7-21 所示。在实际应用中,可根据需要设定反相加法电路输入信号的数量。

如图 7-21 所示的反相加法电路的输出电压与输入电压之间满足

$$v_{out} = A_{v1} \times v_{in1} + A_{y2} \times v_{in2} + \cdots = -\frac{R_f}{R_{i1}} - \frac{R_f}{R_{i2}} - \cdots$$

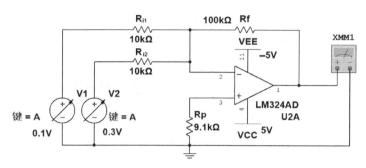

图 7-19 用 Multisim 设计的反相加法电路

图 7-20 数字万用表 XMM1 的读数

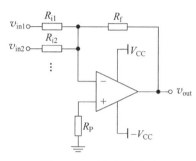

图 7-21 反相加法电路

为减小由输入失调引起的误差,在集成运算放大器的同相输入端接入一个阻值为 R_P 的平衡电阻,平衡电阻的阻值应与接在反相输入端的直流等效电阻相等,即

$$R_P = R_{i1} /\!/ R_{i2} /\!/ \cdots /\!/ R_f$$

根据如图 7-21 所示的电路,用实验室所提供的集成运算放大器设计一个反相加法电路,实现对输入信号的反相放大求和。

根据输入阻抗和电压放大倍数的设计要求,选用合适的器件并搭接实验电路,计算平衡电阻的阻值,在电路原理图上标注出最终所选用的器件的参数值。

检查实验电路,接通直流稳压电源,注意观察直流稳压电源的供电电流是否超过集成运算放大器的最大静态工作电流;测试集成运算放大器各引脚的直流工作电压是否满足设计要求,即确定芯片电源引脚上的电压与供电电压是否一致;测试同相输入端的静态工作电压与接入的直流参考电压是否一致,即是否满足"虚断"条件;测试反相输入端的静态工作电压与同相输入端的静态工作电压是否一致,即是否满足"虚短"条件。

只要发现以上测试结果有一个不能满足设计要求,就应该重新检查电路,定位错误的所在位置,纠正错误后重新进行测试。

当确定以上测试结果都满足设计要求时,给反相加法电路加入同频率、同起始相位的交流输入信号并用示波器观测,同时用示波器的其他通道在输出端观测输出信号的变化。

当确定输出信号满足设计要求时,设计实验数据记录表,画出输入、输出信号波形,测试并记录实验数据,验证反相加法电路实验测试数据是否满足设计要求。

7.4.3 同相放大电路的设计与实现

用 Multisim 设计的同相放大电路如图 7-22 所示。输入信号的幅值(有效值)为 $30\mathrm{mV}$,频率为 $1\mathrm{kHz}$。

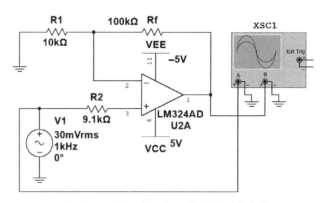

图 7-22　用 Multisim 设计的同相放大电路

单击"仿真 ▷ "按钮,通过示波器 XSC1 的 A、B 通道观测到的输入、输出信号波形如图 7-23 所示。

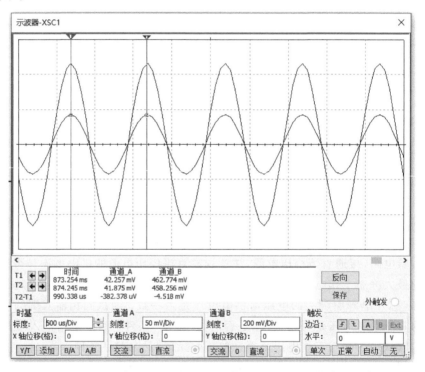

图 7-23　通过示波器 XSC1 的 A、B 通道观测到的输入、输出信号波形

输入信号的幅值应根据实际电路的需要进行合理设置,须保证输出电压的幅值小于集成运算放大器的最大允许输出电压,最好小于工程设计要求的输出动态范围,以免产生非线性失真。

与反相放大电路相比,同相放大电路的输入阻抗高,在小信号放大电路中较为常见。

7.4.4　求差电路的设计与实现

用 Multisim 设计的求差电路如图 7-24 所示。两个输入信号必须同频率、同相位,图 7-24 所示电路选用的是直流电压信号,电压分别为 0.3V、0.5V。

单击"仿真 ▶"按钮,万用表 XMM1 的读数如图 7-25 所示,与理论计算结果相符。

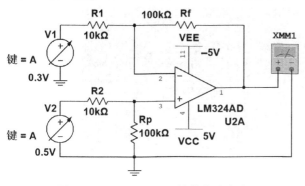

图 7-24 用 Multisim 设计的求差电路   图 7-25 万用表 XMM1 的读数

7.4.5 积分运算电路的设计与实现

用 Multisim 设计的积分运算电路如图 7-26 所示。

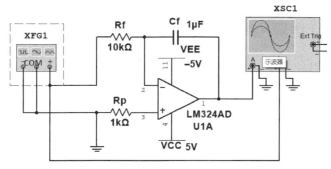

图 7-26 用 Multisim 设计的积分运算电路

将波形发生器 XFG1 的输出信号设置为频率为 100Hz 的方波信号,占空比为 50%,幅值为 4V,电压偏移为 0V,如图 7-27 所示。

图 7-27 波形发生器 XFG1 的输出信号的设置

单击"仿真 ▶"按钮,通过示波器 XSC1 的 A、B 通道观测到的输入、输出信号波形如图 7-28 所示。

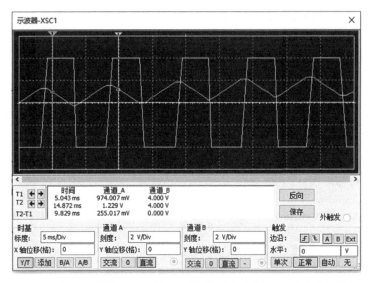

图 7-28　通过示波器 XSC1 的 A、B 通道观测到的输入、输出信号波形

7.4.6　微分运算电路的设计与实现

用 Multisim 设计的微分运算电路如图 7-29 所示。

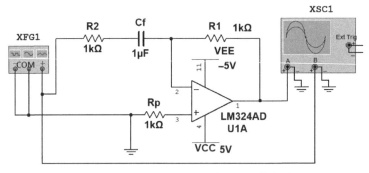

图 7-29　用 Multisim 设计的微分运算电路

将波形发生器 XFG1 的输出信号设置为频率为 100Hz 的方波信号,占空比为 50%,幅值为 2V,电压偏移为 0V,如图 7-30 所示。

图 7-30　波形发生器 XFG1 的输出信号的设置

单击"仿真 ▶ "按钮,通过示波器 XSC1 的 A、B 通道观测到的输入、输出信号波形如图 7-31 所示。

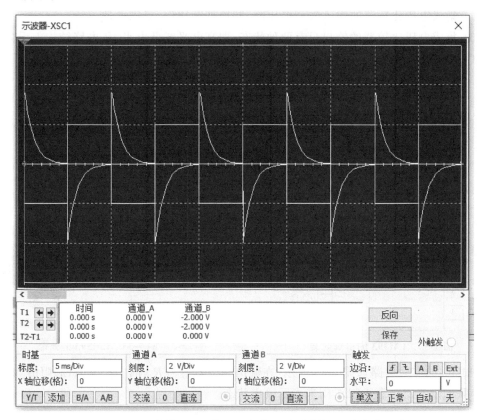

图 7-31 通过示波器 XSC1 的 A、B 通道观测到的输入、输出信号波形

7.5 集成电压比较器

电压比较器可以将模拟信号转换成双值信号,即只有高电平、低电平两种输出状态的离散信号,因此电压比较器常用在模拟电路和数字电路的接口电路中。

在不加负反馈电路的条件下,可以将集成运算放大器设计成电压比较器,但在某些应用场合中,用集成运算放大器设计的电压比较器的性能不能满足设计要求,这就需要采用专门的集成电压比较器(如 LM393、LM339)设计电路。

与用集成运算放大器设计的电压比较器相比,集成电压比较器有以下特点。

(1) 在多数情况下,集成电压比较器采用集电极开路的方式输出,在使用时,其输出端必须接上拉电阻。多个集成电压比较器的输出端可以并联,构成与门。用集成运算放大器设计电压比较器,其输出端无须接上拉电阻,也不能并联。

(2) 集成电压比较器工作在开环或正反馈条件下,不容易产生自激振荡;而用集成运算放大器设计的电压比较器工作在开环或正反馈条件下,容易产生自激振荡。

(3) 集成电压比较器的电压转换速率相对较高,典型的响应时间为纳秒级;而用集成运算放大器设计的电压比较器的响应时间一般为微秒级。例如,某种集成运算放大器的电压转换速率为 $0.7V/\mu s$,当供电电压为 $\pm 12V$ 时,其响应时间约为 $30\mu s$。

(4) 集成电压比较器的输入失调电压高、共模抑制比低、灵敏度低。

(5) 集成电压比较器的输出只有两种状态,即高电平或低电平,从电路结构上看处于开环状态,工作在非线性区。有时为了提高电压转换速率,也可以接入正反馈电路。

7.5.1 双电压比较器 LM393

LM393 是由 2 个完全独立的电压比较器构成的,可以用单电源供电,也可以用双电源供电。

LM393 的引脚封装如图 7-32 所示,其主要采用 8 个引脚的双列直插式封装和 SO-8 贴片式封装,LM393 的外形如图 7-33 所示。

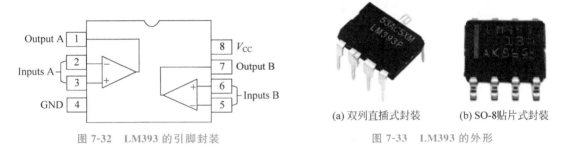

图 7-32　LM393 的引脚封装　　　　　　图 7-33　LM393 的外形

(a) 双列直插式封装　　　(b) SO-8贴片式封装

LM393 的实验电路如图 7-34 所示,在输出端接阻值为 R_3 的上拉电阻,和阻值为 R_3 的电阻串联的发光二极管 LED1 用来指示输出状态。

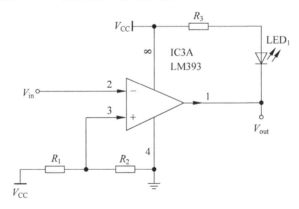

图 7-34　LM393 的实验电路

7.5.2 四电压比较器 LM339

LM339 是由 4 个完全独立的电压比较器构成的,可以用单电源供电,也可以用双电源供电。

LM339 的引脚封装如图 7-35 所示,其主要采用 14 个引脚的双列直插式封装和 SO-14 贴片式封装,LM339 的外形如图 7-36 所示。

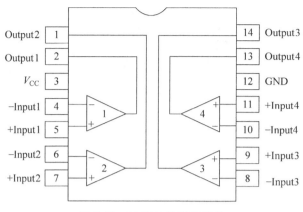

图 7-35　LM339 的引脚封装

(a) 双列直插式封装　　　　(b) SO-14贴片式封装

图 7-36　LM339 的外形

7.6　实验电路的设计与测试

波形的产生与变换电路种类繁多、形式多样，本节只介绍 RC 桥式正弦波振荡电路、迟滞电压比较器、窗口电压比较器等的设计与测试。

7.6.1　RC 桥式正弦波振荡电路的设计与测试

用 Multisim 设计的 RC 桥式正弦波振荡电路如图 7-37 所示，其中，由 R_2、R_3 和 C_1、C_2 构成的 RC 串/并联选频网络接在同相输入端，构成正反馈电路；R_1、R_{w1} 和 R_4 及二极管 D_1、D_2 接在负反馈端，构成负反馈和稳幅电路。调节电位器 R_{w1}，可以调节负反馈深度，以满足振荡条件。

单击"仿真"按钮，用示波器 XSC1 的 A 通道观测到的输出信号波形如图 7-38 所示。注意观察，在仿真开始时，可以观测到起振过程。

参照图 7-38，用实验室所提供的集成运算放大器及相关器件设计一个 RC 桥式正弦波振荡电路，要求自己选取器件参数，自己设定振荡频率，画出电路原理图。

在设计电路时，应先确定振荡频率，再根据频率计算公式确定 RC 值。由于电容的标称值相对较少，因此应先根据 RC 值和电容的标称值将电容值确定下来，再根据 RC 值计算电阻的标称值。

尽量不要串联或并联使用电容或电阻，在实验时应根据器件的标称值选取，若找不到合

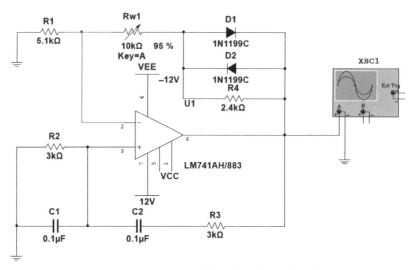

图 7-37　用 Multisim 设计的 RC 桥式正弦波振荡电路

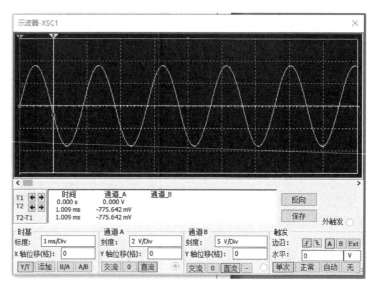

图 7-38　用示波器 XSC1 的 A 通道观测到的输出信号波形

适的电容或电阻,则也可以根据实际器件的参数值重新调整频率。

接在反相输入端和参考地之间的电阻的阻值应根据静态平衡要求来计算得到。

实验要求用 2 个二极管和 1 个电阻设计自动起振和稳幅电路。负反馈支路上的增益调节用电位器实现。

设计实验步骤和测试方法,用实验室所给定的器件搭接实验电路。

检查实验电路,接通直流稳压电源,用示波器观测输出信号波形。

在电路调试过程中,若发现电路不起振,则可以先将负反馈支路上的电阻的阻值调大,即将电位器的全部阻值都加在负反馈支路上,保证放大倍数大于 3,使电路能够起振。

若在增大负反馈电阻的阻值满足起振条件后,在电路的输出端依旧观测不到输出信号波形,则说明电路搭接存在错误或器件参数值选择不当,需要重新检查电路,计算并确定器件的参数值。

在电路调试过程中,若发现输出信号波形起振过度,则说明电路搭接正确,只需要调小负反馈电阻的阻值,降低电压放大倍数,即可在输出端观测到不失真的正弦波振荡波形。

设计实验数据记录表,画出起振波形、最大不失真稳定输出波形和过起振波形,记录最大不失真峰值电压、频率等参数。

在电路原理图上标注出最终所选用的器件的参数值。

7.6.2 迟滞电压比较器的设计与测试

用 Multisim 设计的迟滞电压比较器如图 7-39 所示。输入端接信号发生器 XFG1,加入的正弦波输入信号的幅值必须大于门限电压。

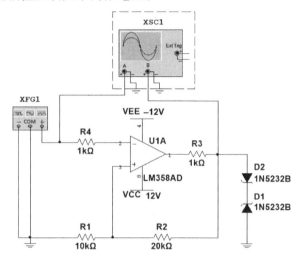

图 7-39 用 Multisim 设计的迟滞电压比较器

单击"仿真 ▶ "按钮,用示波器 XSC1 的 A、B 通道观测到的输入、输出信号波形如图 7-40 所示。

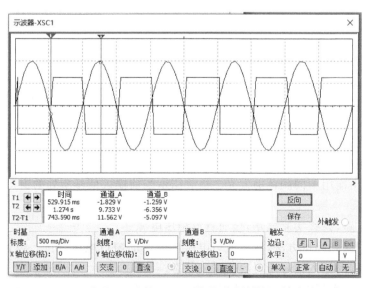

图 7-40 用示波器 XSC1 的 A、B 通道观测到的输入、输出信号波形

用集成运算放大器设计一个从反相输入端加被测信号的迟滞电压比较器,要求参考门限电压用给定的器件设计并产生,输出电压可以稳定在指定的电压值上,画出电路原理图。

将设计完成的迟滞电压比较器与 7.6.1 节设计的 RC 桥式正弦波振荡电路级联,即将 RC 桥式正弦波振荡电路所产生的输出信号作为迟滞电压比较器的输入信号,画出电路原理图。

搭接实验电路,检查实验电路,接通直流稳压电源,用示波器观测输入、输出信号波形。

设计实验步骤和测试方法,测试电压迟滞比较器的门限电压和输入、输出信号波形。设计实验数据记录表,记录实验数据,画出输入、输出信号波形。

在电路原理图上标注出最终所选用的器件的参数值。

7.6.3 窗口电压比较器的设计与测试

用 Multisim 设计的窗口电压比较器如图 7-41 所示。输入端接信号发生器 XFG2,加入的正弦波输入信号的幅值变化范围应超过两个窗口门限电压。

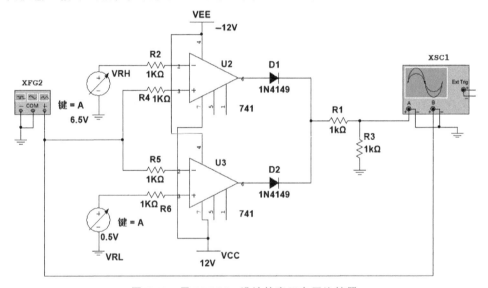

图 7-41 用 Multisim 设计的窗口电压比较器

单击"仿真 ▶"按钮,用示波器 XSC1 的 A、B 通道观测到的输入、输出信号波形如图 7-42 所示。

窗口电压比较器的特点是当输入信号单方向变化时,输出电压可跳变两次。

用集成电压比较器设计一个窗口电压比较器,要求设定窗口门限电压,根据标称值选取器件参数值,输出端用不同颜色的发光二极管指示当前输入信号所处的窗口电压范围,画出电路原理图。

搭接实验电路,检查实验电路,接通直流稳压电源。

设计实验步骤和测试方法,测试窗口电压比较器的窗口电压范围。设计实验数据记录表,记录不同范围内输入信号所对应的输出状态。

在电路原理图上标注出最终所选用的器件的参数值。

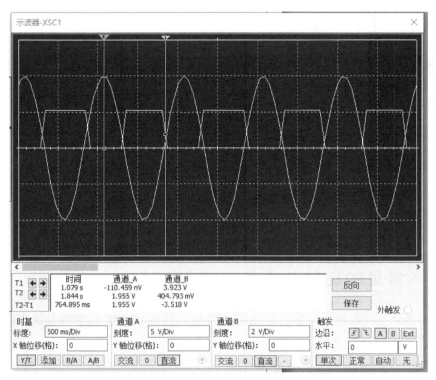

图 7-42　用示波器 XSC1 的 A、B 通道观测到的输入、输出信号波形

<table>
<tr><td>

第 8 章

CHAPTER 8

</td><td>

集成运算放大器
电路设计实例

</td></tr>
</table>

本章讲述了集成运放放大器设计实例,包括常见的运算放大器电路、特殊放大器电路设计。

8.1 常见的运算放大器电路

下面讲述常见的运算放大器电路,包括运算放大器基本原理、运算放大器计算和常见的放大电路。

8.1.1 运算放大器基本原理

在模拟电路中,运算放大器是一种非常重要的器件,那么所谓的运算放大器到底是什么呢? 使用运算放大器可以完成什么电路功能呢?

从电路性质来说,运算放大器是一种使用集成电路工艺制作的产物。在集成电路工艺中,可以在硅片上面设计出电阻、电感、电容等无源器件,也可以设计出三极管、MOS 管(MOSFET)、二极管等器件,并且由于集成电路使用光刻的工艺可以把每个器件做得非常小,截至目前,集成电路的量产工艺已达到了 5nm 的水平。因此,集成电路制造厂家可以将非常多的晶体管、电阻、电容等器件集成在一个面积非常小的硅片上从而实现较为复杂的功能。对于集成运算放大器芯片而言,其内部正是由使用集成电路工艺制造的众多元器件组成的。一般而言,运算放大器芯片内部由 4 部分组成,分别为差分输入级、中间放大级、输出驱动级和内部的偏置电路。

因为运算放大器的开环放大倍数非常大,一般可以达到 10^3 倍以上,而运算放大器的供电电压一般最大为几十伏,因此当运算放大器的同相端和反相端之间仅存在一个微小的电压差(几百微伏)时,运算放大器就会进入饱和状态从而无法正常工作。因此,极少有运算放大器电路使其仅工作在开环放大状态,大多数情况下运算放大器都会工作在深度负反馈状态。

对于一个运算放大器,有许多参数可以表征其性能指标。在电子系统设计中,主要关注以下几个参数。

(1) 开环放大倍数 A_O: 如上文所述,运算放大器工作在开环状态时的增益称为运算放大器的开环放大倍数,该参数越大表示越接近理想运算放大器。一般情况下,运算放大器的开环放大倍数都大于 10^5 倍。

（2）共模抑制比 CMRR：运算放大器的共模抑制比表示运算放大器对共模干扰信号的抑制能力，数值上等于差模放大倍数与共模放大倍数之比的绝对值。共模抑制比越大越接近理想运算放大器。

（3）差模输入阻抗 r_{id}：该参数表示运算放大器芯片的输入阻抗大小，该参数值越大表示运算放大器电路的输入阻抗越大，即对前级电路的影响越小。

（4）输入失调电压 U_{IO}：由于实际的运算放大器芯片的两个输入端不可能做到完全对称，因此当输入端的电压差为零时，运算放大器的输出端也会有一定的输出电压。而 U_{IO} 是指使输出电压为零时需要在输入端施加的补偿电压。该参数值越小表示越接近理想运算放大器。

（5）输入失调电流 I_{IO}：由于实际的运算放大器芯片的两个输入端不可能做到完全对称，因此同相输入端和反相输入端的电流不会完全相等，两个电流的差值即为输入失调电流。该参数值越小表示越接近理想运算放大器。

（6）增益带宽积 GBW：该参数表示运算放大器对高频小信号的放大能力，该参数值越大表示运算放大器的带宽越大。

（7）压摆率 SR：该参数表示运算放大器对高频大信号的放大能力，表示输出端电压摆幅的最大变化的快慢。该参数值越大表示运算放大器对高频大信号具有更好的响应。

因为运算放大器的开环增益非常大，所以无法直接使用运算放大器对一个信号进行放大。在模拟电路中，运算放大器的一个最基本的功能就是对一个信号进行线性放大，那么电路应当是什么结构才能使电路的放大倍数可以调整呢？答案就是将运算放大器的输出进行采样再送往运算放大器的输入端进行负反馈。

对于集成运算放大器芯片而言，因为其开环增益非常大，所以在实际使用过程中通常均要引入负反馈电路使放大电路能完成一定的功能，当然也有将运算放大器芯片开环作为比较器使用或者引入正反馈设计为振荡电路的用法，但是在大多数情况下，运算放大器均工作在负反馈状态。

判断反馈极性的方法可以采用瞬时极性法，其方法是：首先规定输入信号在某一时刻的极性，然后逐级判断电路中各个相关点的电流流向与电位的极性，从而得到输出信号的极性；根据输出信号的极性判断出反馈信号的极性；若反馈信号使净输入信号增大，则为正反馈，若反馈信号使净输入信号减小，则为负反馈。

8.1.2 运算放大器计算

本节将结合实例对工作在深度负反馈状态下的运算放大器电路进行计算。本节的计算前提是运算放大器工作在深度负反馈状态，在实际的放大电路设计中，运算放大器绝大多数也是工作在深度负反馈状态的，因此本节的内容具有一定的普适性。

下面给出工作在深度负反馈状态下的放大电路工作状态的两个概念。

1. 虚断

对于集成运算放大器芯片，其两个输入端的输入阻抗非常大；对于理想运算放大器，其输入阻抗为无穷大，因此运算放大器的输入电流基本为零。此时对于两个输入端而言，均没有电流流过，相当于两个输入端"断路"，这种现象就是"虚断"现象。本质上，"虚断"指的是运算放大器的同相输入端和反相输入端可以被认为无电流流入或流出。

2. 虚短

对于工作在深度负反馈状态的放大电路,同相输入端和反相输入端的电压差值非常小,当运算放大器的开环增益无穷大时,电压差值趋近于零,此时同相输入端和反相输入端的电压相等,即相当于"短路"状态,这种现象被称为"虚短"现象。

在理解了"虚断"和"虚短"的概念和由来之后,便可以使用这两个概念对工作在深度负反馈状态的放大电路进行非常便捷的计算了。这里再次强调,使用"虚断"和"虚短"对放大电路进行计算时,一定要确定此时运算放大器工作在深度负反馈状态。

下面将结合电路示例,使用"虚断"和"虚短"这两个概念对放大电路进行实际计算。其中,运算放大器可以认为是一个理想运算放大器,即具有如下性质:

(1)开环放大倍数无穷大。

(2)输入阻抗无穷大。

(3)输出阻抗为零。

(4)共模抑制比无穷大。

(5)增益带宽积无穷大。

(6)失调电压、失调电流、噪声均为零。

如图 8-1 是一个使用理想运算放大器搭建的放大电路,输入电压为直流 1.5V,输出电压为 V_{out},待求。下面对其进行计算。

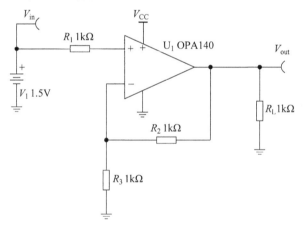

图 8-1　运算放大器的负反馈电路

(1)首先,对于该电路来说,因为理想运算放大器的开环增益无穷大,因此运算放大器工作在深度负反馈状态,此时可以使用"虚断"和"虚短"的概念对电路进行计算。

(2)由"虚短"的概念可以知道,运算放大器同相输入端和反相输入端的电压相等,因此反相输入端节点电压为 1.5V。

(3)由"虚断"的概念可知,运算放大器反相输入端无电流,因此输出电压就等于反相端的电压的 2 倍,即 V_{out} 为 3V。

使用"虚断"和"虚短"的概念可以非常方便地对放大电路进行计算,建议读者灵活掌握这种求解方法。

8.1.3 常见的放大电路

针对电子系统设计的要求,本节将介绍两种常用的运算放大器芯片,并结合实际芯片对常见的放大电路进行分析和仿真。

1. 常用的运算放大器芯片

在电子系统设计中,一般情况下对电路中的信号进行处理时,需要使用运算放大器芯片。那么有哪些常用的芯片型号呢?有些读者会经常使用一些低成本的通用型运算放大器,如 LM324、LM358、NE5532、OP07 等经典运算放大器,这些芯片当然可以很好地完成一些设计题目,但是随着集成电路工艺及设计水平的提高,近些年推出的一些运算放大器芯片可能会有更好的性能。在一些对精度、噪声要求较高的电路中,可以使用一些较新的运算放大器芯片,如 OPA140、OPA211 等,下面对这两种芯片进行参数和特性分析。

OPA140 是一个高精度、低噪声、轨至轨输出的 11MHz 带宽的 JFET 运算放大器芯片,非常适合用于对精度要求较高的低噪声电路,如模拟信号的采样放大电路等。OPA140 外形如图 8-2 所示。

OPA140 芯片具有以下特性。

(1) 极低的温漂:仅有 $1\mu V/℃$。

(2) 极低的偏移电压:仅有 $120\mu V$。

(3) 输入偏置电流最大值为 10pA,非常低,在电路中可以不使用平衡电阻。

(4) 极低的 $1/f$ 噪声:$50nV_{PP}$,$0.1\sim10Hz$ 的范围。

(5) 低电压噪声:$5.1nV/Hz$。

(6) 压摆率为 $20V/\mu s$。

(7) 较低的电源电流:2mA 最大值。

(8) 输入电压最低可以低至负电源电压。

(9) 单电源工作电压范围:$4.5\sim36V$。

(10) 双电源工作电压范围:$\pm2.25\sim\pm18V$。

(11) 无相位反转。

除了 OPA140 单运放封装,还有一个芯片内集成了完全相同的 2 个或 4 个 OPA140 的型号,分别为 OPA2140 和 OPA4140,供用户灵活选用。

OPA211 是一个低噪声、低功耗的精密运算放大器芯片,其带宽在 100 倍增益时可以达到 80MHz,相比 OPA140 带宽更高,较为适合一些频率稍高的场合。OPA211 外形如图 8-3 所示。

图 8-2 OPA140 外形

图 8-3 OPA211 外形

OPA211 芯片具有以下特性。

（1）低电压噪声：1kHz 时为 1.1nV/Hz。

（2）极低的 $1/f$ 噪声：$80nV_{PP}$，$0.1\sim10Hz$ 的范围。

（3）总谐波失真＋噪声（THD＋N）：$-136dB$（$G=1,f=1kHz$）。

（4）失调电压：最大 $125\mu V$。

（5）失调电压温漂：$0.35\mu V/℃$。

（6）低电源电流：3.6mA/通道。

（7）单位增益稳定。

（8）增益带宽积：$80MHz$（$G=100$），$45MHz$（$G=1$）。

（9）压摆率：$27V/\mu s$。

（10）16 位稳定时间：700ns。

（11）宽电源范围：$\pm2.25\sim\pm18V$，或 $4.5\sim36V$。

（12）轨至轨输出。

（13）输出电流：30mA。

除了 OPA211 单运放封装，还有一个芯片内集成了完全相同的 2 个 OPA211 的型号，为 OPA2211，供用户灵活选用。

用户可通过选用合适的运算放大器芯片，最大限度地降低设计成本，并且提高设计性能。在本节后面的实际电路仿真中，均以 OPA140 芯片为例进行电路分析和仿真，对于其他运算放大器芯片而言，其功能基本类似。

2. 同相比例放大器电路

同相比例放大器电路的作用是将输入信号从运算放大器的同相端输入，对输入信号进行一定比例放大的电路，其输出信号的幅度与输入信号成一定比例，且相位相同。

如图 8-4 所示为基于 OPA140 的同相比例放大器电路。

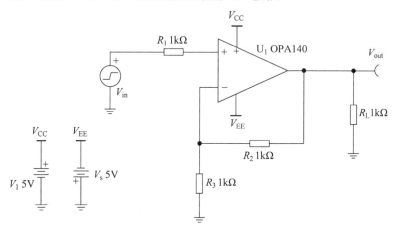

图 8-4　基于 OPA140 的同相比例放大器电路

运算放大器采用 $\pm5V$ 电源供电，负载为 $1k\Omega$ 电阻，输入信号为 1kHz、峰值为 0.1V、无直流偏置的正弦波。

对图 8-4 所示电路进行分析，可以得出电路的放大倍数为

$$A_C = \frac{V_{\text{out}}}{V_{\text{in}}} = 1 + \frac{R_2}{R_3} = 2$$

3. 反相比例放大器电路

反相比例放大器电路的作用是将输入信号从运算放大器的反相端输入,对输入信号进行一定比例放大的电路,其输出信号的幅度与输入信号成一定比例,且相位相反。

如图 8-5 所示为基于 OPA140 的反相比例放大器电路。

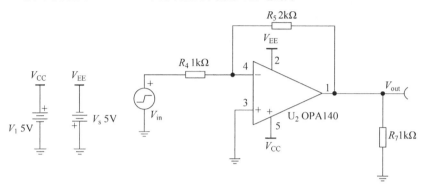

图 8-5 基于 OPA140 的反相比例放大器电路

运算放大器采用 ±5V 电源供电,负载为 1kΩ 电阻,输入信号为 1kHz、峰值为 0.1V、无直流偏置的正弦波。

对图 8-5 所示电路进行分析,可以得出电路的放大倍数为

$$A_C = \frac{V_{\text{out}}}{V_{\text{in}}} = -\frac{R_5}{R_4} = -2$$

4. 同相加法器电路

运算放大器电路可以通过搭建不同的结构以实现数学运算的功能。下面介绍如何使用运算放大器搭建一个同相加法器电路,该电路能够求得几个输入信号与不同系数的乘积之和,并且具有比例放大的功能。在电子系统设计中,常会使用加法器电路对多个模拟信号进行叠加混合之后再进行其他变换。

如图 8-6 所示为基于 OPA140 的同相加法器电路。

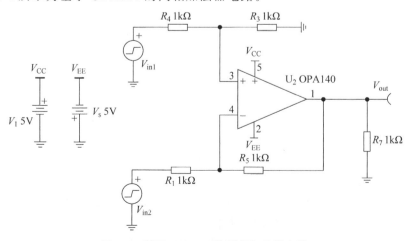

图 8-6 基于 OPA140 的同相加法器电路

如图 8-6 所示，OPA140 使用 ±5V 双电源进行供电，输出端负载电阻为 1kΩ。电路整体与前面的同相比例放大器非常类似，在同相输入端使用的电阻连接了 3 个不同的输入信号，分别为 1kHz、峰值为 0.1V、直流偏置 0V 的正弦波；10kHz、峰值为 0.1V、直流偏置 0V 的正弦波；以及一个固定 1V 的直流电平。根据"虚短"和"虚断"的理论进行分析，可以得到此电路的输出电压 V_{out} 满足

$$V_{out} = \left(1 + \frac{R_5}{R_1}\right)\left(\frac{1}{3}V_{in1} + \frac{1}{3}V_{in2} + \frac{1}{3}\right) = \frac{2}{3}(V_{in1} + V_{in2} + 1)$$

由上式可以看出，该电路的输出结果为 3 个输入量之和，且幅度乘以 2/3。

5. 差分放大电路

在模拟电路设计中，许多情况下需要使用放大电路对两个电压节点的差分电压进行测量，而不需要关注其共模电压，那么便可以使用差分放大电路实现。本质上，差分放大电路也可以被称为减法电路，即其输出是两个输入端的电压之差的形式。

如图 8-7 所示为基于 OPA140 的差分放大电路。

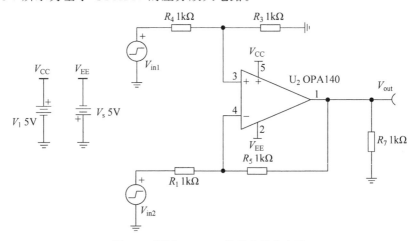

图 8-7 基于 OPA140 的差分放大电路

在图 8-7 中，OPA140 使用 ±5V 电源供电，电路的负载为 1kΩ 电阻。差分输入有两个，其中 V_{in1} 为 1kHz、峰值为 1V、无直流偏置的正弦波；V_{in2} 为 1kHz、峰值为 0.7V、无直流偏置的正弦波。在差分放大电路中，为了计算简便，一般取 $R_1 = R_4$、$R_3 = R_5$。

对图 8-7 所示电路进行"虚短"和"虚断"分析之后，可以得到输出电压 V_{out} 的表达式为

$$V_{out} = \left(\frac{R_3}{R_4}\right)(V_{in1} - V_{in2}) = V_{in1} - V_{in2}$$

由上式可知，当电路中电阻取值满足 $R_1 = R_4$、$R_3 = R_5$ 时，差分放大电路的计算会变得比较简单。同时，如果需要在输出电压上加入直流偏置，也只需要仿照同相加法器电路，将电阻 R_3 右端的接地符号变为某一个直流偏置电压值即可。对于差分放大电路而言，其增益也是可以通过调整电阻 R_1 和 R_3 的比值进行调节的，理论放大倍数可以从零到无穷大，电路功能非常灵活。

对于差分电路而言，其本质上可以看作一个减法电路，同时还可以对电路做进一步的更改，使其成为多项的加减法电路，使用起来非常灵活。

根据差分电路的定义，在使用差分放大电路时需要尽量满足对称的原则，才能保证差分

放大电路的共模抑制比非常大,因此在实际电路中,可以通过使用高精度电阻的方式保证运算放大器两个输入端的电阻一致,从而提高差分放大电路的性能。

6. 反相积分器电路

在电子系统设计中,有时候需要对信号进行积分运算,积分电路可以用无源 R、C 元件搭建,也可以使用运算放大器搭建有源积分电路实现。积分电路不仅可以实现波形的变换(如将方波变为三角波),也可以用来对正弦信号进行移相(正弦信号转换为余弦信号等)。通常有源积分电路使用的是反相比例放大器的结构。

如图 8-8 所示为基于 OPA140 的反相积分器电路。OPA140 使用 $\pm 5V$ 进行供电,负载为 $1k\Omega$ 电阻。其中,C_2 为输出隔直电容,可以使输出信号不包含直流分量以便于测量。输入信号为 $1kHz$、峰值为 $1V$、无直流偏置的方波信号。

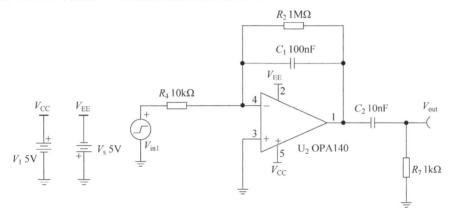

图 8-8 基于 OPA140 的反相积分器电路

相对于传统的积分电路而言,图 8-8 中在积分电容 C_1 两端并联了一个 $1M\Omega$ 的电阻,该电阻的作用是,避免在实际情况中因输入信号里包含的极小直流分量而引起积分电容被充电,最终导致运算放大器饱和的问题。只是在实际电路中均需要添加这个电阻,否则,即使输入信号包含极小的直流分量,也会随着时间的积累导致运算放大器饱和。该电阻的取值一般需要保证远大于 R_4 的阻值。

对于图 8-8 所示的反相积分器电路,因为输入端为方波,经过积分之后,理想情况会在电路的输出端得到一个三角波信号。

7. 反相微分器电路

在电子系统设计中,有时候需要对信号进行微分运算,微分电路可以用无源 RC 器件搭建,也可以使用运算放大器搭建有源微分电路实现。微分电路不仅可以实现波形的变换(如将三角波变为方波),也可以对余弦信号进行移相(余弦信号转换为正弦信号等)。通常有源微分电路使用的是反相比例放大器的结构。

如图 8-9 所示为基于 OPA140 的反相微分器电路。

如图 8-9 所示,OPA140 使用 $\pm 5V$ 进行供电,负载为 $1k\Omega$ 电阻。其中,C_2 为输出隔直电容,可以使输出信号不包含直流分量以便于测量。输入信号是 $1kHz$、峰值为 $1V$、无直流偏置的三角信号。

相对于传统的微分电路而言,图 8-9 中在微分电容 C_1 左端串联了一个 $1k\Omega$ 的电阻,该电阻的作用是,避免微分电路在处理高频信号时,电容 C_1 阻抗接近于 0 时微分电路增益无

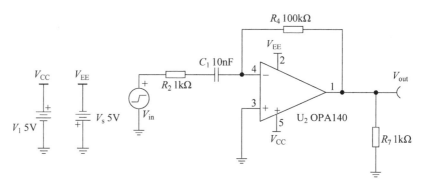

图 8-9 基于 OPA140 的反相微分器电路

穷大,导致运算放大器饱和的问题。加入电阻 R_2 之后,微分电路的最大增益被限制在 100 倍,当有非常高频的干扰产生在输入端时,可以产生一定的抑制作用,从而稳定微分电路的输出。通常情况下,电阻 R_2 的取值应远小于 R_4 的电阻值。

对于图 8-9 所示的反相微分器电路,因为输入端为三角波,经过微分之后,理想情况会在电路的输出端得到一个方波信号。

8. 比较器电路

有一种特殊的运算放大器称为比较器。比较器本质上也可以看作是一个开环增益无穷大的运算放大器,比较器基本上没有线性区,所以比较器只能工作在饱和状态,只能输出高电平或低电平。比较器无法搭建负反馈闭环系统,所以比较器芯片不能当作运算放大器使用。

那么普通的运算放大器芯片能否被当作比较器使用呢?这就需要对它们的参数进行分析。一般而言,比较器相较运算放大器而言,其压摆率非常高,有些比较器在数纳秒的时间内就可以完成电平翻转,这是普通运算放大器所无法实现的。另外,有一部分比较器芯片的输出级具有开漏输出的能力,可以通过连接合适的上拉电阻将比较器的高电平输出限定在所需要的值;而运算放大器的输出级为推挽结构。最重要的一点是,当电路的负载是容性负载时,运算放大器可能无法正常工作;而大多数比较器的负载可以是容性负载。因此,在某些情况下可以使用运算放大器代替比较器,但是在某些高速或特定场合下不能使用运算放大器代替比较器工作。总体而言,不建议读者使用运算放大器代替比较器,无论是从成本还是从性能方面,使用专门的比较器芯片都更为合适。

在电子系统设计中,有很多种比较器芯片可供选择,这里推荐一款通用且常用的比较器芯片 LM2903X,其内部集成了两个独立的比较器电路。

LM2903X 芯片与 LM393 芯片性能一致,LM2903X 外形如图 8-10 所示。

LM2903X 芯片的主要特性如下。

(1) 最大供电范围可以高达 38V。

(2) ESD 等级:2kV。

(3) 低输入失调电压:0.37mV。

(4) 低输入偏置电流:3.5nA。

(5) 低供电电流:$200\mu A$/通道。

(6) $1\mu s$ 的快速响应时间。

图 8-10 LM2903X 外形

（7）共模输入电压可以低至 GND 电压。

（8）差分输入电压范围等于供电电源电压，最大为 $\pm 38\text{V}$。

由 LM2903X 芯片的特性可以看出，LM2903X 的性能一般，响应时间需要 $1\mu\text{s}$，因此 LM2903X 是一款低成本的通用型比较器，在一般的电路中可以正常使用，但是如果对比较器的性能有较高要求，则可以选用更高性能的芯片（如 TLV3501 等）。在一般的电路设计中，LM2903X 芯片完全可以胜任。

如图 8-11 所示为 LM393/LM2903 芯片的两种输入形式的应用电路。LM393 芯片的使用方法非常简单，仅需在比较器的开漏输出端连接上拉电阻即可实现比较器的功能，在 LM393 的输入端连接两个电平即可实现对输入信号的比较。

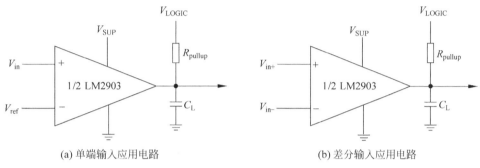

(a) 单端输入应用电路　　　　　　　　　　(b) 差分输入应用电路

图 8-11　基于 LM393/LM2903 的比较器应用电路

经典的比较器电路纵然可以完成大部分设计，但是当输入信号包含较大噪声时，经典的比较器电路的输出可能会比较杂乱，特别是在比较器的两个输入端电平基本相等的情况下，可能会因为附加的噪声导致比较器电路频繁转换输出电平值，这是设计中不愿意得到的结果。

当输入信号有较大干扰时，比较器会在输入信号接近参考信号 V_{ref} 时发生一些不希望看到的振荡。这是单门限比较器电路面临的问题。

那么该如何解决这个问题呢？答案就是使用迟滞比较器电路。

如图 8-12 所示为基于 LM393 的迟滞比较器与单门限比较器效果对比电路。

如图 8-12 所示，该对比电路由 3 部分组成。左边为带噪声的正弦信号生成电路，其电路是基于 OPA140 的加法器电路，使用了 3 项信号进行叠加，输入的 3 个信号参数分别如下：V_{G1} 为 1kHz、$2V_{\text{PP}}$、无直流偏置的正弦波；V_{G2} 为 20kHz、$0.5V_{\text{PP}}$、无直流偏置的正弦波；V_{G3} 为一个 3V 的直流电平，通过加法器叠加并进行比例运算之后得到了一个包含噪声的正弦叠加信号 V_{in}，作为后级两种比较器电路的输入信号。

右下部分是传统的单门限比较器电路，比较器的阈值为 2.5V 直流电压，其输出端负载为 $1\text{k}\Omega$ 电阻和 10nF 电容的串联结构，并且使用了一个 $1\text{k}\Omega$ 电阻上拉至 V_{CC}。单门限比较器的输出信号为 V_{out2}。

右上部分是搭建的迟滞比较器电路。该电路中仅加入了一个正反馈电阻 R_4，将输出信号反馈至比较器的同相输入端。电路原理如下：当同相输入端电压大幅度低于反相输入端电压时，比较器输出 0V，此时由于正反馈电阻的存在，使得比较器的同相输入端电压更低；当比较器的同相输入端电压远大于反相输入端的电压时，比较器输出 V_{CC} 电压，此时由于正反馈电阻的存在，使得运算放大器的同相输入端电压更高；当同相输入端电压接近反相输

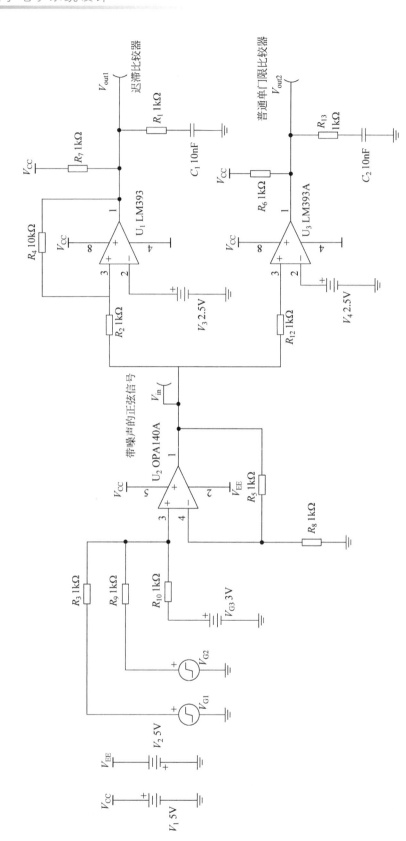

图 8-12　基于 LM393 的迟滞比较器与单门限比较器效果对比电路

入端电压时,由于正反馈电阻的存在,使得电路出现迟滞效应,从而避免了在切换附近状态输出电压来回切换的问题。迟滞比较器也称为窗口比较器或史密斯触发器。

使用迟滞比较器,可以非常轻松地解决当输入信号中存在较大干扰噪声时的比较器电路设计,从而避免比较器的输出在切换附近状态来回跳变的问题,可以提高比较器电路的稳定性。

在迟滞比较器电路中,较为重要的是正反馈电阻 R_4 和输入电阻 R_2 的取值,一般情况下,需要计算运算放大器输出高、低电平两个状态下正反馈对输入信号带来的影响,从而确定这两个电阻的比值。通常情况下,如果不要求计算,取正反馈电阻 R_4 的值远大于输入电阻 R_2 的值即可,当电路的工作状态不理想时,可以适当减小电阻 R_4 的值。但是应当注意,迟滞比较器同样存在缺点,即迟滞比较器会影响比较器的阈值电平精度,这一点在使用迟滞比较器电路时应当格外注意,需要根据这一特点适当地权衡两个电阻的比值。

9. 运算放大器的单电源工作电路

在电路设计中,往往只提供单一的主电源对系统进行供电,通常情况下,电路中不会提供负电源轨。而运算放大器在工作时,有一部分运算放大器要求供电电源是正/负电源供电,而负电源的产生可能会使设计者比较为难。当然,有很多种负压产生电路,如电荷泵电路、BUCK-BOOST 电路、CUK 电路等均可产生负压,但是显然这些电路会加大设计的复杂性。那么还有其他解决办法吗?这里介绍两种方法:采用单电源供电的运算放大器芯片,或使用直流偏置。

什么是单电源供电的运算放大器?什么是双电源供电的运算放大器?是哪一项指标决定了运算放大器芯片是否可以工作在单电源电路中?下面将对这些问题进行解答。

运算放大器芯片的数据手册中有一个非常重要又常被忽略的参数,那就是"共模输入电压范围"参数,正是这个参数决定了运算放大器芯片能否在单电源供电的情况下正常工作。

下面以单电源供电的运算放大器 LM358 和以双电源供电的运算放大器 NE5532 两种常见芯片为例,对运算放大器的共模输入电压范围参数进行介绍。

LM358 芯片在 3~36V 供电时,其共模输入电压最小值可达到 V−,即在单电源供电时最低共模输入电压可以低至 GND,因此使用单电源对 LM358 供电时,芯片可以正常工作。这也是 LM358 被称为单电源供电运算放大器的原因。

对于 NE5532 芯片,如果使用 ±15V 进行供电,其最低共模输入电压为 −13V,即相比负电源轨(−15V)要高 2V。这也就意味着,如果强行使用单电源对 NES532 芯片供电,当输入信号较小时(如输入共模电压小于 2V),运算放大器的内部电路将无法满足合适的偏置条件,从而导致运算放大器无法正常工作。这也就是称 NE5532 是双电源供电运算放大器的原因。

由上面的例子可知,在选用运算放大器时,应当注意其共模输入电压范围的参数是否满足设计的要求。因此,建议读者选用一些新型号运算放大器,特别是输入和输出都具有轨至轨特性的运算放大器芯片,使用这种轨至轨输入和输出的运算放大器芯片有助于规避很多设计问题,简化应用设计。

第二种方法就是对输入信号进行合适的直流偏置。同理,根据前文的描述,NE5532 芯片不能用于单电源供电的电路中,原因就是该芯片不能在单电源供电下对小于 2V 的共模输入信号进行处理。然而,可以对输入信号进行合适的直流偏置,将输入信号提高到 2V 甚至更高的时候,电路就能正常工作,这也就是第二种解决方案的原理。当然,这种处理方法

一般只适用于交流输入信号,因为对直流输入信号再叠加直流偏置,可能需要额外的加法器;而对于交流信号,使用电容隔离之后直接进行直流偏置即可,并且其输出信号也可以直接使用电容隔直通交之后进行输出。

因仿真软件库中没有 NE5532 元件,这里使用 NE5534 作为替代,NE5534 与 NE5532 芯片的参数基本一致,NE5534 外形如图 8-13 所示。

下面使用 NE5534 芯片搭建单电源供电的同相比例放大器,如图 8-14 所示。

图 8-13　NE5534 外形

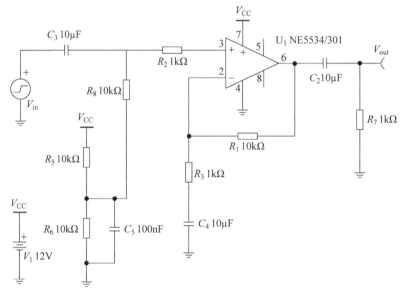

图 8-14　基于 NE5534 的单电源同相比例放大器电路

如图 8-14 所示,运算放大器使用单电源 12V 供电,输入信号 V_{in} 为 1kHz、峰值电压为 0.1V、无直流偏置的正弦波信号。使用电容 C_3 对输入信号进行隔离,电阻 R_5 和 R_6 对 V_{CC} 进行分压,从而得到 $1/2V_{CC}$ 直流电压值,电容 C_3 对分压进行稳压,使用电阻 R_8 将输入信号加入一个带有 $1/2V_{CC}$ 的直流偏置,此时电阻 R_2 左端的电压变为 1kHz、峰值电压为 0.1V、带有 $1/2V_{CC}$ 直流偏置的正弦波信号,这样便满足了 NE5534 芯片的共模输入电压范围的参数,使其能够正常工作。

电路的主拓扑为同相比例放大电路,可以计算得到电路的放大倍数为 11 倍。电容 C_4 的作用是隔离直流分量,从而使电路仅对交流信号进行放大,对直流信号的增益很小(接近于 2 倍)。最终的输出端电容 C_2 为输出隔直电容,使用电容 C_2 将运算放大器的输出信号中的直流分量去除,因此在最终的负载电阻 R_7 上面将会是一个无直流分量的被放大 11 倍的正弦信号。

8.2　特殊放大器电路设计

除了常见的用于信号处理、具有基本功能的运算放大器电路,还有一些不太常用的特殊运算放大器电路,本节将针对一些在电子系统设计中常见的特殊运算放大器电路进行介绍。

8.2.1　功率放大器电路

普通运算放大器因其输出电流及散热的局限性,仅能在信号处理电路中使用,不能使用普通的运算放大器芯片输出较大的电流。但是在一些场合,设计者期望所使用的运算放大器能够提供较大的电流,那么本节将提供两种方案实现功率放大器电路。

为了便于用户使用,一些半导体厂商推出了具有大电流输出能力的功率型运算放大器(简称功率运放),以 TI 公司生产的 OPA564 功率运放为例,OPA564 具有以下特性。

(1) 最大电流输出能力: 1.5A。

(2) 宽供电范围: 单电源 $+7\sim+24$V; 双电源 $\pm3.5\sim\pm12$V。

(3) 较大的输出摆幅: $20V_{PP}$,1.5A 输出。

(4) 集成保护功能: 过热保护,并且可以设置限流。

(5) 错误指示功能: 过流故障或过热故障。

(6) 具有输出使能控制引脚。

(7) 高速: 增益带宽积可达 17MHz,压摆率可达 $40V/\mu s$。

由于 OPA564 最大支持 1.5A 的输出电流,且带宽较高,因此非常适合应用于音频功率放大器、电机驱动、线性电源等电路。OPA564 完善的保护、监控、控制逻辑也给用户提供了很强的灵活性。

由于 OPA564 在输出较大电流时会面临发热问题,因此 OPA564 的芯片封装是为了散热而考虑的,有底部散热和顶部散热两种封装形式。

OPA564 芯片的顶部散热封装实物图如图 8-15 所示,OPA564 芯片(HSOP-20 封装)引脚图如图 8-16 所示。

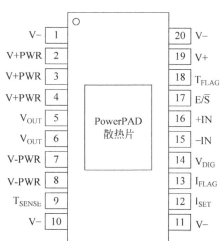

图 8-15　OPA564 芯片的顶部散热封装实物图　　图 8-16　OPA564 芯片(HSOP-20 封装)引脚图

如图 8-15 所示,对于这种散热封装形式,用户可以在芯片的上方额外添加散热器以将芯片产生的热量及时耗散掉,从而避免芯片发生过热故障。因此,对于这类功率器件,在电路设计过程中需要额外对散热系统进行处理。

那么 OPA564 功率运算放大器应该如何使用呢?下面借助一个仿真实例进行分析。如图 8-17 所示为基于 OPA564 的反相比例功率放大器电路。

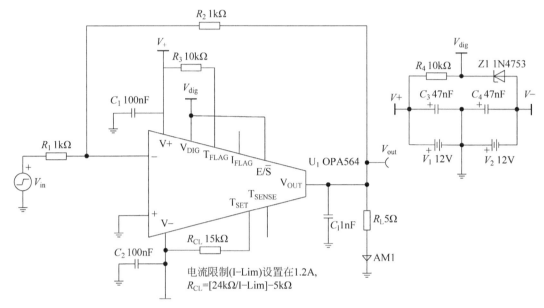

图 8-17　基于 OPA564 的反相比例功率放大器电路

如图 8-17 所示,OPA564 芯片使用 ±12V 电压供电,信号输入端为 V_{in},输入信号为 1kHz、$5V_{PP}$、无直流偏置的正弦信号。反相比例放大电路的倍数为 −1 倍,即输出的电压信号应该也是 1kHz、峰值为 5V 的正弦波。电路的负载电阻为 5Ω,根据欧姆定律,电路的输出电流应该为 1kHz、电流峰值为 1A 的正弦电流。

其中,电路中使用了一个 15kΩ 电阻 R_{CL} 将 OPA564 的输出电流最大值限制在了 1.2A,同时可以从 OPA564 芯片的 T_{SENSE} 引脚测量此时芯片的温度。感兴趣的读者可以自行查阅 OPA564 芯片的数据手册,查看其余引脚的作用。OPA564 芯片提供的这些引脚使功率电路设计难度大大降低。

8.2.2　仪用放大器电路

仪表放大器又称仪用放大器、精密放大器,(Instrumentation Amplifier,INA),是对差分放大器的改良,具有输入缓冲器,不需要输入随抗匹配,常用于测量或用在电子仪器中。

通常情况下,在精密测量系统中,需要使用运算放大器对传感器产生的微强电信号进行精密采集放大。然而大部分传感器直接输出信号的输出阻抗可能会随环境状态变化而变化,此时如果使用普通的差分放大电路对传感器信号进行采集,因差分放大电路的输入阻抗有限,导致差分放大电路的增益会随着传感器输出阻抗变化而变化。导致出现较大的测量误差,究其原因就是差分放大电路的输入阻抗过小。

那么该如何增大差分放大电路的输入阻抗呢？最简单的办法就是在差分放大电路的两个输入端分别加入一个由运算放大器组成的电压跟随器电路,因为运算放大器的输入阻抗接近于无穷大,所以能够显著提高放大电路的输入阻抗。

而仪用放大器电路正是借鉴了上述方法并稍作改动,具体的三运放仪用放大器电路如图 8-18 所示。

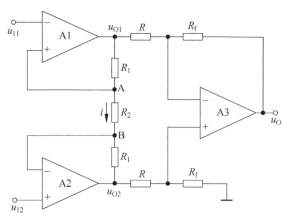

图 8-18　三运放仪用放大器电路

图 8-18 中,差分信号的输入端为 u_{11} 和 u_{12},输出端为 u_O。对运算放大器 A1 和 A2 由"虚短"和"虚断"概念可以得到

$$u_{11} - u_{12} = \frac{R_2}{2R_1 + R_2}(u_{O1} - u_{O2})$$

化简上式可以得到

$$u_{O1} - u_{O2} = \left(1 + \frac{2R_1}{R_2}\right)(u_{11} - u_{12})$$

电路的右半部分其实就是一个差分放大电路,可以直接使用其增益公式得到

$$u_O = -\frac{R_f}{R}(u_{O1} - u_{O2}) = -\frac{R_f}{R}\left(1 + \frac{2R_1}{R_2}\right)(u_{11} - u_{12})$$

设仪用放大器的输入信号为 $u_{id} = u_{11} - u_{12}$,可以得到

$$u_O = -\frac{R_f}{R}\left(1 + \frac{2R_1}{R_2}\right)u_{id}$$

如上式所示,当电路内部的电阻参数确定时,仪用放大器的输出仅与系统的输入信号有关,并且其内部的电阻参数决定了整个仪用放大器的增益。

对于仪用放大器而言,因为信号的输入端有两个运算放大器,所以其输入阻抗非常大;并且仪用放大器的共模抑制比非常大,且随仪用放大器的放大倍数变大而提高。通常,仪用放大器的增益可以达到约 1000 倍,此时的共模抑制比可达到约 120dB。

下面介绍一款集成仪用放大器芯片 INA333,使用集成芯片可以更大程度地提高仪用放大器电路的性能。

INA333 芯片是一款低功耗的精密仪用放大器,具有出色的精度。该器件采用通用的三运放电路设计,并且拥有小巧的尺寸和低功耗特性,非常适合各类便携式应用。INA333

外形如图 8-19 所示。

图 8-19 INA333 外形

在 INA333 电路中,可以通过一个外部电阻将 INA333 的增益设置在 1~1000 内。INA333 芯片具有如下特性。

(1) 低偏移电压:增益 $G > 100$ 时,最大值为 25pV。

(2) 低漂移:增益 $G > 100$ 时,最大值为 $25\mu V/℃$。

(3) 低噪声:增益 $G > 100$ 时,最大值为 50nV/Hz。

(4) 高共模抑制比(CMRR):增益 $G > 10$ 时,最小值为 100dB。

(5) 低输入偏置电流:最大值为 200pA。

(6) 电源供电范围:1.8~5.5V。

(7) 输入电压范围:$(V-)+0.1 \sim (V+)-0.1V$。

(8) 输出电压范围:$(V-)+0.05 \sim (V+)-0.05V$。

(9) 低静态电流:$50\mu A$。

如图 8-20 所示为 INA333 芯片的内部原理框图。

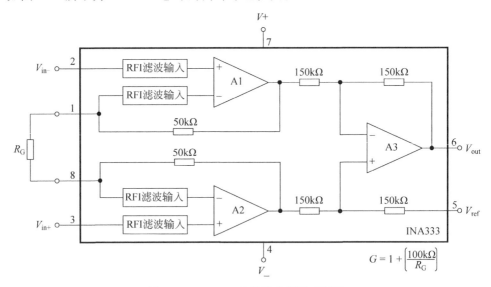

图 8-20 INA333 芯片的内部原理框图

在图 8-20 中,INA333 芯片内部的原理与前文所述仪用放大器的原理完全相同,并且将电阻 R_G 放在芯片外部,可以调节运算放大器的增益,增益表达式为

$$G = 1 + \frac{100k\Omega}{R_G}$$

使用类似 INA333 的集成芯片可以简化电路的设计,并且集成电路的工艺有助于提高器件的一致性,从而进一步提高共模抑制比,提高电路的性能。

8.2.3 可控放大器电路

在电子系统设计中,有时需要使用微控制器对模拟放大器的增益进行控制,但是运算放大器的增益一般仅与电阻有关,所以想要实现此功能较为麻烦,只能通过模拟开关、模拟乘法器等器件实现。

为了便于用户方便地对运算放大器电路的增益进行调整,半导体厂商将这些电路成功地集成在了传统的运算放大器芯片内部,目前市面上有两种运算放大器芯片可以调整增益,分别是 VGA(Variable Gain Amplifier,可变增益放大器)和 PGA(Programmable Gain Amplifier,可编程增益放大器)。其中,VGA 芯片一般可以通过调整某个引脚的电压对运算放大器的增益进行调整;PGA 芯片一般是通过数字接口与微控制器进行通信,从而使用微控制器对运算放大器的增益进行编程控制。

VGA 和 PGA 二者各有优缺点。例如,对于 VGA 而言,其内部原理一般是使用乘法器实现可变增益,因此增益变化是连续的,可以随控制电压的变化而变化;缺点是对控制电压的精度要求较高,如果控制电压不稳定,将会导致增益不稳定。对于 PGA 而言,其内部原理一般是使用模拟开关或 MUX 多路开关对运算放大器的增益进行选择,所以增益经过设定之后是非常稳定的,不会出现波动的情况;缺点是增益变化一般不是连续的,可能只能取一些特殊值。读者在选用芯片时,需要根据项目的实际需求进行分析和选择。

1. VGA 放大器 VCA821

VCA821 芯片是 TI 公司生产的直流耦合、宽带、线性分贝连续可调的电压控制增益运算放大器芯片。VCA821 内部包含两个输入缓冲器和一个电流反馈输出运算放大器,并且集成了一个乘法器单元用于对电路的增益进行控制。VCA821 外形如图 8-21 所示。

VCA821 具有以下特性:

(1) 710MHz 的小信号带宽($G=2$)。

(2) 320MHz,4V 峰值输出带宽($G=10$)。

(3) 135MHz 时增益平坦度为 0.1dB。

(4) 压摆率为 2500V/μs。

(5) 高增益精度:20±0.3dB。

(6) 较大的输出电流:±90mA。

图 8-21 VCA821 外形

如图 8-22 所示为 VCA821 芯片的内部原理框图。

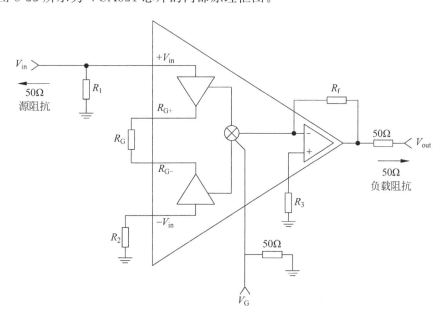

图 8-22 VCA821 芯片的内部原理框图

图 8-22 中，VCA821 可以将差分输入信号转换为单端输出。其中电路的最大增益通过电阻 R_f 和 R_G 进行设置，同时控制电压信号 V_c 连接到内部的乘法器，可用来对运算放大器的增益进行控制。电阻 R_3 可以控制运算放大器的输出偏置电压。因为 VCA821 的带宽较大，用来处理高速信号时需要注意信号传输路径的阻抗匹配问题，图中使用的是 50Ω 电阻进行阻抗匹配，防止高速信号因阻抗不均匀而引起反射。

对于 VCAB21 芯片，因为其增益可以随着控制电压变化而连续变化，所以可以将 VCA821 芯片应用于 AGC 电路中实现自动增益控制功能。

2. PGA 放大器 PGA103

PGA103 芯片是 TI 公司生产的通用型可编程增益放大器。GPA103 芯片提供了 1 倍、10 倍、100 倍增益选项，控制接口使用两个引脚，其电平可以兼容 CMOS/TTL 电平标准。使用 PGA103 芯片可以极大地提升电路的信号动态范围。PGA103 外形如图 8-23 所示。

图 8-23　PGA103 外形

如图 8-24 所示为 PGA103 芯片的基本应用原理图。

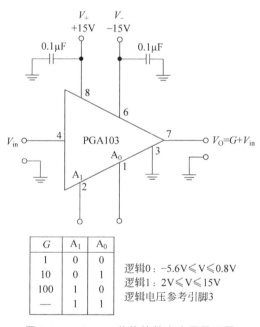

G	A_1	A_0
1	0	0
10	0	1
100	1	0
—	1	1

逻辑0：$-5.6V \leqslant V \leqslant 0.8V$
逻辑1：$2V \leqslant V \leqslant 15V$
逻辑电压参考引脚3

图 8-24　PGA103 芯片的基本应用原理图

PGA103 只有 8 个外部连接引脚，使用非常简单。PGA103 芯片只支持单端输入和单端输出的配置，PGA103 使用 A_0 和 A_1 两个引脚对其增益进行编程，根据 A_0 和 A_1 引脚上逻辑电平的不同可以将电路的增益设置为 1 倍、10 倍或 100 倍。其中 A_0 和 A_1 引脚上的电压在 $-5.6 \sim 0.8V$ 时为逻辑低电平；当电压在 1.2V 到正电源供电电压内判定为逻辑高电平。这种逻辑电平刚好可以兼容大部分微控制器的 I/O 口逻辑电平，因此可以使用微控制器 I/O 口对 PGA103 芯片进行增益控制。

在采集某种动态范围非常大的电压信号时，如信号电压在 $10mV \sim 1V$ 变化，此时便可以使用 PGA103 芯片对信号进行增益控制，之后送往微控制器的 ADC 进行采集。例如，当信号幅度较小,约为 10mV 时,可以控制 PGA103 对信号进行 100 倍放大从而进行精确采集;当信号电压幅度较大,约为 1V 时,便可以使用 PGA103 芯片的 1 倍增益模式使用 ADC 对信号进行采集。如上所示,使用 PGA 电路可以实现非常大动态的信号采集,并且能保证采样精度。

VGA 和 PGA 芯片二者各有优势,并且每种 VGA、PGA 芯片都有不同的额外功能,设计者需根据实际需求进行选择。

8.2.4　自动增益控制电路

自动增益控制(Automatic Gain Control,AGC)是指使放大电路的增益自动地随信号强度而调整的自动控制方法。实现这种功能的电路称为自动增益控制电路(简称 AGC 电路)。

AGC 有两种控制方式:一种是通过增加 AGC 电压减小增益,称为正向 AGC;另一种是通过减小 AGC 电压减小增益,称为反向 AGC。正向 AGC 控制能力强,所需控制功率大,被控放大级的工作点变动范围大,放大器两端阻抗变化也大;反向 AGC 所需控制功率小,控制范围也小。

AGC 在实际中的应用非常广泛,例如,在音频功率放大器系统或麦克风扬声系统中,有时音源的幅度大小变化非常大,如在使用麦克风时传感器接收到的声音会随着人离麦克风的距离变化而变化,从而有可能导致声音忽大忽小,此时可以通过 AGC 电路控制在传感器接收到不同幅值信号时使用不同的增益,从而使扬声器输出的声音维持在合适的水平。再如,在麦克风音频系统中,如果麦克风离扬声器过近,则会出现"自激"现象,此时扬声器会出现啸叫,那么也可以通过加入 AGC 电路使扬声器的输出幅度大致稳定在一个合适的水平。因此 AGC 电路广泛用于各种接收机、录音机和测量仪器中,常被用来使系统的输出电平保持在一定范围内,因而也称自动电平控制;用于话音放大器或收音机时,称为自动音量控制。

AGC 系统本质上是一个闭环反馈自动控制系统,AGC 电路一般由可变增益运算放大器、采样鉴幅电路、误差放大电路组成。系统中的可控量是运算放大器的增益;系统的反馈量是鉴幅电路的输出信号幅度;系统将由误差放大器控制产生一个控制电平自动对运算放大器的增益进行反馈调节,从而使输出信号的幅度与参考电平相等。

从实现原理上分类,AGC 电路可以分为模拟 AGC 电路和数字 AGC 电路,其中模拟 AGC 电路完全由模拟电路实现;数字 AGC 电路中可以使用 ADC 对输出信号进行采样,得到输出信号的幅度信息,并且由数字控制器中的数字环路产生控制信号,对可变增益运算放大器的增益进行反馈控制。一般而言,数字 AGC 电路更加灵活,而模拟 AGC 电路具有高带宽、响应迅速的优点,设计者可以根据实际需求对控制方式进行选择。

本节将使用前文介绍的 VCA821 芯片搭建模拟 AGC 控制电路,并简要分析其原理。

如图 8-25 所示为基于 VCA821 的 AGC 控制电路仿真原理图。

如图 8-25 所示,AGC 控制器中的可变增益运算放大器为 VCA821 芯片,通过控制 VCA821 芯片的 V_G 引脚电压(0~2V)可以控制 VCA821 芯片的增益。其中 OPA695 芯片搭建的同相比例放大电路的作用是给信号一个固定增益,并且充当输出缓冲器。D_1 是一个高速二极管,可以将输出的交流信号进行整流,配合由 OPA820 搭建的积分电路可以等效

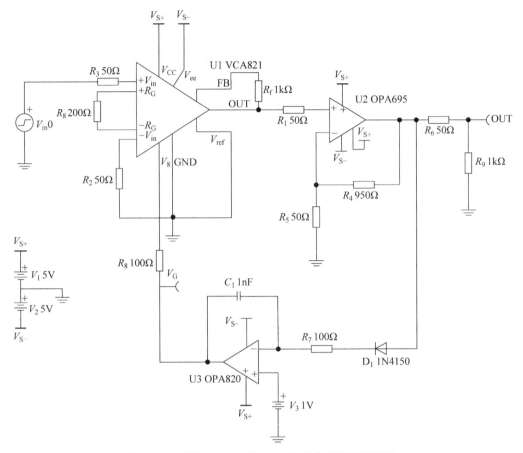

图 8-25　基于 VCA821 的 AGC 控制电路仿真原理图

为峰值检波的功能。OPA820 芯片在这里用作误差放大器,使用积分器的形式将二极管整流之后的信号进行低通滤波。OPA820 的同相端连接到参考电压信号,该信号的大小决定 AGC 电路的输出幅度。输出信号经鉴幅电路和误差放大器(积分器)之后输出控制电压信号,对 VCA821 的增益进行控制。

在图 8-25 所示的电路中,应当注意输入信号和输出信号的幅度应与电路的最大、最小增益等参数匹配,通过实际的最大、最小放大倍数对 AGC 的参考电压进行限制,否则可能出现无法完成闭环的问题。

在图 8-25 中,输入信号为 10MHz、峰值为 50mV 或 500mV、无直流分量的正弦波。 AGC 的参考电平值设计为固定的 1V。

如果 AGC 电路正常工作,那么当输入信号的幅度变化时,无论是 50mV 峰值还是 500mV 峰值,输出信号的幅度将保持恒定,同时在 500mV 峰值输入的状态下,VCA821 的控制信号 V_G 的电压会低于输入信号峰值为 50mV 的情况。

第9章

CHAPTER 9

传感器与驱动器电路设计

本章讲述了传感器与驱动器电路设计,包括传感器、常见的模拟传感器电路、常见的数字传感器电路和常见的功率驱动电路。

9.1 传感器

传感器技术是多学科交叉的高新技术,它涉及物理、化工、生物、机械、电子、材料、环境、地质、核技术等多方面的知识,是一种要认知自然现象的不可缺少的技术手段。自工业革命以来,为提高和改善机器的性能,传感器发挥了巨大的作用。新材料以及半导体集成加工工艺的发展,使传感器技术越来越成熟,现代传感器的种类也越来越多。除了使用半导体材料、陶瓷材料外,纳米材料、光纤以及超导材料的发展也为传感器的集成化和小型化发展提供了物质基础。目前,现代传感器正从传统的分立式朝着集成化、智能化、数字化、系统化、多功能化、网络化、光机电一体化、无维护化的方向发展,具有微功耗、高精度、高可靠性、高信噪比、宽量程等特点。

另外,人工智能、物联网技术被认为是继计算机、互联网之后的又一次产业浪潮,而传感器作为人工智能与物联网应用系统的核心产品,将成为这一新兴产业优先发展的关键器件。传感器技术、通信技术、计算机技术是构成现代信息技术的三大支柱,它们在信息系统中分别起着"感官""神经"和"大脑"的作用。在利用信息的过程中首先要获取信息,传感器是获取信息的主要途径和手段。现今处于 5G 及 AI(Artificial Intelligence,人工智能)技术迅速发展的时代,5G 是将每个智能设备乃至万物互联的基础;AI 是一门研发用于模拟和扩展人类智能的理论、方法、技术及应用系统的新技术学科。今天的自动化和 AI 技术取得的一项最大进展就是智能传感器(Intelligent Sensor)的发展与广泛使用,大多数 AI 动作和应用场景的实现,都需要靠传感器完成,传感器作为发展 AI 技术的硬件基础,已经成为 AI 与万物互联的必备条件。智能传感器技术是智能制造和物联网的先行技术,学习与应用作为前端感知工具的传感器技术具有非常重要的意义。

传感器(Transducer/Sensor)是一种检测装置,能感受到被测量的信息,并能将感受到的信息,按一定规律变换成为电信号或其他所需形式的信息输出,以满足信息的传输、处理、存储、显示、记录和控制等要求。

传感器的特点包括微型化、数字化、智能化、多功能化、系统化、网络化。它是实现自动检测和自动控制的首要环节。传感器的存在和发展,让物体有了触觉、味觉和嗅觉等感官,让物体慢慢变得活了起来。通常根据其基本感知功能分为热敏元件、光敏元件、气敏元件、力敏元件、磁敏元件、湿敏元件、声敏元件、放射线敏感元件、色敏元件和味敏元件共十大类。

传感器的主要作用是拾取外界信息。如同人类在从事各种作业和操作时,必须由眼睛、耳朵等五官获取外界信息一样,否则就无法有效地工作和正确操作。

传感器是自动化检测技术和智能控制系统的重要部件。测试技术中通常把测试对象分为两大类:电参量与非电参量。电参量有电压、电流、电阻、功率、频率等,这些参量可以表征设备或系统的性能;非电参量有机械量(如位移、速度、加速度、力、扭矩、应变、振动等)、化学量(如浓度、成分、气体、pH 值、湿度等)、生物量(酶、组织、菌类)等。过去,非电参量的测量多采用非电测量的方法,如用尺子测量长度,用温度计测量温度等;而现代的非电参量的测量多采用电测量的方法,其中的关键技术是如何利用传感器将非电参量转换为电参量。

实际上被测对象涉及各个领域。人类最初的测量对象是长度、体积、质量和时间。18世纪以来,随着科学技术的飞速发展,被测对象的范围迅速扩大。现在的被测对象更加广泛复杂:工业领域的光泽度、光滑度等品质测量;机器人的视觉、触觉、滑觉、接近觉等各种信息测量;卫星上监视地球的红外线测量,如 GPS 定位系统;医疗领域的人体心电、脑电波等体表电位测量,生物断面测量等。20 世纪 60 年代,世界各国主要研究以电量为输出的传感器,20 世纪 70 年代以来传感器得到飞速发展,现在讨论的传感器是指已经具有电量为输出的传感器。

传感器技术大体可分为三代:第一代是结构型传感器,它利用结构参量变化感受和转换信号,如电阻、电容、电感等电参量;第二代是 20 世纪 70 年代发展起来的固体型传感器,这种传感器由半导体、电介质、磁性材料等固体元件构成,利用材料的某些特性制成,如利用热电效应、霍尔效应、光敏效应,分别制成热电偶传感器、霍尔传感器、光敏传感器;第三代传感器是刚刚发展起来的智能传感器,是微型计算机技术与检测技术相结合的产物,使传感器具有一定的人工智能。几十年来传感器技术的发展分为两个方面:一是提高与改善传感器的技术指标;二是寻找新原理、新材料、新工艺。为改善传感器性能指标采用的技术途径有差动技术、平均技术、补偿修正技术、隔离抗干扰抑制技术、稳定性处理技术等。

在现代传感器中,新的材料、新的集成加工工艺使传感器技术越来越成熟,传感器种类越来越多。除了早期使用的半导体材料、陶瓷材料外,光纤以及超导材料的发展为传感器的发展提供了物质基础。未来还会有更新的材料,更有利于传感器的小型化。

现代传感器正从传统的分立式朝着集成化、数字化、多功能化、微(小)型化、智能化、网络化、光机电一体化的方向发展,具有高精度、高性能、高灵敏度、高可靠性、高稳定性、长寿命、高信噪比、宽量程、无维护等特点。发展趋势主要体现在以下几个方面:发展、利用新效应;开发新材料;提高传感器性能和检测范围;以及传感器的微型化与微功耗、集成化与多功能化、数字化和网络化。

特别值得一提的是传感器的数字化和网络化。网络技术的发展可使现场数据就近登录,通过互联网与用户之间异地交换数据,实现远程控制。

新兴的物联网(Internet of Things,IoT)技术开始进入各个领域。物联网的概念是在1999 年提出的,就是"物物相连的互联网"。它将各种信息传感器设备,如射频识别装置(RFID)、红外感应器、全球定位系统、激光扫描器等按约定的协议与互联网结合起来,形成一个巨大的网络,进行信息交换和通信,以实现智能化地识别、定位、跟踪、监控和管理。这里的"物"要满足以下条件才能够被纳入物联网的范围：

(1) 要有相应信息的接收器——传感器。

(2) 要有数据传输通路。

(3) 要有一定的存储功能。

(4) 要有 CPU。

(5) 要有操作系统。

(6) 要有专门的应用程序。

(7) 要有数据发送器。

(8) 遵循物联网的通信协议。

(9) 在网络中有可被识别的唯一编号。

可见，只有计算机与传感器协调发展，现代科学技术才能有所突破。可以说，传感器技术已成为现代技术进步的重要因素之一。

21 世纪是信息技术的时代，构成现代信息技术的三大支柱是传感器技术、通信技术与计算机技术，在信息系统中它们分别完成信息的采集、信息的传输与信息的处理，其作用可以形象地比喻为人的"感官""神经"和"大脑"。在利用信息的过程中，首先要获取信息，而传感器是获取信息的重要途径和手段。世界各国检测中心都十分重视这一领域的发展，其发展也将让科学家实现更多从前无法实现的梦想。

今天，传感器已成为测量仪器、智能化仪表、自动控制系统等装置中必不可少的感知元件。然而传感器的历史远比近代科学来得古老，例如：天平，自古代埃及王朝时代就开始使用并一直沿用到现在；利用液体的热膨胀特性进行温度测量在 16 世纪前后就实现了；自工业革命以来，传感器对提高机器性能起到极大作用，如瓦特发明"离心调速器"实现蒸汽机车的速度控制，其本质是一个把旋转速度变换为位移的传感器。

9.1.1 传感器的定义和分类及构成

到底什么是传感器呢？其实只要细心观察就可以发现，在日常生活中使用着各种各样的传感器，例如电冰箱、电饭煲中的温度传感器；空调中的温度和湿度传感器；煤气灶中的煤气泄漏传感器；电视机中的红外遥控器；照相机中的光传感器；汽车中的燃料计和速度计等，不胜枚举。今天，传感器已经给生活带来了太多便利和帮助。

为了说明什么是传感器，不妨用人的五官和皮肤作比喻。我们知道，眼睛有视觉，耳朵有听觉，鼻子有嗅觉，皮肤有触觉，舌头有味觉，人通过大脑感知外界信息。人在从事体力劳动和脑力劳动的过程中，通过感觉器官接收外界信号，这些信号传送给大脑，大脑对这些信号进行分析处理，传递给肌体。如果用机器完成这一过程，计算机相当于人的大脑；执行机构相当于人的肌体；传感器相当于人的五官和皮肤；传感器又好比人体感官的拓展，所以又称"电五官"。对于各种各样的被测量，有着各种各样的传感器。

各种传感器输出信号的形式各不相同，如热电偶、pH 电极等以直流电压形式输出；热敏电阻、应变计、半导体气体传感器输出为电阻等，无论传感器的输出形式如何，测量的输出信号必须转化为电压、电流或其他数字量中的一种。信号检测系统就是将传感器接收的信号通过转换、放大、解调、A/D 转换得到所希望的输出信号，这是基本检测系统中共同使用的技术。

1. 传感器的定义和分类

传感器的通俗定义可以说成"信息拾取的器件或装置"。

传感器的严格定义是：把被测量的量值形式（如物理量、化学量、生物量等）转换为另一种与之有确定对应关系且便于计量的量值形式（通常是电量）的器件或装置。

就被测对象而言，工业上需要检测的量有电量和非电量两大类。非电量信息早期多用非电量的方法测量。较传统的传感器可以完成从非电量到电量的转换，但无法实现现代智能仪器仪表的自动测量，无法完成过程控制的自动检测与控制。随着科学技术的发展，对测量的精确度、速度提出了新的要求，尤其在对动态变化的物理过程和物理量远距离进行测量时，用非电量方法无法实现，必须采用电量测法。今后讨论的都是以电量为输出的传感器。

传感器按检测对象可分为力学量、热学量、流体量、光学量、电量、磁学量、声学量、化学量、生物量传感器和机器人等。此外，还有从材料、工艺、应用角度进行分类的，这些分类方式从不同的侧面提供了探索和开发传感器的技术空间。这些传感器分类体系中，按被测量（检测对象）分类的方法简单实用，在实际应用中使用较多。检测对象的信号形式决定了选用传感器的类型，传感器检测信号大致可以归类为以下不同领域中的不同信号：

（1）机械自动化：位移、速度、加速度、扭矩、力、振动。

（2）电磁学：电流、电压、电阻、电容、磁场。

（3）生物化学：浓度、成分、pH 值等。

（4）工业过程控制：流量、压力、温度、湿度、黏度等。

（5）辐射测量：无线电磁波、微波、宇宙射线，α、γ、X 射线。

按照我国传感器分类体系表，传感器分为物理量传感器、化学量传感器以及生物量传感器三大类，下含 11 个小类：力学量传感器、热学量传感器、光学量传感器、磁学量传感器、电学量传感器、射线传感器（以上属于物理量传感器）；气体传感器、离子传感器、温度传感器（以上属于化学量传感器）；以及生化量传感器与生物量传感器（属于生物量传感器）。各小类又按两个层次分成若干品种。传感器分类方法较多，常用的有下列几种：

（1）按传感器检测的范畴分类，可分为物理量传感器、化学量传感器、生物量传感器。

（2）按传感器的输出信号性质分类，可分为模拟传感器、数字传感器。

（3）按传感器的结构分类，可分为结构型传感器、物性型传感器、复合型传感器。

（4）按传感器的功能分类，可分为单功能传感器、多功能传感器、智能传感器。

（5）按传感器的转换原理分类，可分为机电传感器、光电传感器、热电传感器、磁电传感器、电化学传感器。

（6）按传感器的能源分类，可分为有源传感器、无源传感器。

按能量转换原理进行分类也是较好的分类方法，但是由于一些传感器涉及的转换原理尚在探索之中，难以给出固定的模式和框架，因而多局限于学术领域的交流。传感器种类繁多，随着材料科学、制造工艺及应用技术的发展，传感器品种将如雨后春笋般大量涌现。如何将这些传感器加以科学分类，是传感器领域的一个重要课题。

2. 传感器的构成

传感器一般由敏感元件、传感元件和其他辅助件组成，有时也将信号调节与转换电路、辅助电源作为传感器的组成部分，如图 9-1 所示。

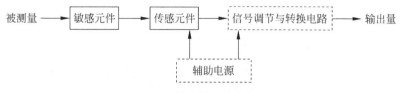

图 9-1 传感器组成方框图

9.1.2 传感器的基本性能

利用传感器设计开发高性能的测量或控制系统,必须了解传感器的性能,根据系统要求,选择合适的传感器,并设计精确可靠的信号处理电路。

在一个测量控制系统中,传感器位于检测部分的最前端,是决定系统性能的重要部件,传感器的灵敏度、分辨率、检出限、稳定性等指标对测量结果有直接影响。例如一个电子秤,传感器的分辨能力和检出限决定了电子秤的最小感量和量程;而传感器的灵敏度直接影响电子秤的检测精度。通常高性能的传感器价格也较高,在工程设计中要获得较好的性价比,需要根据具体要求合理选择、使用传感器,所以对传感器的各种特性与性能应该有所了解。

传感器的各种特性是根据输入、输出关系描述的,不同的输入信号,其输出特性不同。为描述传感器的基本特性,可将传感器看成是一个具有输入、输出的二端网络。传感器通常要把各种信息量变换为电量,由于受传感器内部储能元件(电感、电容、质量块、弹簧等)的影响,它们对慢变信号与快变信号反应大不相同,所以需根据输入信号的慢变与快变,分别讨论传感器的静态特性和动态特性。对于慢变信号,即输入为静态或变化极缓慢的信号(如环境温度),讨论研究传感器的静态特性,也就是不随时间变化的特性;对于快变信号,即输入为随时间较快变化的信号(如振动、加速度等),考虑传感器的动态特性,也就是随时间变化的特性。

1. 精确度

传感器的精确度表示传感器在规定条件下允许的最大绝对误差相对于传感器满量程输出的百分数,可表示为

$$A = \frac{\Delta A}{Y_{\mathrm{F \cdot S}}} \times 100\%$$

式中,A 为传感器的精确度;

ΔA 为测量范围内允许的最大绝对误差;

$Y_{\mathrm{F \cdot S}}$ 为满量程输出。

工程技术中为简化传感器的精确度的表示方法,引用了精确度等级概念。精确度等级以一系列标准百分比数值分档表示。如压力传感器的精确度等级分别为 0.05,0.1,0.2,0.3,0.5,1.0,1.5,2.0 等。

传感器设计和出厂检验时,其精确度等级代表的误差指传感器测量的最大允许误差。

2. 稳定性

(1)稳定度:一般指时间上的稳定性。它是由传感器和测量仪表中随机性变动、周期性变动、漂移等引起示值的变化程度。

(2)环境影响:室温、大气压、振动等外部环境状态变化给予传感器和测量仪表的示值的影响,以及电源电压、频率等仪表工作条件变化给示值的影响统称环境影响,用影响系数

来表示。

9.1.3 传感器的应用领域

当今,传感器技术已广泛用于工业、农业、商业、交通、环境监测、医疗诊断、海洋探测、军事国防、航空航天、自动化生产、现代办公设备、智能楼宇、家用电器、汽车、生物工程、商检质检、公共安全,甚至文物保护等极其广泛的领域。

传感器已成为构建现代信息系统的重要组成部分。目前传感器技术已经在越来越多的领域得到应用,值得一提的是,传感器在检测和自动化技术中所起的作用远比在家用电器中所起的作用大得多,这几乎是无可争议的事实。

传感器的应用领域如下。

1. 生产过程的测量与控制

在工农业生产过程中,利用传感器对温度、压力、流量、位移、液位和气体成分等参量进行检测,从而实现对工作状态的控制。

2. 安全报警与环境保护

利用传感器可对高温、放射性污染以及粉尘弥漫等恶劣工作条件下的过程参量进行远距离测量与控制,并可实现安全生产;可用于监控、防灾、防盗等方面的报警系统;在环境保护方面,可用于对大气与水质污染的监测、放射性和噪声的测量等方面。

3. 自动化设备和机器人

传感器可提供各种反馈信息,尤其是传感器与计算机的结合,使自动化设备的自动化程度大大提高。在现代机器人中大量使用了传感器,其中包括力、扭矩、位移、超声波、转速和射线等许多传感器。

在机器人研究中,其重要的内容是传感器的应用研究,机器人外部传感器系统包括平面视觉、立体视觉传感器;非视觉传感器有触觉、滑觉、热觉、力觉、接近觉传感器等。可以说,机器人的研究水平在某种程度上代表了一个国家的智能化技术和传感器技术的水平。

4. 交通运输和资源探测

传感器可用于交通工具、道路和桥梁的管理,以保证提高运输的效率与防止事故的发生。还可用于陆地与海底资源探测以及空间环境、气象等方面的测量。

5. 医疗卫生和家用电器

利用传感器可实现对病患者的自动监测与监护,可进行微量元素的测定、食品卫生检疫等。传感器在医疗诊断、计量测试、家用电器、环境监测等领域的应用实例不胜枚举,

6. 航空航天

在航空航天领域里,宇宙飞船的飞行速度、加速度、位置、姿态、温度、气压、磁场、振动等每个参数的测量都必须由传感器完成,例如,"阿波罗 10 号"飞船需对 3295 个参数进行检测,其中有温度传感器 559 个、压力传感器 140 个、信号传感器 501 个、遥控传感器 142 个。有专家说,整个宇宙飞船就是高性能传感器的集成体。

7. 楼宇自动化

在楼宇自动化系统中,计算机通过中继器、路由器、网络、网关、显示器,控制管理各种机电设备的空调制冷、给水排水、变配电系统、照明系统、电梯等,而实现这些功能需使用温度、湿度、液位、流量、压差、空气压力传感器等;安全防护、防盗、防火、防燃气泄漏可采用 CCD

（电子眼）监视器、烟雾传感器、气体传感器、红外传感器、玻璃破碎传感器；自动识别系统中的门禁管理主要采用感应式 IC 卡识别、指纹识别等方式，这种门禁系统打破了人们几百年来用钥匙开锁的传统。

9.2 常见的模拟传感器电路

传感器需要施加一定的驱动才能工作，并且传感器的输出信号是一个模拟量，这类传感器称为模拟传感器。使用模拟传感器时，需要按照传感器的要求搭建传感器的驱动电路。绝大部分模拟传感器以可变电阻的形式工作，即感应到的信号变化会导致传感器内阻的变化。

对模拟传感器的输出进行采集有两种方法：一种是使用 ADC 对模拟传感器输出的模拟电压值直接进行采集；另一种是使用比较器电路将模拟量转换成数字量，这样便可以使用微控制器的 I/O 口直接对数字量进行采集判断。本节将介绍一些常用的模拟传感器，并且着重介绍使用比较器对传感器的输出进行采集的电路。

9.2.1 温度传感器

温度传感器（Temperature Transducer）是一种将温度变量转换为可传送的标准化输出信号的传感器。

温度传感器按测量方式可分为接触式和非接触式两大类；按照传感器材料及电子元件特性可分为热电阻和热电偶两类。多用于温度探测、检测、显示、温度控制、过热保护等领域。

温度是表征物体冷热程度的物理量。它与人类生活关系最为密切，是工业控制过程中的四大物理量（温度、压力、流量和物位）之一，也是人类研究最早、检测方法最多的物理量之一。

1. 热电阻

热电阻材料一般有两类：贵金属和非贵金属。能用于温度测量的主要有铂热电阻（贵金属类）和镍、铜热电阻（非贵金属类）。它们都具有制成热电阻的必要特性：稳定性好、精度高、电阻率较高、温度系数大和易于制作等，在工程中常用的是铂和铜两种热电阻。热电阻的外形如图 9-2 所示，热电阻的探头形状可以定制。

图 9-2 热电阻的外形

在实际应用时，采用二线、三线或四线制的接线方式。

（1）二线制接法。

二线制接法如图 9-3 所示，该电路是最简单的测量方式，也是误差较大的接线方式。R_2 和 R_3 是固定电阻，电阻值较大，且 $R_2 = R_3$。R_1 是为保持电桥平衡而选用的调零电位器，R_t 为热电阻，R_4、R_5 为导线等效电阻。

假设 $R_4 = R_5 = r$，R_1 与 R_t 电阻值相对 R_2、R_3 电阻值较小，可以认为 $I_1 = I_2 = I$（恒流源）。

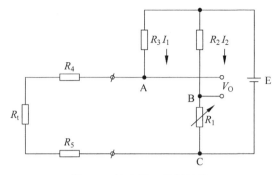

图 9-3　热电阻二线制接法

$$V_{AC} = I_1(R_4 + R_t + R_5) = I(r + R_t + r) = IR_t + 2Ir$$
$$V_{BC} = I_2 R_1 = IR_1$$

因此有

$$V_O = V_{AB} = V_{AC} - V_{BC} = IR_t + 2Ir - IR_1 = I(R_t - R_1) + 2Ir$$

当 r 不为零时，可能产生较大的误差。

（2）三线制接法。

三线制接法如图 9-4 所示，该电路是最实用的精确测量方式。

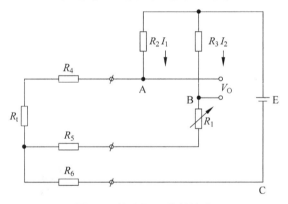

图 9-4　热电阻三线制接法

R_4、R_5 和 R_6 为导线电阻。假设 $R_4 = R_5 = R_6$，$I_1 = I_2 = I$。（恒流源），则

$$V_{AC} = I_1(R_4 + R_t) + (I_1 + I_2)R_6 = I(r + R_t) + (I + I)r = IR_t + 3Ir$$
$$V_{BC} = I_2(R_1 + R_5) + (I_1 + I_2)R_6 = I(R_1 + r) + (I + I)r = IR_1 + 3Ir$$

$$V_O = V_{AB} = V_{AC} - V_{BC} = IR_t + 3Ir - IR_1 - 3Ir = I(R_t - R_1)$$

上式与导线电阻没有关系，实现了精确测量。

（3）四线制接法。

四线制接法如图 9-5 所示，R_1、R_2、R_3 和 R_4 为引线电阻和接触电阻，且阻值相同。

该电路用于温度的精确测量，但一般情况极少使用。

当要求较高的精度，可采用 REF200 恒流源电路。

采用 REF200 恒流源的三线制接法如图 9-6 所示。

在图 9-6 中，r 为导线电阻，每一回路电流为 $100\mu A$，输出 $V_O = 100\mu A \cdot R_t$。当需要更大的电流时，可用两片 REF200 恒流源。

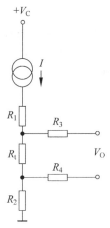

图 9-5 热电阻四线制接法

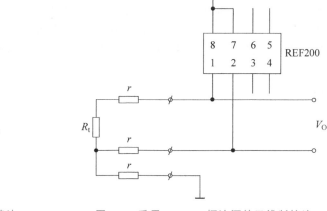

图 9-6 采用 REF200 恒流源的三线制接法

2. 热敏电阻

热敏电阻是电阻值随着温度的变化而显著变化的一种半导体温度传感器。目前使用的热敏电阻大多属于陶瓷热敏电阻。按其阻值随温度变化的特性可分为三类：

（1）NTC 热敏电阻。

负温度系数热敏电阻是用一种或一种以上的锰、钴、镍、铁等过渡金属氧化物按一定配比混合，采用陶瓷工艺制备而成的。

NTC 热敏电阻的特点是体积小，热惯性小，输出电阻变化大，适合于长距离传输。NTC 热敏电阻外形如图 9-7 所示，典型应用电路如图 9-8 所示。

图 9-7 NTC 热敏电阻外形

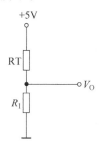

图 9-8 NTC 热敏电阻应用电路

其输出为

$$V_O = \frac{R_1}{R_1 + RT} \times 5V$$

式中，R_1 为固定电阻，RT 为热敏电阻。

（2）PTC 热敏电阻。

具有正温度特性的 PTC 热敏电阻是以具有正温度系数的典型材料钛酸钡烧结体为基体，掺入微量的稀土类元素（如二氧化钇等）作施主杂质，使其成为半导体。

（3）CTR 热敏电阻。

CTR 也是一种具有负温度系数的热敏电阻，它与 NTC 不同的是，在某一温度范围内，电阻值急剧发生变化，CTR 热敏电阻主要用作温度开关。

3. 集成温度传感器

集成(电路)温度传感器是把温度传感器(如热敏晶体管)与放大电路等后续电路,利用集成化技术制作在同一芯片的功能器件。这种传感器输出信号大,与温度有较好的线性关系、小型化、成本低、使用方便、测温精度高,因此,得到广泛使用。

(1)常用集成温度传感器。

几种集成温度传感器的特性如表 9-1 所示。

表 9-1　几种集成温度传感器的特性

型号	测温范围/℃	输出形式	温度系数	封　装	厂名	其　　他
XC616A	−40～+125	电压型	10mV/℃	TO-5(4 端)	NEC	内含稳压及运算放大器
XC616C	−25～+85	电压型	10mV/℃	8 脚 DIP	NEC	内含稳压及运算放大器
LX6500	−55～+85	电压型	10mV/℃	TO-5(4 端)	NS	内含稳压及运算放大器
LX5700	−55～+85	电压型	10mV/℃	TO-46(4 端)	NS	内含稳压及运算放大器
LM3911	−25～+85	电压型	10mV/℃	TO-5(4 端)	NS	内含稳压及运算放大器
REF-02	−55～+125	电压型	2.1mV/℃	TO-5(8 端)	PMI	
LM35	−35～+150	电压型	10mV/℃	TO-46 及 TO-92	NS	
LM135	−55～+150	电压型	10mV/℃	3 端	NS	
LM235	−40～+125	电压型	10mV/℃	3 端	NS	
LM335	−10～+100	电压型	10mV/℃	3 端	NS	
AD590	−55～+150	电流型	1μA/℃	TO-52(3 端)	AD	
LM134	−55～+125	电流型	1μA/℃	TO-5(8 端)	NS	

(2)电压型集成温度传感器的应用。

三端电压输出型集成温度传感器是一种精密的、易于定标的温度传感器,它们是 LM135、LM235、LM335 等。AD590 基本测温电路如图 9-9(a)所示,其温度定标电路如图 9-9(b)所示,外形如图 9-10 所示。

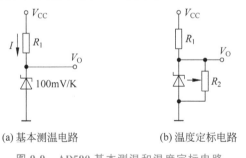

(a)基本测温电路　　　(b)温度定标电路

图 9-9　AD590 基本测温和温度定标电路

图 9-10　AD590 外形

(3)电流型集成温度传感器的应用。

电流型集成温度传感器在一定温度下相当于一个恒流源,因此,它具有不易受接触电阻、引线电阻、噪声的干扰,能实现长距离(如 200m)传输的特点,同样具有很好的线性特性。

美国 AD 公司的 AD590 就是电流型集成温度传感器。

AD590 的典型应用电路之一如图 9-11 所示。

当绝对温度为 0K 时,电流为 0μA;每升高 1K,电流升高 1μA。

当摄氏温度为 0℃时,电流为 273μA,此时让 $V_O=0$V,则有

$$R_1 = \frac{0-(-9)}{0.273} \approx 33\text{k}\Omega$$

当摄氏温度为 50℃时,则有

$$V_O = (0.273+0.05)\text{mA} \times 33\text{k}\Omega + (-9)\text{V} = 10.659\text{V} - 9\text{V} = 1.659\text{V}$$

AD590 的典型应用电路之二如图 9-12 所示。

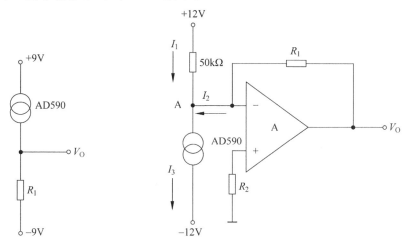

图 9-11　AD590 典型应用电路之一　　　　图 9-12　AD590 典型应用电路之二

在图 9-12 中,A 点为虚地,则有

$$I_1 = 12\text{V}/50\text{k}\Omega = 0.24\text{mA}$$

又因 $I_3 = I_1 + I_2$

$$I_3 = 0.273\text{mA} + \Delta I_3$$

所以

$$0.273\text{mA} + \Delta I_3 = 0.24\text{mA} + I_2$$

$$I_2 = 0.033\text{mA} + \Delta I_3$$

ΔI_3 为温升(对应 0K)所产生的电流(单位为 mA),输出 $V_O = I_2 R_1 = (0.033+\Delta I_3)R_1$(单位为 V)。

4. 热电偶

热电偶是温度测量中使用最广泛的传感器之一,其测量温区宽,一般在 $-180\sim2800$℃ 的温度范围内均可使用;测量的准确度和灵敏度都较高,尤其在高温范围内,有较高的精度。

把两种不同的导体或半导体连接,构成如图 9-13 所示的闭合回路,若使两个结点保持不同温度时,将产生热电动势,即塞贝克(Seebeck)效应。

热电偶符号如图 9-14 所示,有时简称 TC。

AB 两端热电势 $E_{AB}(t,t_0) = e_{AB}(t) - e_{AB}(t_0)$。

热电势由两部分组成:接触电势和温差电势。

令冷端温度 t_0 固定,则总电势只与热端温度 t 成单值函数,即

$$E_{AB}(t,t_0) = e_{AB}(t) - C = F(t)$$

输出灵敏度一般为 μV/℃级。

图 9-13 热电偶工作原理   图 9-14 热电偶符号

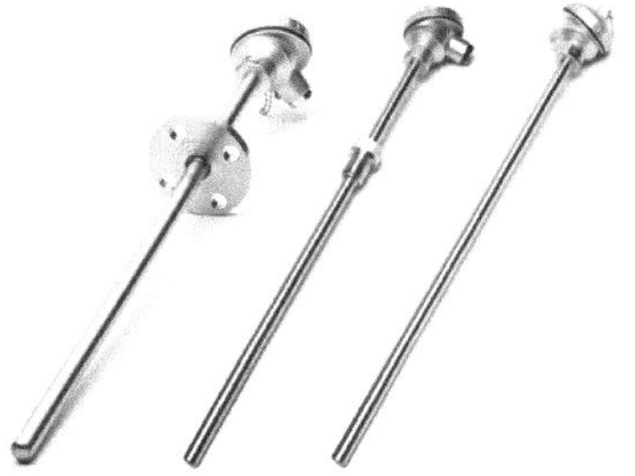

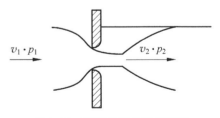

图 9-15 热电偶传感器

当 $t_0 = 0℃$ 时,$C = 0$,不用冷端补偿;

当 $t_0 \neq 0℃$ 时,$C \neq 0$,需用冷端补偿。

根据热电偶中间温度定则,有

$$E(t,0) = E(t,t_0) + E(t_0,0)$$

其中:$E(t,0)$ 为被测温度对应热电势;

$E(t,t_0)$ 为实测温度对应热电势;

$E(t_0,0)$ 为补偿热电势。

常用的热电偶有 K、E、J、T、B、R、S 等。

热电偶传感器如图 9-15 所示。

9.2.2 流量传感器

流量是工业生产过程及检测与控制中一个很重要的参数,凡是涉及具有流动介质的工艺流程,无论是气体、液体还是固体粉料,都与流量的检测与控制有着密切的关系。

流量有两种表示方式:一种是瞬时流量即单位时间所通过的流体容积或质量;另一种是累积流量,即在某段时间间隔内流过流体的总量。

按流量计检测的原理,可分为差压式流量计、转子流量计、容积流量计、涡轮流量计、漩涡流量计、电磁流量计和超声波流量计等。

1. 差压式流量计

在工业过程的测量与控制中,应用最广泛的是差压式流量计,在所有测量液体、气体和蒸汽流量的场合,绝大多数都选用了差压式流量计。

所有差压式流量计所依据的基本原理都是伯努利的能量守恒方程。

图 9-16 给出了节流孔板的工作原理。

装在管道中的孔板是一片带有圆孔的薄板,孔的中心位于管子的中心线上。假定流体是不可压缩的,其黏性可以忽略不计,而且是稳流的,那么,对于通过截面 1 和截面 2 的流体,可由伯努利方程和连接方程表示:

图 9-16 节流孔板的工作原理

$$\frac{1}{2}\rho v_1^2 + p_1 = \frac{1}{2}\rho v_2^2 + p_2$$

$$\rho A_1 v_1 = \rho A_2 v_2$$

式中,v_1,v_2 为截面 1、截面 2 处的平均流速;

p_1,p_2 为截面 1、截面 2 处的压力;

A_1，A_2 为截面 1、截面 2 处的横截面积；

ρ 为流体密度。

p_1，p_2 一般称为静压；$\frac{1}{2}\rho v_1^2$，$\frac{1}{2}\rho v_2^2$ 称为动压。

从以上两式可求出流体体积流量 Q：

$$Q = \alpha\varepsilon A_0 \sqrt{\frac{2(p_1 - p_2)}{\rho}}$$

式中，α 为流量系数；

ε 为膨胀修正系数或称压缩系数，通常在 0.9～1.0 的范围内。

由上式可知，只要把节流机构前后的压差 $p_1 - p_2$ 取出来，就可以测出流量，流量与差压是非线性的平方根关系。

差压式流量计如图 9-17 所示。

2. 涡轮流量计

涡轮流量计是比较精确的一种流量检测装置。当被测流体通过装在管道内的涡轮叶片时，涡轮受流体的作用而旋转，并将流量转换成涡轮的转数。

由于涡轮流量计输出的是脉冲信号，易于远距离传送和定时控制，并且抗干扰强，因此，可以用于纯水、轻质油（汽油、煤油、柴油）、黏度低的润滑油及腐蚀性不大的酸碱溶液。

涡轮流量计如图 9-18 所示。

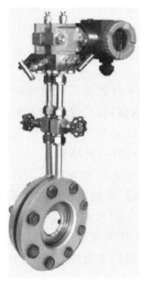

图 9-17　差压式流量计

图 9-18　涡轮流量计

9.2.3　热释电红外传感器

热释电红外传感器（Pyroelectric Infrared Sensor，PIR）在结构上引入场效应管，其目的在于完成阻抗变换。由于热电元输出的是电荷信号，并不能直接使用，因而需要用电阻将其转换为电压形式。故引入的 N 沟道结型场效应管应接成共漏形式完成阻抗变换。热释电红外传感器由传感探测元、干涉滤光片和场效应管匹配器三部分组成。设计时应将高热电材料制成一定厚度的薄片,并在它的两面镀上金属电极,然后加电对其进行极化,这样便制成了热释电传感探测元。

热释电红外传感技术是 20 世纪 80 年代迅速发展起来的一门新兴学科。热释电红外线传感原理是基于:任何高于绝对温度的物体都会发出电磁辐射——红外线,但各种不同温度的物体所辐射的电磁能及能量随波长的分布是不同的。

热释电红外传感器的品种较多,可按外形结构和内部构成的不同及性能分类。从封装、外形来分,有塑封式和金属封装(立式的和卧式的)等;从内部结构分,有单探测元、双元件、四元件及特殊型等。热释电红外传感器的外形如图 9-19 所示。

图 9-19　热释电红外传感器的外形

热释电红外传感器主要是由一种高热电系数的材料,如锆钛酸铅系陶瓷、钽酸锂、硫酸三甘钛等制成尺寸为 $2mm \times 1mm$ 的探测元件。在每个探测器内装入一个或两个探测元件,并将两个探测元件以反极性串联,以抑制由于自身温度升高而产生的干扰。由探测元件将探测并接收到的红外线辐射转换成微弱的电压信号,经装在探头内的场效应管放大后向外输出。为了提高探测器的探测灵敏度以增大探测距离,一般在探测器的前方装设一个菲涅尔透镜,利用菲涅尔透镜的特殊光学原理,在探测器前方产生一个交替变化的"盲区"和"高灵敏区",以提高它的探测接收灵敏度。当有人从菲涅尔透镜前走过时,人体发出的红外线就不断地交替从"盲区"进入"高灵敏区",这样就使接收到的红外线信号以忽强忽弱的脉冲形式输入,从而增强其能量幅度。

菲涅尔透镜和放大电路相配合,可将信号放大 70dB 以上,这样热释电红外传感器就可以检测到 10~40m 内人的行动。

人体辐射的红外线中心波长为 $9 \sim 10\mu m$,而探测元件的波长灵敏度在 $0.2 \sim 20\mu m$ 内几乎稳定不变。在传感器顶端开设了一个装有滤光片的窗口,这个滤光片可通过的光的波长范围为 $7 \sim 10\mu m$,正好适合于人体红外线辐射的探测,而对其他波长的红外线由滤光片予以吸收,这样便形成了一种专门用作探测人体辐射的红外线传感器。

热释电红外传感器为被动式红外线传感技术,它是利用红外光敏器件将活动生物体发出的微量红外线转换成相应的电信号,并进行放大处理,对被监控的对象实施控制。它能可靠地将运动着的生物体(人)和飘落的物体加以区别。同时,它还具有监控范围大、隐蔽性好、抗干扰性强和误报率低等特点。因而,被动式红外技术在自动控制、自动门启闭、接近开关、自动照明、遥控遥测等方面,特别是在保安、防火、报警方面越来越受到重视和采用。

9.2.4　位移传感器

位移传感器又称为线性传感器,是一种属于金属感应的线性器件,传感器的作用是把各种被测物理量转换为电量。位移是和物体的位置在运动过程中的移动有关的量,位移的测量方式所涉及的范围相当广泛。小位移通常用应变式、电感式、差动变压器式、涡流式、霍尔传感器检测;大的位移常用感应同步器、光栅、容栅、磁栅等传感器测量。其中光栅传感器因具有易实现数字化、精度高(目前分辨率最高的可达纳米级)、抗干扰能力强、没有人为读数误差、安装方便、使用可靠等优点,在机床加工、检测仪表等行业中得到日益广泛的应用。

1. 位移传感器的定义和分类

位移传感器是把物体的运动位移转换成可测量的电学量的一种装置。按照运动方式可分为线位移传感器和角位移传感器；按被测量变换的形式可分为模拟式和数字式两种；按材料可分为导电塑料式、电感式、光电式、金属膜式、磁致伸缩式等。

常用的位移传感器有 Omega 公司的 LD640 Series、LD650 Series；KEYENCE 公司的 GT2-A12、GT2-P12，等等。下面以直线位移传感器为例介绍位移传感器的工作原理。

2. 直线位移传感器的工作原理

直线位移传感器也叫作电子尺，其作用是把直线机械位移量转换成电信号。通常可变电阻滑轨放置在传感器的固定部位，通过滑片在滑轨上的位移来测量不同的阻值。传感器滑轨连接稳态直流电压，滑片和始端之间的电压与滑片移动的长度成正比。其外形如图 9-20 所示。

3. 位移传感器的应用领域

生活中位移传感器的应用非常广泛，火车轮缘高度和宽度、轮辋厚度等方面的检测，各种液罐的液位计量和控制等领域都离不开位移传感器。

图 9-20　直线位移传感器外形

9.2.5　PM2.5 传感器

PM2.5 又称细颗粒物、细粒、细颗粒。PM2.5 指环境空气中空气动力学当量直径小于或等于 $2.5\mu m$ 的颗粒物。它能较长时间悬浮于空气中，其在空气中浓度越高，就代表空气污染越严重。虽然 PM2.5 只是地球大气成分中含量很少的组分，但它对空气质量和能见度等有重要的影响。与较粗的大气颗粒物相比，PM2.5 粒径小，面积大，活性强，易附带有毒、有害物质（例如，重金属、微生物等），且在大气中的停留时间长、输送距离远，因而对人体健康和大气环境质量的影响更大。

PM2.5 传感器可以用来检测空气中的颗粒物浓度，即 PM2.5 值大小。它是根据光散射原理开发的：粒子和分子将在光的照射下散射光，同时吸收部分光的能量。当一束平行的单色光入射到待测量的粒子场上时，它受到粒子周围的散射和吸收的影响，光强度衰减。PM2.5 传感器如图 9-21 所示。

PM2.5 传感器采用激光散射原理，即令激光照射在空气中的悬浮颗粒物上产生散射，同时在某一特定角度收集散射光，得到散射光强随时间变化的曲线。微控制器采集数据后，通过傅里叶变换得到时域与频域间的关系，随后经过一系列复杂算法得出颗粒物的等效粒径及单位体积内不同粒径的颗粒物数量。PM2.5 传感器的工作原理方框图如图 9-22 所示。

国内外已经有很多公司生产此类产品。例如 PH-PM2.5(S)就是一款数字式通用颗粒物浓度传感器。它

图 9-21　PM2.5 传感器

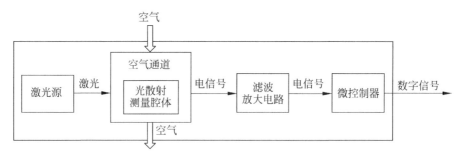

图 9-22　PM2.5 传感器的工作原理方框图

可以用于获得单位体积内空气中 $0.3 \sim 10 \mu m$ 悬浮颗粒物个数,即颗粒物浓度,并以数字接口形式输出,同时也可输出每种粒子的质量数据。该传感器可嵌入各种与空气中悬浮颗粒物浓度相关的仪器仪表或环境改善设备,为其提供及时准确的浓度数据。

9.2.6　红外传感器

红外传感器是一种能够感应目标辐射的红外线,利用红外线的物理性质进行测量的传感器。按探测机理可分为光子探测器和热探测器。红外传感技术已经在现代科技、国防和工业、农业等领域获得了广泛的应用。

在电子系统设计中,一般可以使用红外传感器进行测距或颜色辨别,需要一个红外发射管和红外接收管配合使用。红外发射二极管发射出一定强度的红外光,如果距离红外传感器不远处有物体,物体会对发出的红外光进行反射,此时在接收管上可以感应出一定的电流,根据感应电流的强弱可以大致判断物体的距离。在颜色辨别上,不同颜色对红外光的吸收强度不一样,从而可以根据其反射回来的红外光的多少区分不同的颜色。

如图 9-23 所示为常用的 TCRT5000 红外对管的实物图和引脚图。

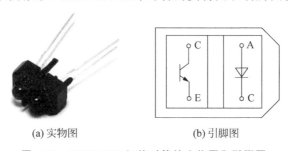

(a) 实物图　　　　　　　　(b) 引脚图

图 9-23　TCRT5000 红外对管的实物图和引脚图

如图 9-23 所示,TCRT5000 内集成了一个红外发光二极管和一个光敏三极管。在红外发光二极管的 A、C 端通上电流即可发出红外光。如果在距离 TCRT5000 不远处有物体,将红外发光二极管发出的红外光反射回来,那么将在 TCRT5000 的光敏三极管上产生一定的光电流,光电流大小随物体的距离远近而不同。

如图 9-24 所示为采用 TCRT5000 红外对管进行测距或黑、白颜色区分的应用电路。

如图 9-24 所示,U5 为 TCRT5000 红外对管。V_{DD} 电压通过电阻 R_{17} 在 TCRT5000 的红外发光二极管的 A、K 端产生电流,此时 TCRT5000 内部的红外发光二极管将发出红外光。同时,在光敏三极管的 C 极连接一个电阻 R_{16} 到 V_{PP},如果光敏三极管接收到红外光,则会有光电流流经光敏三极管的 CE 接口,此时电阻 R_{16} 上的电压值将会随光电流大小不

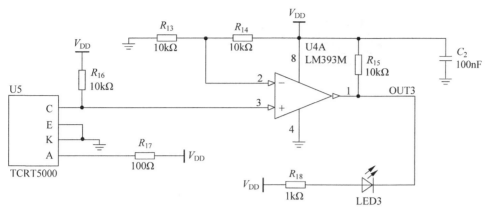

图 9-24 TCRT5000 红外对管应用电路

同而变化。如果没有光电流流过光敏三极管,则比较器 U4A 的同相端电压为 V_{DD} 电压,随着光电流增大,比较器的同相端电压将逐渐下降,此时便可以通过比较器同相端的电压大小判断物体到红外对管的距离。

对于比较器而言,使用一个简单的单门限比较器就可以实现对模拟传感器输出信号的处理功能。其中电阻 R_{13} 和 R_{14} 为分压电阻,将会在比较器的反相端产生一个 $V_{DD/2}$ 的电压值,此电压值表示模拟信号到数字信号转换的阈值,可以根据实际需求进行调节。电阻 R_{15} 是比较器 LM393 的输出上拉电阻。电阻 R_{18} 和 LED3 组成了一个指示电路,可以根据发光二极管 LED3 的亮灭,观察比较器的输出状态,也反映了物体到红外对管的距离。

9.2.7 气体传感器

气体传感器是一种将某种气体体积分数转换成对应电信号的转换器。探测头通过气体传感器对气体样品进行调理,通常包括滤除杂质和干扰气体、干燥或制冷处理仪表显示部分。

气体传感器是一种将气体的成分、浓度等信息转换成可以被人员、仪器仪表、计算机等利用的信息的装置。气体传感器一般被归为化学传感器的一类。

气体传感器主要用于检测环境中某种特定气体的浓度。在某些安全系统中,气体传感器是不可或缺的,例如,在家居系统中使用气体传感器,可以检测环境中某些有毒气体的含量或检测可燃气体的浓度,当环境中有害或可燃气体浓度超标时给出一些安全提示。

通常而言,气体传感器的精度不是非常高,因此为了提高检测精度,可在气体传感器内部集成一些发热装置从而使气体传感器一直工作在恒温下,以避免温度对气体传感器精度造成影响。气体传感器的工作原理是基于某些气体会导致某些材料的电参数发生变化,因此对特殊材料的电参数进行测量便可以间接得到气体的浓度参数。大多数气体传感器都是模拟传感器,其输出信号需要进行处理才能被微控制器等数字控制器所使用。

如图 9-25 所示为 MQ135 气体传感器外形图及基本测试原理图。

MQ135 气体传感器是基于半导体材料制造的半导体空气污染传感器。MQ135 气体传感器所使用的气敏材料是清洁空气中电导率较低的二氧化锡(SnO_2)。当传感器所处环境中存在污染气体(如氨气、硫化物、苯系气体等)时,传感器的电导率随空气中污染气体浓度

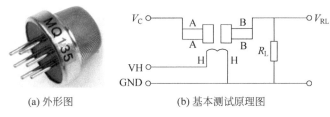

(a) 外形图   (b) 基本测试原理图

图 9-25   MQ135 气体传感器外形图及基本测试原理图

的增加而变大。使用简单的转换电路就可以将材料电导率的变化转换为与敏感气体浓度相对应的输出信号。

如图 9-25 所示,当使用 MQ135 气体传感器时,需要在 VH 引脚上施加电压信号驱动传感器中的电热丝工作,从而营造一个恒温的环境以提高传感器的精度。此时传感器的 A、B 端之间相当于一个电阻,该电阻值随着气体浓度的增加而变小,所以可以在 A、B 端施加一个测试电压 V_C,并且使用一个负载电阻 R_L 进行分压,便可以在 V_{RL} 处测量得到此时空气中的气体浓度,V_{RL} 处的电压会随气体浓度的增加而变大。

如图 9-26 所示为 MQ135 气体传感器的实用电路原理图。

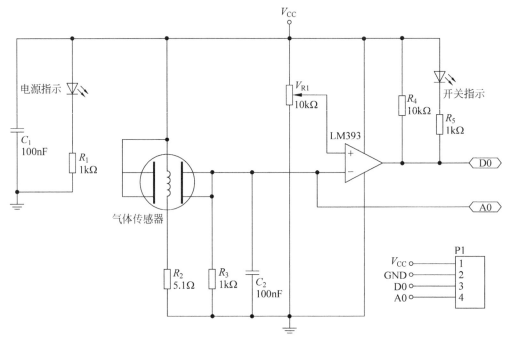

图 9-26   MQ135 气体传感器的实用电路原理图

如图 9-26 所示,电路由 V_{CC} 供电,由一个 LED 作为供电电源的指示。在传感器处使用一个 5.1Ω 的电阻与传感器的发热丝串联,从而给传感器提供一个恒温的环境以提高测量精度。传感器的供电电压也为 V_{CC},负载电阻大小为 $1k\Omega$,并联了一个 $100nF$ 电容对传感器输出的模拟信号进行滤波。

分析图 9-26 右侧的电路可以看出,该电路是一个基于 LM393 的单门限比较器电路,可以通过调节 V_{R1} 的滑动端对比较器的阈值电压进行设置。LM393 的输出上拉电阻为 $10k\Omega$,并且使用了一个二极管作为测量输出结果的开关指示。对于该电路,可以使用 ADC

直接对传感器输出的模拟电压进行采集,也可以使用微控制器的数字 I/O 口对 LM393 比较器输出的数字信号进行采集,使用较为方便。

9.2.8　压力传感器

压力传感器(Pressure Transducer)是一种能感受压力信号,并能按照一定的规律将压力信号转换成可用的输出电信号的器件或装置。

压力传感器通常由压力敏感元件和信号处理单元组成。按不同的测试压力类型,压力传感器可分为表压传感器、差压传感器和绝压传感器。

压力传感器是工业实践中最为常用的一种传感器,其广泛应用于各种工业自控环境,涉及水利水电、铁路交通、智能建筑、生产自控、航空航天、军工、石化、油井、电力、船舶、机床、管道等众多行业。

在测量系统中,如果需要对压力进行测试,则要用到压力传感器。

在压力测量方面,简单的做法是使用电阻应变片传感器对压力进行间接测量。

应变片是由敏感栅等构成的用于测量应变的元件。电阻应变片的工作原理基于应变效应,即导体或半导体材料在外界力的作用下产生机械变形时,其电阻值相应地发生变化,这种现象称为应变效应。

使用电阻应变片测量压力的原理如下:将电阻应变片贴在可形变物体上,物体受到压力时会带动电阻应变片一起发生形变,这样电阻应变片里面的金属箔材料就会随着物体伸长或缩短,从而导致电阻应变片的阻值发生变化。在实际操作中,仅需要测量电阻应变片阻值的大小便可以间接测量物体所受压力的大小。

如图 9-27 所示为某种电阻应变片的实物外形图。

对于常见的电阻应变片而言,当电阻应变片发生形变之后,其阻值变化并不是非常明显。例如,电阻应变片不发生形变时的电阻为 120Ω,可能在小形变时只有 0.24Ω 的变化量。因此对于测量电路而言,使用电阻分压和微控制器的 ADC 直接测量这么小的阻值变化是非常困难的,将会导致非常大的测量误差。

那么该如何对微小的阻值变化进行测量呢? 答案就是使用惠斯通电桥电路。

惠斯通电桥是由 4 个电阻组成的电路,因为其电路拓扑非常像在 4 个电阻之间搭了一个桥,所以又称为惠斯通电桥电路。

如图 9-28 所示为惠斯通电桥电路原理图。

图 9-27　电阻应变片的实物外形图

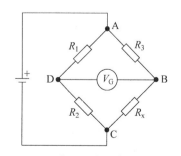

图 9-28　惠斯通电桥电路原理图

如图 9-28 所示,电阻 R_1、R_2、R_3、R_x 组成了惠斯通电桥电路的 4 个桥臂。使用惠斯通电桥电路可以测量电阻的相对变化,并可将电阻的相对变化转换成便于测量的电压信号,可以使用微控制器的 ADC 对产生的电压信号进行采集,对电阻的变化量进行拟合处理。由于惠斯通电桥电路测量的物理量是电阻值的相对变化量,因此精度非常高。图 9-28 中,电阻 R_x 是一个可变的待测电阻,在压力测量系统中,可以使用电阻应变片作为电阻 R_x,其余 3 个电阻为定值电阻(为了便于调节也可使用电位器代替)。

其中,可以通过设置 3 个定值电阻的阻值,使电阻应变片在初始状态时 B、D 两点的电压 V_G 为 0,即需要满足

$$R_1/R_2 = R_3/R_x$$

当电阻应变片发送形变之后,R_4 的阻值将会变大,此时 B 点的电压将会高于 D 点的电压,并且随着所受压力增大,B 点电压升高。因此,可以使用微控制器的 ADC 对 B、D 点之间的电压进行测量,得到系统中压力的大小。并且,为使测量结果更精确,可以使用一个仪表放大器芯片对 V_G 电压进行放大,再使用微控制器的 ADC 对放大后的信号进行采集。

9.3　常见的数字传感器电路

相对模拟传感器而言,数字传感器通过数字通信接口与微控制器等数字控制器进行通信,更加稳定可靠。

常见的数字通信接口有 I2C、SPI、UART、并行接口、单总线等。

使用数字传感器时,首要任务便是按照传感器的数字接口要求编写相应的数字通信底层驱动函数,然后通过数字接口对数字传感器的寄存器进行读写操作,具体的读写方式可以参照数字传感器的使用手册。

本节将对一些常用的数字传感器进行介绍。

9.3.1　数字式气流传感器

在空气流量的测量中,Honeywell 公司现在已生产出 HAF 系列数字式气流传感器,具有多种安装方式。

Honeywell 公司的 Zephyr™ 数字式气流传感器 HAF 系列——高准确度型为在指定的满量程流量范围及温度范围内读取气流数据提供一个数字接口。它们的绝热加热器和温度感应元件可帮助传感器对空气流或其他气流作出快速响应。

Zephyr™ 传感器设计用来测量空气和其他非腐蚀性气体的质量流量。它们采用标准流量测量范围,经过了全面校准,并利用一个设计在电路板上的"专用集成电路"(ASIC)进行温度补偿。

这些传感器利用热传输(转移)原理测量气流的质量流量。它们由一个微桥型"微电子和微机电系统"(MEMS)组成,其热电阻由铂和氮化硅薄膜沉积而成。MEMS 感应片处在一个精确的、经过计算确定的气流通道中,以提供重复的气流响应。

例如:HAFUHM0020L4AXT 是一种 Honeywell 公司 Zephyr™ 气体质量流量传感器,如图 9-29 所示。

测量区域为单向气流,采用长接口,歧管安装,流量范围为 0~20 SLPM,使用标准 I2C

输出(地址为 0x49),供电可采用 DC3V~DC10V 电源电压。

Zephyr™ 系列传感器有多种可选安装方式,如图 9-30 所示。

图 9-29 HAFUHM0020L4AXT 气体质量
流量传感器

顶端　　　　　　　顶端

底端　　　　　　　底端

长接口紧固件安装　短接口卡扣式安装

图 9-30 Zephyr™ 系列传感器的多种可选安装方式

Zephyr™ 系列传感器可以应用于以下领域:

(1)医疗:麻醉机、心室辅助装置(心脏泵)、医院诊断(光谱、气相色谱)、喷雾器、制氧机、患者监测系统(呼吸监测)、睡眠呼吸机、肺活量计和呼吸机。

(2)工业:空气-燃料比、分析仪器(光谱、气相色谱)、燃料电池、气体泄漏检测、煤气表、暖通空调系统(HVAC)过滤器、暖通空调系统(HVAC)上的变风量(VAV)系统。

另外,Sensirion 公司也推出了 SDP500 系列数字式动态测量差压传感器,基于 CMOSens 传感器技术,将传感器元件、信号处理和数字标定集成在一个微芯片,具有较好的长期稳定性和重复性以及较宽的量程比,能够以超高精度、无漂移地测量空气和非腐蚀性气体的流量。

SDP510 是 SDP500 系列中的一款,工作电压为 3.3V,测量范围为 ±500Pa(标定范围为 0~500Pa,测量范围中未标定部分无法确保其精度),分辨率为 9~16 位可调(默认 12 位),提供 I2C 数字接口,可以方便地将测量数据传输至控制器,完成流量的精确测量。SDP510 与 STM32F103 的接口电路如图 9-31 所示。

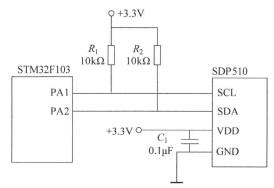

图 9-31 SDP510 与 STM32F103 的接口电路

9.3.2　数字摄像头电路

数字摄像头是一种数字视频的输入设备,利用光电技术采集影像,通过内部的电路把这些代表像素的"点电流"转换成为能够被计算机所处理的数字信号 0 和 1,而不像视频采集卡那样:首先用模拟的采集工具采集影像,再通过专用的模数转换组件完成影像的输入。

在电子系统设计中常用的数字摄像头有 3 种,下面分别介绍这 3 种摄像头的电路。

1. 线性 CCD 摄像头电路

CCD 摄像头电路本质上是一种光电采集器件,这里以 TSL1401 传感器为例。它的核心是一片具有 128 像素的线性 CCD,可以直接连接到微控制器上进行数据采集和处理。

TSL1401 线性 CCD 具有如下特性:

(1) 像素为 128×1。

(2) 400 点/英寸(1 英寸＝2.54 厘米)传感器间距。

(3) 高线性度和均匀分布。

(4) 宽动态范围为 4000∶1(72dB)。

(5) 输出参考 GND。

(6) 图像滞后低(典型值 0.5%)。

(7) 传输时钟最快可达到 8MHz。

(8) 没有外部负载电阻要求。

如图 9-32 所示为 TSL1401 线性 CCD 实物与芯片引脚定义。

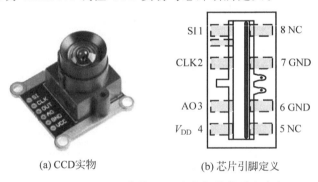

(a) CCD实物　　　　　(b) 芯片引脚定义

图 9-32　TSL1401 线性 CCD 实物与芯片引脚定义

从图中可以看到,TSL1401 线性 CCD 芯片仅具有 5 个有效连接端口,分别为 SI、CLK、AO、V_{DD}、GND。

其中,V_{DD} 和 GND 接口是 CCD 模块的供电接口,工作范围为 3～5V;SI 为模块的串行输入端口,需要通过微控制器 I/O 口控制数据的起始位;CLK 为模块的时钟输入引脚,该引脚需要连接到微控制器的 I/O 口,使用微控制器对 CCD 模块提供通信时钟;AO 端口是 CCD 模块的信号输出端口,为模拟信号输出,需要连接到微控制器的 ADC 端口进行采集。

在使用 CCD 模块时,可以根据实际需要选用不同的 CCD 镜头。

镜头的焦距就是透镜中心到焦点的距离。例如在照相时,被照物体与镜头的距离不是一直相等的,给人照相时,想要照全身像就需要离得远一点;照半身像则需要离得近一点。也就是说,在使用镜头时像距总是不固定的,这样如果想要获得清晰的照片就需要随着物距的不同而改变胶片到镜头的距离,这一改变其实就是"调焦"过程。不同的焦距对应着不同的视角大小,焦距越长,视角越小。调焦是为了让物体能够清晰成像,与物体到镜头的距离有关。因此在不同的应用场合,可以选用不同焦距的镜头以便更好地成像及采集数据。

由于 CCD 摄像头在采集图像时需要一定的曝光,因此还需要对曝光时间进行适当的配置。TSL1401 由 128 个光电二极管线性阵列组成,照射在光电二极管上光的能量将产生光电流,相关像素点上的有源积分电路对这些光电流进行积分。在积分期间。积分器的输出通过一个模拟开关连接到电容并进行采样。在每个像素点中积累的电荷量与光强度和积分时间成正比。因此,在不同的光强环境中,需要合理配置 CCD 摄像头的曝光时间等参数以获得较好的采集效果。

如图 9-33 所示为 TSL1401 线性 CCD 芯片的应用电路。

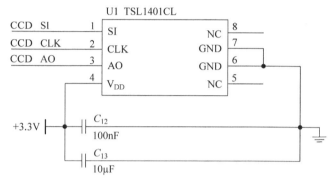

图 9-33 TSL1401 线性 CCD 芯片的应用电路

从图 9-33 可知,TSL1401 线性 CCD 传感器的使用方法非常简单,在对 CCD 进行配置后,只需要由微控制器提供一个 CLK 时钟信号便可以使用 ADC 在每个 CLK 周期内采集AO 端口输出的模拟信号,连续采集 128 次即为一帧采样。其中每个像素点的 ADC 采样数值代表该像素点的光照强度。

2. OV7725 摄像头电路

OV7725 摄像头电路是一款集成了 OmniVision 公司生产的 1/4 英寸的 CMOS VGA（640×480 像素）图像传感器的数字摄像头模块,其主要特性如下。

（1）支持 VGA、QVGA,以及从 CIF 到 40×30 分辨率的各种尺寸输出。

（2）支持 RawRGB、RGB（GBR4：2：2、RGB565/RGB555/RGB444）、YUV（4：2：2）和 YCbCr（4：2：2）输出格式。

（3）自动图像控制功能：自动曝光（AEC）、自动白平衡（AWB）、自动消除灯光条纹、自动黑电平校准（ABLC）和自动带通滤波器（ABF）等。

（4）支持图像质量控制：色饱和度调节、色调调节、Gamma（Gamma 源于 CRT（显示器/电视机）的响应曲线,即其亮度与输入电压的非线性关系）校准、锐度和镜头校准等。

（5）支持图像缩放、平移和窗口设置。

（6）标准的 SCCB 接口（SCCB 是 OmniVision 公司开发的一种总线,并广泛地应用于OV 系列图像传感器上。SCCB 是一种 3 线的总线,它出 SCCB_E、SIO_C、SIO_D 组成。在为了减少引脚的芯片上缩减为 2 根线,即 SIO_C 和 SIO_D）。

（7）高灵敏度、低电压适合嵌入式应用。

如图 9-34 所示为 OV7725 数字摄像头的实物与芯片引脚定义。

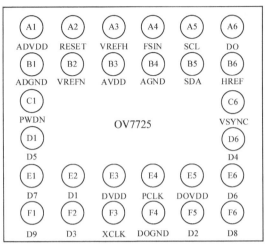

(a) 实物　　　　　　　　　　　　　　　　(b) 芯片引脚定义

图 9-34　OV7725 数字摄像头的实物与芯片引脚定义

如图 9-35 所示为 OV7725 数字摄像头应用电路原理图。

OV7725 摄像头的应用电路非常简单,除电源部分电路外,其时钟、控制、数据接口电路均可与微控制器的 I/O 口直接连接。在配置完数字通信接口之后便可以从 OV7725 数字摄像头电路内部取得采集到的实时图像信息。

3. OPENMV 介绍

在电子系统设计中,如果使用常规摄像头,则需要自行编写相应的程序对摄像头所获取的图像进行图像处理,然而常用的微控制器性能有限,且图像处理算法较为复杂,所以很难使用传统的摄像头获得较好的图像处理结果。因此出现了集成摄像头驱动甚至部分算法的新型高性能"摄像头"模块,如 OPENMV 等。

OPENMV 是基于 Python 的嵌入式机器视觉模块,成本低,易于拓展,开发环境友好。除了用于图像处理,还可以用 Python(Micro Python)控制其硬件资源以及控制 I/O,与现实世界交互。OPENMV 模块是嵌入式图像处理模块,其摄像头是一款小巧、低功耗、低成本的电路板,可帮助用户轻松地完成常见机器视觉(Machine Vision)任务。

Python 的高级数据结构可以很容易地在机器视觉算法中处理复杂的输出。同时用户仍然可以完全控制 OPENMV,包括 I/O 引脚。因此,用户可以很容易地使用外部终端触发拍摄或执行算法,也可以用算法的结果控制 I/O 引脚。

OPENMV 作为一个可编程的摄像头,可以极大地缩短简单的图像处理项目的设计时间,只需要对 OPENMV 模块进行编程就可以将图像处理的结果输出给其他处理器进行上层控制逻辑,具有高效、简便的特点。

如图 9-36 所示为 OPENMV 实物图。

目前,OPENMV 的官方版本已更新到第 4 代,即 OPENMV4 版本,在该版本中已将处理器升级为 ST 公司生产的 STM32H7 系列高性能处理器,其主频可达 480MHz,该处理器的 Core Mark 分数达到了 2400 分,已经超过部分树莓派处理器的 2340 分。因此该处理器的性能非常优越,适合于 OPENMV 的设计。

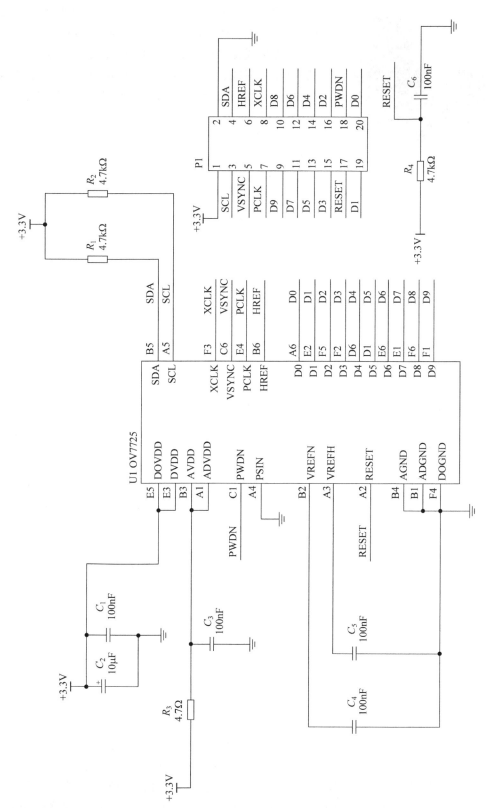

图 9-35 OV7725 数字摄像头应用电路原理图

图 9-36　OPENMV 实物图

OPENMV 中已经集成了非常多的图像处理算法，如 CNN 神经网络、Lenet 数字识别、笑脸检测、全局快门、红外热成像、颜色识别、形状识别、矩阵识别、圆形识别、机器人巡线、直线识别、人脸识别、边缘检测、连通域检测、光流、人眼追踪、模板匹配、特征点追踪、二维码识别、瞳孔检测、条形码识别、矩形码识别、AprilTag（一个视觉基准系统，可用于多种任务，包括增强现实、机器人和相机校准）目标追踪、绘图写字、帧差异、录制视频、无线图像传输等。

在电子系统设计中，借助于 OPENMV 模块可以在一定程度上帮助读者完成图像处理相关设计。

9.3.3　数字电感传感器 LDC1314

LDC1314 是 TI 公司生产的一款用于电感感测解决方案的 4 通道 12 位数字电感转换器。由于具备多通道且支持远程感测，LDC1314 能以较低的成本和功耗实现高性能且可靠的电感感测。此类产品使用简便，仅需要传感器频率处于 1kHz～10MHz 的范围内即可开始工作。由于支持的传感器频率范围（1kHz～10MHz）较宽，因此还支持使用非常小的 PCB 线圈，从而进一步降低感测解决方案的成本和尺寸。

LDC1314 提供匹配良好的通道，可实现差分测量与比率测量。因此，设计人员能够利用一个通道来补偿感测过程中的环境条件和老化条件，如温度、湿度和机械漂移。得益于易用、低功耗、低系统成本等特性，这些产品有助于设计人员大幅提高现有传感器解决方案的性能、可靠性和灵活性。LDC1314 外形如图 9-37 所示。

LDC1314 具有如下特性：

（1）易于使用，配置要求极低。

（2）多达 4 个具有匹配传感器驱动器的通道。

（3）多个通道支持环境和老化补偿。

（4）大于 20cm 的远程传感器位置支持在严苛的环境下运行。

（5）支持 1kHz～10MHz 的宽传感器频率范围。

（6）2.7～3.6V 工作电压。

（7）抗直流磁场和磁体干扰。

图 9-37　LDC1314 外形

如图 9-38 所示为 LDC1312 芯片的工作框图，LDC1312 与 LDC1314 的区别仅为通道数不同，LDC1312 芯片只有 2 个测量通道。

如图 9-38 所示，LDC1312 芯片可以使用内部时钟或使用外部接入的时钟源，因为该芯片对时钟精度要求较高，所以建议读者在设计电路时使用外部高精度晶振为 LDC1312 提供高精度的时钟源。LDC1312 芯片具有 2 个测量通道，其工作原理完全相同。每个测量通道有 A、B 接口，这 2 个接口连接到外部的 LC 并联振荡电路，其中电容 C 为固定值的振荡电容，而电感 L 为远端的测量传感器。当有金属物品接触电感 L 时，会改变电感 L 的等效电感量，此时 LC 的谐振频率发生变化，LDC1312 芯片可以精确感知 LC 振荡网络的频率变化,因此可以根据固定的电容值推算出电感的绝对值或相对变化值,从而实现对电感的测量。

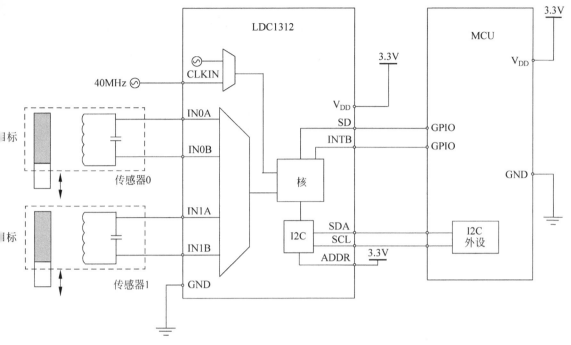

图 9-38　LDC1312 芯片的工作框图(与 LDC1314 芯片类似)

如图 9-39 所示为 LDC1314 应用电路图。

如图 9-39 所示,LDC1314 工作电路中采用外部有源晶振给芯片提供工作时钟,考虑到系统的稳定性,电源部分采用 LC 滤波方式。I2C 地址引脚 ADDR 接地,因此 LDC1314 芯片的 I2C 地址为 0X2A。LDC1314 的最大测量频率为 10MHz,因此测量通道上并联接入 43.9μH 电感与 100pF 电容,此时振荡频率为 2.4MHz(未考虑分布电容,实际频率应比该值小,且建议工作频率不高于振荡频率的 0.8 倍)。

LDC1314 芯片内部具有数字处理核心,可以由外部微控制器提供的 SD 信号控制芯片的使能,同时具有中断接口 INT 可以编程通知外部微控制器触发中断处理。

LDC1314 芯片使用 I2C 接口与微控制器进行数字通信。上电后微控制器使用 I2C 接口与 LDC1314 芯片进行通信并对 LDC1314 进行初始化配置。当 LDC1314 芯片正常工作后,使用 I2C 接口将转换结果送往微控制器进行处理。

LDC1314 芯片曾在大学生电子设计竞赛中应用于小车的寻迹传感器设计中,赛题要求参赛者使用 LDC1314 芯片设计电感传感器从而实现小车沿着某一铁丝进行循线前行。这里应用的原理正是当传感器的电感在铁丝上方时会改变电感的等效电感量,造成 LC 振荡频率发生变化,从而使用 LDC1314 芯片对该频率变化进行采集,最终转换为数字量送往微控制器进行处理。在设计过程中需要注意:应尽量使用外部晶振为 LDC1314 芯片提供高精度时钟从而提高测量精度,并注意 LC 振荡的寄生参数对测量的影响,例如传感器的电容应当使用高精度电容,如 COG 或 NPO 材质的电容,而电感应当尽量减小机械振动对电感的电感量的影响。

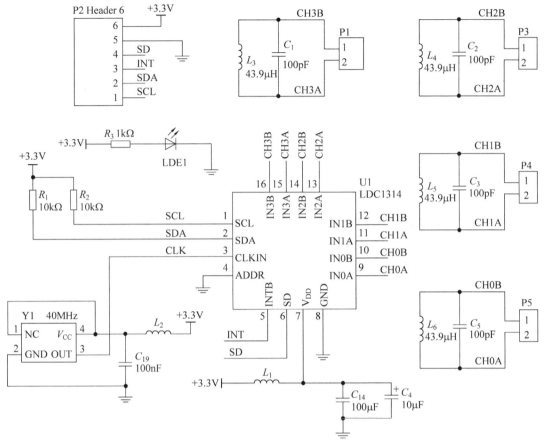

图 9-39 LDC1314 应用电路图

9.3.4 数字电容传感器 FDC2214

FDC2214 传感器与 LDC1314 传感器类似,不过 LDC1314 用于电感测量,而 FDC2214 芯片是一款对电容进行测量的芯片。

电容传感是一种低功耗、低成本且高分辨率的非接触式感测技术,适用于从接近检测和手势识别到远程液位感测领域的各项应用。电容传感器系统中的传感器可以采用任意金属或导体,因此可实现高度灵活的低成本系统设计。

电容传感器灵敏度的主要限制因素在于传感器的噪声敏感性。FDC2214 传感器采用创新型抗 EMI(电磁干扰)架构,即使在高噪声环境中也能维持性能不变。

FDC2214 芯片是面向电容传感解决方案的芯片,具有抗噪声和 EMI、高分辨率、高速、通道等特点。该系列器件采用基于窄带的创新型架构,可对噪声和干扰进行高度抑制,在高速条件下提供高分辨率。同时支持宽激励频率范围,可为系统带来灵活性。宽激励频率范围测量对于导电液体(如清洁剂、肥皂液和油墨)感测的可靠性非常有用。FDC2214 外形如图 9-40 所示。

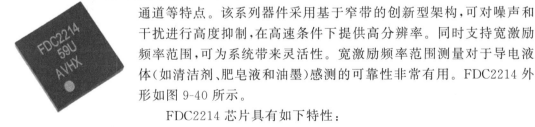

图 9-40 FDC2214 外形

FDC2214 芯片具有如下特性:

(1)抗 EMI 架构。

（2）最高输出速率（每个有源通道）：4.08ksps（Kilo Samples Per Second，即采样千次每秒，sps 即采样次每秒，是转化速率的单位）。

（3）最大输入电容：250nF（10kHz 频率，1mH 电感）。

（4）传感器激励频率：10kHz～10MHz。

（5）分辨率：高达 28 位。

（6）系统噪声底限（System Noise Floor）：当输出速率为 100sps 时，输入电容为 0.3fF（fF 为电容的单位 1pF 等于 1000fF，fF 读飞法）。

（7）电源电压：2.7～3.6V。

（8）功耗：2.1mA（有源）。

（9）关断电流：200nA。

如图 9-41 所示为 FDC2214 芯片的工作框图。

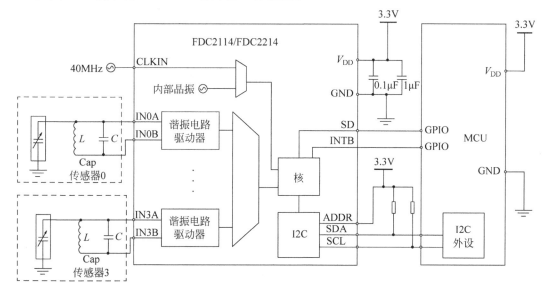

图 9-41　FDC2214 芯片的工作框图

如图 9-41 所示，FDC2214 芯片的结构与前文所述的 LDC1314 芯片的结构几乎完全一样。FDC2214 芯片可以使用内部时钟或使用外部接入的时钟源，因为该芯片对时钟精度要求较高，所以建议读者在设计电路时，使用外部高精度晶振为 FDC2214 提供高精度的时钟源。

FDC2214 芯片具有 4 个测量通道，其工作原理完全相同。每个测量通道都有 A、B 接口，两个接口连接到外部的 LC 并联振荡电路，其中，电容 C 为固定值的振荡电容；L 为固定值的振荡电感，同时还接入一个等效的并联测量电容，此电容的容值可随外界被测物体而变化。当传感器外面有并联的寄生电容时，LC 的谐振频率发生变化，FDC2214 芯片可以精确感知 LC 振荡网络的频率变化，因此可以根据固定的电感与电容值推算出要测电容的绝对值或相对变化值，从而实现对电容的测量。

如图 9-42 所示为 FDC2214 应用电路图。

FDC2214 工作电路中采用外部有源晶振给芯片提供工作时钟，考虑到系统的稳定性，电源部分采用 LC 滤波方式。I2C 地址引脚 ADDR 接地，因此 FDC2214 芯片的 I2C 地址为

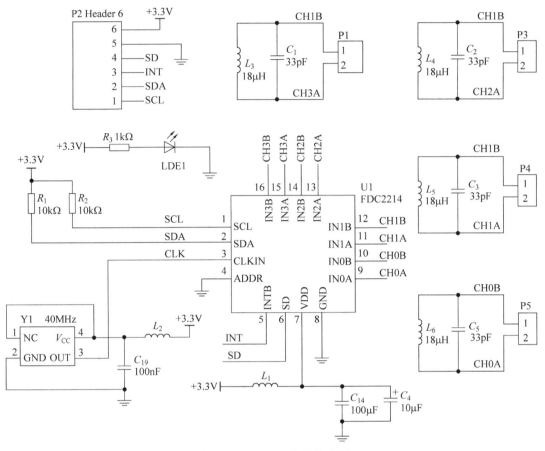

图 9-42 FDC2214 应用电路图

0X2A。FDC2214 的最大测量频率为 10MHz,因此测量通道上并联接入 18μH 电感与 33pF 电容,此时振荡频率为 6.5MHz(未考虑分布电容,实际频率应比该值小,且建议工作频率不高于振荡频率的 0.8 倍)。

FDC2214 芯片内部具有数字处理核心,可以由外部微控制器提供的 SD 信号控制 FDC2214 芯片的使能,同时具有中断接口可以编程通知外部微控制器,触发中断处理。

FDC2214 芯片使用 I2C 接口与微控制器进行数字通信。上电后微控制器使用 I2C 接口与 FDC2214 芯片进行通信并对 FDC2214 进行初始化配置。当 FDC2214 芯片正常工作后,使用 I2C 接口将转换结果送往微控制器进行处理。

FDC2214 芯片曾在大学生电子设计竞赛中被应用于手势识别和纸张数测量系统中。其中以手势识别系统为例,当有手指贴在传感器上时,相当于在 LC 振荡电路中并联了一个寄生电容,此时系统的振荡频率会降低,FDC2214 芯片可以感知频率的变化从而确定手指是否贴在传感器上面。通过使用多个 FDC2214 测量通道对多个手指进行测量即可成功检测出此时的手势,完成手势识别的设计。

在设计过程中需要注意:应尽量使用外部晶振为 FDC2214 芯片提供高精度时钟,从而提高测量精度,并且注意 LC 振荡的寄生参数对测量的影响,例如传感器的电容应当使用高精度电容,如 COG 或 NPO 材质的电容;而电感应尽量减小机械振动对电感的电感量的影响,尽量保证电感的值不随环境变化而变化。COG 或 NPO 这两个代码是指贴片电容的介质材料,按照美国电工协会的标准,贴片电容的材质可分为三类:超稳定级、稳定级、可用级。超稳定级就是 COG 材质,同时也可称为 NPO 材质的电容。COG 或 NPO 介质贴片电容通常作为温度补偿型电容使用,性能非常稳定。温度系数在 $0\pm30\text{ppm}/℃$ 以内,电容值随频率和电压的变化很小,高频率特性好,高 Q 值产品,Q 值高达 10000 以上。主要应用于产品的高频端。

9.3.5 数字温湿度传感器

温湿度传感器可以对环境、物体的温度和湿度进行测量。通常在大学生电子设计竞赛中不会对该项测量专门命题,但常作为其他电路的单元功能部分。常用的温湿度传感器有很多,会直接使用 NTC 电阻搭建模拟温度传感器;或者使用数字温度测量器件对温湿度进行测量。本节将对常用的温湿度测量芯片进行介绍。

1. DS18B20 数字温度传感器

DS18B20 是一款高精度的单总线温度测量芯片。温度传感器的测温范围为 $-55\sim$ $+125℃$;用户可以通过配置寄存器来设定数字转换精度和测温速度。芯片内置 4 字节非易失性存储单元供用户使用,2 字节用于高低温报警,另外 2 字节用于保存用户自定义信息。在 $-10\sim+85℃$ 内最大误差为 $\pm0.5℃$,在全温范围内最大误差为 $\pm1.5℃$。用户可自主选择电源供电模式或寄生供电模式。

单总线接口允许多个设备挂在同一总线上,该特性使 DS18B20 也非常便于部署分布型温度采集系统。

DS18B20 数字温度传感器具有如下特性:

(1) 单总线接口,节约布线资源。

(2) 应用简单,不需要额外器件。

(3) 转换温度时间为 500ms。

(4) 可编程 9~12 位数字输出。

(5) 宽供电电压范围为 2.7~5.5V。

(6) 每个芯片有可编程的 ID 序列号。

(7) 用户可自行设置报警值。

(8) 超强 ESD 保护能力(HBM>8000V)。HBM(Human Body Model,人体模型)是半导体行业中最常用的放电模型,在各种复杂条件下人体均可以携带静电,然后通过在正常的处理或组装操作时将电荷转移到半导体器件,该模型旨在模拟当人体被充电(通过运动、步行等),然后通过触摸集成电路的引脚放电时所发生的情况。

(9) 典型待机电流功耗 $1\mu\text{A}@3\text{V}$。

(10) 典型换电流功耗 $0.6\text{mA}@3\text{V}$。

DS18B20 的 TO-92 封装与引脚分布如图 9-43 所示。

从图 9-43 中可以看到,DS18B20 芯片仅有 3 个连接引脚,其中 2 个引脚为芯片供电,所以仅使用一根 DQ 数据线便可以与微控制器进行数字通信,这样的设计可以大大简化硬件电路的设计。

DS18B20 芯片的应用电路如图 9-44 所示。

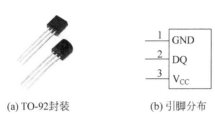

(a) TO-92封装　　　　　(b) 引脚分布

图 9-43　DS18B20 的 TO-92 封装与引脚分布

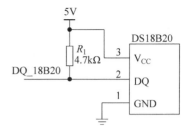

图 9-44　DS18B20 芯片的应用电路

如图 9-44 所示，DS18B20 芯片不工作在寄生电源模式下，其 V_{CC} 引脚接到 5V 电源。作为单总线接口芯片，其信号引脚通过一个 $4.7k\Omega$ 的电阻上拉到电源，然后连接到微控制器。微控制器通过单总线通信协议即可实现对 DS18B20 芯片的温度读取。

2. HDC2080 数字温湿度传感器

HDC2080 芯片是一款采用小型 DFN 封装的集成式湿度和温度传感器，能够以超低功耗提供高精度测量。该芯片包含新的集成数字功能和用于消散冷凝和湿气的加热元件。

HDC2080 的数字功能包括可编程中断阈值，因此能够提供警报和系统唤醒，而无须微控制器持续对系统进行监控。同时，HDC2080 还具有可编程采样间隔，功耗较低，并且支持1.8V 电源电压，因此非常适合电池供电型系统。

HDC2080 芯片具有如下特性：

（1）相对湿度范围：0～100％。

（2）湿度精度：±2％（典型值）；±3％（最大值）。

（3）温度精度：±0.2℃（典型值）；±0.4℃（最大值）。

（4）睡眠模式电流：50nA（典型值）；100nA（最大值）。

（5）平均电源电流（每秒测量 1 次）：

① 300nA：仅测量湿度（RH％）时的平均电流（精度为 11 位）。

② 550nA：同时测量湿度和温度时的平均电流（湿度精度为 11 位，温度精度为 11 位）。

（6）温度范围：

① 运行温度：-40～85℃。

② 可正常工作的温度：-40～125℃。

（7）电源电压范围：1.62～3.6V。

（8）具有自动测量模式。

（9）I2C 接口兼容性。

HDC2080 的 PWSON 封装与引脚分布如图 9-45 所示。

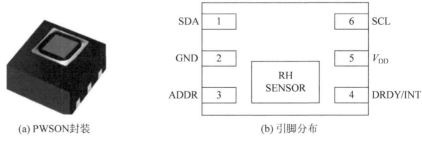

(a) PWSON封装　　　　　　　　　　(b) 引脚分布

图 9-45　HDC2080 的 PWSON 封装与引脚分布

从图中可以看到,HDC2080 芯片仅有 6 个连接引脚,各引脚功能如下。

(1) SDA:串行数据输入/输出端。

(2) SCL:时钟信号。

(3) GND:接地端。

(4) V_{DD}:电源正端。

(5) ADDR:I2C 总线的地址选择端,悬空时为 1000000(低 7 位);接低为 1000000;接高为 1000001。

(6) DRDY/INT:数据准备/中断输出端,推挽输出。

HDC2080 芯片的应用电路如图 9-46 所示。

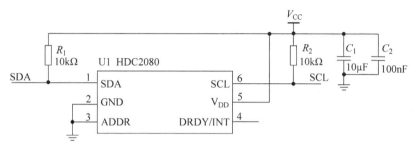

图 9-46　HDC2080 芯片的应用电路

从图中可以看到,HDC2080 的应用电路除电源电路外,I2C 接口需外接上拉电阻,然后即可连接到微控制器的 I/O 口。微控制器可以通过 I2C 通信协议获得传感器测量的温度和湿度数据。

9.3.6　数字加速度与陀螺仪传感器

在电子系统设计中,常需要感知运动物体(如智能小车、无人机飞行器等)当前的加速度、空间状态等信息,所以需要使用加速度与陀螺仪传感器对物体的状态进行感知。本节主要介绍集成了三轴加速度和三轴陀螺仪的传感器 MPU6050 芯片。

MPU6050 是一款空间运动传感器芯片,可以获取器件当前的 3 个加速度分量和 3 个旋转角速度,具有体积小巧、功能强大、精度高的特点。芯片内还自带了 1 个数字运动处理器 DMP(Digital Motion Processor),已经内置了滤波算法,在许多应用中使用 DMP 输出的数据已经能够很好地满足要求,用户可以直接使用内部集成的 DMP 对数据进行融合,直接得到处理后的数据并使用。

MPU6050 芯片的主要功能和特性如下:

(1) 供电电压:2.375～3.46V。

(2) 数字接口:I2C 接口,最高速率可达 400kHz。

(3) 测量类型:三轴陀螺仪,三轴加速度。

(4) 加速度测量范围:$\pm 2/\pm 4/\pm 8/\pm 16g$。

(5) 陀螺仪测量范围:$\pm 250/\pm 500/\pm 1000/\pm 2000°/s$。

(6) ADC 位数:16 位。

(7) 加速度分辨率:16384LSB/g。

(8) 陀螺仪分辨率:131LSB/(°/s)。

(9) 加速度输出速率:1kHz。

（10）陀螺仪输出速率：8kHz。

（11）DMP 输出速率：200Hz。

（12）温度传感器测量范围：−40～85℃。

MPU6050 的 QFN 封装与引脚分布如图 9-47 所示。

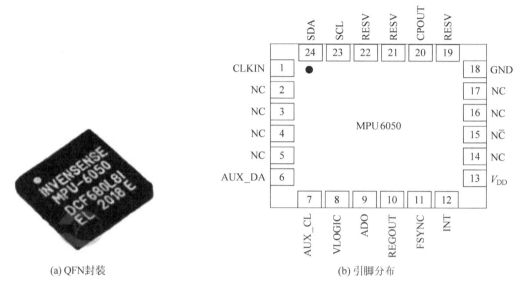

(a) QFN封装   (b) 引脚分布

图 9-47　MPU6050 的 QFN 封装与引脚分布

使用 MPU6050 芯片时，一般仅需要使用其 V_{CC}、GND、SCL 和 SDA 接口便可以实现其全部功能。微控制器可以通过标准 I2C 接口对 MPU6050 芯片的工作条件进行配置，在初始化 MPU6050 芯片之后，微控制器可使用 I2C 接口读取 MPU6050 芯片测量到的三轴加速度和三轴陀螺仪的原始测量值。

MPU6050 芯片的应用电路如图 9-48 所示。

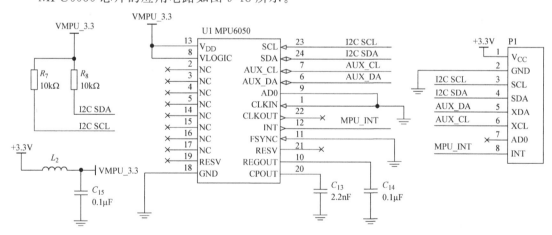

图 9-48　MPU6050 芯片的应用电路

如图 9-48 所示，MPU6050 硬件电路设计中只需要为该芯片提供合适的工作条件（如电源供电等），以及对芯片的某些功能进行硬件配置（如 I2C 的地址配置及连接 I2C 通信的上拉电阻等），最后将 MPU6050 芯片的重要引脚引出并连接到微控制器对应的 I/O 口便能完成整个硬件电路的设计。

MPU6050 芯片的原始测量值具有一定的噪声,因此需要使用数据融合算法对原始数据进行处理,经常在微控制器上面使用互补、卡尔曼滤波等数字处理算法对原始信号进行进一步处理。用户也可以直接读取其内部 DMP 处理后的数据,从而降低设计难度。

9.3.7 加速度传感器

加速度传感器是一种能够测量物体加速度的电子设备,广泛用于航空航天、武器系统、汽车、消费电子等。通过加速度的测量,可以了解运动物体的运动状态。可应用在游戏控制,手柄振动和摇晃,仪器仪表,汽车制动启动检测,地震检测,报警系统,玩具,结构物、环境监视,工程测震,地质勘探、铁路、桥梁、大坝的振动测试与分析,鼠标,高层建筑结构动态特性和安全保卫振动侦察上。

1. 加速度传感器定义

加速度传感器是能感受加速度并转换成可用输出信号的传感器。

2. 常用加速度传感器

常用的加速度传感器有 ADXL345、MMA7260 等。下面以 ADXL345 为例介绍加速度传感器的原理及应用。

ADXL345 是一个完整的三轴加速度测量系统,可选择的测量范围有 $\pm 2g$,$\pm 4g$,$\pm 8g$ 或 $\pm 16g$。ADXL345 外形如图 9-49 所示,其引脚如图 9-50 所示。

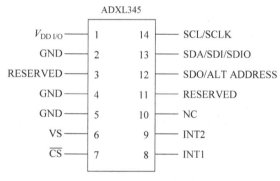

图 9-49　ADXL345 外形　　　　　图 9-50　ADXL345 引脚图

ADXL345 既能测量运动或冲击导致的动态加速度,也能测量静止加速度,例如重力加速度,因此器件可作倾角测量仪使用。此外,ADXL345 还集成了一个 32 级 FIFO 缓存器,用来缓存数据以减轻处理器的负担。

9.4　常见的功率驱动电路

下面讲述常见的功率驱动电路,包括电机驱动基本原理、常见的电机驱动电路。

9.4.1　电机驱动基本原理

对于常见的运动机构,其动力来源一般均为电机。在大学生电子设计竞赛中,自动控制类题目常用到的电机类型有舵机、步进电机、直流电机(有刷、无刷)等,其中直流有刷电机使用最广,常用于智能小车设计、运动执行机构等。本节将以常见的直流异步电机为例讲解电机驱动电路的基本原理。

　　根据使用 MOS 管的数量,可以简单地将电机驱动电路分为 3 类:单管驱动电路、多桥双管驱动电路和全桥四管驱动电路。如图 9-51 所示为电机的单管驱动电路原理图。

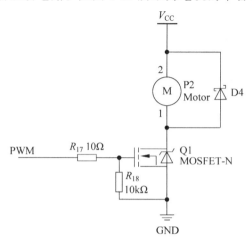

图 9-51　电机的单管驱动电路原理图

　　其中,Q1 为开关管,起到电子开关的作用,可以根据栅极所施加的驱动信号,控制 D 极和 S 之间的阻抗进行导通或关断动作。电阻 R_{18} 为 MOS 管的驱动下拉电阻,可以在电路驱动部分未上电而电机供电上电的情况下将 MOS 管控制在默认关断的状态,防止电机不受控转动或引起其他故障,该电阻一般默认值为 $10\text{k}\Omega$ 左右。电阻 R_{17} 为 MOS 管的栅极驱动电阻,对于 MOS 管而言,在高频驱动下,相当于一个电容负载,MOS 管的栅极走线会带来寄生电感,所以 MOS 管的驱动电路相当于一个 RLC 电路,如果阻尼 R 过小,则会产生振荡从而引起 MOS 管的误导通或误关断,所以一般情况下会在 MOS 管的栅极串联一个电阻提供一定的阻尼作用,该电阻通常取值约 10Ω 即可。由于电机是感性负载,其电流不能突变,因此与电机并联的二极管是为了在 MOS 管由导通变为关断的时候对流过电机线圈的电流进行续流,防止 MOS 管关断的瞬间在 D 极、S 极之前产生较高的电压损坏 MOS 管。

　　图 9-51 所示的电路在工作时,向 MOS 管的栅极提供一个 PWM 驱动信号以控制电机的转速,PWM 的频率需要根据电机的要求进行确定,一般在 1kHz 以上。控制器可以通过改变 PWM 的占空比对电机的转速进行控制。

　　图 9-51 所示的电路存在一定的局限,即流过电机的电流只有一个方向,电机只能单向转动而不能反向转动,那么在某些需要电机具有双向转动功能的场合便不能直接使用该电路。为了使电机能双向转动,需要对电路进行改动,如图 9-52 所示为使用半桥结构的电机驱动电路,该电路可以使电机实现双向转动。

　　在图 9-52 所示的电路中,相对前面的单管驱动多使用了一个 MOS 管对电机进行驱动。其中,R_{26} 和 R_{27} 电阻是 MOS 管的栅极下拉电阻,用来设定 MOS 管的默认关闭状态;电阻 R_{24} 和 R_{25} 为 MOS 管的栅极驱动电阻,可以减小 MOS 管的栅极波形振荡,有助于提高驱动稳定性;C_{47} 和 C_{48} 是分压电容,在高频下,这两个电容相当于两个电阻,电机使用高频 PWM 驱动,因此在每个周期内将会有电流流过这两个电容。一般这两个电容的取值大小与电机的驱动频率有关,当使用较高的 PWM 频率时,可以使用较小的分压电容。但应注意,在电路工作时会有较大的驱动电流流过这两个电容,因此需要使用具有较大 RMS(Root

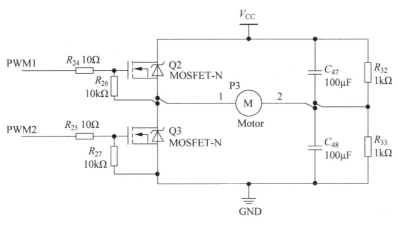

图 9-52　电机的半桥双管驱动电路原理图

Mean Square,均方根)电流的电容以防止电容过热,在实际电路中也可以使用电容并联的方式增大电容的最大 RMS 电流参数。在电路工作过程中,因为这两个电容的容值相对较大,所以两个电容上的电压不会发生突变,可以在分析时认为这两个电容将 V_{CC} 进行分压得到了 $V_{CC}/2$ 电压。电阻 R_{32} 和 R_{33} 为分压电阻,作用是对 V_{CC} 的直流量进行分压,从而保证两个电容的分压值始终在 $V_{CC}/2$ 附近。

当图 9-52 所示电路工作时,两个 MOS 管的驱动信号 PWM1 和 PWM2 是互补的,即当 PWM1 为高电平时,PWM2 一定为低电平;反之,当 PWM2 为高电平时,PWM1 一定为低电平,使用互补的方式可以防止半桥桥臂的两个 MOS 管同时导通,以防止 MOS 管损坏。电路工作时,可以认为电机的右侧被电容分压,形成了 $V_{CC}/2$ 电压。当 Q3 关断、Q2 导通时,电流由左向右流过电机,此时电机可以向一个方向转动,并且 Q2 的占空比可以控制电机的转速;当 Q2 关断、Q3 导通时,电流从右向左流过电机,此时电机可以向另外一个方向转动,并且 Q3 的占空比可以决定电机的转速。

但是,图 9-52 所示的半桥驱动电路仍存在电机的最高驱动电压仅为 $V_{CC}/2$ 的问题,导致电机的最大转速受限,并且这种电路使用电容进行分压,不适合大功率电机的驱动。

那么应当如何解决半桥驱动电路中的问题呢?方法很简单,使用两个半桥驱动电路组成全桥驱动电路,即用另一个半桥代替电容分压电路。如图 9-53 所示为电机的全桥四管驱

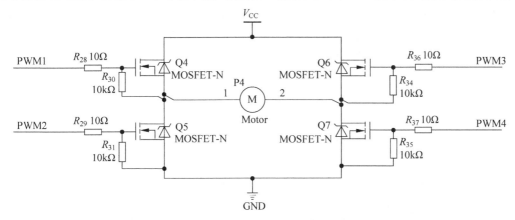

图 9-53　电机的全桥四管驱动电路原理图

动电路原理图。

如图 9-53 所示,使用 4 个 MOS 管组成了电机全桥驱动电路,全桥驱动电路又因其形状像一个大写的字母"H",又称为 H 桥驱动电路。电路的主要拓扑相当于前文所介绍的两个半桥驱动电路,电机的两个引脚连接在两个半桥的中点处。

全桥驱动电路的原理如下:当 Q4 和 Q7 导通、Q5 和 Q6 截止时,电流从左向右流过电机,电机开始朝一个方向转动,同时,可以调节占空比控制电机的转速;当 Q4 和 Q7 截止、Q5 和 Q6 导通时,电流从右向左流过电机,电机开始朝另一个方向转动,同时,可以调节占空比控制电机的转速。

对于全桥而言,其两个半桥的上下 MOS 管均需要互补驱动,不能同时为高电平使 MOS 管同时导通。一般而言,在微控制器程序中,可以使用以下驱动方式对电机进行驱动:控制 Q5 断开,此时只需要 PWM3 和 PWM4 互补驱动即可,调节 PWM 的占空比可以调转速;如果想要电机反转,则需要控制 Q5 导通,Q4 关断,并且在 PWM3 和 PWM4 上施互补的 PWM 信号,同样,还是利用 PWM 的占空比控制电机的转速。

相比半桥驱动电路,在相同的供电电压下,全桥驱动电路的驱动电压可以达到半桥驱动电路的 2 倍,因此可以提供非常好的调速性能。并且由于 MOS 管的损耗非常小,因此可以进行较大功率的电机驱动电路设计。所以在工程设计中,如果不是因为某些条件(成本、体积、控制方式等)受限,一般的电机驱动电路均使用全桥驱动电路,因此建议读者熟练掌握全桥驱动电路。

9.4.2　常见的电机驱动电路

前面已经介绍了电机驱动的 3 种基本电路,得出了全桥(H 桥)驱动电路非常适合电机驱动的结论。那么在大学生电子设计竞赛中,应该如何设计硬件电路对电机进行驱动呢?

由于电机驱动电路是一种非常通用的产品,因此半导体厂家推出了一些内部集成了全桥驱动电路的集成电路芯片,不仅降低了电路设计的复杂度,还大大减小了电路元件的体积,并且可以在芯片内部集成非常多的保护逻辑以实现更加可靠的驱动。常用的电机驱动芯片有很多种,本节将以 TI 公司的一款电机驱动芯片 DRV8870 为例,进行电路设计分析。

1. 集成电机驱动芯片

DRV8870 是一款刷式直流电机驱动器,适用于打印机、电器、工业设备以及其他小型机器。两个逻辑输入控制 H 桥驱动器,该驱动器由 4 个 N 沟道 MOS 管组成,能够以高达 3.6A 的峰值电流双向控制电机。利用电流衰减模式,可通过对输入进行 PWM 来控制电机转速。如果将两个输入端均置为低电平,则电机驱动器将进入低功耗休眠模式。

DRV8870 具有集成电流调节功能,该功能基于模拟输入 VREF 和 ISEN 引脚的电压(与流经外部感测电阻的电机电流成正比)。该器件能够将电流限制在某一已知水平,从而可以显著降低系统功耗要求,并且不需要大容量电容维持稳定电压,尤其是在电机启动和停转时。DRV8870 内部针对故障和短路问题提供了全面的保护,如欠压锁定(Under Voltage Lock Out,UVLO)、过流保护(Over Current Protection,OCP)和热关断(Thermal ShutDown,TSD)。故障排除后,器件会自动恢复正常工作。DRV8870 外形如图 9-54 所示。

DRV8870 芯片具有如下特性:

(1)独立的 H 桥电机驱动,可以驱动一个直流电机或一个步进电机的绕组或其他负载。

(2) 6.5～45V 宽电压工作范围。

(3) 565mΩ(典型值)R_{ds}(on)(高侧 MOS＋低侧 MOS)。

(4) 3.6A 峰值电流驱动能力。

(5) PWM 控制接口。

(6) 集成电流调节功能。

图 9-54　DRV8870 外形

如图 9-55 所示为 DRV8870 驱动电路应用图。该电路的核心为 DRV8870 电机驱动芯片,使用该驱动芯片可以在 6.5～45V 的供电电压下对直流有刷电机进行驱动,并且集成了电流调节和错误保护电路,为电机提供最大 3.6A 的驱动电流。对于控制器而言,仅需要使用 2 个数字 I/O 口便可以对 DRV8870 芯片进行控制。

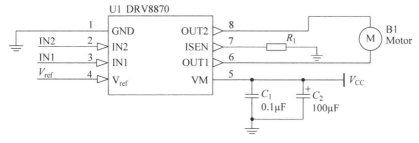

图 9-55　DRV8870 驱动电路应用图

如图 9-56 所示为 DRV8870 芯片的内部功能框图。

如图 9-56 所示,芯片共有 8 个外部引脚和 1 个 PPAD 散热焊盘(与 GND 引脚连接)。其中,VM 引脚为芯片的供电引脚,通过该引脚向芯片内部的控制电路提供电源并且作为内部两个 H 桥的供电接口;IN1 和 IN2 引脚为控制器的 PWM 控制引脚,控制器可以利用高低电平或 PWM 信号对芯片内部的两个 H 桥进行控制;ISEN 引脚为两个 H 桥的两个下管接地引脚,可以在该引脚与 GND 之间连接一个电流采样电阻实现芯片的过流、限流保护功能,芯片内部通过该电流采样电阻对电机电流进行采样;V_{ref} 引脚为芯片的电流限制引脚,芯片内部有一个比较器,将 ISEN 引脚的电流放大后的结果和 V_{ref} 电压信号进行比较从而控制电机的最大驱动电流,使用该方式可以有效地限制电机启动或堵转后的电流;OUT1 和 OUT2 为两个 H 桥的输出引脚,在电路中需要将这两个引脚与电机的两个驱动端进行连接,从而对电机进行驱动,这两个引脚最大可以向电机提供 3.6A 的驱动电流。

在控制器的编程方面,仅需要通过控制 IN1 和 IN2 引脚的电平就可以控制电机的转向和转速。

评估板 DRV8870EVM 外形图如图 9-57 所示。

2. 分立器件搭建电机驱动

除了使用集成电机驱动芯片的方式,为了提高设计的灵活性以及设计更大功率的电机驱动电路,还可以使用大功率 MOS 管搭建更大功率等级的 H 桥电机驱动电路,但是在使用分立器件驱动 MOS 管时,还需要驱动电路对 MOS 管进行驱动,特别是全桥驱动电路中的上管需要特殊的自举驱动,此时使用集成芯片对 MOS 管进行驱动更为稳定可靠,为了使 MOS 管开启和关断得更快,这里介绍一款具有最大电流为 4A 的 MOS 管驱动芯片 UCC27211。

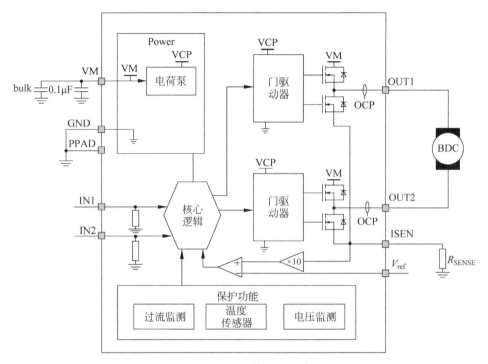

图 9-56　DRV8870 芯片的内部功能框图

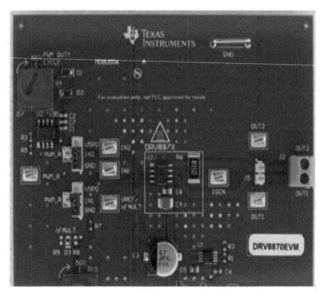

图 9-57　评估板 DRV8870EVM 外形图

　　UCC27211 是基于上一代 UCC2701 MOS 管驱动器的升级产品,性能相较上一代芯片有了显著提升。UCC27211 芯片的峰值输出上拉和下拉电流已经被提高到了 4A 拉电流和 4A 灌电流,并且上拉和下拉电阻减小到 0,因此可以在 MOS 管的米勒效应平台转换期间用尽可能小的开关损耗来驱动大功率 MOS 管,此外,UCC27211 的输入结构能够直接处理 -10V 直流电压,进一步提高了芯片的稳健耐用性,并且无须使用整流三极管即可实现与栅极驱动变压器的直接对接。UCC27211 外形如图 9-58 所示。

UCC27211 驱动芯片具有如下特性：

（1）可通过独立输入驱动两个采用高侧/低侧配置的 N 沟道 MOS 管。

（2）最大引导电压为 120V 直流。

（3）4A 吸收、4A 源输出电流。

（4）0.9Ω 上拉和下拉电阻。

（5）输入引脚能够耐受 −10～20V 的电压，且与电源供电电压无关。

图 9-58　UCC27211 外形

（6）芯片兼容 TTL 和伪 CMOS 逻辑电平。

（7）芯片供电电压范围为 8～17V。

（8）当驱动 1000pF 的容性负载时，具有 7.2ns 的上升时间和 5.5ms 的下降时间。

（9）短暂的传播延退时间（典型值为 18ms）。

（10）2ns 延迟匹配。

（11）用于高侧和低侧驱动器的对称欠压锁定功能。

UCC27211 芯片由于具有非常高的驱动电流，可以驱动大功率 MOS 管，因此可应用于电机驱动电路及开关电源电路。如图 9-59 所示为基于 UCC27211 的半桥开关电源驱动电路图。

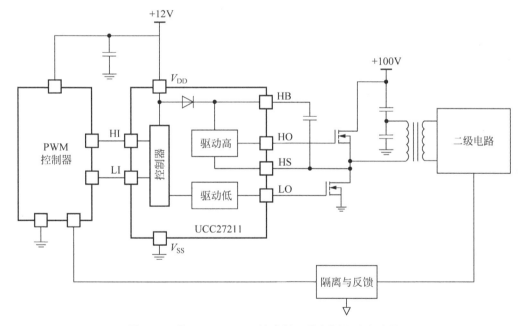

图 9-59　基于 UCC27211 的半桥开关电源驱动电路图

如图 9-59 所示，使用 UCC27211 芯片对一个半桥电路中的 MOS 管进行驱动，此电路也可应用于电机驱动的 H 桥电路中，但需要使用两个 UCC27211 芯片进行驱动，从而组成 H 桥。

如图 9-60 所示为基于 UCC27211 MOS 驱动芯片的 H 桥驱动电路。

如图 9-60 所示，基于 UCC27211 的 H 桥驱动电路由两个半桥驱动电路组成。电路使用 MOS 驱动芯片 UCC27211 直接对 MOS 管进行驱动，可以实现非常高的驱动能力。但考虑到 UCC27211 的控制信号输入是互补的 PWM 信号，因此需要针对所使用的 MOS 管选择最短死区时间。

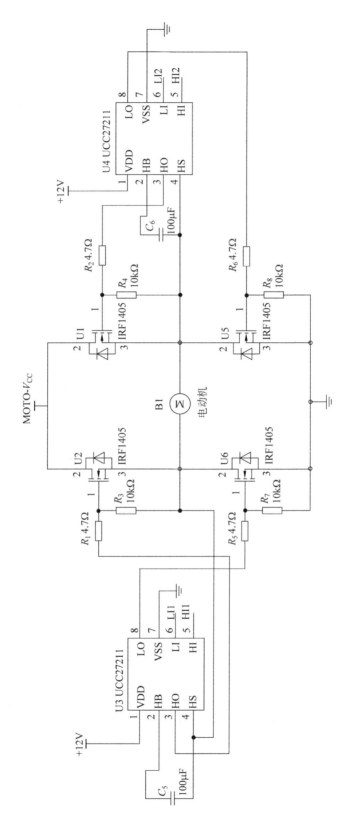

图 9-60 基于 UCC27211 MOS 驱动芯片的 H 桥驱动电路

## 第 10 章

电源电路设计

本章讲述了电源电路设计,包括并联稳压电路、串联稳压电路、整流电路、开关电源原理、降压开关电源电路设计、升压开关电源电路设计和负压开关电源电路设计。

10.1 并联稳压电路

每个电子设备都有一个供给能量的电源电路。电源电路有整流电源、逆变电源和变频器三种。常见的家用电器中多数要用到直流电源。直流电源的最简单的供电方法是用电池,但电池有成本高、体积大、需要不时更换(蓄电池则要经常充电)的缺点,因此最经济可靠而又方便的是使用整流电源。电子电路中的电源一般是低压直流电,所以要想从 220V 市(交流)电变换成直流电,应该先把 220V 交流电变成低压交流电;再用整流电路变成脉动的直流电;最后用滤波电路滤除脉动直流电中的交流成分后才能得到直流电。有的电子设备对电源的质量要求很高,所以有时还需要再增加一个稳压电路。

线性电源中的功率调整管工作在线性状态,根据电路中功率调整管与负载的连接关系,在稳压形式上可分为并联稳压型电路和串联稳压型电路。

在并联稳压电路中,电路的功率调整管工作在线性状态,并且功率调整管与电路的输出负载为并联关系。图 10-1 所示为并联稳压电路的基本拓扑示意图。

图 10-1 中,U_{in} 为线性电源的供电电源;R_{in} 为系统输入电源的等效串联电阻;R_S 为并联稳压电路的限流分压电阻;V_1 为电阻 R_S 两端的电压;C 为稳压电路的输出滤波电容;R_L 为稳压电路的负载;V_O 为电路的输出电压。可以看到,图中功率调整管与负载电阻 R_L 为并联关系,通过功率调整管的电流为 I_C。

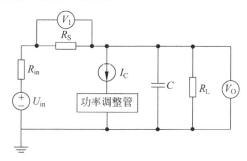

图 10-1 并联稳压电路的基本拓扑示意图

在并联稳压电路中,功率调整管相当于一个阻值可变的电阻,当电路的输出电压 V_O 较高时,可以减小功率调整管的等效电阻来加大电流 I_C,同时在 R_S 两端的电压 V_1 变大,从而使电路的输出电压 V_O 降低;当电路的输出电压 V_O 较低时,可以增加功率调整管的等效电阻来降低电流 I_C,从而使电阻 R_S 两端的电压降低,最终使得电路的输出电压 V_O 升高。在功率调整管等效电阻动态变化的过程中,输出电压 V_O 也随之改变,并且在电路的输出端一

般会加入输出电容 C 对输出电压进行稳压。通过对功率调整管施加一个完整的、稳定的负反馈控制器,可以使电路的输出电压 V_O 达到稳定的状态,这也是并联稳压电路的基本工作过程。

在并联稳压电路中,功率调整管工作在线性状态,功率调整管两端电压与输出电压一致,为 V_O,并且流过功率调整管的电流为 I_C,因此会在功率调整管上损耗一部分功率。另外,在并联稳压电路中需要一个限流分压电阻 R_S,R_S 两端的电压为输入电压和输出电压之差,流过 R_S 的电流为流过负载电阻 R_L 的电流与流过功率调整管的电流之和,因此在分压电阻 R_S 上也会有较大的功率损耗。由于线性并联稳压电路有较大的功率损耗,即有较大的热量产生,因此在线性并联稳压器的设计中应当注意器件的功率等级,并对器件进行合适的散热处理。

10.1.1　稳压二极管工作原理

在并联稳压电路中,功率调整管为整个设计的核心器件。常用的功率调整管有双极结型晶体管(BJT)、金属氧化物半导体场效应管(MOSFET)等,然而这些器件的导通阻抗控制需要专用的电路实现。在线性稳压电路中,电路结构越简单越好,一般情况下经常使用稳压二极管作为并联稳压器的功率调整管。本节将对稳压二极管的结构、工作原理等进行介绍和分析。

1. 稳压二极管

稳压二极管(Zener Diode)又称为齐纳二极管。稳压二极管的电气符号示意图如图 10-2 所示。

稳压二极管在正常工作情况下起到稳定其自身两个端口之间电压的作用,如图 10-3 所示为稳压二极管的工作特性曲线。

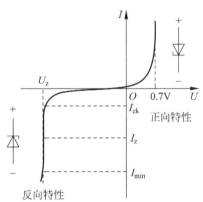

图 10-2　稳压二极管的电气符号示意图　　　　图 10-3　稳压二极管的工作特性曲线

如图 10-3 所示,稳压二极管的工作特性曲线与常见的其他二极管曲线基本类似,但是稳压二极管在正常工作时使用的是其反向特性,即当稳压二极管两端的反向电压超过其额定稳压电压 U_z 之后,稳压二极管发生了反向击穿,流经稳压二极管的电流迅速增大(等效为稳压二极管的等效电阻迅速减小),从而保证稳压二极管两端的电压基本维持在一个设定的电压值,以实现其稳定电压的作用。

稳压二极管的正向特性与普通二极管的基本一致,如果给稳压二极管施加一个大于稳压二极管正向开启电压的正向电压,则稳压二极管上会有一个 0.7V 左右的压降,之后稳压二极管将会进入正向导通阶段。

在使用稳压二极管时一般要有一定的反向电流,即流过稳压二极管的电流应当不小于电流 I_{zk},从而保证稳压二极管两端的电压基本稳定。随着流过稳压二极管的电流逐渐增大,稳压二极管会有较大的发热和温升,为了不损坏稳压二极管,一般会设定稳压二极管的最大反向电流参数 I_{zm},所以稳压二极管在工作时,应当使用一个限流电阻与稳压二极管串联,从而防止有较大的电流流过稳压二极管导致稳压二极管损坏。

由上述分析可知,稳压二极管的主要参数如下。

(1)稳定电压 U_z:表示稳压二极管的额定稳定电压,亦指稳压二极管在额定反向电流时的压降。

(2)稳定电流 I_z:表示稳压二极管正常工作时的反向电流额定值。

(3)最小稳定电流 I_{zk}:表示稳压二极管在保证稳压精度时的最小反向电流。

(4)最大稳定电流 I_{zm}:表示稳压二极管不被反向击穿损毁时的最大反向电流。

(5)最大耗散功率 P_{zm}:在设定条件下,稳压二极管上可以承载而不至于损毁稳压二极管的功率。

(6)动态电阻 R_z:表示稳压二极管正常工作时,其两端电压变化量与电流变化量的比值。

2. 双向稳压二极管

除了常见的单向稳压二极管,还可以将两个稳压二极管串联在一起组成双向稳压二极管。如图 10-4 所示为双向稳压二极管的电气符号。

双向稳压二极管在电路原理上相当于两个稳压二极管串联使用,这种双向稳压二极管可以用在交流电路的稳压中,也可作为一些元件或电路的保护。

图 10-4　双向稳压二极管的电气符号

10.1.2　稳压二极管组成的并联稳压工作电路

有的读者可能会有这样的思考:稳压二极管只有两个引脚,那么如何与三端功率调整管(BJT、MOSFET 等)相对应呢?答案是稳压二极管相当于内部有一个负反馈控制系统,可以采集稳压二极管两端的电压对流过稳压二极管的电流进行负反馈控制,即相当于通过稳压二极管两端的电压对稳压二极管的等效阻抗进行控制。具体的控制原理是:当稳压二极管两端的电压高于稳压二极管的额定稳压值时,稳压二极管将自动降低其等效阻抗使得稳压二极管两端的电压下降;当稳压二极管两端的电压低于稳压二极管的额定稳压值时,稳压二极管将会增大其等效阻抗从而使稳压二极管两端的实际电压升高。下面对稳压二极管电路的工作原理进行分析。

如图 10-5 所示为基于稳压二极管的并联稳压电路原理示意图。

图 10-5 中,由电阻 R 和稳压二极管 D_Z 组成了一个并联稳压电路,从而对负载电阻 R_L 上的电压 U_O 进行稳压。

对于图 10-5 所示的并联稳压电路,U_I 为稳压电路的输入电压,电容 C 的作用是对交流电压经过整流桥整流之后的直流电压进行电容滤波,使其直流电压波形更加平滑。

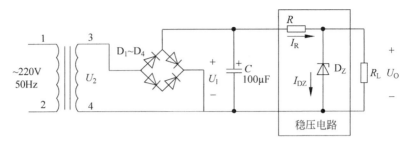

图 10-5　基于稳压二极管的并联稳压电路原理示意图

对于该电路可以列出如下 KCL 公式：

$$I_R = I_{DZ} + I_{R_L} \tag{10-1}$$

对于该电路可以列出如下 KVL 公式：

$$U_1 = U_R + U_O \tag{10-2}$$

由式(10-1)和式(10-2)可知，可以通过控制流经稳压二极管的电流间接控制电阻 R 上的压降 U_R，最终达到控制输出电压 U_O 的目的。

并联稳压电路实现稳压的原理较为简单，前面已经简单介绍了并联稳压电路的原理，下面将针对使用稳压二极管搭建的并联稳压电路进行进一步分析。

首先对于并联稳压电路，当系统处于初始零状态时，电路的输出电压 U_O 为零，稳压二极管两端的反向电压也为零。随着系统输入电压的建立，稳压二极管两端的反向电压逐渐增大至其额定稳压值，即可实现稳压的功能。当输出电压低于其额定稳压值时，稳压二极管将减小流过稳压二极管的电流使得输出电压上升；当输出电压高于稳压二极管的额定稳压值时，稳压二极管将加大流过稳压二极管的电流从而使输出电压下降。

有两种情况是并联稳压电路中常见的干扰因素：其一是输入电压的波动，例如当输入电压 U_1 突然升高时，输出电压 U_O 也瞬间升高，之后导致流过稳压二极管的电流 I_{DZ} 变大，然后使得流过限流电阻 R 的电流 I_R 变大，由欧姆定律可知，电阻 R 上的压降 U_R 变大，最终由式(10-2)可知，输出电压 U_O 将减小至稳压管的额定稳压值，从而实现了负反馈逻辑并联稳压的效果。

如图 10-6 所示是输入电压 U_1 升高之后电路各节点电压和电流的负反馈变化情况。

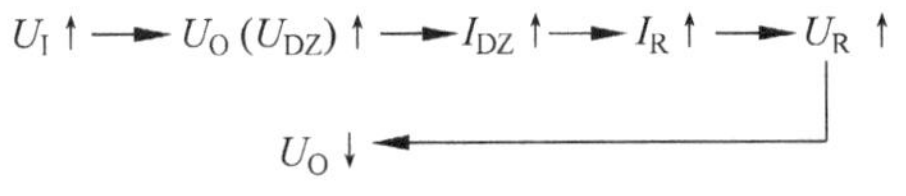

$$U_1 \uparrow \longrightarrow U_O(U_{DZ}) \uparrow \longrightarrow I_{DZ} \uparrow \longrightarrow I_R \uparrow \longrightarrow U_R \uparrow$$
$$U_O \downarrow \longleftarrow$$

图 10-6　输入电压 U_1 升高之后电路各节点电压和电流的负反馈变化情况

当输入电压降低时，电路中各节点电压和电流的负反馈变化与图 10-6 所示相反。

其二是电路负载的变化。例如当电路负载 R_L 阻值变小时，导致输出电压 U_O 也瞬间降低，随后导致流过稳压二极管的电流 I_{DZ} 变小，然后使得流过限流电阻 R 的电流 I_R 变小。同时因为当电路负载 R_L 阻值变小时，电路的负载电流 I_R 变大，导致流过限流电阻 R 的电流 I_R 变大。上述作用相互抵消使得流过限流电阻 R 的电流 I_R 基本不变化，从而使得并联稳压电路的输出电压 U_O 基本不变化。而负载电流 I_R 的增大量约等于流过稳压二极管的电流 I_{DZ} 的减少量。

如图 10-7 所示是电路负载 R_L 阻值变小之后电路各节点电压和电流的负反馈变化情况。

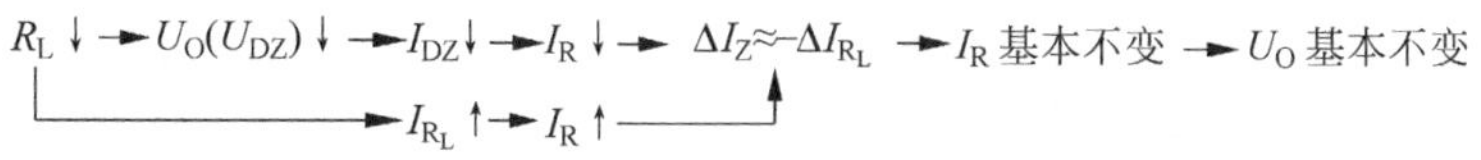

$$R_L \downarrow \rightarrow U_O(U_{DZ}) \downarrow \rightarrow I_{DZ} \downarrow \rightarrow I_R \downarrow \rightarrow \Delta I_Z \approx -\Delta I_{RL} \rightarrow I_R \text{基本不变} \rightarrow U_O \text{基本不变}$$
$$\rightarrow I_{RL} \uparrow \rightarrow I_R \uparrow$$

图 10-7　电路负载 R_L 阻值变小之后的电路各节点电压和电流的负反馈变化情况

当电路负载 R_L 阻值变大时,电路中各节点的变化电压和电流的负反馈与图 10-7 所示相反。

综上所述,该并联稳压电路可以抵消输入电压及电路负载的变化,使得输出电压得以稳定。

10.2　串联稳压电路

串联稳压电路属直流稳压电源中的一种,在实际电路中应用非常广泛。

在线性稳压电路中,除了并联稳压电路,还有一种稳压电路结构,即串联稳压电路。顾名思义,串联稳压电路中的功率调整管与输出负载为串联的连接关系。

由于稳压二极管搭建的并联稳压电路的输出电流能力极为有限,很难满足一些较大功率场合的应用,因此在较大电流输出的场合下需要对电路进行改进,例如,将并联稳压电路改为串联稳压电路的形式。

如图 10-8 所示为串联线性稳压电路基本拓扑示意图。

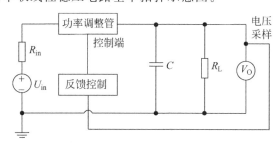

图 10-8　串联线性稳压电路基本拓扑示意图

图 10-8 中,U_{in} 为线性电源的供电电源,R_{in} 为系统输入电源的等效串联电阻;C 为线性稳压电路的输出滤波电容;R_L 为线性稳压电路的负载,电路的输出电压为 V_O。在串联线性稳压电路中,功率调整管充当可变电阻的作用,而电路的输出电压 V_O 本质上为功率调整管的等效电阻与输出负载电阻对输入电压的分压值。

10.2.1　串联稳压原理

对图 10-8 所示的串联线性稳压电路进行分析和完善,可以得到如图 10-9 所示的实用串联线性稳压电路方框图。

图 10-9 中的电路主要包含功率调整管、比较放大电路、基准电压电路、采样电路,以及为使电路能够稳定工作而设计的保护电路(如过流、过压、过热等保护)。

通过图 10-9 所示的电路框图可以得到图 10-10 所示的基于 BJT 的串联线性稳压电路原理图。

如图 10-10 所示,整个串联稳压电路围绕着运算放大器(也称为误差放大器)A 展开。

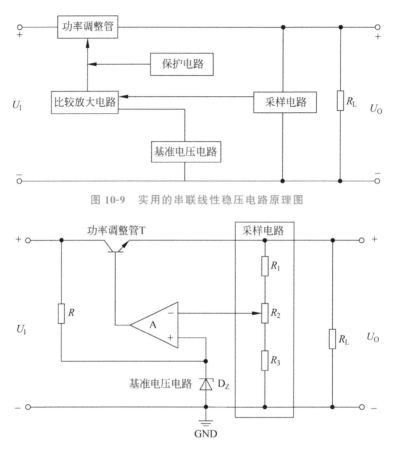

图 10-9 实用的串联线性稳压电路原理图

图 10-10 基于 BJT 的串联线性稳压电路原理图

运算放大器的同相端连接由限流电阻 R 和稳压二极管 D_Z 组成的基准电压产生的电路,该电路会在运算放大器的同相端产生一个基准电压 U_{ref}。运算放大器的反相端连接一个由电阻 R_1、R_2 和 R_3 组成的电阻分压网络,运算放大器反相端的电压可以使用下式计算:

$$U_{A-} = \frac{R_2 + R_3}{R_1 + R_2 + R_3} \cdot U_O \tag{10-3}$$

运算放大器的输出端连接 BJT 的基极,通过控制功率调整管 T 的基极电压可以控制功率调整管的等效电阻。

当电路的输出电压 U_O 偏小时,电压采样得到的运算放大器反相端电压 U_{A-} 将会小于基准电压 U_{ref},此时运算放大器将会增大输出的电压使 T 的等效电阻变小,从而进一步提高输出电压 U_O 直至达到设定值。当输出电压偏高时,运算放大器将会减小施加在 T 基极上的电压,从而使得 T 的等效电阻变大,最终使输出电压降低,达到稳压的效果。

由负反馈逻辑可以得到

$$U_{ref} = U_{A+} = U_{A-} = \frac{R_2 + R_3}{R_1 + R_2 + R_3} \cdot U_O \tag{10-4}$$

由式(10-4)可以得到电路稳定之后,电路的稳压输出电压 U_O 与运算放大器的基准电压 U_{ref} 之间的关系为

$$U_O = U_{ref} \cdot \frac{R_1 + R_2 + R_3}{R_2 + R_3} \tag{10-5}$$

由式(10-5)可知,在实际的串联稳压电路中存在负反馈电路,因此只需要使运算放大器的基准电压U_{ref}稳定,即可使串联稳压电路的输出电压稳定在设定输出值上。同时,也可以在U_{ref}稳定的前提下,通过改变输出电压采样电阻网络的分压比值来改变串联稳压电路的输出电压。

10.2.2 三端稳压器简介

三端稳压器是一种把完整的线性串联稳压电路封装在一个具有 3 个外部引脚的稳压集成电路模块,在实际使用中,仅需要将三端稳压器和其余极少数量的元件连接在电路中,就可以实现线性串联稳压的功能。因此三端稳压器具有简单、可靠、低成本等优点,在搭建线性稳压电源时经常使用。

三端稳压器集成电路只是在硅片上集成了串联线性稳压器,因此在分析三端稳压器时可以借助前面介绍过的串联稳压电路的知识。

如图 10-11 所示为常见的三端稳压器的封装外形。

(a) SOT-223封装   (b) TO-220封装   (c) TO-263封装   (d) TO-92封装

图 10-11 常见的三端稳压器的封装外形

三端稳压器按照输入电压的极性,可以分为正极性三端稳压器和负极性三端稳压器,正极性三端稳压器的代表型号有 LM78XX 系列芯片、LM317、LM1117 等,正极性三端稳压器可以实现正压的转换;负极性三端稳压器的代表型号有 LM79XX 系列芯片、LM337 等,负极性三端稳压器可以实现负压的转换。

三端稳压器按照输出电压是否可调,可以分为输出电压固定的三端稳压器(在某些电路中也可以连接成特殊形式以实现电压可调)和输出电路可调的三端稳压器。常见的输出电压固定的三端稳压器有 LM78XX 系列稳压器、LM79XX 系列稳压器、LM1117 固定输出系列稳压器等。常见的输出电路可调的三端稳压器有 LM317、LM337 及 LM1117-ADJ 系列稳压器。

LM78XX 和 LM79XX 系列稳压器是最常用的三端稳压器通用类型。这两类芯片具体型号中的 XX 表示该三端稳压器的固定输出电压值,有 5V、6V、8V、9V、12V、15V、18V、24V 等输出电压等级。例如 LM7805 芯片的固定输出电压为 5V;LM7924 芯片的固定输出电压为 24V。同时,在芯片的具体型号中,还可以在 78 和 79 数字后面紧接着一个字母表示该三端稳压器的输出电流能力。其中,无字母表示其输出能力为 1.5A;字母 M 表示其输出能力为 0.5A;字母 L 表示其输出能力为 0.1A。例如,LM78L05 芯片表示该三端稳压器的最大输出电流能力为 0.1A;LM78M12 表示该三端稳压器的最大输出电流能力为 0.5A;而 LM7824 表示该三端稳压器的最大输出电流能力为 1.5A。另外,具体的三端稳压器型号前面的字母表示其生产厂商,例如最早 LM 系列集成电路是美国国家半导体(NS)公司的模拟集成电路,后来,许多公司也沿用这个型号,因此 LM 系列集成电路已经不纯粹是 NS 公司的产品了,读者可以根据具体芯片前面的字母区分不同的半导体厂商的芯片。

10.2.3　三端稳压器电路设计

下面讲述三端稳压器电路设计,包括 LM78XX 系列三端稳压器电路设计、LM78XX 系列和 LM79XX 系列三端稳压器正负电源输出电路设计和 LM317 可调电压的三端稳压器电路设计。

1. LM78XX 系列三端稳压器电路设计

如图 10-12 所示是 LM78XX 系列三端稳压器的实用电路原理图。

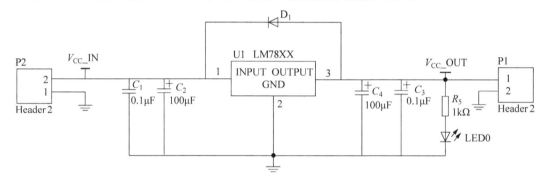

图 10-12　LM78XX 系列三端稳压器的实用电路原理图

如图 10-12 所示,使用 LM78XX 系列三端稳压器可以非常简单地设计一个串联线性稳压电路。其中,电容 C_1 和 C_2 是输入滤波电容;电容 C_3 和 C_4 是输出滤波电容。C_1 和 C_3 的容值较小,通常取 $0.1\mu F$ 典型值,这两个小电容主要用来滤除电源的高频噪声;而 C_2 和 C_4 是两个容值较大的电解电容,用来滤除电路中的低频纹波噪声,平滑输入和输出电压。当电路掉电时,输出电容中会存储电量,如果输入电容比输出电容的容值小,那么在电路掉电的过程中,三端稳压器 LM78XX 输出引脚的电压将会高于输入引脚,此时在三端稳压器两端产生一个反向压差,有可能损坏三端稳压器。因此,经常将一个二极管并联在三端稳压器的输入和输出引脚,用来避免三端稳压器受反压而损坏。

所有 LM78XX 系列三端稳压器的引脚功能和序号都是一致的,因此对于一个特定设计好的电路,可以通过替换不同型号的芯片实现不同的输出电压。

2. LM78XX 系列和 LM79XX 系列三端稳压器正负电源输出电路设计

对于需要正负电压供电的场合,如一些音频、运算放大器电路,经常使用一组正负双电源进行供电,使用 LM78XX 系列和 LM79XX 系列三端稳压器可以实现对双电源电路进行稳压。

图 10-13 所示为使用 LM78XX 系列和 LM79XX 系列三端稳压器搭建的双电源稳压电路。

如图 10-13 所示,双电源稳压电路是在 LM78XX 单电源稳压电路的基础上对称地加入了一组基于 LM79XX 系列三端稳压器的负压稳压电路,从而实现对双电源的线性稳压,整体的电路结构和原理与图 10-12 所示类似。

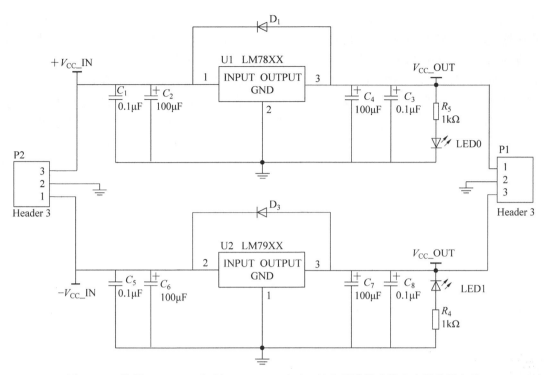

图 10-13 使用 LM78XX 系列和 LM79XX 系列三端稳压器搭建的双电源稳压电路

需要注意的是,在图 10-13 所示的双电源稳压电路中,各种有极性元件(电容、二极管等)的方向不能接反,以及在 LM79XX 负压稳压电路中,GND 的电位比要进行转换的负压更高。

3. LM317 可调电压的三端稳压器电路设计

在部分场合可能需要对稳压器的输出电压进行调整,因此,使用电压可以调节的三端稳压器搭建线性串联稳压电路可以实现调整输出电压的功能。

如图 10-14 所示为基于 LM317 的可调电压三端稳压器的实用电路原理图。

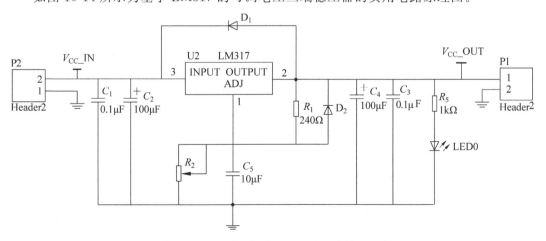

图 10-14 基于 LM317 的可调电压三端稳压器的实用电路原理图

如图 10-14 所示,LM317 的电路与 LM78XX 系列三端稳压器的电路基本一样,不同之处在于 LM317 的引脚为 ADJ 引脚,而 LM78XX 系列三端稳压器具有 GND 引脚。二极管

D_1 的作用是防止 LM317 三端稳压器的输出引脚电压高于输入引脚电压，导致 LM317 三端稳压器损坏；二极管 D_2 的作用是防止在电路掉电阶段由于电容 C_5 的储能作用导致 ADJ 引脚的电压高于 OUTPUT 引脚的电压，进而导致 LM317 损坏；LM317 的 ADJ 引脚连接到由电阻 R_1 和 R_2 组成的电阻分压网络，对输出电压进行衰减采样；电容 C_5 的作用是对 ADJ 引脚的电压进行滤波，使采样得到的电压信号更加稳定。LM317 的基准电压为 1.25V，所以 LM317 会通过内部的负反馈电路将 ADJ 引脚和 OUTPUT 引脚之间的电压稳定在 1.25V。因此，当电路正常工作时。LM317 的输出电压可以由下式计算：

$$U_O = 1.25V \times \frac{R_1 + R_2}{R_1} \tag{10-6}$$

10.3 整流电路

整流电路（Rectifying Circuit）是把交流电能转换为直流电能的电路。它在直流电动机的调速、发电机的励磁调节、电解、电镀等领域得到广泛应用。20 世纪 70 年代以后，主电路多用硅整流二极管和晶闸管组成。滤波器接在主电路与负载之间，用于滤除脉动直流电压中的交流成分。变压器设置与否视具体情况而定。变压器的作用是实现交流输入电压与直流输出电压间的匹配以及交流电网与整流电路之间的电隔离。整流电路的作用是将交流降压电路输出的电压较低的交流电转换成单向脉动性直流电，这就是交流电的整流过程，整流电路主要由整流二极管组成。经过整流电路之后的电压已经不是交流电压，而是一种含有直流电压和交流电压的混合电压，习惯上称为单向脉动性直流电压。按组成器件可分为不可控电路、半控电路、全控电路三种。大多数整流电路由变压器、整流主电路和滤波器等组成。

目前，基本上所有的电子元器件均需要在直流电压下工作，而在电力输电方面，为了提高输电效率，采用的是交流输电形式，因此在大部分情况下需要一个 AC-DC 电路，将交流电（市电）能转换为直流电能供元器件使用。一个完整的由交流电转换到稳压的供电系统如图 10-15 所示。

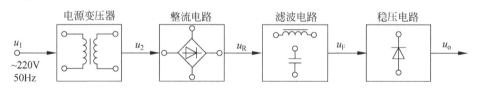

图 10-15　220V 供电下 AC-DC 完整的供电系统示意图

如图 10-15 所示，整流电路是交流电和直流电转换的桥梁，其性能影响整个电路的指标。有很多种常见的整流电路可以完成 AC-DC 变换，如半波整流电路、全波整流电路、桥式整流电路、三相桥式整流电路等。从性能方面考虑，一般使用单相桥式整流电路对交流电进行整流，以得到所需的直流电。

本节将针对常见的半波整流、全波整流及桥式整流电路进行仿真和分析，其中桥式整流电路是最常用的整流电路，建议读者深入学习。

10.3.1 半波整流原理

如图 10-16 所示为半波整流电路的仿真电路图。

在半波整流电路中,仅需要一个整流二极管。当输入的交流电压在正半周时,整流二极管导通,此时负载电阻上有交流电压的正半周;当输入的交流电压处于负半周时,整流二极管上有反压而截止,此时负载电阻上的电压为零。在一个交流周期内,二极管有一半的时间处于导通状态,其余时间处于截止状态,最终输出负载上的电压波形仅为输入交流波形的一半,故称之为半波整流电路。

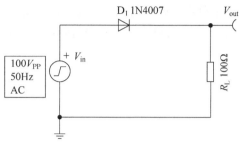

图 10-16　半波整流电路仿真电路图

对图 10-16 所示的半波整流电路进行瞬态仿真,输入峰值电压为 100V、频率为 50Hz 的交流电,瞬态仿真时长为 100ms。

半波整流电路简单、成本低廉、性能较差,一般在一些性能指标低并且成本敏感型的设计中使用。

10.3.2　全波整流原理

如图 10-17 所示是全波整流电路的仿真电路图。该电路使用两个交流电源提供了一个等效为具有中间抽头的变压器的效果,从而实现由两个整流二极管搭建的全波整流电路。其中 VG1 和 VG2 的相位均为零,即从电压表 V_{in} 来看,这两个电源相当于前面半波整流电路中的一个交流电源,只是引出了一个额外的中间抽头便于整流电路设计。当 V_{in} 在正半周时,二极管 D_1 导通,二极管 D_2 截止,此时负载仅由 VG1 供电;当 V_{in} 在负半周时,二极管 D_1 截止,二极管 D_2 导通,此时负载仅由 VG2 供电。通过两个二极管进行全波整流,负载电阻上面会得到一个直流信号。

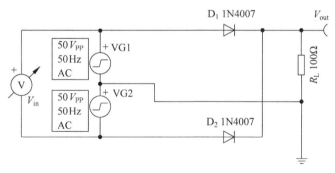

图 10-17　全波整流电路仿真电路图

对图 10-17 所示的全波整流电路进行瞬态仿真,VG1 和 VG2 均为输入峰值电压为 50V、频率为 50Hz 的交流电,等效 V_{in} 处为 100V 峰值、50Hz 的交流电,瞬态仿真时长为 100ms。

对于全波整流,其输出的直流电压幅度是输入交流电压的 1/2,而后面章节讲解的桥式整流电路的幅度是全波整流的 2 倍。并且全波整流电路需要输入电源具有一个 1/2 电压的接口,在变压器系统中需要使用具有中心抽头的变压器来实现。全波整流电路的优点是仅使用两个二极管便可以实现较好的整流效率(在交流信号的正负半周均可以输出电压)。

10.3.3　桥式整流原理

如图 10-18 所示为桥式整流电路的仿真电路图。

在桥式整流电路中需要使用 4 个整流二极管对交流输入信号进行整流。当交流信号的极性处于正半周时,二极管 D_1 和 D_4 导通,此时负载电阻上有直流电产生;当交流信号的极性处于负半周时,二极管 D_2 和 D_3 导通,此时负载电阻上也有直流电产生。在一个交流周期内,4 个二极管两两一对,轮流导通,向负载供电。

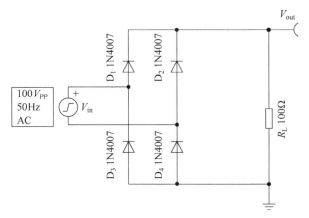

图 10-18 桥式整流电路的仿真电路图

对图 10-18 所示的桥式整流电路进行瞬态仿真,输入峰值电压为 100V、频率为 50Hz 的交流电,瞬态仿真时长为 100ms。

然而上述几种仿真电路中,负载电阻上的直流电波动非常大,即存在非常大的交流纹波分量,这样的直流电一般无法直接对电子模块进行供电。通常情况下,在整流电路后面加上电容滤波电路对输出的直流信号进行滤波,可以滤除一部分交流纹波分量。例如,图 10-19 所示为带有输出滤波电容的桥式整流电路仿真电路图。

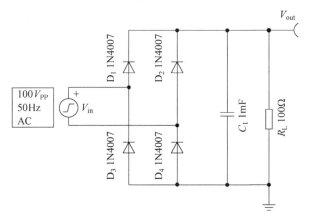

图 10-19 带有输出滤波电容的桥式整流电路仿真电路图

相比图 10-17 所示的桥式整流电路,图 10-19 加入了一个 $1000\mu F$ 的电容对输出的直流电进行滤波。对图 10-19 所示的带有滤波电容的桥式整流电路进行瞬态仿真,输入峰值电压为 100V、频率为 50Hz 的交流电,瞬态仿真时长为 100ms。

在加入一个滤波电容之后,可以看到输出的直流信号变得更加平稳,即减小了输出直流电压的交流纹波。而该电容的取值一般与电路的实际功率输出以及对纹波的要求有关。

10.3.4 桥式整流电路设计

桥式整流电路中需要使用4个整流二极管组成二极管整流桥,如图10-20所示为二极管整流桥的拓扑。

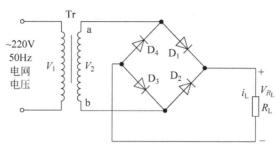

图 10-20 二极管整流桥的拓扑

在二极管整流桥中,利用二极管的单向导电性可以将电路分为两个工作模式,即交流电压源 V_2 的正半周工作状态和负半周工作状态,在这两个状态中,组成桥式整流的4个二极管的导通情况也在改变。

如图10-21所示为桥式整流电路的工作波形。当时间 t 在 $0\sim\pi$ 时,交流电压源 V_2 的电压处于正半周,此时图10-20中的a点电压高于b点电压。由于二极管具有单向导通性,二极管 D_1 和 D_3 导通,而二极管 D_2 和 D_4 截止。整流桥的输出电压约等于 V_2 的正半周电压。负载上电压 V_{R_L} 约等于 $0.9V_2$。

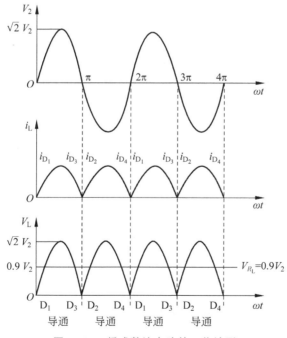

图 10-21 桥式整流电路的工作波形

当时间 t 在 $\pi\sim2\pi$ 时,交流电压源 V_2 的电压处于负半周,此时图10-20中的a点电压低于b点电压。由于二极管具有单向导通性,二极管 D_2 和 D_4 导通,二极管 D_1 和 D_3 处于截止状态。整流桥的输出电压约等于 V_2 的负半周电压的绝对值。负载上电压 V_{R_L},约等于 $0.9V_2$。

因此,在一个交流电周期内,由于二极管的单向导通性,可以通过 4 个二极管搭建二极管整流桥电路完成交流电到直流电的转换。另外,由前文的仿真分析可知,当仅使用桥式整流电路时,其输出的电压波形虽然为直流信号,但存在非常大的交流脉动分量,这种形式的直流电压是很难直接作为电源供给元器件使用的,因此通常还需要加入滤波和稳压电路。

如图 10-22 所示为实用的桥式整流电路原理图。

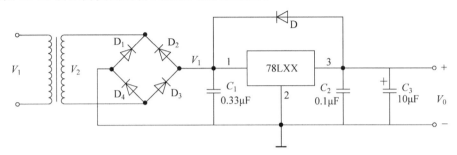

图 10-22　实用的桥式整流电路原理图

如图 10-22 所示,高压单相交流电经过变压器之后变为低压的交流电,并且使用变压器提供电气隔离以保证人身安全。由 4 个二极管组成的桥式整流电路将低压交流电整流为低压脉动的直流电。经过滤波电容 C_1 的滤波作用,可以大大减小直流电中的交流分量。最终,经三端稳压器对直流电进行稳压便可得到实际电路中所需要的稳定的直流电压供元器件使用。

10.4　开关电源原理

开关电源是利用现代电力电子技术,控制开关管开通和关断的时间比率,维持稳定输出电压的一种电源,开关电源一般由 PWM 控制 IC 和 MOSFET 构成。随着电力电子技术的发展和创新,使得开关电源技术也在不断地创新。开关电源以小型、轻量和高效率的特点被广泛应用于几乎所有的电子设备,是当今电子信息产业飞速发展不可缺少的一种电源方式。

在电子系统设计中,往往对电路系统的功耗、体积、重量等有一定的要求,因此使用转换效率较高、体积及重量上均有优势的开关电源再合适不过。然而,如果开关电源使用不当,可能会带来较大的电磁干扰,导致电路系统工作不稳定,或者引入较大的开关噪声引起模拟电路的信噪比下降。因此,对于使用开关电源的初学者,需要学习相关的理论基础以求在设计阶段就尽量降低出错的可能性,或者在错误出现后能及时快速地解决问题。本节将针对开关电源的原理进行讲解。

10.4.1　开关电源与线性电源比较

在线性电源中,功率管工作在线性放大状态,此时功率管相当于一个电阻,该"电阻"与负载处于并联或串联的状态组成分压或分流电路,电源的闭环控制系统采集输出的电参量(电压、电流等)来实时、动态地调整"电阻"阻值大小以使得负载得到所需的电参量,这也是简要的线性电源的工作原理。线性电源最大的缺点就是其功率管工作在线性放大状态,当线性电源工作时,功率管上加有一定的电压,且有一定的电流流过功率管,所以根据欧姆定律,功率管上有非常大的功率损耗,因此不可避免地需要一整套体积庞大、成本高昂的散热系统,既不方便使用,又对宝贵的电力能源造成了浪费,在如今追求高效、清洁、低碳环保的生产方式下,线性电源显得格格不入。

如图 10-23 和图 10-24 所示为某线性电源和某开关电源的外观图,图 10-23 中线性电源的额定输出功率仅为 300W,而其质量已经超过了 5kg,体积堪比一个小型计算机机箱;而图 10-24 所示的明纬公司生产的砖型开关电源模块,体积可能只有图 10-23 所示线性电源的几十分之一,重量也只有几百克,但其额定输出功率可达 500W。

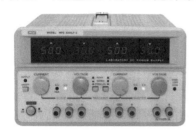

图 10-23　MPS3005 型号线性电源(300W 功率)外观图

图 10-24　明纬公司 500W 功率开关电源外观图

但是,任何事物都有两面性,例如在小功率场合,线性电源成本更低,且线性电源的输出纹波很小。

与线性电源不同的是,开关电源的功率管工作在开关状态。在理想情况下,忽略功率管的开关时间及导通阻抗,功率管只在供电时打开,其余时刻关断。功率管两端的电压或流过功率管的电流只有一个成立,此时在功率管上没有损耗,所以理论上开关电源的效率远高于线性电源的效率。但是因为开关电源中的功率管一直以非常高的频率(千赫兹到兆赫兹级别)进行开关切换,所以一般在其输出端口会有部分轻微的高频纹波叠加在正常的输出信号上,而这些高频开关谐波引起的纹波是用电设备所不需要的,并且可能会导致用电设备故障。所幸的是,随着技术的进步,开关电源的频率已经可以做到很高,加上合理的滤波器设计,开关电源的纹波已经可以做到非常小了,因此近年来,开关电源将从各方面逐步取代传统的线性电源,目前仅在一些小功率或对电源要求非常高的用电设备上才会看到线性电源。

10.4.2　常见的开关电源拓扑结构

在开关电源的电能变换电路中,能量从输入端流向输出端(因为存在双向和多端口等拓扑的电源,所以这里的输入端和输出端均为相对概念),其系统一般由如下元器件构成:有源开关管(SCR、BJT、IGBT、MOSFET 等),开关二极管,变压器,电感,电容等。根据电路中元器件的数目、位置、连接关系等不同,衍生出了各式各样的开关电源拓扑结构。

最基本的 DC-DC 开关变换器为降压变换器 BUCK 和升压型开关变换器 BOOST,其他 DC-DC 变换器的拓扑均可由这两种基本电路组合、演变得出。BUCK-BOOST 电路可以由 BUCK 电路和 BOOST 电路通过特定方式的级联导出,该电路的输出电压绝对值可以小于、等于或大于输入电压,但遗憾的是,其输出电压与输入电压只能是反向的。正激和推挽开关变换器属于 BUCK 族,可由 BUCK 电路演变得到。反激 CUK 电路(CUK 电路是开关电源基本 DC/DC 变换拓扑之一)可由 BUCK-BOOST 电路导出。而单端初级电感变换器(SEPIC)电路又可以通过 CUK 电路导出。在电路拓扑中的适当位置额外加入谐振电感和谐振电容又可使电路中的电压或电流正弦化,从而实现零电压开关(ZVS)或零电流开关(ZCS),可进一步减小开关器件的开关损耗,改善电源的性能。

在电子系统设计中,一般情况下使用开关电源作为辅助供电电路,可能会要求实现以下几种功能:降压、升压、升降压、反压。一般情况下可能使用到的开关电源拓扑有 BUCK、BOOST、SEPIC、BUCK-BOOST、电荷泵等。

10.5　降压开关电源电路设计

对于一个特定的电子元件,其要求的供电电压可能是 5V、3.3V 等,但是一个系统往往只有一个输入电压轨,例如系统只有一个 12V 直流输入母线。那么如何将 12V 直流转换为 5V、3.3V 等较低的电压呢? 除了使用前面介绍的线性电源,为了增加系统的转换效率,一般可以使用 BUCK 降压拓扑搭建 BUCK 降压开关电源电路以完成此项功能。本节将借助于 LM2596 开关电源芯片对 BUCK 降压开关电源电路进行设计。

10.5.1　单片开关电源芯片 LM2596

在大学生电子设计竞赛中,降压式开关电源用途广泛,其中 LM2596 芯片是一款低成本、外围电路简单的 BUCK 降压集成芯片,本节将介绍 LM2596 的基本使用方法和电路。

LM2596 开关电压调节器是降压型电源管理单片集成电路,能够输出 3A 的驱动电流,同时具有很好的线性和负载调节特性。固定输出的芯片版本有 3.3V、5V、12V;可调输出的芯片版本可以输出小于 37V 的各种电压。

该芯片内部集成频率补偿和固定频率发生器,开关频率为 15kHz,与低频开关调节器相比较,该芯片可以使用更小规格的滤波元件。该芯片只需 4 个外接元件,可以使用通用的标准电感,更加优化了 LM2596 的使用,极大地简化了开关电源电路的设计。

LM2596 封装形式包括标准的 5 脚 TO-220 封装(DIP)和 5 脚 TO-263 表贴封装(SMD)。该芯片还有其他一些特点:在特定的输入电压和输出负载的条件下,输出电压的误差可以保证在 ±4% 的范围内,振荡频率误差在 ±15% 的范围内;可以用仅 80μA 的待机电流实现外部断电;具有自我保护电路(一个两级降频限流保护和一个在异常情况下断电的过温完全保护电路)。LM2596 外形如图 10-25 所示。

图 10-25　LM2596 外形

LM2596 芯片具有如下特性:

(1) 3.3V、5V、12V 的固定电压输出和可调电压输出。

(2) 可调输出电压范围为 $(1.2 \sim 37\text{V}) \pm 4\%$。

(3) 输出线性好且负载可调节。

(4) 输出电流可高达 3A。

(5) 输入电压可高达 40V。

(6) 采用 150kHz 的内部振荡频率,属于第二代开关电压调节器,功耗小、效率高。

（7）低功耗待机模式,I_O 的典型值为 $80\mu A$。

（8）TTL 电平即可关断芯片。

（9）具有过热保护和限流保护功能。

（10）封装形式为 TO-220 和 TO-263。

（11）外围电路简单,仅需 4 个外接元件,使用容易购买的标准电感。

10.5.2　LM2596 降压电路设计

如图 10-26 所示为 LM2596-5.0 芯片的典型应用电路图。

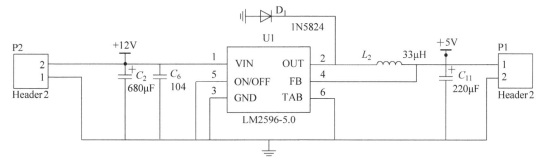

图 10-26　LM2596-5.0 芯片的典型应用电路图

在图 10-26 中,电路的主要功能是将输入的 12V 电压通过 BUCK 降压电路稳压到 5V 进行输出。电路的核心器件是 LM2596 芯片,输入电容为 $680\mu F$；输出电容为 $220\mu F$；滤波电感的电感量为 $33\mu H$；续流二极管的型号为 1N5824。LM2596 芯片的 1 脚为电源输入引脚；2 脚为电源输出引脚；3 脚为 GND 引脚（需要接地）；4 脚为 LM2596 芯片的输出电压反馈引脚,通过该引脚可以实时调整输出电压以实现输出电压的闭环负反馈调节；5 脚为使能控制引脚,将该引脚接地以使能 LM2596 芯片。

对于开关电源电路而言,原理图设计只占整个设计的极小部分,想要让开关电源正常工作,需要对电路的 PCB 布局布线进行设计和优化。在开关调节器中,PCB 版面布局图非常重要,开关电流与环线电感密切相关,由这种环线电感所产生的暂态电压往往会引起许多问题。为了取得较好的效果,外接元器件要尽可能地靠近开关型集成电路；电流环路尽可能短；最好用地线屏蔽或单点接地；最好使用磁屏蔽结构的电感,如果所用电感是磁芯开放式的,那么,对它的位置必须格外注意。如果电感通量和敏感的反馈线相交叉,则集成电路的地线及输出端的电容的连线可能会引起一些问题。在输出可调的方案中,必须特别注意反馈电阻及其相关导线的位置。在物理上,一方面电阻要靠近集成电路；另一方面相关的连线要远离电感,如果所用电感是磁芯开放式的,那么,这一点就显得更为重要。

10.6　升压开关电源电路设计

在非隔离 DC-DC 变换器中,除了上文中提到的 BUCK 降压型 DC-DC 变换器,还存在另一种 BOOST 升压型 DC-DC 变换器。如同 BUCK 变换器一样,该 BOOST 升压变换器的转换效率也较高,可以达到 95% 及以上。BOOST 电路常作为非隔离结构的升压,例如可以将系统中的 12V 电源升压至 24V、48V 来对其他器件进行供电。

10.6.1　单片开关电源芯片 LM2577

LM2577 芯片是一款 TI 公司生产的 BOOST 升压芯片。LM2577 外形如图 10-27 所示。

图 10-27　LM2577 外形

LM2577 芯片具有如下特性:

(1) 仅需要极少的外部元件即可搭建电路。

(2) 支持 3A 开关电流的 NPN 类型的开关管,开关管耐压可达 65V。

(3) 3.5~40V 宽输入电压范围。

(4) 电流控制模式提供了更好的瞬态特性、线性调整率,且具有自限流功能。

(5) 内部具有 52kHz 的振荡器。

(6) 提供软启动逻辑可降低开机时的冲击电流。

(7) 输出开关管具有过流保护、欠压闭锁、过热保护。

LM2577 芯片是一款专为 BOOST 结构设计的集成芯片,可以直接应用于 BOOST 电路中,因为电路的控制结构类似,也可以将其使用在反激或正激电路的设计中。

LM2577 芯片具有多种外形封装,常用的封装类型是 DDPAK(TO-263),其引脚排布如图 10-28 所示。LM2577 芯片有 5 个引脚,分别为 VIN、SWITCH、GND、FEEDBACK、COMP。引脚的名称已经将其主要功能表述出来了,即 VIN 引脚为电源输入引脚;SWITCH 引脚为芯片的开关引脚;GND 引脚应当接地;FEEDBACK 引脚为芯片的电压负反馈引脚,需要连接至输出电压低额分压网络;COMP 引脚为内部运算放大器的环路补偿引脚。

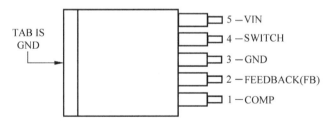

图 10-28　LM2577 芯片的引脚排布示意图(基于 TO-263 封装)

10.6.2　LM2577 升压电路设计

在电子设计竞赛中,如果提供的供电电压较低,而在电路中需要的电压等级较高,那么就需要使用升压电路。在开关电源中,常使用 BOOST 电路拓扑搭建开关电源的升压电路,LM2577 作为单片集成式升压芯片,刚好可以完成 BOOST 电路拓扑控制。如图 10-29 所示为基于 LM2577-ADJ 芯片的 BOOST 升压电路图。

图 10-29 中,LM2577 将输入的 5V 电压升至 12V 进行输出,电路的最大输出电流可达 800mA。图中的输入电容为 $0.1\mu F$;输出电容为 $220\mu F$;升压电感的电感量为 $100\mu H$;升

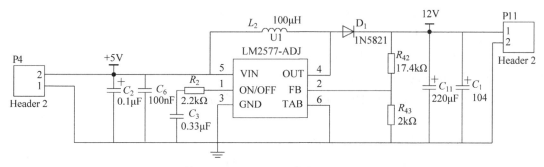

图 10-29　基于 LM2577-ADJ 芯片的 BOOST 升压电路图

压二极管使用的型号为 1N5821 肖特基二极管。其输出电压为

$$V_{out} = 1.23\text{V}(1 + R_{42}/R_{43}) \tag{10-7}$$

电路整体为 BOOST 升压拓扑，电路的设计和计算可以参考 BOOST 电路拓扑。

10.7　负压开关电源电路设计

在电子设计竞赛中，有时候需要在放大电路、音频电路等电路中使用正负电源供电，所以有必要掌握一个正电压转负电压的开关电源电路。

正电压转负电压的开关电源电路有较多的拓扑，例如，所有输入与输出电气有隔离的开关电源均可以通过设置不同的公共点轻松实现电压极性的转换。而隔离型开关电源的设计难度稍高，也较复杂，不太适合简单电路的电压极性转换。在非隔离的电路拓扑中，有两种较常见的正电压转负电压的拓扑：BUCK-BOOST 电路和 CUK 电路。从易于实现的角度来看，结构与 BUCK 电路非常类似的 BUCK-BOOST 电路可以使用现成的 BUCK 转换器芯片搭建反压电路，更加适合在电子设计竞赛中使用。本节也将结合 BUCK-BOOST 拓扑对负压开关电源进行设计。

10.7.1　单片开关电源芯片 TPS5430

TPS5430 芯片是一款低成本的内部集成开关管的 BUCK 降压拓扑的芯片，在本节介绍的反压电路的部分中特别介绍该芯片的原因是，使用该芯片可以非常简单地完成 BUCK-BOOST 反压拓扑的构建，仅需要对传统的 BUCK 电路进行稍加改造即可完成相关设计。TPS5430 外形如图 10-30 所示。

TPS5430 芯片具有如下特性：

（1）宽输入电压范围：5.5～36V。

（2）最大连续电流为 3A，最大峰值电流为 4A。

（3）内部集成了 110mΩ 的开关管，可以实现最高 95% 的转换效率。

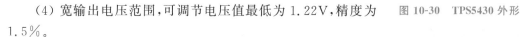

图 10-30　TPS5430 外形

（4）宽输出电压范围，可调节电压值最低为 1.22V，精度为 1.5%。

（5）内部集成补偿网络，减少外部器件数量。

（6）固定 500kHz 开关频率可以减小滤波器的尺寸。

（7）使用电压前馈技术提高瞬态响应和线性调整率。

（8）集成了过流保护、过压保护和过热保护。

（9）-40～125℃结温内可以正常工作。

（10）使用8pin的SOIC-8封装减小体积。

TPS5430芯片的最大输出电流可以达到3A,非常适合在电子设计竞赛中充当辅助电源对电路系统进行供电。该集成电路既可以构建BUCK降压电路,又可以适当改变拓扑搭建BUCK-BOOST反压电路,功能十分强大。

TPS5430芯片采用SOIC-8封装形式,外形体积较小,并且易于焊接使用,其引脚分布如图10-31所示。

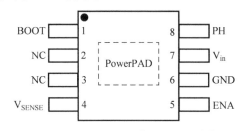

图10-31　TPS5430芯片(SOIC-8封装)
引脚分布图

在图10-31中,TPS5430芯片共有8个外部连接引脚;有2个NC(Not Connected Internally)引脚不需要连接,因此TPS5430芯片共有6个有用的引脚。其中,BOOT引脚为BUCK电路上管自举驱动所需要的自举电容连接引脚;V_{SENSE}引脚为电路的输出电压反馈引脚;ENA引脚为使能控制引脚,当该引脚电压低于0.5V时,该芯片的内部振荡器将处于停止的状态,此时电路无

输出,该引脚悬空时芯片正常工作;GND引脚为芯片的接地引脚,连接至电路中的GND电位;V_{in}引脚为芯片的输入电压供电引脚,内部连接着BUCK拓扑的上管漏极;PH引脚为内部MOS的源极引脚,作为电路的开关节点。同时,芯片的正下方为一个PowerPAD焊盘,该引脚应当在电路板上与GND连接,可以起到辅助散热的作用。

10.7.2　TPS5430反压电路设计

如图10-32所示为基于TPS5430的BUCK降压电路原理图,该电路的设计参数如下。

（1）输入电压:10.8～19.8V。

（2）输出电压:5V。

（3）输入电压纹波:300mV。

（4）输出电压纹波:30mV。

（5）最大输出电流:3A。

（6）工作频率:500kHz。

如图10-32所示为TPS5430芯片的一个典型BUCK应用电路,可以将输入电压进行降压输出,输出电压的极性与输入电压相同。如果要得到一个反压电路,可以对图10-32中的电路进行适当改造,即可以搭建BUCK-BOOST反压电路。

如图10-33所示为基于TPS5430的BUCK-BOOST反压电路原理图。

如图10-33所示,该电路的参数与图10-32中的电路基本一致,只是将电路中的电感和二极管的位置对调,并且将芯片的GND引脚连接到V_{out}输出电压上(目的是使芯片的GND连接在电路的最低电压处,将V_{out}电位视为地电位)。

该电路的输入直流电压为12V;C_2和C_4为输入电容;C_1为TPS5430芯片的自举升压电容,容值为典型值0.01μF;L_1和D_1分别为BUCK-BOOST反压电路拓扑中的电感和续二极管元件;输出电容为 C_3,电容值为 $220\mu F$;R_3 和 R_4 为输出电压采样电阻,因为 TPS5430 芯片以 V_{out} 为地电位,所以图 10-32 中的输出电压采样电阻的阻值与图 10-33 中的电阻刚好反过来,以此可以保证输出电压为 $-5V$,即输出电压比 GND 电压低 5V。

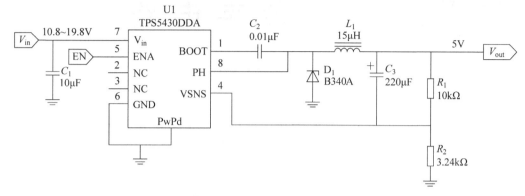

图 10-32 基于 TPS5430 的 BUCK 降压电路原理图

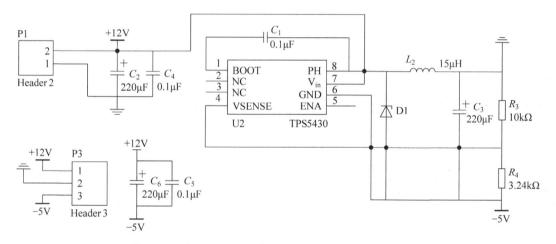

图 10-33 基于 TPS5430 的 BUCK-BOOST 反压电路原理图

第 11 章

CHAPTER 11

数 字 电 路

本章讲述了数字电路,包括基本逻辑门电路、数字电路设计步骤及方法。

11.1　基本逻辑门电路

数字电路是由许多的逻辑门组成的复杂电路,与模拟电路相比,它主要进行数字信号的处理(即信号以 0 与 1 两个状态表示),因此抗干扰能力较强。由于它具有逻辑运算和逻辑处理功能,所以又称数字逻辑电路。一个数字系统一般由控制部件和运算部件组成,在时脉的驱动下,控制部件控制运算部件完成所要执行的动作。通过模拟数字转换器、数字模拟转换器,数字电路可以和模拟电路互相连接。现代的数字电路由半导体工艺制成的若干数字集成器件构造而成。逻辑门是数字逻辑电路的基本单元。存储器是用来存储二进制数据的数字电路。从整体上看,数字电路可以分为组合逻辑电路和时序逻辑电路两大类。

在数字电路中,基本的逻辑关系有三种:与逻辑、或逻辑和非逻辑。对应于这三种基本逻辑关系有三种基本逻辑门电路:与门、或门和非门。

11.1.1　与门

与门(AND Gate)又称"与电路"、逻辑"积"、逻辑"与"电路。是执行"与"运算的基本逻辑门电路。有多个输入端,一个输出端。当所有的输入同时为高电平(逻辑 1)时,输出才为高电平;否则输出为低电平(逻辑 0)。

74 系列的与门电路有:74LS08、74 LS 09、74 LS 11、74LS 和 74 LS 21。

74LS08 的外形如图 11-1 所示。

图 11-1　74LS08 的外形

下面讲述与逻辑关系、与逻辑的函数式及运算规则和与门电路及其工作原理。

1. 与逻辑关系

与逻辑关系可用图 11-2 表示。图中只有当两个开关 A、B 都闭合时,灯泡 Y 才亮,只要有一个开关断开,灯泡 Y 就不亮了,即当决定某一事件(灯亮)的所有条件(开关 A、B 闭合)都成立,这个事件(灯亮)就发生;否则这个事件就不发生。这样的逻辑关系称为与逻辑。

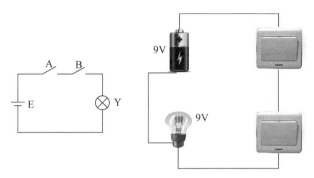

图 11-2　用串联开关说明与逻辑关系

2. 与逻辑的函数式及运算规则

在逻辑代数中,与逻辑时可写成如下逻辑函数式:

$$Y = A \cdot B$$

式中:"·"符号叫作逻辑乘(又叫作与运算),它不是普通代数中的乘号;Y 是输入变量 A、B 逻辑乘的结果,又叫作逻辑积,它不是普通代数中的乘积。

根据与逻辑的定义,其函数表达式可推广到多输入变量的一般形式:

$$Y = A \cdot B \cdot C \cdot D \cdots$$

为书写方便,式中符号"·"可不写,简写为

$$Y = ABCD \cdots$$

与运算规则:

$$0 \cdot 0 = 0, \quad 0 \cdot 1 = 0, \quad 1 \cdot 0 = 0, \quad 1 \cdot 1 = 1$$

3. 与门电路及其工作原理

能实现与逻辑运算的电路称为"与"门,它是数字电路中最基本的一种逻辑门。

图 11-3(a)所示为一个由二极管构成的与门电路,图 11-3(b)为与门逻辑符号。

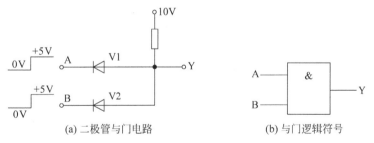

(a) 二极管与门电路　　　　　　(b) 与门逻辑符号

图 11-3　与门电路和逻辑符号

A、B 为与门的输入端,Y 为输出端。

当输入端有一个或一个以上为 0(即低电平,图中设输入电压低电平时电压值为 0V),假定 A 为 0,B 为 1(即 A 端为 0V,B 端为 +5V),此时,二极管 V1 导通,忽略二极管正向压降,输出端为低电平(即 0V),是逻辑 0,即"有 0 出 0";当输入端全为 1(即高电平,图中设输入电压高电平时电压值为 +5V,通常此值应小于电源电压值),忽略二极管正向压降,则输出端也为高电平(即 +5V),是逻辑 1,即"全 1 出 1"。

与门逻辑关系除可用逻辑函数式表示外,还可用真值表表示。真值表是一种表明逻辑门电路输入端状态和输出端状态的逻辑对应关系表。它包括了全部可能的输入值组合及对

应的输出值。表 11-1 是与门真值表。

表 11-1　与门真值表

A	B	Y
0	0	0
0	1	0
1	0	0
1	1	1

11.1.2　或门

　　或门(OR Gate)是数字逻辑中实现逻辑或的逻辑门。只要两个输入中至少有一个为高电平(1),则输出为高电平(1);若两个输入均为低电平(0),输出才为低电平(0)。换句话说,或门的功能是得到两个二进制数的最大值;而与门的功能是得到两个二进制数的最小值。

图 11-4　74LS32 的外形

　　74 系列或门电路有:74LS02、74LS32 等。

　　74LS32 的外形如图 11-4 所示。

　　下面讲述或逻辑关系、或逻辑的函数式及运算规则和或门电路及其工作原理。

　　1. 或逻辑关系

　　或逻辑关系可用图 11-5 表示。图中两个开关 A、B 只要有一个闭合,灯泡 Y 就亮,即决定某一事件(灯亮)的条件(A、B 闭合):只要有一个或一个以上成立,这件事(灯亮)就发生;否则就不发生。这样的逻辑关系称为或逻辑关系。

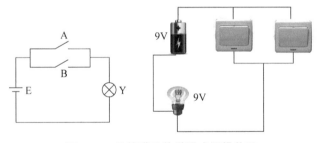

图 11-5　用并联开关说明或逻辑关系

　　2. 或逻辑的函数式及运算规则

　　在逻辑代数中,或逻辑可写成如下逻辑函数式:

$$Y = A + B$$

　　式中:符号"＋"叫作逻辑加(又叫或运算),它不是普通代数中的加号;Y 是 A、B 逻辑加的结果,不是代数和。

　　逻辑加的表达式可推广到多输入变量的一般形式:

$$Y = A + B + C + D + \cdots$$

　　或运算规则:

$$0+0=0, \quad 0+1=1, \quad 1+0=1, \quad 1+1=1$$

3. 或门电路及其工作原理

能实现或逻辑运算的电路叫作"或门"。图 11-6(a)所示为二输入端二极管或门电路，图 11-6(b)所示为或门的逻辑符号，A、B 为或门的输入端，Y 为输出端。

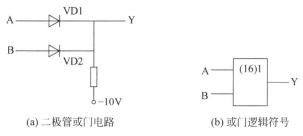

(a) 二极管或门电路　　　　　(b) 或门逻辑符号

图 11-6　或门电路和逻辑符号

只要有一个输入端为 1(即高电平，图中设输入电压高电平时电压值为＋5V)，则与该输入端相连的二极管就导通，忽略二极管正向压降，输出端为高电平(即＋5V)，是逻辑 1，即"有 1 出 1"；当输入端全为 0(即低电平，图中设输入电压低电平时电压值为 0V)，忽略二极管正向压降，则输出端也为低电平(即 0V)，是逻辑 0，即"全 0 出 0"。

或门逻辑关系也可用表 11-2 表示。

表 11-2　或门真值表

A	B	Y
0	0	0
0	1	1
1	0	1
1	1	1

11.1.3　非门

非门(NOT Gate)又称非电路、反相器、倒相器、逻辑否定电路，简称非门，是逻辑电路的基本单元。非门有一个输入端和一个输出端。当其输入端为高电平(逻辑 1)时输出端为低电平(逻辑 0)，当其输入端为低电平时输出端为高电平。也就是说，输入端和输出端的电平状态总是反相的。非门的逻辑功能相当于逻辑代数中的非，电路功能相当于反相，这种运算亦称非运算。

74 系列非门电路有：74LS04、74LS14 等。

74LS04 的外形如图 11-7 所示。

下面讲述非逻辑关系、非逻辑的函数式及运算规则和非门电路及其工作原理。

1. 非逻辑关系

非逻辑关系可用图 11-8 表示。图中开关 A 闭合，灯 Y 就熄灭；开关 A 断开，灯 Y 就亮。设开关闭合为逻辑 1，断开为逻辑

图 11-7　74LS04 的外形

0，灯亮为 1，灯灭为 0，也就是说，某件事(灯亮)的发生取决于某个条件(开关 A)的否定，即该条件成立(A 闭合)，这件事不发生(即灯灭)；而该条件不成立(A 断开)，这件事发生(即灯亮)。这种关系称为非逻辑关系。

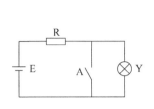

图 11-8 非逻辑关系

2. 非逻辑的函数式及运算规则

非逻辑的函数式：$Y=\overline{A}$，读作 Y 等于 A 非。

非运算规则：

$$0=1,1=0$$

3. 非门电路及其工作原理

能实现非逻辑运算的电路称为非门，图 11-9(a)所示为非门电路图，图 11-9(b)所示为非门的逻辑符号。

输入信号 A 若为 0.3V，则 NPN 型三极管 VY 发射结正偏，但小于门槛电压，所以三极管处于截止状态，Y 输出为高电平；输入信号 A 若为 6V，应保证三极管 VY 工作在深度饱和状态。又因为 VcEs＝0.3V，所以 Y 输出为低电平。非门的逻辑功能为"有 0 出 1，有 1 出 0"。

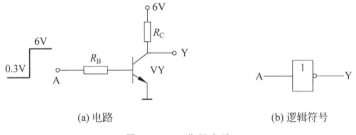

(a) 电路 (b) 逻辑符号

图 11-9　非门电路

非门逻辑关系也可用表 11-3 表示。

表 11-3　非门真值表

A	Y
0	1
1	0

11.1.4　74HC/LS/HCT/F 系列芯片的区别

74HC/LS/HCT/F 系列芯片的区别如下：

（1）LS 是低功耗肖特基，HC 是高速 COMS，LS 的速度比 HC 略快，HCT 输入/输出与 LS 兼容，但是功耗低；F 是高速肖特基电路。

（2）LS 是 TTL 工作电平，HC 是 COMS 工作电平。

（3）LS 输入开路为高电平，HC 输入不允许开路，HC 一般都要求有上/下拉电阻确定输入端无效时的电平，LS 却没有这个要求。

（4）LS 输出下拉强上拉弱，HC 上拉/下拉相同。

（5）工作电压不同，LS 只能用 5V，而 HC 一般为 2～6V。

（6）电平不同。LS 是 TTL 工作电平，其低电平和高电平分别为 0.8V 和 2.4V；而 CMOS 在工作电压为 5V 时分别为 0.3V 和 3.6V，所以 CMOS 可以驱动 TTL，但反过来是不行的。

（7）驱动能力不同，LS 一般高电平的驱动能力为 5mA，低电平为 20mA；而 CMOS 的高、低电平均为 5mA。

（8）CMOS 器件抗静电能力差，易发生栓锁问题，所以 CMOS 的输入脚不能直接接电源。

74 系列集成电路大致可分为 6 大类：

（1）74××（标准型）。

（2）74LS××（低功耗肖特基）。

（3）74S××（肖特基）。

（4）74ALS××（先进低功耗肖特基）。

（5）74AS××（先进肖特基）。

（6）74F××（高速）。

高速 CMOS 电路的 74 系列可分为 3 大类：

（1）HC 为 COMS 工作电平。

（2）HCT 为 TTL 工作电平，可与 74LS 系列互换使用。

（3）HCU 适用于无缓冲级的 CMOS 电路。

这 9 种 74 系列产品，只要后边的标号相同，其逻辑功能和管脚排列就相同。根据不同的条件和要求可选择不同类型的 74 系列产品，比如电路的供电电压为 3V 就应选择 74HC 系列的产品同型号的 74 系列、74HC 系列、74LS 系列芯片，逻辑功能上是一样的。

11.1.5 布尔代数运算法则

在抽象代数中，布尔代数（Boolean Algebra）是捕获了集合运算和逻辑运算二者的根本性质的一个代数结构（就是说一组元素和服从定义的公理的在这些元素上运算）。特别是，它处理集合运算交集、并集、补集；和逻辑运算与、或、非。

变量（Variable）及反码（Complement）是布尔代数中使用的两个术语。变量通常用斜体书写，是逻辑参量的符号，其取值在 1 和 0 之间。比如与门的表达式 $Y=AB$ 中，Y、A、B 都是变量。反码就是在变量头上加一个小横线，表示取反。比如非门表达式 $Y=\overline{A}$ 中的一表示取反，如果 $A=0$，则 $\overline{A}=1$，在描述时可称为 A 非等于 1。

就像普通的数学运算有一些成熟的法则可用于简化过程一样，布尔代数也有类似的运算法则供计算时使用。

布尔代数运算法则如下：

（1）加法交换律：$A+B=B+A$；

（2）乘法交换律：$AB=BA$；

（3）加法结合律：$A+(B+C)=(A+B)+C$；

（4）乘法结合律：$A(BC)=(AB)C$；

（5）分配律：$A(B+C)=AB+AC$。

11.2　数字电路设计步骤及方法

下面讲述数字电路设计步骤及方法。

11.2.1　数字电路的设计步骤

数字电路系统是对数字信号进行采集、加工、传送、运算和处理的装置。一个完整的数字电路系统往往包括输入电路、输出电路、控制电路、时基电路和若干子系统五部分。进行数字电路设计时，首先根据设计任务要求作总体设计，在设计过程中，要反复对设计方案进行论证，以求方案最佳，在整体方案确定后，便可设计单元电路，选择元器件，画出逻辑图、逻辑电路图，实验进行性能测试，最后画总体电路图，撰写实习报告。具体设计步骤如下。

（1）分析设计要求，明确系统功能。系统设计之前，首先要明确系统的任务、技术性能、精度指标、输入/输出设备、应用环境以及有哪些特殊要求等，然后查阅相关的各种资料，广开思路，构思出多种总体方案，绘制结构框图。

（2）确定总体方案。明确了系统性能以后，接下来要考虑如何实现这些技术功能和性能指标，即寻找合适的电路完成它。因为设计的途径不是唯一的，满足要求的方案也不是一个，所以为得到一个满意的设计方案，要对提出的各种方案进行比较，以电路的先进性、结构的繁简程度、成本的高低及制作的困难程度等方面作综合比较，并考虑各种元器件的来源，经过设计—验证—再设计多次反复过程，最后确定一种可行的方案。

（3）设计单元电路。将一个复杂的大系统划分成若干子系统或单元电路，然后逐个进行设计。整个系统电路设计的实质部分就是单元电路的设计。单元电路的设计步骤大致可分为三步。

① 分析总体方案对单元的要求，明确单元电路的性能指标。注意各单元电路之间的输入/输出信号关系，应尽量避免使用电平转换电路。

② 选择设计单元电路的结构形式。通常选择学过的、熟悉的电路，或者通过查阅资料选择更合适的、更先进的电路，在此基础上进行调试改进，使电路的结构形式达到最佳。

③ 计算主要参数，选择元器件。选择元器件的原则是，在可以实现题目要求的前提下，所选的元器件最少，成本最低，最好采用同一种类型的集成电路，这样可以不去考虑不同类型器件之间的连接匹配问题。

（4）设计控制电路。控制电路是将外部输入信号以及各子系统送来的信号进行综合、分析，发出控制命令去管理输入、输出电路及各子系统，使整个系统同步协调、有条不紊地工作。控制电路的功能有系统清零、复位、安排各子系统的时序先后及启动停止等，在整个系统中起核心和控制作用。设计时最好画出时序图，根据控制电路的任务和时序关系反复构思电路，选用合适的器件，使其达到功能要求。常用的控制电路有三种：移位型控制器、计数型控制器和微处理器控制器。一般根据完成控制的复杂程度，可灵活选择控制器类型。

（5）综合系统电路，画出系统原理图。各子系统设计完成后，应该画出总体电路图。总体电路图是电路设计、安装、调试及生产组装的重要依据,所以电路图画好之后要进行审图,检查设计过程遗漏的问题,及时发现错误进行修改,保证电路的正确性。画电路图的注意事项如下。

① 画电路图时应该注意流向,通常是从信号源或输入端画起,从左至右、从上至下按信号的流向依次画出各单元电路。电路图的大小位置要适中,不要把电路画成窄长型或瘦高型。

② 尽量把电路图画在一张纸上。如果遇到复杂的电路,一张纸画不下时,首先要把主电路画在一张纸上,然后把相对独立的和比较次要的电路分画在另外的纸张上。必须注意的是,一定要把各张纸上电路之间的信号关系说明清楚。

③ 连线要画成水平线或竖直线,一般不画斜线、少拐弯,电源一般用标值的方法,地线可用地线符号代替。四端互相连接的交叉线应该在交叉处用圆点画出;否则表示跨越。三端相连的交叉处不用画圆点。

④ 电路图中的集成电路芯片通常用框形表示。在框中标明其型号,框的两侧标明各连线引脚的功能。除了中大规模集成电路外,其余器件应该标准化。

⑤ 如果遇到复杂的电路,可以先画出草图,待调整好布局和连线后,再画出正式电路图。

（6）安装测试,反复修改,逐步完善。在各单元模块和控制电路达到预期要求以后,可把各个部分连接起来,构成整个电路系统,并对系统进行功能测试。测试主要包含三部分的工作:系统故障诊断与排除、系统功能测试、系统性能指标测试。若这三部分的测试有一项不符合要求,则必须修改电路设计。

（7）撰写设计文件。整个系统实验完成后,应整理出包含如下内容的设计文件:完整的电路原理图、详细的程序清单、所用元器件清单、功能与性能测试结果及使用说明书。

11.2.2　数字电路的设计方法

数字电路系统以下简称数字系统,常见的设计方法有自下而上法和自上而下法。

1. 自下而上的设计方法

数字电路系统自下而上的设计是一种试探法,设计者首先将规模大、功能复杂的数字系统按逻辑功能划分成若干子模块,一直分到这些子模块可以用经典的方法和标准的逻辑功能部件进行设计为止,然后再将子模块按其连接关系分别连接,逐步进行调试,最后将子系统组成在一起,进行整体调试,直到满足要求为止。具体步骤如下。

（1）分析系统的设计要求,确定总体方案。

（2）划分逻辑单元,确定初始结构,建立总体逻辑图。

（3）选择功能部件组成电路。

（4）将功能部件构成数字系统。

这种方法的特点是:没有明显的规律可循,主要靠设计者的实践经验和熟练的设计技巧,用逐步试探的方法最后设计出一个完整的数字系统。系统的各项性能指标只有在系统构成后才能分析测试。

2. 自上而下的设计方法

自上而下的设计方法是将整个系统从逻辑上划分成控制器和处理器两大部分,采用

ASM 图或 RTL 语言描述控制器和处理器的工作过程。如果控制器和处理器仍比较复杂，可以在控制器和处理器内部多重地进行逻辑划分，然后选用适当的器件以实现各子系统，最后把它们连接起来，完成数字系统的设计。设计步骤如下。

（1）明确所要设计系统的逻辑功能。

（2）确定系统方案与逻辑划分，画出系统方框图。

（3）采用某种算法描述系统。

（4）设计控制器和处理器，组成所需要的数字系统。

第 12 章
CHAPTER 12

电路设计与数字仿真
——Proteus 及其应用

本章讲述了电路设计与数字仿真——Proteus 及其应用,包括 EDA 技术概述、Proteus EDA 软件的功能模块、Proteus 8 体系结构及特点、Proteus 8 的启动和退出、Proteus 8 窗口操作、Schematic Capture 窗口、Schematic Capture 电路设计、STM32F103 驱动 LED 灯仿真实例和 AT89C51 单片机实现 DS18B20 温度测量仿真实例。

12.1 EDA 技术概述

电子设计技术的核心就是 EDA(Electronic Design Automation,电子设计自动化)技术。EDA 技术是指以计算机为工作平台,融合应用电子技术、计算机技术、智能化技术等最新成果而研制成的电子 CAD 通用软件包,主要能辅助进行 IC 设计、电子电路设计及 PCB 设计和系统级设计工作。EDA 技术已有 40 多年的发展历程,大致可分为以下 3 个阶段。

第 1 阶段:20 世纪 70 年代,CAD(Computer Aided Design,计算机辅助设计)阶段,人们开始用计算机辅助进行 IC 版图编辑和 PCB 布局布线,取代了手工操作。

第 2 阶段:20 世纪 80 年代,CAE(Computer Aided Engineering,计算机辅助工程)阶段。与 CAD 相比,CAE 除了有纯粹的图形绘制功能外,又增加了电路功能设计和结构设计,并且通过电气连接网络表将两者结合在一起,实现了工程设计。CAE 的主要功能是原理图输入、逻辑仿真、电路分析、自动布局布线和 PCB 后分析。

第 3 阶段:20 世纪 90 年代,电子系统设计自动化(Electronic System Design Automation,ESDA)阶段。20 世纪 90 年代,尽管 CAD/CAE 技术取得了巨大成功,但并没有把人们从繁重的设计工作中彻底解放出来。在整个设计过程中,自动化和智能化程度还不高,各种 EDA 软件窗口千差万别,学习和使用比较困难,并且各软件互不兼容,直接影响设计环节间的衔接。基于以上不足,EDA 技术继续发展,进入了以支持高级语言描述、可进行系统级仿真和综合技术为特征的第 3 代 EDA 技术——ESDA 阶段。这一阶段采用一种新的设计概念,即自顶向下(top-down)的设计方式和并行工程(Concurrent Engineering)的设计方法,设计者将精力主要集中在电子产品的准确定义上,EDA 系统完成了电子产品的系统级至物理级的设计。ESDA 极大地提高了系统设计的效率,使广大电子设计师开始实现"概念驱动工程"的梦想。设计师们摆脱了大量的辅助设计工作,而把精力集中于创造性的方案与概念构思上,从而极大地提高了设计效率,使设计更复杂的电路和系统成为可能,产品的研制周期大大缩短。这一阶段的基本特征,是设计人员按照"自顶向下"的设计方法,对整个系统进行方案设计和功能划分,系统的关键电路用一片或几片专用集成电路(Application Specific Integrated Circuits,ASIC)实现;然后采用硬件描述语言(Hardware Description Language, HDL)完成系统行为级设计;最后通过综合器和适配器生成最终的目标器件。这样的设计方法称为高层次的电子设计方法。具体的概念和实际设计方法请参考文献[1-11]等。

EDA 工具软件按功能可大致可分为 IC 级辅助设计、电路级辅助设计和系统级辅助设计 3 类。Proteus 属于电路级辅助设计软件,是电子线路设计、仿真和 PCB 设计类 EDA 软件。

1. IC 级辅助设计

IC 级辅助设计即物理级设计,多由半导体厂家完成。

2. 电路级辅助设计

电路级辅助设计主要是根据电路功能要求设计合理的方案,同时选择能实现该方案的合适元器件,然后根据具体的元器件设计电路原理图。接着进行第一次仿真,包括数字电路的逻辑模拟、故障分析、模拟电路的交直流分析、瞬态分析。系统在进行仿真时,必须有元件模型库的支持,计算机上模拟的输入/输出波形代替了实际电路调试中的信号源和示波器。这一次仿真主要是检验设计方案在功能方面的正确性。

仿真通过后,根据原理图产生的电气连接网络表进行 PCB 的自动布局布线。制作 PCB 之前还可以进行后分析,包括热分析、噪声及串扰分析、电磁兼容分析、可靠性分析等,并且可以将分析后的结果参数回注到电路图,进行第二次仿真,也称为后仿真,这一次仿真主要是检验 PCB 在实际工作环境中的可行性。

由此可见,电路级的 EDA 设计使电子工程师在实际的电子系统产生之前就可以全面地了解系统的功能特性和物理特性,从而将开发过程中出现的缺陷消灭在设计阶段,不仅缩短了开发时间,也降低了开发成本。

3. 系统级辅助设计

进入 20 世纪 90 年代以来,电子信息类产品的开发出现了两个明显的特点:一是产品的复杂程度加深;二是产品的上市时限紧迫。然而,电路级设计本质上是基于门级描述的单层次设计,设计的所有工作(包括设计输入、仿真和分析、设计修改等)都是在基本逻辑门这一层次上进行的,显然这种设计方法不能适应新的形势,为此引入了一种高层次的电子设计方法,也称为系统级的设计方法。

高层次设计是一种"概念驱动式"设计,设计人员无须通过门级原理图描述电路,而是针对设计目标进行功能描述,由于摆脱了电路细节的束缚,设计人员可以把精力集中于创造性的概念构思与方案上,一旦这些概念构思以高层次描述的形式输入计算机后,EDA 系统就能以规则驱动的方式自动完成整个设计。这样,新的概念得以迅速有效地转化为生产力,大大缩短了产品的研制周期。不仅如此,高层次设计只是定义系统的行为特性,可以不涉及实现工艺,在厂家综合库的支持下,利用综合优化工具可以将高层次描述转换成针对某种工艺优化的网络表,工艺转换变得轻松容易。

高层次设计步骤如下。

第 1 步:按照"自顶向下"的设计方法进行系统划分。

第 2 步:输入 VHDL 代码,这是高层次设计中最为普遍的输入方式。此外,还可以采用图形输入方式(框图、状态图等),这种输入方式具有直观、容易理解的优点。

第 3 步:将以上的设计输入编译成标准的 VHDL 文件。对于大型设计,还要进行代码级的功能仿真,主要是检验系统功能设计的正确性,因为对于大型设计,综合、适配要花费数小时,在综合前对源代码仿真,就可以大大减少设计重复的次数和时间,一般情况下可略去这一仿真步骤。

第4步:利用综合器对 VHDL 源代码进行综合优化处理,生成门级描述的网络表文件,这是将高层次描述转化为硬件电路的关键步骤。

综合优化是针对 ASIC 芯片供应商的某一产品系列进行的,所以综合的过程要在相应的厂家综合库支持下才能完成。综合后,可利用产生的网络表文件进行适配前的时序仿真,仿真过程不涉及具体器件的硬件特性,较为粗略。一般设计时,这一仿真步骤也可略去。

第5步:利用适配器,将综合后的网络表文件针对某一具体的目标器件进行逻辑映射操作,包括底层器件配置、逻辑分割、逻辑优化和布局布线。适配完成后,产生多项设计结果,如适配报告,包括芯片内部资源利用情况、设计的布尔方程描述情况等;适配后的仿真模型;器件编程文件。根据适配后的仿真模型,可以进行适配后的时序仿真,因为已经得到器件的实际硬件特性(如时延特性),所以仿真结果能比较精确地预期未来芯片的实际性能。如果仿真结果达不到设计要求,就需要修改 VHDL 源代码或选择不同速度品质的器件,直至满足设计要求。

第6步:将适配器产生的器件编程文件通过编程器或下载电缆载入目标芯片 FPGA 或 CPLD 中。如果是大批量产品开发,通过更换相应的厂家综合库,可以很容易转由 ASIC 形式实现。

12.2 Proteus EDA 软件的功能模块

Proteus 是 Lab Center Electronics 公司推出的一款 EDA 工具软件。

Proteus 具有原理布图、PCB 自动或人工布线、SPICE 电路仿真、互动电路仿真、仿真处理器及其外围电路等功能。

(1) 互动的电路仿真。

用户甚至可以实时采用诸如 RAM、ROM、键盘、马达、LED、LCD、AD/DA、部分 SPI 器件和部分 I2C 器件。

(2) 仿真处理器及其外围电路。

可以仿真 51 系列、AVR、PIC、ARM 等常用主流单片机。还可以直接在基于原理图的虚拟原型上编程,再配合显示及输出,能看到运行后输入/输出的效果。配合系统配置的虚拟逻辑分析仪、示波器等,Proteus 建立了完备的电子设计开发环境。

1. 智能原理图设计

(1) 丰富的器件库:超过 27000 种元器件,可方便地创建新元件。

(2) 智能的器件搜索:通过模糊搜索可以快速定位所需要的器件。

(3) 智能化的连线功能:自动连线功能使连接导线简单快捷,大大缩短绘图时间。

(4) 支持总线结构:使用总线器件和总线布线使电路设计简明清晰。

(5) 可输出高质量图纸:通过个性化设置,可以生成印刷质量的 BMP 图纸,可以方便地供 WORD、POWERPOINT 等多种文档使用。

2. 完善的电路仿真功能

(1) ProSPICE 混合仿真:基于工业标准 SPICE3F5,实现数字/模拟电路的混合仿真。

(2) 超过 27000 个仿真器件:可以通过内部原型或使用厂家的 SPICE 文件自行设计仿

真器件,Labcenter 也在不断地发布新的仿真器件,还可导入第三方发布的仿真器件。

(3) 多样的激励源:包括直流、正弦、脉冲、分段线性脉冲、音频(使用 wav 文件)、指数信号、单频 FM、数字时钟和码流,还支持文件形式的信号输入。

(4) 丰富的虚拟仪器:13 种虚拟仪器,面板操作逼真,如示波器、逻辑分析仪、信号发生器、直流电压/电流表、交流电压/电流表、数字图案发生器、频率计/计数器、逻辑探头、虚拟终端、SPI 调试器、I2C 调试器等。

(5) 生动的仿真显示:用色点显示引脚的数字电平,导线以不同颜色表示其对地电压大小,结合动态器件(如电机、显示器件、按钮)的使用可以使仿真更加直观、生动。

(6) 高级图形仿真功能(ASF):基于图标的分析可以精确分析电路的多项指标,包括工作点、瞬态特性、频率特性、传输特性、噪声、失真、傅里叶频谱分析等,还可以进行一致性分析。

3. 单片机/微控制器协同仿真功能

(1) 支持主流的 CPU 类型:如 ARM7、8051/52、AVR、PIC10/12、PIC16、PIC18、PIC24、dsPIC33、HC11、BasicStamp、8086、MSP430 等,CPU 类型随着版本升级还在继续增加,如即将支持 Cortex、DSP 处理器。

(2) 支持通用外设模型:如字符 LCD 模块、图形 LCD 模块、LED 点阵、LED 七段显示模块、键盘/按键、直流/步进/伺服电机、RS-232 虚拟终端、电子温度计等,其 COMPIM (COM 口物理接口模型,COM Physical Interface Model)还可以使仿真电路通过 PC 机串口和外部电路实现双向异步串行通信。

(3) 实时仿真:支持 UART/USART/EUSARTs 仿真、中断仿真、SPI/I2C 仿真、MSSP 仿真、PSP 仿真、RTC 仿真、ADC 仿真、CCP/ECCP 仿真。

(4) 编译及调试:支持单片机汇编语言的编辑/编译/源码级仿真,内带 8051、AVR、PIC 的汇编编译器,也可以与第三方集成编译环境(如 IAR、Keil 和 Hitech)结合,进行高级语言的源码级仿真和调试。

4. 实用的 PCB 设计平台

(1) 原理图到 PCB 的快速通道:原理图设计完成后,一键便可进入 ARES 的 PCB 设计环境,实现从概念到产品的完整设计。

(2) 先进的自动布局/布线功能:支持器件的自动/人工布局;支持无网格自动布线或人工布线;支持引脚交换/门交换功能使 PCB 设计更为合理。

(3) 完整的 PCB 设计功能:最多可设计 16 个铜箔层,2 个丝印层,4 个机械层(含板边),灵活的布线策略供用户设置,自动设计规则检查,3D 可视化预览。

(4) 多种输出格式的支持:可以输出多种格式文件,包括 Gerber 文件的导入或导出,便利与其他 PCB 设计工具的互转(如 protel)和 PCB 的设计及加工。

Proteus 从推出到 8.15 Professional 版本,功能日益增强,特别是在微控制器、嵌入式等方面的虚拟仿真,是其他 EDA 软件无法媲美的。

Proteus 详细资料请参阅官方网站 http://www.labcenter.com。

12.3　Proteus 8 体系结构及特点

Proteus 全称为 Proteus Design Suite,是由英国 Labcenter electronics 公司开发的 EDA 工具软件。它于 1989 年问世,目前已在全球范围内得到广泛使用。Protcus 软件主要由两部分组成：ARES 平台和 ISIS 平台，前者主要用于 PCB 自动或人工布线以及电路仿真；后者主要用于以原理图的方法绘制电路并进行相应的仿真。Proteus 革命性的功能在于它的电路仿真是互动式的，针对微处理器的应用，可以直接在基于原理图的虚拟原型上编程，并实现软件代码级的调试，还可以直接实时动态地模拟按钮、键盘的输入，LED、液晶显示器的输出，同时配合虚拟工具如示波器、逻辑分析仪等进行相应的测量和观测。

Proteus 软件的应用范围十分广泛，涉及 PCB、SPICE 电路仿真、微控制器仿真，以及 ARM7、LPC2000 的仿真。Proteus 8.13 支持对部分采用 Cortex-M3 内核的 STM32 芯片的仿真。本章主要以 STM32F103T6 的仿真为例，使读者初步了解 Proteus 软件的强大功能，并且主要对如何使用 Proteus 8.13 Professional 作一简单介绍，其中不涉及 PCB。

Proteus 可以进行微处理器控制电路设计和实时仿真，具体功能如表 12-1 所示。Proteus 有 4 大结构体系，即 Schematic Capture、PCB Layout、VSM Studio 和 Visual Designer。

表 12-1 Proteus 结构体系

模　　块	功　　能
Schematic Capture	Schematic Capture 原理设计和仿真
	交互式仿真、图表仿真
	虚拟激励源
	丰富的辅助工具
PCB Layout	自动布线布局
	泪滴操作、覆铜操作
	Gerber View
	功能强大的 PCB 辅助工具
VSM Studio	支持程序单步、中断调试
	支持多种嵌入式微处理器
	硬件中断源、Active Popups
Visual Designer	基于流程图可视化的 Arduino 设计工具，主要包括 Arduino 功能扩展板和 Grove 模块，元器件库主要包括常用的显示器、按钮、开关、传感器和电机、TFT 显示屏、SD 卡和音频播放器等

Proteus 主要有 3 大结构体系，即 Schematic Capture、PCB Layout 和 VSM Studio，Proteus 结构如图 12-1 所示。

与以前的版本相比，Proteus 8 除了保持以前版本的优良特点外，还有了很大的改变，主要表现在以下几个方面。

（1）采用 Integrated Application Framework 新技术，将上述 4 个模块集成在一个窗口内，实现了真正一体化的 EDA 设计理念。这 4 个软件可以运行在一个窗口内（称为标签式模式或单帧模式），也可以各自有一个单独窗口（称为多帧模式），这与以前的版本窗口一样。单帧模式往往会更好地满足笔记本电脑用户。

（2）Schematic Capture 和 PCB Layout 共享一个数据库 CDB（Common Database），CDB 包含项目中所有的部件（Parts）和元件（Elements）的信息。部件代表 PCB Layout 中的物理组件；而元件代表在原理图上的逻辑组件。CDB 还保存了部件和元件之间的联系，例如一个同类多组元器件（如 74LS00，2 输入 4 与非门，设在原理图中以 U_1：A、U_1：B、U_1：C、

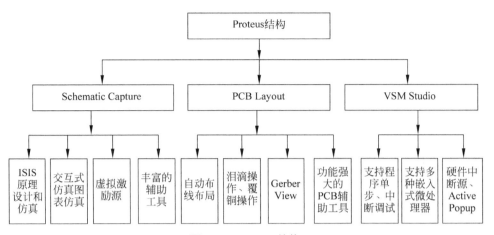

图 12-1　Proteus 结构

U₁：D 表示），如果将 U₁：A 中的封装由 DIL14 改为 SOL14，则系统自动更新 PCB Layout 中的封装，也会自动更新原理图中 U₁：B、U₁：C、U₁：D 的封装，并自动更新原理图和 PCB 中的引脚。Proteus 8 把 Schematic Capture 原理图设计文件（＊.dsn）、PCB Layout（＊.lyt）、CDB 以及 VSM Studio（Firmware）和程序相关的代码保存在一个项目文件（＊.pdsprj）里。

（3）采用新的网络表管理方式，即 Live Netlisting 技术，该技术使在原理图 Schematic Capture 上的变化立即反映在 PCB Layout、设计资源管理器和元器件清单中。同理，在 PCB Layout 中的参数改变也会立即反映到原理图 Schematic Capture、设计资源管理器和元器件清单中。

（4）新的 3D 预览方案也支持 PCB Layout 和 3D Viewer 之间实施更新数据。

（5）Proteus 8 提供了一个全新的所见即所得的元器件清单（Bill of Materials，BOM）窗口，与 Schematic Capture 之间实时更新，可以对元器件清单报表中的内容进行修改，如可视化的页眉页脚编辑器等；还可以对原理图进行反标注；设置元器件的订单代码、价格等参数；支持打印输出和生成多种文件格式输出。

（6）新的 VSM Studio 集成开发环境，使嵌入式微处理器编程与硬件调试更方便快捷。在 Proteus 8 中，VSM Studio 成为一个独立的应用程序，这样的好处主要有：固件自动加载成功后，自动编译生成目标处理器；新建项目向导，在选择目标处理器后，会自动生成一些固件基本的电路（如电源电路、复位电路等）；既可以在原理图中调试，也可以在 VSM 集成环境中调试。

12.3.1　Proteus VSM 的主要功能

Proteus VSM（Virtual System Modeling，虚拟系统模型）是一个基于 ProSPICE 的混合模型仿真器，主要由 SPICE3F5 模拟仿真其内核和快速事件驱动数字仿真器（Fast Event-driven Digital Simulator）组成。在 Schematic Capture 平台中，利用具有动态演示功能的元器件或具有仿真模型的元器件，当电路连接完成无误后，单击运行按钮，可以实现声、光等动态逼真的仿真。打开本书配套电子资源实例 Cap.pdsprj 示例，如图 12-2 所示，先闭合 SW1 键（单击 SW1 的 ⬤ 图标处），断开 SW2 键（单击 SW2 的 ⬤ 图标处），单击 Schematic

Capture窗口最下面的(运行仿真)按钮,运行原理图仿真,注意观察电解电容的电荷变化,电解电容开始充电,接电源的正极板带上了正电荷,接电源的负极带上了负电荷,随着通电时间的延长,电荷量也在逐渐增加,根据RC构成的电路原理,修改R_1和C_1的值,充电时间也会发生变化。导线上的箭头表示电流的方向,当C_1上的电压值(即VM1的值,VM1为虚拟直流电压表)等于直流电压源的电压值时,停止充电,AM1(虚拟直流电流表)的电流值由开始的最大值逐渐变小,最终为0mA。断开SW1键,闭合SW2键,电容开始放电,灯泡的亮度由亮逐渐变暗(因为电容上的电荷在减少,灯泡的端电压在逐渐降低),当电容放电结束后,灯泡就灭了或者灯泡就不发光了。AM2的电流值逐渐由大变小,最后变为0mA。

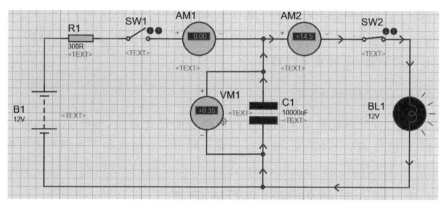

图 12-2　电容充/放电交互式仿真

Proteus VSM仿真有交互式仿真和高级图表仿真(Advanced Simulation Feature,ASF)两种仿真方式。交互式仿真是一种直观地反映电路设计的仿真,如图12-2所示。高级图表仿真是把电路中某点对地的电压或电流相对时间轴或其他参数的波形绘制出来,打开配套电子资源实例chap1中的DAC0808.pdsprj,其仿真效果如图12-3所示。

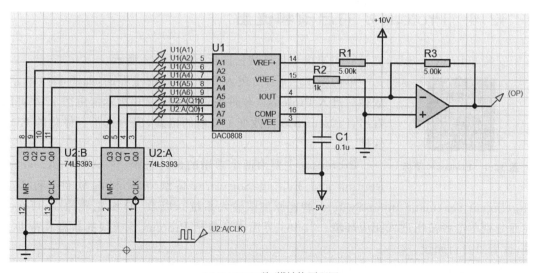

(a) DAC0808数/模转换原理图

图 12-3　DAC0808 原理图及高级混合图表仿真

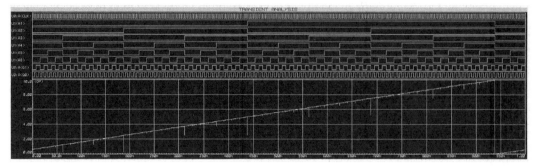

(b) 高级混合图表仿真

图 12-3 （续）

为了实现交互式仿真，Proteus 提供了上万种具有 SPICE 模型的元器件、3 种探针、14 种可编程的激励源、13 种虚拟仪器等。

12.3.2　Proteus PCB

Proteus PCB 设计系统是基于高性能的网络表的设计系统，能够完成高效、高质量的 PCB 设计，可以进行 3D PCB 预览，也可以生成多种网络表格式和多种图形输出格式，以便与其他 EDA 软件相兼容。

12.3.3　嵌入式微处理器交互式仿真

Proteus Studio 是能够对目前多种型号的微处理器，如 8051/52、ARM7、AVR、PIC10、PIC12、PIC16、PIC18、PIC24、dsPIC33、HC11、BasicStamp、8086、MSP430、MAXIM（美信）系列、Cortex-M3、TMS320C28X 等系列进行实时仿真、协同仿真、调试与测试的 EDA 工具。随着版本的提高，嵌入式微处理器还在不断增加。

12.4　Proteus 8 的启动和退出

安装好 Proteus 8 后，在计算机桌面可见其快捷图标，如图 12-4 所示。

图 12-4　Proteus 8 图标

单击图 12-4 图标，进入 Proteus 8 的主界面，如图 12-5 所示。数秒后进入 Proteus 8 软件窗口，如图 12-6 所示。由图 12-6 可以看出，Proteus 8 软件改变了以前的格式，成为真正一体化的 EDA 软件。

Proteus 8 主要由两个常用的设计系统——ARES（Advanced Routing and Editing Software，高级布线和编软件）和 ISIS（Intelligent Schematic Input System，智能原理图输入系统），以及 3D 浏览器构成，可在主界面分别单击各按钮进入相应环境。其中主界面中还包括 Proteus 各模块的教程及帮助文件，读者可自行阅读。

关闭 Proteus 有以下两种方式。

（1）单击标题栏中的关闭按钮。

（2）选择 File 菜单中的 Exit Application 命令，或者直接按快捷键 Alt＋F4。

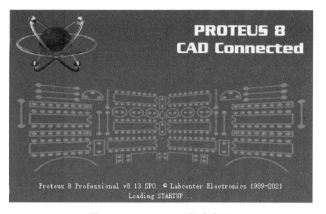

图 12-5　Proteus 8 启动窗口

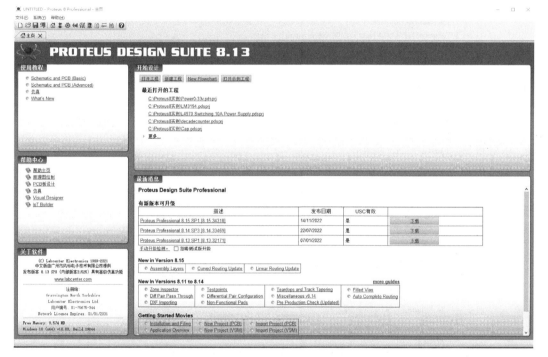

图 12-6　Proteus 的主页(Home Page)窗口

12.5　Proteus 8 窗口操作

启动 Proteus 后,进入 Proteus 主窗口,如图 12-6 所示。主窗口主要包括主菜单栏、主工具栏和主页三大部分。

12.5.1　主菜单栏

主菜单栏包括文件菜单、系统菜单和帮助菜单,下面讲解各菜单的功能。

1. 文件(File)菜单

文件菜单的主要功能是新建项目和对项目的其他操作,具体功能如图 12-7 所示。

2. 系统(System)菜单

系统菜单的主要功能是系统参数设置、更新管理和语言版本更新。系统菜单的主要功能如图 12-8 所示。

图 12-7　文件菜单栏　　　　　　　　　图 12-8　系统菜单

系统设置(System Settings)。

单击该命令,弹出系统参数设置对话框,如图 12-9 所示,主要包括全局设置(Global Settings)、仿真器设置(Simulator Settings)、PCB 设计设置(PCB Design Settings)和崩溃报告(Crash Reporting)共 4 项参数设置。

图 12-9　系统设置对话框

3. 帮助(Help)菜单

帮助菜单主要提供帮助信息,其功能如图12-10所示。

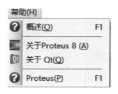

图 12-10　帮助菜单

12.5.2　主工具栏

主工具栏是显示位图式按钮的控制条,位图式按钮用来执行命令功能,如图 12-11 所示,主要包括项目工具栏(Project Toolbar 或者 File I/O Toolbar)和应用模块工具栏(Application Module Toolbar)。为了与后面章节中的工具栏区别,统称该工具栏为主工具栏。

图 12-11　主工具栏

12.5.3　主页

主页(Home Page)是 Proteus 8 相对于低版本应用的新模块,其主要功能如下。

(1) 快速的超链接帮助信息。

(2) 系统快捷操作面板。

操作面板主要包括 Getting Started Movies 面板、Help 面板、About 面板、开始设计面板和 News 面板,下面详细介绍这些面板的功能。

1. Getting Started Movies 面板

Getting Started Movies 面板主要提供系统功能的帮助信息,如图 12-12 所示。具体内容不再详述。

图 12-12　Getting Started Movies 面板

2. Help 面板

Help 面板提供了系统功能的详细参考手册。主要内容如下。

帮助主页(Help Home):Proteus 8 框架帮助信息。

原理图绘制(Schematic Capture):ISIS 使用说明。功效同 Schematic Capture 环境下的菜单 Help→Schematic Capture Help 命令。

PCB 设计(PCB Layout):ARES 使用说明。功效同 PCB Layout 环境下的菜单 Help→PCB Layout Help 命令。

仿真(Simulation):Proteus VSM 帮助信息。

3. About 面板

About 面板主要显示 Proteus 的版本信息、用户信息、操作系统信息和官方网址等信息。

4. 开始设计(Start)面板

开始设计面板提供创建项目、打开项目、导入项目、打开系统项目实例等功能,并显示最近的项目名称及路径。

(1) 打开工程(Open Project)。

打开用户已创建的工程有两种方式。

① 对于最近操作过的工程,可以双击 Recent Projects 列表中对应的工程行,如图 12-13 所示,或者单击 More 按钮,展开最近操作的所有工程。

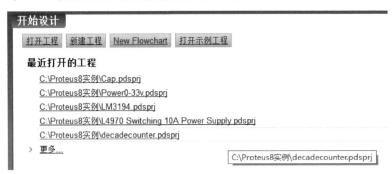

图 12-13　打开最近工程

② 单击打开工程(OpenProject)按钮(相当于菜单"文件(File)"→"打开工程(Open Project)"命令),弹出打开工程文件对话框,选择具体路径和文件名,单击"打开"按钮即可打开用户创建的工程文件,如图 12-14 所示。

图 12-14　打开用户工程文件窗口

(2) 新建工程(New Project)。

单击 New Project 按钮(相当于菜单栏选择 File→New Project 命令),弹出新建工程向导对话框,如图 12-15 所示。

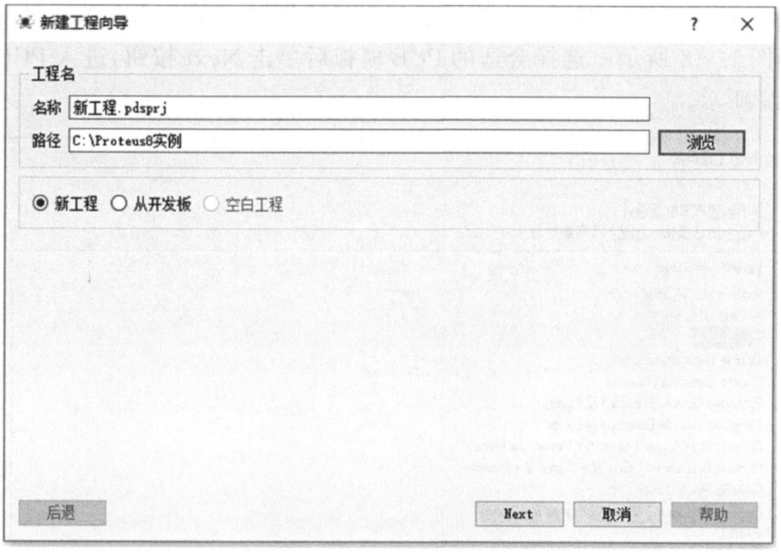

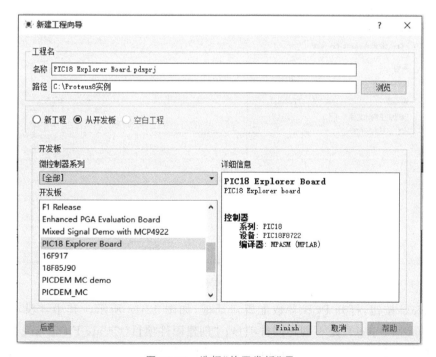

图 12-15 新建工程向导

名称(Name):工程名称,其后缀为 ＊.pdsprj。

路径(Path):工程保存的路径,默认路径为执行 System→System settings 菜单命令时设置的初始路径。单击"浏览"按钮可以设置路径,也可以直接在文本框中输入路径。

新工程(New Project):新建工程。

从开发板(From Development Board):从开发板实例上快速创建工程,如图 12-16 所示。选择相应的模板,单击 Finish 按钮,完成工程创建。

图 12-16 选择"从开发板"项

如果创建所需的工程，一般选择"新工程"项，单击 Next 按钮，进行下一步设置，弹出如图 12-17 所示的原理图配置对话框。选择合适的原理图纸大小后单击 Next 按钮，进行 PCB 参数设置，如图 12-18 所示。选择合适的 PCB 模板后单击 Next 按钮，进入 PCB 层设计对话框，如图 12-19 所示。

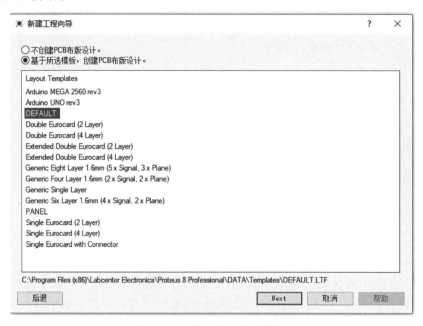

图 12-17　原理图配置对话框

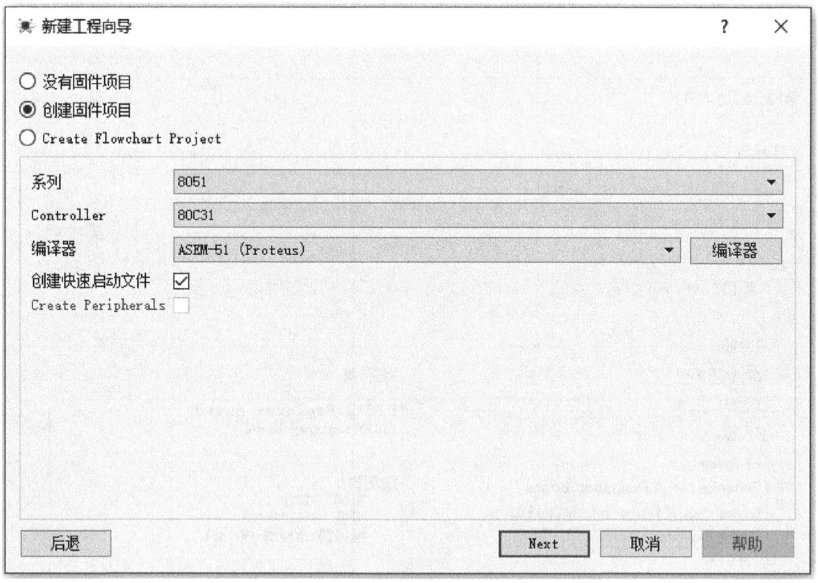

图 12-18　PCB 参数配置对话框

单击 Next 按钮，打开 PCB 参数配置对话框，如图 12-18 所示。其中，"没有固件项目 (No Firmware Project)"是不创建固件项目；"创建固件项目 (Create Firmware Project)"是创建固件项目；Create Flowchart Project 是创建流程图项目。

其中,后两项会展开二级项目参数,参数项目名称一样,这里以创建固件项目为例,如图 12-18 所示,主要参数如下。

系列(Family):微处理器 IP 核选择。默认为 8051 IP 核。单击下拉按钮,可选择其他 IP 核,如图 12-19 所示。这里以 8051 IP 核为例。

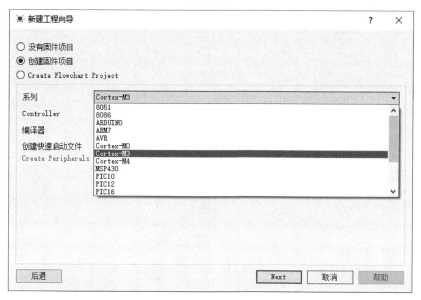

图 12-19　IP 核列表

Controller:微处理器选择。单击下拉按钮,这里选择支持 8051 IP 核的具体微处理器。

编译器(Compiler):编译器选择。单击编译器按钮,选择 Proteus VSM 支持的编译器,如果该编译器没有匹配安装,则在其编译器后面备注 not configured 字样,如图 12-20 所示。单击编译器按钮可以对编译器进行配置。

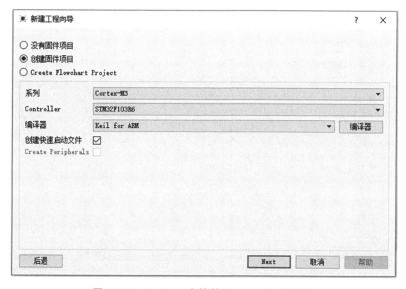

图 12-20　Proteus 支持的 Cortex-M3 编译器

创建快速启动文件(Create Quick Start Files)：是否快速生成 Source Code 格式文件，勾选表示快速创建程序代码，如图 12-20 所示；否则创建原理图和空白 Source Code 格式文件，如图 12-21 和图 12-22 所示。

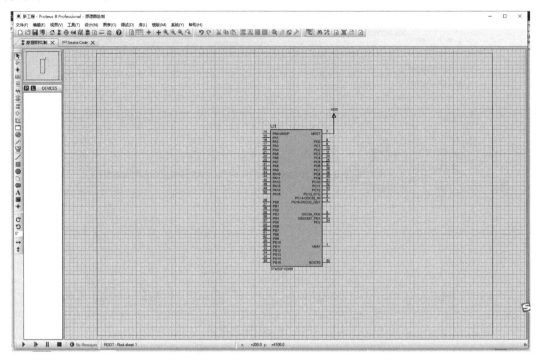

图 12-21　原理图绘制

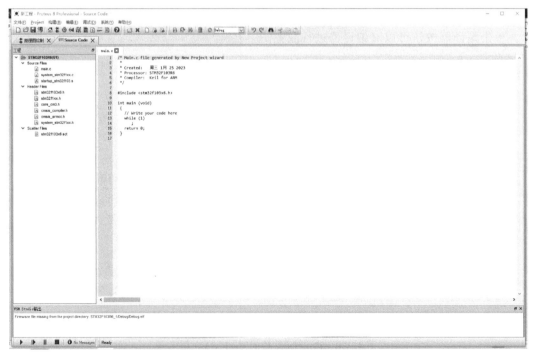

图 12-22　快速 Source Code 格式文件

Proteus目前只支持基于Arduino的流程框图项目的创建与仿真。当然,也可以单击New Flowchart按钮,快速创建Arduino的基于流程图的项目。

(3)打开示例工程(Open Sample)。

单击打开示例工程按钮,弹出"新建工程向导"对话框,如图12-23所示。

图 12-23　新建工程向导对话框

输入要打开的相关示例的关键字,或者单击下拉按钮,选择系统提供的关键字。用关键字查找时,可以勾选Match Whole Words Only(只查找关键字完全匹配)项进行精确选择。输入关键字后,系统自动按照关键字查找,如果查找到项目,则在Category、Sub-category和Results列表中显示相应的搜索结果,并且Results中会显示搜索到的项目的总数,如图12-24所示。

Proteus和其他EDA工具一样,提供了功能强大的原理图编辑工具,但它还提供了交互式仿真和图表仿真,这是其他EDA软件无法媲美的。Proteus 8 Schematic Capture的主要特点如下。

(1)个性化的编辑环境。用户可以根据自己的爱好设置线宽、颜色、字体、填充类型、自动保存时间和仿真参数等设置。

(2)自动捕捉、自动连线和自动标注。

(3)丰富的元器件库。系统启动后,元器件库自动装载。可以实现微控制器仿真和SPICE电路仿真结合,可以仿真模拟电路、数字电路、微控制器、嵌入式和外围电路组成的系统、RS232动态、I2C调试器、信号源、键盘、数码管、LCD显示器和点阵显示器等。

(4)支持总线和网络标号。

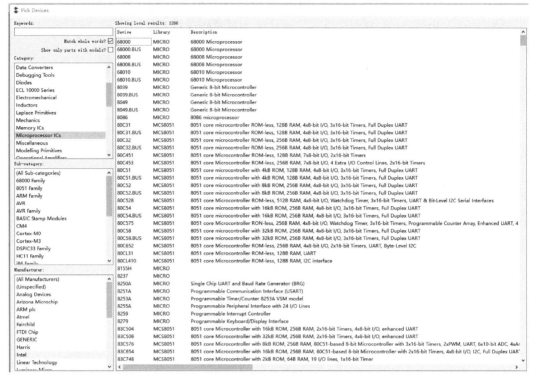

图 12-24　系统关键字

（5）层次化电路设计。

（6）属性分配工具（PAT）。

（7）电路规则参数检测，元器件清单和多种图形格式输出。

（8）输出多种网络表格式。

（9）提供软件调试功能。

总之，Proteus 是一款功能强大、性能稳定的 EDA 设计软件。

12.6　Schematic Capture 窗口

打开 Schematic Capture 窗口的方法主要有以下两种。

（1）选择主菜单栏的"文件（File）"→"新建工程（New Project）"，或者选择主页中的"新建工程（New Project）"命令进行创建。

（2）单击主工具栏上的 ⚓ ISIS 按钮。

上述两种方法都可以进入 Schematic Capture 窗口，如图 12-25 所示。

从图 12-25 可以看出，Schematic Capture 窗口主要包括标准工具栏、菜单栏、主工具栏、仿真工具栏、视图工具栏、仪器工具栏等。

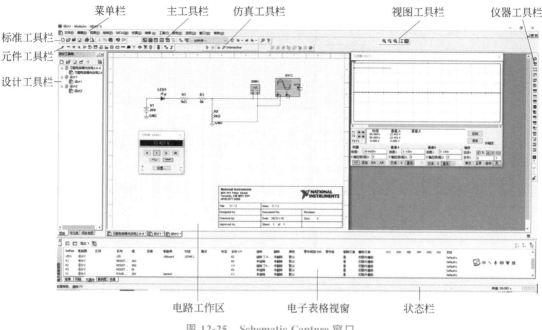

图 12-25 Schematic Capture 窗口

12.7 Schematic Capture 电路设计

本节主要讲解原理图设计,这也是进行仿真和 PCB 设计的前提条件。Proteus 8 原理图设计中常用文件的格式如下。

(1)项目文件(.pdsprj)。

(2)框架文件(.workspace)。

(3)项目部分图文件(.pdsclip)。

(4)模型文件(.mod)。

(5)库文件(.lib)。

电子线路设计的第一步是进行原理图设计,Proteus 8 设计电路原理图的流程如图 12-26 所示,各步骤说明如下。

(1)新建原理图文件。根据构思好的原理图选择图纸模板。

(2)设置编辑环境。根据电路设计仿真参数设置、图表颜色属性和字体等,在设计中随时调节图纸的大小。在没有特殊要求的情况下,一般采用默认模板。

(3)放置元器件。从元器件库中添加需要的元器件,放置在原理图编辑窗口合适的位置处,并对元器件相关参数进行设置。

(4)原理图布线。利用导线、总线和标号等形式接元器件,最终使原理图绘制正确、美观。

(5)参数测试或图表仿真。原理图布线完成以后,根据电路功能进行相关的参数测试或者进行图表仿真。比如设计放大电路,可以在输入端添加虚拟信号源,在输出端添加虚拟示波器,观察信号是否被放大;也可以进行混合图表仿真,将输入、输出信号进行对比,观察信号是否被放大。

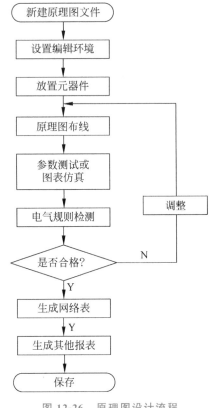

图 12-26　原理图设计流程

（6）电气规则检测。

（7）调整。

（8）生成网络表。

（9）生成其他报表。如果电路设计没有问题，则输出相关的报表，例如 BOM 报表。

（10）保存。保存系统原理图及相关文件，完成原理图设计。

12.8　STM32F103 驱动 LED 灯仿真实例

下面讲述 STM32F103 驱动 LED 灯仿真实例。

12.8.1　实例描述

采用 STM32F103R6，下载程序后 LED 灯常亮。

12.8.2　硬件绘制

硬件绘制过程如下：

（1）在 Windows 界面中单击"开始"→"所有程序"→"Proteus 8 Professional"，或在计算机桌面双击"■ New Project. pdsprj"启动 Proteus，在 Proteus 主界面的主菜单栏中单击"File"→"New Project"或在主工具栏中单击图标按钮，弹出"New Project Wizard：Start"对

话框。如图 12-27 所示,在"New Project Wizard:Start"对话框中:在"Project Name"面板的 Name 文本框中输入工程名,如"点亮 LED";利用 Path 文本框后的 Browse 按钮指定具体要保存的路径;接下来单击 Next 按钮,弹出"New Project Wizard:Schematic Design"对话框,在该对话框中选中"Create a schematic from the selected template";然后单击 Next 按钮,打开"New Project Wizard:PCB Layout"对话框设置界面。

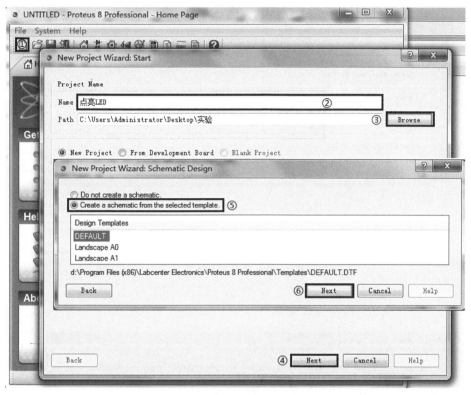

图 12-27 硬件绘制步骤(1)

(2) 如图 12-28 所示,在"New Project Wizard:PCB Layout"对话框选中"Do not create a PCB layout",单击 Next 按钮,弹出"New Project Wizard:Firmware"对话框,在该对话框内选中"Create Firmware Project";在 Family 下拉列表中选择"Cortex-M3";在 Controller 下拉列表中选择 STM32F103R6;在 Compiler 下拉列表中选择"GCC for ARM (notconfigured)";单击 Next 按钮,进入"New Project Wizard:Summary"对话框。

(3) 在"New Project Wizard:Summary"对话框中检查"Saving As"(另存为)保存路径是否正确,检查是否选中 Schematic 和 Firmware,如果有误,单击 Back 按钮返回重新设计,无误则单击 Finish 按钮。此时将打开"xxx(工作名)\Proteus 8 Professional\SourceCode"界面,因为编写程序及改写代码均是在 Keil MDK5 中进行的,所以关闭 Proteus 自带编译器 VSM Studio,即单击"Source Code"选项卡上的图标按钮关闭该编译器。此时软件界面上仅显示"Schematic Capture"选项卡,如图 12-29 所示。

(4) 在"Schematic Capture"选项卡中进行硬件绘制。因硬件绘制比较简单,这里不再赘述,最终绘制的硬件连接图如图 12-30 所示。注:LED 的 Keywords 设置为 LED-RED;电阻的 Keywords 设置为 RES,修改其参数为 100Ω。

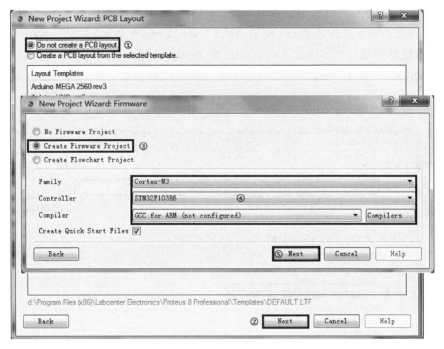

图 12-28　硬件绘制步骤（2）

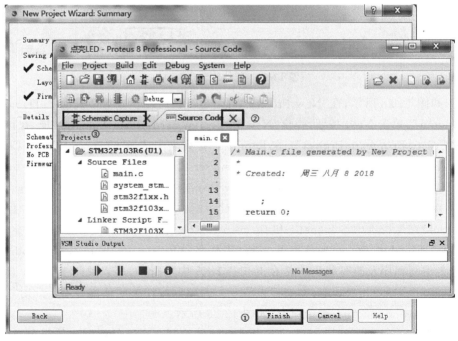

图 12-29　硬件绘制步骤（3）

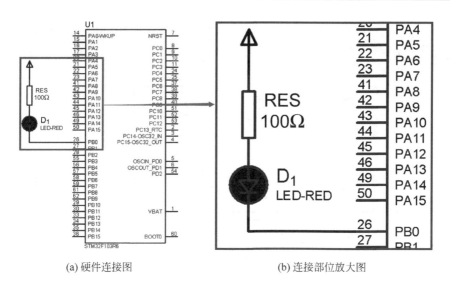

(a) 硬件连接图   (b) 连接部位放大图

图 12-30　最终绘制的硬件连接图

12.8.3　STM32CubeMX 配置工程

在多数情况下,仅使用 STM32CubeMX 即可生成工程时钟及外设初始化代码,而用户控制逻辑代码编写是无法在 STM32CubeMX 中完成的,需要用户根据需求实现。下面介绍的项目中使用 STM32CubeMX 配置工程的步骤为:

（1）工程建立及 MCU 选择；

（2）RCC 及引脚设置；

（3）时钟配置；

（4）MCU 外设配置；

（5）保存及生成工程源代码；

（6）编写用户代码。

接下来将按照上面 6 个步骤,依次使用 STM32CubeMX 工具生成点亮单个 LED 的完整工程文件。

1. 工程建立及 MCU 选择

打开 STM32CubeMX 主界面之后,通过单击主界面中的 New Project 按钮命令或依次单击"File"→"New Project",或单击工具栏中的图标按钮创建新工程。新建工程时,在弹出的 New Project 对话框中选择 MCU Selector 选项卡,然后依次在 Core 栏内选择"ARM Cortex-M3";在 Series 栏内选择 STM32F1;在 Line 栏内选择 STM32F103;在 Package 栏内选择 LQFP64 如图 12-31 所示。接下来选择使用芯片 STM32F103R6,并双击 STM32F103R6 行。

2. RCC 及引脚设置

在工程建立与 MCU 选择操作中,双击 STM32F103R6 之后打开 Pinout 选项卡,此时软件界面上会显示芯片完整引脚图。在引脚图中可以对引脚功能进行配置。黄色表示电源和 GND 引脚;绿色表示已被使用的引脚;红色表示有冲突的引脚。

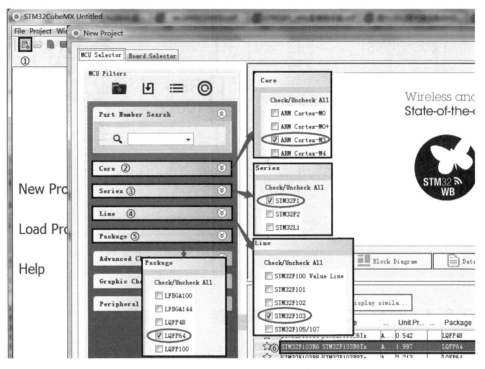

图 12-31　工程建立与 MCU 选择

　　在本项目中仿真将在 Proteus 仿真软件中进行,要将 RCC 设置为内部时钟源 HSI,故这里对 RCC 可以不作设置,默认将"High Speed Clock(HSE)"设置为 Disable。若使用外部晶振,在 Pinout 选项卡中单击 Peripherals→RCC,打开 RCC 配置目录,在该目录的"High Speed Clock(HSE)"下拉列表中选择"Crystal/Ceramic Resonator"(晶体/陶瓷振荡器),如图 12-32 所示。

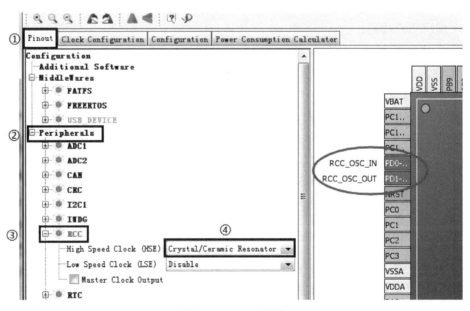

图 12-32　RCC 设置

注意：如果采用 Proteus 软件仿真，而晶振设置为 HSE，则一定要在 Proteus 中设置 STM32F103R6 的晶振频率，设置方法为：双击 Proteus 电路原理图中的 STM32F103R6 芯片图形符号，在弹出的 Edit Component 对话框中设置 Crystal Frequency（晶体频率）的值。

从图 12-32 可以看出，该芯片的 RCC 配置目录下实际上只有 3 个配置项。选项 "High Speed Clock（HSE）"用来配置 HSE；选项"Low Speed Clock（LSE）"用来配置 LSE；选项"Master Clock Output"用来选择是否使能 MCO 引脚时钟输出。需要特别说明的是，"High Speed Clock（HSE）"后的下拉列表中"Bypass Clock Source"表示旁路时钟源，也就是不使用晶体/陶瓷振荡器，直接通过外部接一个可靠的 4～26MHz 时钟源作为 HSE。

把 PB0 引脚设置为输出模式（GPIO_Output）。可通过引脚图直接观察查找 PB0，也可在 Find 搜索栏中输入 PB0 定位到对应引脚位置。在 PB0 引脚上单击，系统即显示出该引脚的各种功能。具体操作步骤及最终结果如图 12-33 所示。

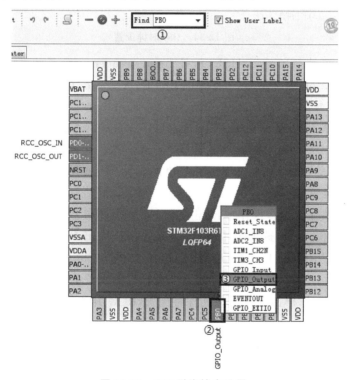

图 12-33 PB0 引脚输出设置

由以上过程可以发现，凡是经过配置且未有冲突的引脚均由灰色变为绿色，表示该引脚已经被使用。

3. 时钟配置

在工程建立与 MCU 选择操作中，双击 STM32F103R6 行之后，在打开的界面中选择 Clock Configuration 选项卡，即可进入时钟系统配置界面，该界面展现了一个完整的 STM32F103R6 时钟树配置图。从这个时钟树配置图可以看出，配置的主要是外部晶振大小、分频系数、倍频系数以及选择器。在配置过程中，时钟值会动态更新，如果某个时钟值在配置过程中超过允许值，那么相应的选项框会显示为红色来予以提示。

本项目为了操作简单,时钟采用内部时钟源 HSI,故时钟保持默认配置即可,如图 12-34 所示。

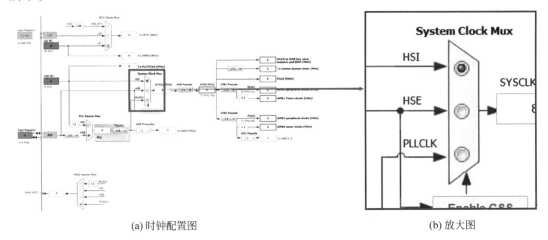

(a)时钟配置图   (b)放大图

图 12-34　HSI 时钟配置

注意：如果采用外部时钟源 HSE,则将 Input frequency 设置为 8MHz;PLL Source Mux 选择 HSE;System Clock Mux 选择 PLLCLK;PLLMul 选择 9 倍频;APB1 Prescaler 选择 2 分频,最终时钟配置如图 12-35 所示。当然,采用内部时钟源 HSI 时,也可实现高外设频率,如这样设置：PLL Source Mux 选择 HSI;System Clock Mux 选择 PLLCLK;PLLMul 选择 16 倍频;APB1 Prescaler 选择 2 分频。这样设置后,除 APB2 的输入信号频率为 32MHz 之外,其他外设的输入信号频率均为 64MHz。

4. MCU 外设配置

在工程建立与 MCU 选择操作中,双击 STMM32F103R6 行之后,在打开的界面中选择 Configuration 选项卡。在该选项卡中单击 GPIO 按钮,弹出 Pin Configuration 对话框,该对话框列出了所有使用到的 I/O 端口参数配置项,如图 12-36 所示。在 GPIO 配置界面中选中 PB0 栏,在显示框下方会显示对应的 I/O 端口详细配置信息。按图 12-36 所示方式对各项进行配置,配置完后单击 Apply 按钮保存配置,RCC 引脚参数保持默认设置,最后单击 Ok 按钮退出界面。

图 12-36 中各配置项的作用如下。

① GPIO output level：用来设置 I/O 端口初始化电平状态为高电平(High)或低电平(Low)。在本实例中将此项设置为低电平。

② GPIO mode：用来设置输出模式。此处输出模式可设置为推挽输出(Output Push Pull)或开漏输出(Output Open Drain)。在本实例中将此项设置为推挽输出。

③ GPIO Pull-up/Pull-down：用来设置 I/O 端口的电阻类型(上拉、下拉或没有上/下拉)。在本实例中将此项设置为没有上/下拉(No pull-up and no pull-down)。

信号的电平高低应与输入端的电平高低一致。如果没有上/下拉电阻,在没有外界输入的情况下输入端是悬空的,它的电平高低无法保证。采用上拉电阻是为了保证无信号输入时输入端的电平为高电平;而采用下拉电阻则是为了保证无信号输入时输入端的电平为低电平。

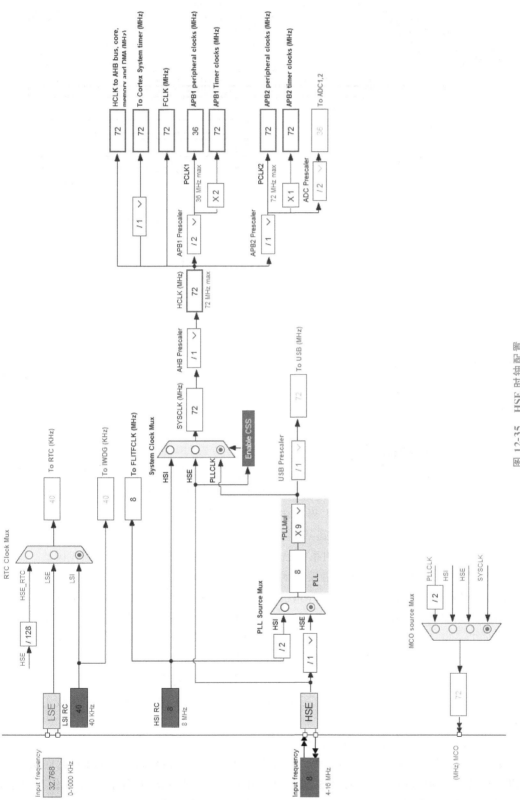

图 12-35　HSE 时钟配置

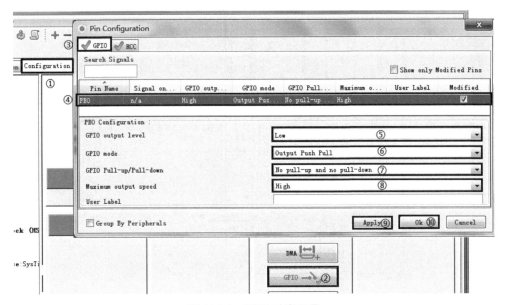

图 12-36　GPIO 引脚配置

④ Maximum output speed：用来设置输出速度。输出速度选项有四种，即高速（High）、快速（Fast）、中速（Medium）、低速（Low）。本实例设置为高速。

⑤ User Label：用来设置初始化的 I/O 端口的 Pin 值为自定义的宏，以方便引用及记忆对应的端口。

对于"Power Consumption Calculator"选项卡，它的作用是对功耗进行计算，本实例对其不予考虑，忽略。

5．保存及生成工程源代码

为了避免在软件（不论何种软件）使用过程中出现意外导致文件没有保存，最好在操作过程中养成经常保存的习惯，或采用"名称＋时间"的方式另存文件，这样便于按步骤找到文件重新操作。在 STM32CubeMX 主界面的主菜单栏中单击 Save Project 或 Save Project As 命令，输入文件名并将文件保存到某个文件夹即可。

经过上面 4 个步骤，一个完整的系统已经配置完成，接下来将生成工程源代码。

在 STM32CubeMX 主界面的主菜单栏中单击 Project→Generate Code，弹出 Project Settings 对话框，在该对话框中选择 Project 选项卡，如图 12-37 所示。在 Project Name 文本框中输入项目名称；单击 Project Location 文本框后的 Browse 按钮，选择文件要保存的位置；在 Toolchain/IDE 下拉列表框中选择要使用的编译器 MDK-ARM V5。这里还可以设置工程预留堆栈大小，简单来说，栈（stack）空间用于局部变量空间；堆（heap）空间用于alloc()或者 malloc()函数动态申请变量空间，一般按默认设置即可。

选择 Code Generator 选项卡，把 Generated files 的第一项选中，目的是使生成的外设具有独立的.c/.h 文件，当然也可不选。

Advanced Settings 选项卡保持默认设置。

单击 Ok 按钮，弹出生成代码进程的对话框，稍等即可得到初始化源代码，此时会弹出代码生成成功提示对话框。可以单击该对话框中的 Open Folder 按钮打开工程保存目录，也可以单击该对话框中的 Open Project 按钮，直接打开工程文件。

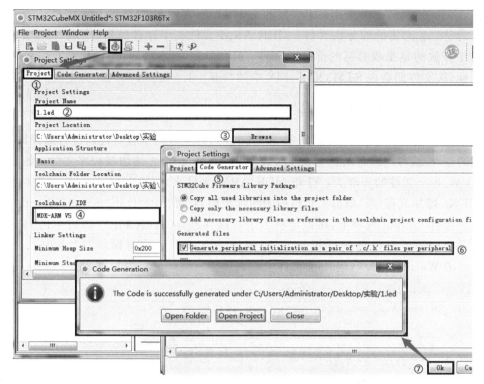

图 12-37 源代码生成过程

上述的 Project Settings 对话框也可通过在 STM32CubeMX 主界面主菜单栏中单击 Project→Settings 打开,但是这样做设置完后不会生成源代码,若想生成源代码还需要执行主菜单命令 Project→Generate Code。

单击工具栏中的图标按钮或单击主菜单栏中的 Project → Generate Report,STM32CubeMX 将生成一个 PDF 文档和一个 TXT 文档,以对配置进行详细记录。生成的文件也将放置于 Project Location 选项配置的路径中。

至此,一个完整的 STM32F1 工程就完成了,此时的工程目录结构如图 12-38 所示。

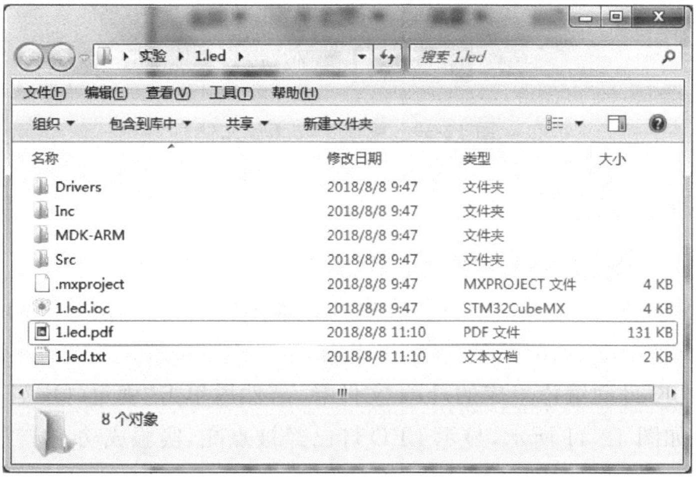

图 12-38 工程目录文件夹

图 12-38 中：Drivers 文件夹中存放的是 HAL 库文件和 CMSIS 相关文件；Inc 文件夹中存放的是工程必需的部分头文件；MDK-ARM 文件夹中存放的是 MDK 工程文件；Src 文件夹中存放的是工程必需的部分源文件。1. led. ioc 是 STM32CubeMX 工程文件，双击文件图标，该文件即会在 STM32CubeMX 中被打开。1. led. pdf 和. txt 为生成的配置说明。

12.8.4 编写用户代码

本实例程序比较简单，只需要用 Keil MDK5 打开生成的工程对代码进行编译即可。需要注意的是，在编写代码前先要生成. hex 文件，否则 Proteus 无法加载程序文件。如图 12-39 所示，生成. hex 文件的步骤为：打开 MDK-ARM 文件夹，双击"1. led. uvprojx"文件图标，Keil MDK5 即加载程序；单击工具栏中的图标按钮，在弹出的"Options for Target'1. led'"对话框中选择 Output 选项卡，在该选项卡中勾选"Create HEX File"，然后单击 OK 按钮；单击工具栏中的图标按钮进行代码编译，编译完成后提示栏将提示"'1. led\1. led' — 0 Error(s),0 Warning(s). "，则. hex 文件生成成功。

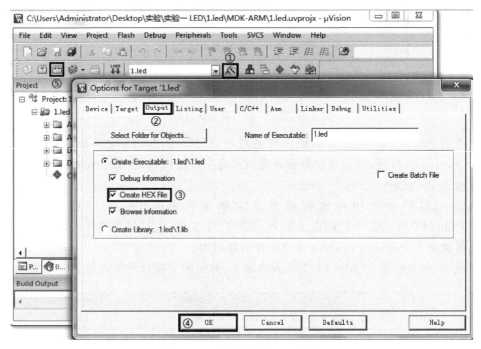

图 12-39 编译生成. hex 文件

12.8.5 仿真结果

代码编译完成后即运行项目程序，进行工程仿真。

进行仿真控制需要导入. hex 文件。在电路原理图中双击 STM32F103R6 图形符号，弹出"编辑元件(Edit Component)"对话框，单击对话框中 Program File 文本框后面的图标按钮，将 Keil MDK 自动编译生成的. hex 文件导入，然后单击"确定(OK)"按钮，如图 12-40 所示。仿真结果如图 12-41 所示，显示 LED 灯已经被点亮，实验成功。

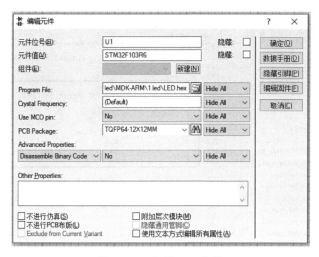

图 12-40　加载 .hex 文件

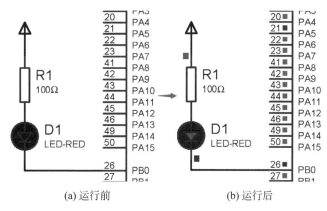

(a) 运行前　　　　　　　　　(b) 运行后

图 12-41　程序运行前后对比图

12.8.6　代码分析

打开 MDK-ARM 文件夹，双击"1. led. uvprojx"文件图标，Keil MDK5 加载"1. led. uvprojx"文件程序。打开文件后将界面左侧树结构展开，如图 12-42 所示。

其中，main. c 为程序入口和结束文件；gpio. c 为 STM32CubeMX 所生成的功能性文件，开发者可以在此基础上扩展或增加其他类的 .c 文件。

STM32 系列所有芯片都会有一个 .s 启动文件，不同型号的 STM32 芯片的启动文件也是不一样的。本实例采用的是 STM32F103 系列，使用与之对应的启动文件 startup_stm32f103x6. s。启动文件的作用主要是进行堆栈的初始化、中断向量表和中断函数定义等。启动文件有一个很重要的作用就是在系统复位后引导系统激活 main() 函数。打开启动文件 startup_stm32f103x6. s，可以看到图 12-42 所示框中的几行代码，其作用是在系统启动之后，首先调用 SystemInit() 函数进行系统初始化，然后引导系统通过 main() 函数执行用户代码。

1. GPIO 编程流程分析

在图 12-42 中，双击界面左侧树结构中的 main. c 文件图标，会看到如下代码 12-1。

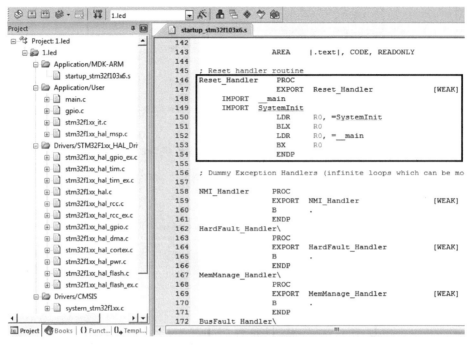

图 12-42　STM32CubeMX 生成的应用程序结构图及启动代码

代码 12-1

```
int main(void)
{
 HAL_Init();                        //初始化所有外设、闪存及系统时钟等为缺省值
 SystemClock_Config();              //配置时钟
 MX_GPIO_Init();                    //配置 GPIO 初始化参数
 While(1)
 {

 }
}
```

用右击 MX_GPIO_Init()代码行,在弹出的菜单中单击 Go To Definition Of"MX_GPIO_Init",则打开 void MX_GPIO_Init(void)函数。

void MX_GPIO_Init(void)函数代码如下。

代码 12-2

```
void MX_ GPIO_Init(void)
{
_GPIO_InitTypeDef GPIO_InitStruct;                        //声明 GPIO 结构体
_HAL_RCC_GPIOB_CLK_ENABLE();                              //使能 GPIO 端口时钟
HAL_GPIO_WritePin(GPIOB,GPIO_PIN_0,GPIO_PIN_RESET);       //控制引脚输出低电平
//为 GPIO 初始化结构体成员赋值
GPIO_InitStruct.Pin = GPIO_PIN_0;
GPIO_InitStruct.Mode = GPIO MODE_OUTPUT_PP;
GPIO_InitStruct.Pull = GPIO_NOPULL;
GPIO_InitStruct.Speed = GPIO_SPEED_FREQ_HIGH;
HAL_GPIO_Init(GPIOB,&GPIO_InitStruct);                    //初始化 GPIO 引脚
```

分析上述代码,总结得出 GPIO 初始化编程大致流程:

（1）声明 GPIO 结构体；

（2）使能 GPIO 对应端口的时钟；

（3）控制（写）引脚输出高、低电平；

（4）为 GPIO 初始化结构体成员赋值；

（5）初始化 GPIO 引脚。

由 main()函数的代码可知，GPIO 初始化结束后，即可开始编写用户程序，所以 GPIO 编程流程如下：

（1）GPIO 初始化；

（2）根据项目要求检测（读）或控制（写）引脚电平。

2. GPIO 外设结构体

HAL 库为除 GPIO 以外的每个外设创建了两个结构体：一个是外设初始化结构体；另一个是外设句柄结构体（GPIO 没有句柄结构体）。这两个结构体都定义在外设对应的驱动头文件（如 stm32flxx_hal_usart. h 文件）中。这两个结构体内容几乎包括外设的所有可选属性，理解这两个结构体的内容对编程非常有帮助。

GPIO 初始化结构体（定义在 stm32f1xx_hal_gpio. h 文件中）的代码（由 STM32CubeMx 或 Keil MDK 自动生成）如下：

```
typedef struct{
uint32_t Pin;                                /* GPIO 引脚编号选择 */
uint32_t Mode;                               /* GPIO 引脚工作模式 */
uint32_t Pull;                               /* GPIO 引脚上拉、下拉配置 */
uint32_t Speed;                              /* GPIO 引脚最大输出速度 */
}GPIO_InitTypeDef;
```

以上代码中：uint32_t Pin 表示引脚编号选择。一个 GPIO 外设有 16 个引脚可选，这里根据电路原理图选择目标引脚。引脚参数可选 GPIO_PIN_0,GPIO_PIN_1,…,GPIO_PIN_15 和 GPIO_PIN_ALL。一般可以同时选择多个引脚，如 GPIO_PIN_0|GPIO_PIN_4。

12.9　AT89C51 单片机实现 DS18B20 温度测量仿真实例

本节介绍的实例是用 AT89C51 实现 DS18B20 温度传感器控制的温度控制系统，以 ASEM-51 为编译器。

12.9.1　新建项目

选择 File→New Project 命令，弹出 New Project Wizard（新建项目向导）对话框，如图 12-43 所示。该对话框中有 3 项参数，其中 None 表示直接新建项目；Design File 用来添加 Proteus 7.10 版本以下的 *. dsn 文件（原理图文件）；Demonstration Project 选项用于添加系统实例提供的原理图和程序。在此选择 None 选项，单击 Next 按钮，弹出 Controller Selection（嵌入式微处理器配置）对话框，如图 12-44 所示。

Controller Selection 对话框中的 Controller Family 选项用于选择微处理器，单击下拉按钮选择 8051；Controller 用于选择具体的微控制器，单击下拉按钮，选择 AT89C51 微控制器；Clock Frequency 用于设置时钟频率，直接在文本框中输入参数即可，这里为 12MHz；Compiler 用于选择编译器，单击下拉按钮选择系统提供的 51 核的编译器，其中没有安装的编译器后面备注 Not Installed 字样。这里选择 ASEM-51(Proteus)编译器。单击

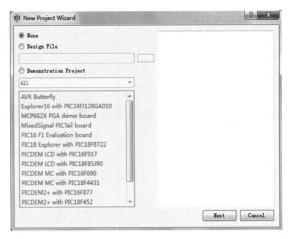

图 12-43　New Project Wizard 对话框

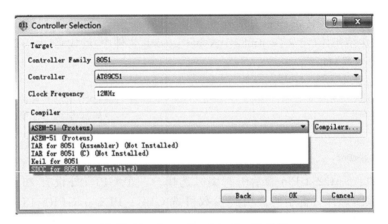

图 12-44　Controller Selection 对话框

OK 按钮,弹出 Save Project(保存项目)对话框,输入项目名称以及保存路径,单击 OK 按钮,完成项目创建,如图 12-45 所示。

下面为项目添加文件。首先添加原理图文件。在项目名称上右击,弹出快捷菜单,如图 12-46 所示,选择 Create Design File 命令,在弹出的新建设计文件对话框中输入设计文件名(这里命名为 DS18B20.dsn),单击 Save 按钮,则系统自动打开 Schematic Capture 软件,绘制如图 12-47 所示的原理图。

图 12-45　Save Project 对话框

图 12-46　Add File(添加文件)快捷菜单

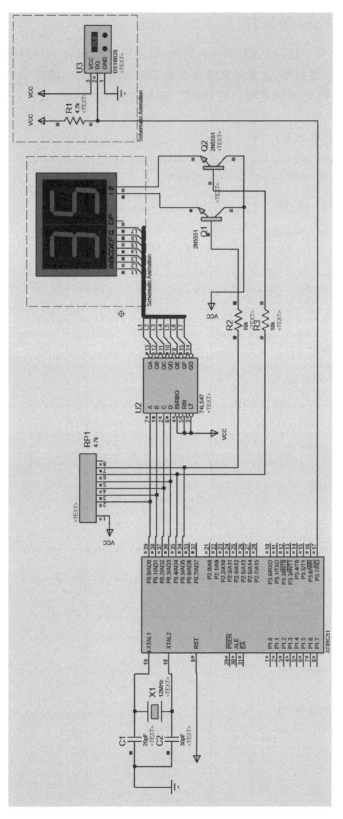

图 12-47 基于 AT89C51 控制的 DS18B20 温度传感器原理图

12.9.2 添加程序文件

下面添加程序文件。选择 Add New File 命令,之后弹出 Save File 对话框,输入文件名(一定要给文件添加后缀类型,这里将文件命名为 DS18B20.asm),单击 Save 按钮完成文件添加,系统根据文件类型动创建项目树结构。双击 DS18B20.asm 文件,在辑窗口中输入 DSB18B20.asm 程序。

AT89C51 程序清单如下:

```
; ***********************************************************
; Main.asm file generated by New Project wizard
;
; Created: 周六 3 月 25 2023
; Processor: AT89C51
; Compiler: ASEM – 51(Proteus)
; ***********************************************************
$ NOMOD51
$ INCLUDE(8051.MCU)
; ***********************************************************
; DEFINITIONS
; ***********************************************************
     DQ        BIT P3.7      ; 1 wire line
     swpH      equ 0d2H
     swpL      equ 0ffH
     WDLSB     DATA 30H ;
     WDMSB     DATA 31H ;
; ***********************************************************
; VARIABLES
; ***********************************************************
; RESET and INTERRUPT VECTORS
; ***********************************************************
     ; Reset Vector
     ORG   0000H
     LJMP  MAIN
     ORG   000BH
     LJMP  TMR0
; ***********************************************************
; CODE SEGMENT
; ***********************************************************
TMR0: MOV   TH0,#swpH
      MOV   TL0,#swpL
      JB    21H,DSL
      MOV   P0,42H
      ORL   P0,#00100000B
      SJMP EXIT
DSL:
      MOV   P0,43H
      ORL   P0,#00010000B
EXIT:
      CPL   21H
      RETI
; 主程序
MAIN:
TOINIT:
      CLR   EA
```

```
        MOV    TMOD,＃01H
        MOV    TH0,＃swpH
        MOV    TL0,＃swpL
        SETB EA
        SETB ET0
        SETB TR0

;*****************************************************************
        MOV    R2,＃2
        MOV    R0,＃42H ;
OVER:
        MOV    @R0,＃00H;
        INC    R0
        DJNZ R2,OVER
LOOP:
        LCALL DSWD ;
        SJMP LOOP

;*****************************************************************
; Read a temperature from the DS18B20
DSWD:
        LCALL RSTSNR          ; Init of the DS18B20
        JNB    F0,KEND
        MOV    R0,＃0CCH
        LCALL SEND_BYTE
        MOV    R0,＃44H
        LCALL SEND_BYTE       ; Send a Convert Command
        SETB   EA
        MOV    48H,＃1
SS2:
        MOV    49H,＃255
SS1:
        MOV    4AH,＃255
SS0:
        DJNZ    4AH,SS0
        DJNZ    49H,SS1
        DJNZ    48H,SS2
        CLR     EA
        LCALL   RSTSNR
        JNB     F0,KEND
        MOV     R0,＃0CCH
        LCALL   SEND_BYTE
        MOV     R0,＃0BEH
        LCALL   SEND_BYTE      ; Send Read Scratchpad command
        LCALL   READ_BYTE      ; Read the low byte from scratchpad
        MOV     WDLSB,A        ; Save the temperature(low byte)
        LCALL   READ_BYTE      ; Read the high byte from scratchpad
        MOV     WDMSB,A        ; Save the temperature(high byte)
        LCALL   TRANS12
KEND:
        SETB    EA
        RET
;*****************************************************************
;
TRANS12:
        MOV    A,30H
        ANL    A,＃0F0H
```

```
        MOV     3AH,A
        MOV     A,31H
        ANL     A,#0FH
        ORL     A,3AH
        SWAP    A
        MOV     B,#10
        DIV     AB
        MOV     43H,B
        MOV     b,#10
        DIV     ab
        MOV     42H,B
        MOV     41H,A
        RET
; ****************************************************
; Send a byte to the 1 wire line
SEND_BYTE:
        MOV     A,R0
        MOV     R5,#8
SEN3:   CLR     C
        RRC     A
        JC      SEN1
        LCALL   WRITE_0
        SJMP    SEN2
SEN1:   LCALL   WRITE_1
SEN2:   DJNZ    R5,SEN3 ;
        RET
; ****************************************************
; Read a byte from the 1 wire line
READ_BYTE:
        MOV     R5,#8
READ1:  LCALL   READ
        RRC     A
        DJNZ    R5,READ1 ;
        MOV     R0,A
        RET
; ****************************************************
; Reset 1 wire line
RSTSNR: SETB    DQ
        NOP
        NOP
        CLR     DQ
        MOV     R6,#250 ;
        DJNZ    R6,$
        MOV     R6,#50
        DJNZ    R6,$
        SETB    DQ ;
        MOV     R6,#15
        DJNZ    R6,$
        CALL    CHCK ;
        MOV     R6,#60
        DJNZ    R6,$
        SETB    DQ
        RET


; ****************************************************
; low level subroutines
```

```
CHCK: MOV    C, DQ
      JC     RST0
      SETB   F0 ;
      SJMP   CHCK0
RST0: CLR    F0 ;
CHCK0: RET

; ****************************************************
WRITE_0:
      CLR    DQ
      MOV    R6, #30
      DJNZ   R6, $
      SETB   DQ
      RET
; ****************************************************
WRITE_1:
      CLR    DQ
      NOP
      NOP
      NOP
      NOP
      NOP
      SETB   DQ
      MOV    R6, #30
      DJNZ   R6, $
      RET
; ****************************************************
READ: SETB   DQ ;
      NOP
      NOP
      CLR    DQ
      NOP
      NOP
      SETB   DQ ;
      NOP
      NOP
      NOP
      NOP
      NOP
      NOP
      NOP
      MOV    C, DQ
      MOV    R6, #23
      DJNZ   R6, $
      RET
; ****************************************************
DELAY10: MOV  R4, #20
D2:      MOV  R5, #30
         DJNZ R5, $
         DJNZ R4, D2
         RET
; ****************************************************
END
```

注意：在 ASEM-51（Proteus）编译器中，英文符号";"表示注释；编译程序，选择 Project→Build Project 命令（快捷键为 F7）；调试程序，直到输出窗口显示如下信息，表示程序没有语法错误,现在可以加载到固件核中开始仿真。

```
asem.exe "DS18B20.asm" "Debug\Debug.HEX" Debug.lst /INCLUDES:"C:\Program Files\Labcenter
Electronics\Proteus 7 Professional\tools\ASEM51"
MCS-51 Family Macro Assembler ASEM-51 V1.3
no errors
ASEMDDX.EXE Debug.lst
Processed 270 lines.
"C:\Program Files\Labcenter Electronics\VSM Studio for Proteus 7\BIN\mv"
"Debug.SDI"
"Debug/Debug.SDI"
Compiled successfully. Sent program firmware to ISIS for simulation.
```

单击工具栏上的 ▶ 按钮,装载程序并启动 Schematic Capture 开始仿真,仿真原理图的效果如图 12-47 所示。

第 13 章
CHAPTER 13

电子系统综合设计
——51 单片机及其应用

本章讲述电子系统综合设计——51 单片机及其应用,包括 MCS-51 系列及其兼容单片机、51 单片机开发板的选择和 51 单片机的 GPIO 输出应用实例。

13.1 MCS-51 系列及其兼容单片机

MCS-51 系列单片机最早是由 Intel 公司推出的,其典型产品如 80C32、87C51、87C52等;兼容产品如 ATMEL 公司的 AT89C51、AT89C52、AT89S52,NXP 公司的 P87C51、P89C51、P87V51 等。现在 Intel 公司已不再生产 MCS-51 系列单片机。

目前,可以选用的 MCS-51 系列单片机主要有 NXP 公司生产的 P89C51、P89V51;Mirochip 公司(原 ATMEL 公司,现被 Mirochip 公司收购)生产的 AT89C51、AT89C52、AT89S51、AT89S52 等产品;国内 STC(宏晶)公司生产的 STC89 系列、STC90 系列、STC12 系列、STC15 系列;深圳市赛元微电子股份有限公司(以下简称赛元)生产的 SC95F8617/8616/8615/8613 系列增强型的 1T 8051 内核工业级触控 Flash 微控制器,指令集向下兼容标准的 80C51 系列。

赛元是国产 8051 单片机的领先供应商,在 8 位单片机领域深耕多年,不断地提供最具性价比的解决方案,满足多元化的客户需求。赛元提供高性能、高可靠的高速单片机,兼容传统 12T 8051,指令效率是传统 8051 单片机的 12~24 倍,全产品线为工业温度规格,并提供内建高精度的 RC 晶振,内建 Data Flash 及丰富的外设功能,例如:PWM、ADC、UART、SPI、I2C、硬件 LCD/LED 及模拟比较器,并支持 OTA(Over-the-Air,空中下载技术)在线系统编程(In-System Programming,ISP)和在线电路编程(In-circuit Programming,ICP)及高抗干扰能力(8KV ESD/4KV EFT),触控 MCU 的 CS(Code Segment,代码段寄存器)性能更是达到业内最高指标 10V 动态,可满足市场不同的应用需求。赛元提供全系列完整产品组合,是 8051 微控制器业界供应商首选。

赛元 8 位 MCU 提供以下 4 个系列的产品:

(1) SC92F 系列:超值型。

(2) SC92L 系列:低功耗型。

(3) SC95G 系列:主流型。

(4) SC95F 系列:高性能型。

各个系列均有两个子系列产品:触控 MCU 和通用 MCU。

SC95F8617/8616/8615/8613(以下简称 SC95F861X)是一系列增强型的 1T 8051 内核

工业级触控 Flash 单片机,指令集向下兼容标准的 80C51 系列。

SC95F861X 系列最多内置 31 路双模(高灵敏度/高可靠)触控电路,并支持自互电容模式。

SC95F861X 具有超高速 1T 8051 CPU 内核,运行频率高达 32MHz,在相同工作频率下,其执行速度约为其 1T 8051 的 2 倍;IC 内部集成硬件乘除法器及双 DPTR 数据指针,用来加速数据运算及移动的速度。硬件乘除法器不占用 CPU 周期,运算由硬件实现,速度比软件实现的乘除法速度快几十倍;双 DPTR 数据指针,可用来加速数据存储及移动。

SC95F861X 系列具有高性能和可靠性,具有宽工作电压 2.0~5.5V;超宽工作温度 −40~105℃;并具备强 6KV ESD、4KV EFT 能力;采用业界领先的 eFlash 制程,Flash 写入>10 万次,常温下可保存 100 年。

SC95F861X 系列内建低耗电 WDT(看门狗定时器);有 4 级可选电压 LVR 低电压复位功能及系统时钟监控功能;具备运行和掉电模式下的低功耗能力,正常工作模式:5V 下典型约 5.2mA@32MHz。

SC95F861X 系列还集成有超级丰富的硬件资源:64B Flash ROM、4KB SRAM、1KB LDROM(装载程序存储器)、最多 46 个 GPIO(部分可分级控制)、16 个 IO 可外部中断、5 个 16 位定时器、1 个模拟比较器、8 路 12 位死区互补 PWM、内部 ±2% 高精度高频 32/16/8/4MHz 振荡器和 ±4% 精度低频 32kHz 振荡器、可外接 32.768kHz 晶体振荡器等资源。SC95F861X 内部也集成有 17 路 12 位高精度 1M 高速 ADC,并带有 1.024V/2.048V 基准 ADC 参考电压功能,1 UART,3 USCI(UART/I2C/SPI),内置 LCD/LED 硬件驱动。如此多的功能被集成在 SC95F861X 系列中,可减少系统外围元器件数量,节省电路板空间和系统成本。

SC95F861X 开发调试非常方便,具有 ISP、ICP 和 IAP(In Application Programing,在应用编程)功能。允许芯片在线或带电的情况下,直接在电路板上对程序存储器进行调试及升级。

SC95F861X 具有非常优异的抗干扰性能、高可靠性、大资源、多接口、低功耗、高效率等特点,非常适合应用于智能家电、工业控制、物联网、医疗、可穿戴设备、消费品等应用领域。

STC(System Chip,系统芯片)单片机是中国深圳宏晶科技公司出产的一种微控制器,功能强大、简单、实用、便宜,一般单片机有的功能它都具有。STC 单片机是增强型 51 单片机,1T 单周期速度为原来的 51 单片机的 6~7 倍,宽电压、高稳定、难破解,集成了 Flash ROM/ADC/PWM/内震荡/复位等电路,新的 STC15 系列不需任何外围元件,是真正意义的"微控制器"。任何 51 工程师都可以轻松使用 51 汇编和 C51 进行开发。

STC 单片机的具有如下优点:

(1)下载烧录程序用串口,方便好用,容易上手,拥有大量的学习资料及视频,同时具有宽电压:5.5~3.8V,2.4~3.8V;低功耗设计:空闲模式,掉电模式(可由外部中断唤醒)。

(2)STC 单片机具有 IAP,调试起来比较方便;带有 10 位 AD,有内部 EEPROM,可在 1T/机器周期下工作,价格也较便宜。

(3)4 通道捕获/比较单元,STC12C2052AD 系列为 2 通道,也可用来再实现 4 个定时器或 4 个外部中断,2 个硬件 16 位定时器,兼容普通 8051 的定时器。4 路 PCA 还可再实现 4 个定时器,具有硬件看门狗、高速 SPI 通信端口、全双工异步串行口,兼容普通 8051 的串口。

(4)同时还具有先进的指令集结构,兼容普通 8051 指令集。

下面以 ATMEL 公司的产品为例介绍 MCS-51 系列及其兼容单片机的基本结构,包括结构、存储器及其地址分配、中断系统的结构、CPU定时及特殊功能寄存器等。

1. AT89C系列结构

AT89系列单片机有AT89C系列的标准型及低档型，还有AT89S系列的高档型。AT89S系列是在AT89C系列的基础上增加一些特别的功能部件组成的。因此，两者在结构上基本相同，但在个别功能模块上和功能上有些不同。

AT89C单片机的结构主要由下面几部分组成：1个8位CPU、片内Flash存储器、片内RAM、4个8位的双向可寻址I/O口、1个全双工UART（通用异步接收发送器）的串行接口、2个16位的定时器/计数器、多个优先级的嵌套中断结构，以及一个片内振荡器和时钟电路。

在AT89C单片机的结构中，最显著的特点是内部含有Flash存储器，而在其他方面的结构与Intel公司的51系列结构没有太大的区别。

AT89S单片机的结构与AT89C比较，它还多了片内EEPROM、SPI串行总线接口和看门狗定时器。

为了尽可能地发挥CMOS电路功耗低的特点，ATMEL公司的Flash单片机有两种由软件产生的低功耗模式：空闲模式（Idle Mode）和掉电模式（Power Down Mode）。

2. AT89C系列的存储器组织

所有的ATMEL Flash单片机都将程序存储器和数据存储器分为不同的存储空间。AT89系列典型存储器的结构如图13-1所示。

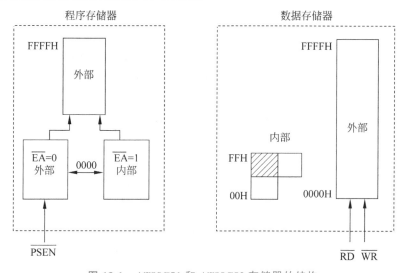

图13-1 AT89C51和AT89C52存储器的结构

程序存储器和数据存储器分为不同的逻辑空间，使得可用8位地址访问数据存储器。这样可提高8位CPU的存储和处理速度。尽管如此，也可通过数据指针（DPTR）寄存器产生16位的数据存储器地址。

程序存储器只可读不可写，用于存放编好的程序和表常数。AT89系列单片机可寻址的程序存储器总空间为64KB，外部程序存储器的读选通脉冲为$\overline{\text{PSEN}}$（程序存储允许信号）。

数据存储器在物理上和逻辑上都分为两个地址空间：一个内部和一个外部数据存储器空间。外部数据存储器的寻址空间可达64KB。访问外部数据存储器时，CPU发出读信号

$\overline{\text{RD}}$ 和写信号 $\overline{\text{WR}}$。

$\overline{\text{RD}}$ 和 $\overline{\text{PSEN}}$ 两个信号加到一个与门的输入端,然后用与门的输出作为外部程序和数据存储器的读选通脉冲。这样就可将外部程序存储器空间和外部数据存储器空间合并在一起。

(1) 程序存储器。

AT89 系列单片机可寻址的内部和外部程序存储器总空间为 64KB。它没有采用程序存储器分区的方法,64KB 的地址空间是统一的。$\overline{\text{EA}}$ 引脚接高电平时,单片机执行内部 ROM 中的命令;$\overline{\text{EA}}$ 引脚接低电平时,单片机就从外部程序存储器中取指令。

程序存储器中有几个单元专门用来存储特定程序的入口地址。这几个单元的配置情况如图 13-2 所示。

0033H	
002BH	定时器2
0023H	串行口
001BH	定时器1
0013H	外部中断1
000BH	定时器0
0003H	外部中断0
0000H	复位

图 13-2　程序存储器中断入口地址

(2) 数据存储器。

数据存储器在物理上和逻辑上都分为两个地址空间:一个为内部数据存储器空间;另一个为外部数据存储器空间。

外部数据存储器的寻址空间可达 64KB。外部数据存储器的地址可以是 8 位或 16 位的,使用 8 位地址时,要连同另外一条或几条 I/O 线作为 RAM 的页地址,这时 P2 的部分引线可作为通用的 I/O 线;若采用 16 位地址,则由 P2 端口传送高 8 位地址。

内部数据存储器的地址是 8 位的,也就是说其地址空间只有 256 字节,但内部 RAM 的寻址方式实际上可提供 384 字节。高于 7FH 的直接地址访问同一个存储空间;高于 7FH 的间接地址访问另一个存储空间。

AT89C 系列单片机的内部数据存储器的结构如图 13-3 所示。

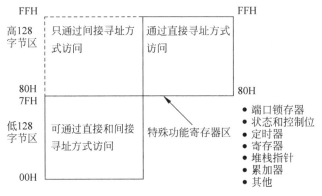

图 13-3　内部数据存储器的结构

低 128 字节区的分配情况如图 13-4 所示。最低 32 个单元(00H~1FH)是 4 个通用工作寄存器组,每个寄存器组含有 8 个 8 位寄存器,编号为 R0~R7。专用寄存器 PSW(程序状态字)中有 2 位(RS0,RS1)用来确定采用哪一个工作寄存器组。这种结构能够更有效地使用指令空间,因为寄存器指令比直接寻址指令更短。

工作寄存器组上面的 16 个单元(20H～2FH)
构成了布尔处理机的存储器空间。这 16 个单元的
128 位各自都有专门的位地址,它们可以被直接寻
址,这些位地址是 00H～7FH。在 AT89 系列单片
机的指令系统中,还包括了许多位操作指令,这些位
操作指令可直接对这 128 位寻址。

低 128 字节区中的所有单元都既可通过直接寻
址方式访问,又可通过间接寻址方式访问;而高 128
字节区则只能通过间接寻址方式访问。仅在带有
256 字节 RAM 的单片机中才有高 128 字节区。

专用寄存器即特殊功能寄存器(SFR)区包括端
口锁存器、程序状态字、定时器、累加器、栈指针、数
据指针,以及其他控制寄存器等。专用寄存器只能
通过直接寻址方式访问。专用寄存器中有一些单元
是既可字节寻址又可位寻址的。凡是地址以“0”和

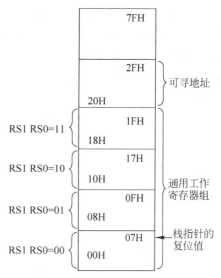

图 13-4　内部 RAM 的低 128 字节区

“8”结尾(能被 8 整除)的单元都是可位寻地址的,地址的范围是 80H～FFH。

3. CPU 定时

AT89 系列单片机和 51 系列单片机一样,在内部有一个振荡器,可以用作 CPU 的时钟
源。但是,AT89 系列单片机也允许采用外部振荡器,外部振荡器产生的信号加到振荡信号
的输入端,就可以作为单片机 CPU 的时钟源。

振荡器产生的信号送到 CPU,作为 CPU 的时钟信号,驱动 CPU 产生执行指令功能的
机器周期。

4. 中断系统结构

AT89C51 可提供 5 个中断源:2 个外部中断、2 个定时器溢出中断和 1 个串行口中断。
中断系统主要由中断允许寄存器 IE、中断优先级寄存器 IP、优先级结构和一些逻辑门组成。
IE 寄存器用于允许或禁止中断;IP 寄存器用于确定中断源的优先级别;优先级结构用于
执行中断源的优先排序;有关逻辑门用于输入中断请求信号。

5. 特殊功能寄存器

特殊功能寄存器也称专用寄存器,是具有特殊功能的所有寄存器的集合。特殊功能寄
存器共含有 22 个不同寄存器。它们的地址分配在 80H～FFH 中,即在 RAM 地址中。

虽然特殊功能寄存器地址在 80H～FFH 之中,但在 80H～FFH 的地址单元中,不是所
有的单元都被特殊功能寄存器占用,未被占用的单元,其内容是不确定的。如对这些单元进
行读操作,得到的是一些随机数,而写入则无效。

6. AT89 系列单片微控制器典型产品

在 AT89 系列中,典型的产品有 AT89C51、AT89C52 等,下面分别介绍其主要性能和
引脚功能说明。

AT89C51 单片微控制器还有一种低电压的型号,即 AT89LV51,除了电压范围有区别
之外,其余特性与 AT89C51 完全一致。

AT89C51/LV51 是一种低功耗/低电压、高性能的 8 位单片微控制器。片内带有一个

4KB 的 Flash 可编程、可擦除只读存储器。它采用了 CMOS 工艺和 ATMEL 公司的高密度非易失性存储器(NURAM)技术,而且其输出引脚和指令系统都与 MCS-51 兼容。片内的 Flash 存储器允许在系统内改编程序或用常规的非易失性存储器编程器来编程。因此 AT89C51/LV51 是一种功能强、灵活性高,且价格合理的单片微控制器,可方便地应用在各种控制领域。

(1) AT89C51/LV51 主要性能。

AT89C51/LV51 主要性能如下:

① 4KB 可改编程序 Flash 存储器(可经受 1000 次的写入/擦除)。

② 全静态工作:0Hz~24MHz。

③ 3 级程序存储器保密。

④ 128×8 字节内部 RAM。

⑤ 32 条可编程 I/O 线。

⑥ 2 个 16 位定时器/计数器。

⑦ 6 个中断源。

⑧ 可编程串行通道。

⑨ 片内时钟振荡器。

(2) 引脚功能说明。

AT89C51/LV51 有双列直插封装和方形封装两种封装方式。其引脚图分别如图 13-5 和图 13-6 所示。

P1.0	1	40	V_{CC}
P1.1	2	39	P0.0(AD0)
P1.2	3	38	P0.1(AD1)
P1.3	4	37	P0.2(AD2)
P1.4	5	36	P0.3(AD3)
P1.5	6	35	P0.4(AD4)
P1.6	7	34	P0.5(AD5)
P1.7	8	33	P0.6(AD6)
RST	9	32	P0.7(AD7)
(RXD)P3.0	10	31	$\overline{EA}/V_{PP}$
(TXD)P3.1	11	30	ALE/$\overline{PROG}$
$\overline{(INT0)}$P3.2	12	29	$\overline{PSEN}$
$\overline{(INT1)}$P3.3	13	28	P2.7(A15)
(T0)P3.4	14	27	P2.6(A14)
(T1)P3.5	15	26	P2.5(A13)
$\overline{(WR)}$P3.6	16	25	P2.4(A12)
$\overline{(RD)}$P3.7	17	24	P2.3(A11)
XTAL2	18	23	P2.2(A10)
XTAL1	19	22	P2.1(A9)
GND	20	21	P2.0(A8)

(a) AT89C51/LV51的双列直插封装　　(b) AT89C51/LV51的双列直插封装引脚

图 13-5　AT89C51/LV51 的双列直插封装和引脚

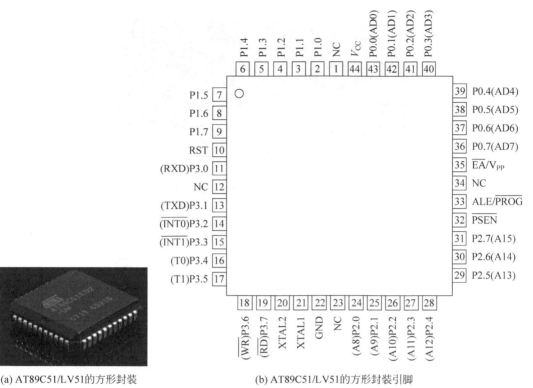

(a) AT89C51/LV51的方形封装　　　　　(b) AT89C51/LV51的方形封装引脚

图 13-6　AT89C51/LV51 的方形封装和引脚

13.2　51 单片机开发板的选择

本章应用实例是在普中 51 单片机开发板上调试通过的,该开发板可以在淘宝上购买,价格因模块配置的区别而不同。

普中 51 单片机开发板如图 13-7 所示。

普中 51 单片机开发板硬件资源如下:

(1) 数码管模块:2 个四位一体共阴数码管,可显示 8 位数字字符,如时钟、密码等。

(2) LCD1602 接口:兼容 LCD1602/LCD9648 液晶屏,可显示数字字符等。

(3) LCD12864 接口:兼容 LCD9648/MiniLCD12864/带字库 LCD12864 液晶,可显示汉字/图像等。

(4) 8×8LED 点阵:可显示数字/字符/图形等。

(5) LED 模块:8 个 LED,可实现流水灯等花样显示。

(6) 矩阵按键:4×4 矩阵按键,可作计算器、密码锁等应用的输入装置。

(7) 红外接收头:NEC 协议,可实现遥控。NEC 协议是红外编码较为常用的一种编码协议,编码的作用是让应用电路或者是产品能够有独立的红外通信系统,避免混淆。

(8) DS18B20 温度传感器:可实现温度采集控制等。

(9) NRF24L01 接口:可实现 2.4G 远程遥控通信。

(10) 独立按键:4 个按键,可作按键输入控制。

图 13-7　普中 51 单片机开发板

（11）MicroUSB 接口：可作电源输入、程序下载等。

（12）USB 转 TTL 模块：CH340C 芯片，可作电脑 USB 与单片机串口下载和通信。

（13）3.3V 电源模块：ASM1117-3.3 芯片，将 5V 转为 3.3V 供用户使用。

（14）电源开关：系统电源控制开关。

（15）ADC/DAC 模块：XPT2046 芯片作为 ADC，LM358＋PWM 作为 DAC，可采集外部模拟信号和输出模拟电压。

（16）EEPROM 模块：AT24C02 芯片，可存储 256 字节数据，掉电不丢失。

（17）复位按键：系统复位。

图 13-8　28BYJ-48 步进电机

（18）无源蜂鸣器：可作报警提示、音乐等。

（19）DS1302 时钟模块：DS1302 芯片，可作时钟使用。

（20）步进电机驱动模块：ULN2003 芯片，可作直流电机、28BYJ-48 步进电机（如图 13-8 所示）驱动。

（21）STC89Cxx 单片机插座及 I/O：固定单片机，并将所有 I/O 引出，方便用户二次开发。

（22）TFTLCD 模块接口：与 3 号接口组合可连接 TFTLCD 触摸屏。

（23）74HC595：扩展 I/O，控制 LED 点阵。

（24）74HC245：驱动数码管段选显示。

（25）74HC138：驱动数码管位选显示。

13.3　51 单片机的 GPIO 输出应用实例

实例的目的：实现 LED 流水灯，只需循环让 LED1～LED8 指示灯逐个点亮再从 LED8～LED1 逐个点亮，循环下去。

使用的方法：利用移位库函数，点亮 LED1 且把 LED2～LED8 熄灭；延时一段时间后再点亮 LED2 且把 LED1、LED3～LED8 熄灭；延时一段时间后再点亮 LED3 且把 LED1～LED2、LED4～LED8 熄灭，如此循环，反向亦然。

移位函数功能：移位函数实现的移位功能就相当于在一个队列内循环移动，如果是左移，那么最高位就被移到最低位了，次高位变为最高位，以此类推。

13.3.1 51 单片机的 GPIO 输出应用硬件设计

本实例使用普中 51 单片机开发板，单片机为 STC89C51RC，LED 灯硬件电路如图 13-9 所示。

8 个 LED 连接到 51 单片机的 P20～P27 口。在图 13-9 中 LED 采用共阳接法，即所有 LED 阳极引脚接电源 V_{CC}，阴极管脚通过一个 470Ω 的限流电阻接到 P2×口上。要让 LED 发光即对应的阴极引脚应该为低电平，若为高电平则熄灭。如果要想 51 单片机控制 LED，就必须通过单片机引脚在 P2×口上输出低电平。

如果使用的开发板中 LED 的连接方式或引脚不一样，只需修改程序的相关引脚即可，程序的控制原理相同。

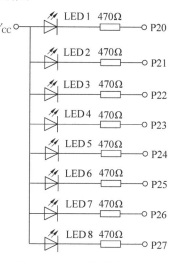

图 13-9　LED 灯硬件电路

13.3.2 51 单片机的 GPIO 输出应用软件设计

51 单片机的 GPIO 输出应用软件设计实现过程：

（1）使用移位库函数，必须包含 intrins.h 头文件。

```
#include "intrins.h"
```

（2）main 函数后首先定义一个变量 i，LED_PORT＝～0x01，因为 LED 是低电平点亮，所以 0X01 取反后的结果是 OXFE，对应二进制数为 11111110，即最低位为 0。因此最开始的 LED1 指示灯会点亮，然后进入 while 循环，使用 for 循环、__crol_和_cror_移位函数实现 LED 左右流水显示。

程序清单如下：

```
/****************************************************************/
#include "reg52.h"
#include "intrins.h"
typedef unsigned int u16;          //对系统默认数据类型进行重定义
typedef unsigned char u8;

#define LED_PORT   P2              //使用宏定义 P2 端口
/****************************************************************
* 函 数 名: delay_10us
* 函数功能: 延时函数,ten_us = 1 时,大约延时 10us
* 输   入: ten_us
* 输   出: 无
****************************************************************
```

```
void delay_10us(u16 ten_us)
{
    while(ten_us -- );
}
/ *********************************************************************
* 函 数 名: main
* 函数功能: 主函数
* 输   入: 无
* 输   出: 无
********************************************************************* /
void main()
{
  u8 i = 0;
  LED_PORT = ~0x01;
  delay_10us(50000);
  while(1)
  {
  //方法 1: 使用移位 + 循环实现流水灯
  //  for(i = 0;i < 8;i++)
  //  {
  //  LED_PORT = ~(0x01 << i);        //将 1 右移 i 位,然后取反将结果赋值到 LED_PORT
  //  delay_10us(50000);
  //  }
  //方法 2: 使用循环 + _crol_或_cror_函数实现流水灯
        for(i = 0;i < 7;i++)          //将 LED 左移一位
        {
            LED_PORT = _crol_(LED_PORT,1);
            delay_10us(50000);
        }
        for(i = 0;i < 7;i++)          //将 led 右移一位
        {
            LED_PORT = _cror_(LED_PORT,1);
            delay_10us(50000);
        }
  }
}
```

实现流水灯功能的方法 1 程序段被注释掉了,采用了方法 2。

将上述程序通过 Keil_v5 开发环境进行编译,生产 ＊.hex 文件,如图 13-10 所示。

Keil_v5 是用作为单片机写程序的软件,这个软件可以将编写的程序转换为.hex 格式的文件,方便将程序烧入单片机中。

需要注意的是:51 单片机的开发环境用的是 Keil_v5,而 STM32 微控制器用的开发环境是 Keil MDK,二者是不同的开发环境。

编译成功后,通过 STC 公司的程序下载软件 STC-ISP(v6.86L)将 ＊.hex 文件下载到开发板,如图 13-11 所示。

程序下载后,在普中 51 单片机开发板上,8 个 LED 灯从左到右,然后再从右到左,产生流水灯的显示效果。

图 13-10　51 单片机的 Keil_v5 编译环境

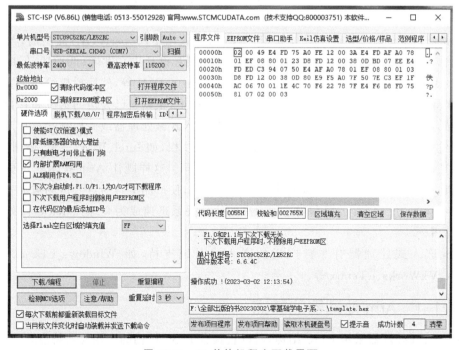

图 13-11　51 单片机程序下载界面

## 第 14 章

电子系统综合设计 ——Arm 微处理器及其应用

本章讲述了电子系统综合设计——Arm 微处理器及其应用,包括 Arm 嵌入式微处理器简介、STM32 微控制器概述、STM32 开发工具——Keil MDK 、STM32F103 开发板的选择、STM32 仿真器的选择、STM32 的 GPIO 输出应用实例和 STM32 的 GPIO 输入应用实例。

14.1 Arm 嵌入式微处理器简介

Arm(Advanced RISC Machine)既是一个公司的名字,也是一类微处理器的通称,还可以认为是一种技术的名字。Arm 系列处理器是由英国 Arm 公司设计的,是全球最成功的 RISC(Reduced Instruction Set Computer,精简指令集计算机)。1990 年,Arm 公司从剑桥的 Acorn 独立出来并上市; 1991 年,Arm 公司设计出全球第一款 RISC 处理器。从此以后,Arm 系列处理器被授权给众多半导体制造厂,成为了低功耗和低成本的嵌入式应用的市场领导者。

Arm 公司是全球领先的半导体知识产权(Intellectual Property,IP)提供商,与一般的公司不同,Arm 公司既不生产芯片,也不销售芯片,而是设计出高性能、低功耗、低成本和高可靠性的 IP 内核,如 Arm7TDMI、Arm9TDMI、Arm10TDMI 等,然后授权给各半导体公司使用。半导体公司在授权付费使用 Arm 内核的基础上,根据自己公司的定位和各自不同的应用领域,添加适当的外围电路,从而形成自己的嵌入式微处理器或微控制器芯片产品。目前,几乎绝大多数的半导体公司都使用 Arm 公司的授权,如 Intel、IBM、三星、德州仪器、飞思卡尔(Freescale)、恩智浦(NXP)、意法半导体等公司。这样既让 Arm 技术获得更多的第三方工具、硬件、软件的支持,又使整个系统成本降低,使产品更容易进入市场被消费者所接受,更具有竞争力。Arm 公司利用这种双赢的伙伴关系迅速成为全球性 RISC 微处理器标准的缔造者。

Arm 嵌入式处理器有非常广泛的嵌入式系统支持,如 Windows CE、μC/OS-Ⅱ、μCLinux、VxWorks、μTenux 等。

14.1.1 Arm 处理器的特点

因为 Arm 处理器采用 RISC 结构,所以它具有 RISC 结构的一些经典特点。

(1)体积小、功耗低、成本低、性能高。

(2) 支持 Thumb(16 位)/Arm(32 位)双指令集,能很好地兼容 8 位/16 位器件。

(3) 大量使用寄存器,指令执行速度更快。

(4) 大多数数据操作都在寄存器中完成。

(5) 寻址方式灵活简单,执行效率高。

(6) 内含嵌入式在线仿真器。

由于 Arm 处理器具有上述特点,它被广泛应用于以下领域。

(1) 为通信、消费电子、成像设备等产品,提供可运行复杂操作系统的开放应用平台。

(2) 在海量存储、汽车电子、工业控制和网络应用等领域,提供实时嵌入式应用。

(3) 在军事、航天等领域,提供宽温、抗电磁干扰、耐腐蚀的复杂嵌入式应用。

14.1.2 Arm 体系结构的版本和系列

Arm 体系结构是 CPU 产品所使用的一种体系结构,Arm 公司开发了一套拥有知识产权的 RISC 体系结构的指令集。每个 Arm 处理器都有一个特定的指令集架构,而一个特定的指令集架构又可以由多种处理器实现。

自从第 1 个 Arm 处理器芯片诞生至今,Arm 公司先后定义了 8 个 Arm 体系结构版本,分别命名为 V1～V8;此外还有基于这些体系结构的变种版本。版本 V1～V3 已经被淘汰,目前常用的是 V4～V8 版本,每个版本均集成了前一个版本的基本设计,但性能有所提高或功能有所扩充,并且指令集向下兼容。

(1) 哈佛结构。

哈佛结构(Harvard architecture)是一种将程序指令存储和数据存储分开的存储器结构。CPU 首先到程序指令存储器中读取程序指令内容,如图 14-1 所示,解码后得到数据地址,再到相应的数据存储器中读取数据,并进行下一步的操作(通常是执行)。程序指令存储和数据存储分开,数据和指令的存储可以同时进行,可以使指令和数据有不同的数据宽度,如 Microchip 公司的 PIC16 芯片的程序指令是 14 位宽度,而数据是 8 位宽度。

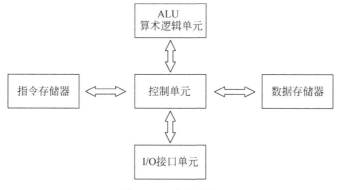

图 14-1 哈佛结构

与冯·诺依曼结构处理器比较,哈佛结构处理器有两个明显的特点。

① 使用两个独立的存储器模块,分别存储指令和数据,每个存储模块都不允许指令和数据并存。

② 使用独立的两条总线,分别作为 CPU 与每个存储器之间的专用通信路径,而这两条

总线之间毫无关联。

改进的哈佛结构,其结构特点如下。

① 使用两个独立的存储器模块,分别存储指令和数据,每个存储模块都不允许指令和数据并存,以便实现并行处理。

② 具有一条独立的地址总线和一条独立的数据总线,利用公用地址总线访问两个存储模块(程序存储模块和数据存储模块),公用数据总线则被用来完成程序存储模块或数据存储模块与 CPU 之间的数据传输。

哈佛结构的微处理器通常具有较高的执行效率。其程序指令和数据指令是分开组织和存储的,执行时可以预先读取下一条指令。目前使用哈佛结构的中央处理器和微控制器的有很多,除了上面提到的 Microchip 公司的 PIC 系列芯片,还有摩托罗拉公司的 MC68 系列、Zilog 公司的 Z8 系列、Atmel 公司的 AVR 系列和安谋公司的 Arm9、Arm10 和 Arm11。Arm 有许多系列,如 Arm7、Arm9、Arm10E、XScale、Cortex 等,其中哈佛结构、冯·诺依曼结构都有。如控制领域最常用的 Arm7 系列是冯·诺依曼结构;而 Cortex-M3 系列是哈佛结构。

(2)冯·诺依曼结构。

冯·诺依曼结构也称普林斯顿结构,是一种将程序指令存储器和数据存储器合并在一起的电脑设计概念结构。本词描述的是一种实作通用图灵机的计算装置,以及一种相对于平行计算的序列式结构参考模型,如图 14-2 所示。

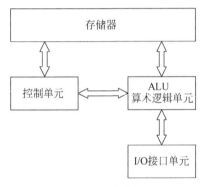

图 14-2　冯·诺依曼结构

本结构隐约指导了将存储装置与 CPU 分开的概念,因此依本结构设计出的计算机又称储存程序型电脑。

冯·诺依曼结构处理器具有以下几个特点:

① 必须有一个存储器。

② 必须有一个控制器。

③ 必须有一个运算器,用于完成算术运算和逻辑运算。

④ 必须有输入和输出设备,用于进行人机通信。

14.1.3　Arm 的 RISC 结构特性

Arm 内核采用 RISC 体系结构,它是一个小门数的计算机,其指令集和相关的译码机制比复杂指令集计算机(CISC)要简单得多,其目标就是设计出一套能在高时钟频率下单周期执行、简单而有效的指令集。RISC 的设计重点在于降低处理器中指令执行部件的硬件复杂度,这是因为软件比硬件更容易提供更大的灵活性和更高的智能化,因此 Arm 具备了非常典型的 RISC 结构特性:

(1)具有大量的通用寄存器。

(2)通过装载/保存(Load-Store)结构使用独立的装载和保存指令完成数据在寄存器和外部存储器之间的传送,处理器只处理寄存器中的数据,从而可以避免多次访问外部存储器。

（3）寻址方式非常简单，所有装载/保存的地址都只由寄存器内容和指令域决定。

（4）使用统一和固定长度的指令格式。

此外，Arm体系结构还提供：

（1）每一条数据处理指令都可以同时包含ALU（算术逻辑单元）的运算和移位处理，以实现对ALU和移位器的最大利用。

（2）使用地址自动增加和自动减少的寻址方式优化程序中的循环处理。

（3）装载/保存指令可以批量传输数据，从而实现最大数据吞吐量。

（4）大多数Arm指令是可"条件执行"的，也就是说只有当某个特定条件满足时指令才会被执行。通过使用条件执行，可以减少指令的数目，从而改善程序的执行效率和提高代码密度。

这些在基本RISC结构上增强的特性使Arm处理器在高性能、低代码规模、低功耗和小的硅片尺寸方面取得了良好的平衡。

从1985年Arm1诞生至今，Arm指令集体系结构发生了巨大的改变，还在不断地完善和发展。为了清楚地表达每个Arm应用实例所使用的指令集，Arm公司定义了7种主要的Arm指令集体系结构版本，以版本号v1～v7表示。

14.1.4　Arm Cortex-M处理器

Cortex-M处理器家族更多地集中在低性能端，但是这些处理器相比于许多传统微控制器性能仍然更为强大。例如，Cortex-M4和Cortex-M7处理器应用在许多高性能的微控制器产品中，最大的时钟频率可以达到400MHz。表14-1所示是Arm Cortex-M处理器家族。

表 14-1　Arm Cortex-M 处理器家族

处　理　器	描　　　述
Cortex-M0	面向低成本、超低功耗的微控制器和深度嵌入式应用的非常小的处理器
Cortex-M0+	针对小型嵌入式系统的最高能效的处理器，与Cortex-M0处理器的尺寸和编程模式接近，但是具有扩展功能，如单周期I/O接口和向量表重定位功能
Cortex-M1	针对FPGA设计优化的小处理器，利用FPGA上的存储器块实现了紧耦合内存（TCM），和Cortex-M0有相同的指令集
Cortex-M3	针对低功耗微控制器设计的处理器，面积小但是性能强劲，支持可快速处理复杂任务的丰富指令集。具有硬件除法器和乘加指令（MAC），并且支持全面的调试和跟踪功能，使软件开发者可以快速地开发他们的应用
Cortex-M4	不但具备Cortex-M3的所有功能，并且扩展了面向数字信号处理的指令集，如单指令、多数据指令和更快的单周期MAC操作。此外，它还有一个可选的支持IEEE754浮点标准的单精度浮点运算单元
Cortex-M7	针对高端微控制器和数据处理密集的应用开发的高性能处理器。具备Cortex-M4支持的所有指令功能，扩展支持双精度浮点运算，并且具备扩展的存储器功能，如Cache和紧耦合内存
Cortex-M23	面向超低功耗、低成本应用设计的小尺寸处理器，和Cortex-M0相似，但是支持各种增强的指令集和系统层面的功能特性，还支持TrustZone安全扩展
Cortex-M33	主流的处理器设计，与之前的Cortex-M3和Cortex-M4处理器类似，但系统设计更灵活，能耗比更高效，性能更高，还支持TrustZone安全扩展

相比于老的 Arm 处理器(例如,Arm7TDMI、Arm9),Cortex-M 处理器有一个非常不同的架构。例如:

(1) 仅支持 Arm Thumb 指令,已扩展到同时支持 16 位和 32 位指令 Thumb-2 版本。

(2) 内置的嵌套向量中断控制负责中断处理,自动处理中断优先级、中断屏蔽、中断嵌套和系统异常。

14.2 STM32 微控制器概述

STM32 是意法半导体(ST Microelectronics)有限公司较早推向市场的基于 Cortex-M 内核的微处理器系列产品,该系列产品具有成本低、功耗优、性能高、功能多等优势,并且以系列化方式推出,方便用户选型,在市场上获得了广泛好评。

目前常用的 STM32 有 STM32F103～F107 系列,简称"1 系列",最近又推出了高端系列 STM32F4xx 系列,简称"4 系列"。前者基于 Cortex-M3 内核;后者基于 Cortex-M4 内核。STM32F4xx 系列在以下诸多方面作了优化:

(1) 增加了浮点运算。

(2) 具有 DSP(Digital Signal Processor,数字信号处理器)功能。

(3) 存储空间更大,高达 1MB 以上。

(4) 运算速度更高,以 168MHz 高速运行时处理能力可达到 210DMIPS。

(5) 更高级的外设,新增外设,例如,照相机接口、加密处理器、USB 高速 OTG 接口等,提高性能,具有更快的通信接口、更高的采样率、带 FIFO 的 DMA 控制器。

STM32 系列单片机具有以下优点。

1. 先进的内核结构

(1) 哈佛结构使其在处理器整数性能测试上有着出色的表现,运行速度可以达到 1.25DMIPS/MHz,而功耗仅为 0.19mW/MHz。

(2) Thumb-2 指令集以 16 位的代码密度带来了 32 位的性能。

(3) 内置了快速的中断控制器,提供了优越的实时特性,中断的延迟时间降到只需 6 个 CPU 周期,从低功耗模式唤醒的时间也只需 6 个 CPU 周期。

(4) 具有单周期乘法指令和硬件除法指令。

2. 三种功耗控制

STM32 经过特殊处理,针对应用中三种主要的能耗要求进行了优化,这三种能耗要求分别是:运行模式下高效率的动态耗电机制、待机状态时极低的电能消耗和电池供电时的低电压工作能力。为此,STM32 提供了三种低功耗模式和灵活的时钟控制机制,用户可以根据所需要的耗电/性能要求进行合理优化。

3. 最大程度地集成整合

(1) STM32 内嵌电源监控器,包括上电复位、低电压检测、掉电检测和自带时钟的看门狗定时器,减少对外部器件的需求。

（2）使用一个主晶振可以驱动整个系统。低成本的 4～16MHz 晶振即可驱动 CPU、USB 以及所有外设,使用内嵌锁相环(Phase Locked Loop,PLL)产生多种频率,可以为内部实时时钟选择 32kHz 的晶振。

（3）内嵌出厂前调校好的 8MHz RC 振荡电路,可以作为主时钟源。

（4）拥有针对 RTC(Real Time Clock,实时时钟)或看门狗的低频率 RC 电路。

（5）LQPF100 封装芯片的最小系统只需要 7 个外部无源器件。

因此,使用 STM32 可以很轻松地完成产品的开发。意法半导体有限公司提供了完整、高效的开发工具和库函数,可以帮助开发者缩短系统开发时间。

4. 出众及创新的外设

STM32 的优势来源于两路高级外设总线,连接到该总线上的外设能以更高的速度运行。

（1）USB 接口速度可达 12Mb/s。

（2）USART 接口速度高达 4.5Mb/s。

（3）SPI 接口速度可达 18Mb/s。

（4）I2C 接口速度可达 400kHz。

（5）GPIO(General Purpose Input Output,通用输入/输出)的最大翻转频率为 18MHz。

（6）PWM(Pulse Width Modulation,脉冲宽度调制)定时器最高可使用 72MHz 时钟输入。

14.2.1 STM32 微控制器产品介绍

目前,市场上常见的基于 Cortex-M3 的微控制器有:意法半导体有限公司的 STM32F103 微控制器、德州仪器公司的 LM3S8000 微控制器和恩智浦(NXP)公司的 LPC1788 微控制器等,其应用遍及工业控制、消费电子、仪器仪表、智能家居等各个领域。

意法半导体集团于 1987 年 6 月成立,是由意大利的 SGS 微电子公司和法国 THOMSON 半导体公司合并而成。1998 年 5 月,改名为意法半导体有限公司,是世界最大的半导体公司之一。从成立至今,意法半导体有限公司的增长速度超过了半导体工业的整体增长速度。自 1999 年起,意法半导体始终是世界十大半导体公司之一。据最新的工业统计数据,意法半导体是全球第五大半导体厂商,在很多领域居世界领先水平,例如,意法半导体有限公司是世界第一大专用模拟芯片和电源转换芯片制造商,世界第一大工业半导体和机顶盒芯片供应商,而且在分立器件、手机相机模块和车用集成电路领域居世界前列。

在诸多半导体制造商中,意法半导体有限公司是较早在市场上推出基于 Cortex-M 内核的微控制器产品的公司,其根据 Cortex-M 内核设计生产的 STM32 微控制器充分发挥了低成本、低功耗、高性价比的优势,以系列化的方式推出方便用户选择,受到了广泛好评。

STM32 系列微控制器适合的应用:替代绝大部分 8/16 位微控制器的应用;替代目前常用的 32 位微控制器(特别是 Arm7)的应用;小型操作系统相关的应用以及简单图形和语音相关的应用等。

STM32 系列微控制器不适合的应用有：程序代码大于 1MB 的应用；基于 Linux 或 Android 的应用；基于高清或超高清的视频应用等。

STM32 系列微控制器的产品线包括高性能类型、主流类型和超低功耗类型三大类，分别面向不同的应用，其具体产品系列如图 14-3 所示。

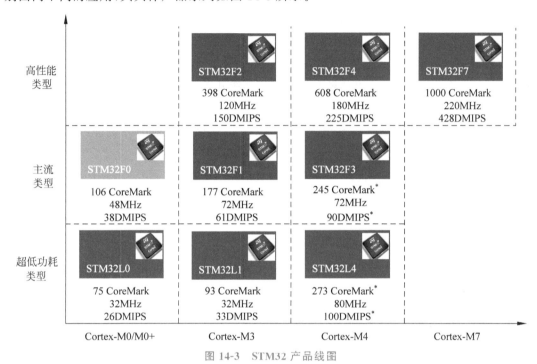

图 14-3 STM32 产品线图

1. STM32F1 系列（主流类型）

STM32F1 系列微控制器基于 Cortex-M3 内核，利用一流的外设和低功耗、低压操作实现了高性能，同时以可接受的价格，利用简单的架构和简便易用的工具实现了高集成度，能够满足工业、医疗和消费类市场的各种应用需求。凭借该产品系列，意法半导体有限公司在全球基于 Arm Cortex-M3 的微控制器领域处于领先地位。本书后续章节即是基于 STM32F1 系列中的典型微控制器 STM32F103 进行讲述的。

2. STM32F0 系列（主流类型）

STM32F0 系列微控制器基于 Cortex-M0 内核，在实现 32 位性能的同时，传承了 STM32 系列的重要特性。它集实时性能、低功耗运算和与 STM32 平台相关的先进架构及外设于一身，将全能架构理念变成了现实，特别适于成本敏感型应用。

3. STM32F4 系列（高性能类型）

STM32F4 系列微控制器基于 Cortex-M4 内核，采用了意法半导体有限公司的 90nmNVM（Non Volatile Memory，非易失性存储器）工艺和 ART（Adaptive Real Time，自适应实时）加速器，在高达 180MHz 的工作频率下通过闪存执行时，其处理性能达到 225 DMIPS/608CoreMark。这是迄今所有基于 Cortex-M 内核的微控制器产品所达到的最高基准测试分数。由于采用了动态功耗调整功能，通过闪存执行时的电流消耗范围为

STM32F401 的 $128\mu A/MHz$ 到 STM32F439 的 $260\mu A/MHz$。

4. STM32F7 系列（高性能类型）

STM32F7 是世界上第一款基于 Cortex-M7 内核的微控制器。它采用 6 级超标量流水线和浮点单元，并利用 ART 加速器和 L1 缓存，实现了 Cortex-M7 的最大理论性能——无论是从嵌入式闪存还是外部存储器执行代码，都能在 216MHz 处理器频率下使性能达到 462DMIPS/1082CoreMark。由此可见，相对于意法半导体公司以前推出的高性能微控制器，如 STM32F2、STM32F4 系列，STM32F7 的优势就在于其强大的运算性能，能够适用于那些对于高性能计算有巨大需求的应用，对于目前还在使用简单计算功能的可穿戴设备和健身应用来说，将会带来革命性的颠覆，起到巨大的推动作用。

5. STM32L1 系列（超低功耗类型）

STM32L1 系列微控制器基于 Cortex-M3 内核，采用意法半导体公司专有的超低泄漏制程，具有创新型自主动态电压调节功能和 5 种低功耗模式，为各种应用提供了无与伦比的平台灵活性。STM32L1 扩展了超低功耗的理念，并且不会牺牲性能。与 STM32L0 一样，STM32L1 提供了动态电压调节、超低功耗时钟振荡器、LCD 接口、比较器、DAC 及硬件加密等部件。

STM32L1 系列微控制器可以实现在 $1.65\sim3.6V$ 内以 32MHz 的频率全速运行。

14.2.2 STM32 系统性能分析

下面对 STM32 系统性能进行分析。

(1) 集成嵌入式 Flash 和 SRAM 存储器的 Arm Cortex-M3 内核：和 8/16 位设备相比，Arm Cortex-M3 32 位 RISC 处理器提供了更高的代码效率。STM32F103xx 微控制器带有一个嵌入式的 Arm 核，可以兼容所有的 Arm 工具和软件。

(2) 嵌入式 Flash 存储器和 SRAM 存储器：内置多达 512KB 的嵌入式 Flash，可用于存储程序和数据；多达 64KB 的嵌入式 SRAM 可以以 CPU 的时钟速度进行读/写。

(3) 可变静态存储器：嵌入在 STM32F103xC、STM32F103xD、STM32F103xE 中，带有 4 个片选，支持 5 种模式包括有 Flash、RAM、PSRAM、NOR 和 NAND。

(4) 嵌套向量中断控制器（NVIC）：可以处理 43 个可屏蔽中断通道（不包括 Cortex-M3 的 16 根中断线），提供 16 个中断优先级。紧密耦合的嵌套向量中断控制器实现了更低的中断处理延时，直接向内核传递中断入口向量表地址，紧密耦合的嵌套向量中断控制器内核接口，允许中断提前处理，对后到的更高优先级的中断进行处理，支持尾链，自动保存处理器状态，中断入口在中断退出时自动恢复，不需要指令干预。

(5) 外部中断/事件控制器（EXTI）：由 19 条用于产生中断/事件请求的边沿探测器线组成。每条线可以被单独配置用于选择触发事件（上升沿、下降沿，或者两者都可以），也可以被单独屏蔽。有一个挂起寄存器维护中断请求的状态。当外部线上出现长度超过内部 APB（Advanced Peripheral Bus，高级外围总线）2 时钟周期的脉冲时，外部中断/事件控制器能够探测到。多达 112 个 GPIO 连接到 16 根个外部中断线。

（6）时钟和启动：在系统启动的时候要进行系统时钟选择，但复位的时候内部 8MHz 的晶振被选用作 CPU 时钟。可以选择一个外部的 4～16MHz 的时钟，并且会被监视判定是否成功，在这期间，控制器被禁止并且软件中断管理也随后被禁止。同时，如果有需要（例如碰到一个间接使用的晶振失败），PLL 时钟的中断管理完全可用。多个预比较器可以用于配置 AHB（Advanced High performance Bus，高性能总线）频率，包括高速 APB（APB2）和低速 APB（APB1），高速 APB 最高的频率为 72MHz；低速 APB 最高的频率为 36MHz。

（7）Boot 模式：在启动的时候，Boot 引脚被用来在 3 种 Boot 选项中选择一种，即从用户 Flash 导入、从系统存储器导入、从 SRAM 导入。Boot 导入程序位于系统存储器，用于通过 USART1 重新对 Flash 存储器编程。

（8）电源供电方案：V_{DD}，电压范围为 2.0～3.6V，外部电源通过 V_{DD} 引脚提供，用于 I/O 和内部调压器。V_{SSA} 和 V_{DDA}，电压范围为 2.0～3.6V，外部模拟电压输入，用于 ADC（模/数转换器）、复位模块、RC 和 PLL，在 V_{DD} 范围之内（ADC 被限制在 2.4V），V_{SSA} 和 V_{DDA} 必须相应连接到 V_{SS} 和 V_{DD}。V_{BAT} 的电压范围为 1.8～3.6V，当 V_{DD} 无效时为 RTC，外部 32kHz 晶振和备份寄存器供电（通过电源切换实现）。

（9）电源管理：设备有一个完整的上电复位（POR）和掉电复位（PDR）电路。这条电路一直有效，用于确保电压从 2V 启动或者掉到 2V 的时候进行一些必要的操作。

（10）电压调节：调压器有 3 种运行模式分别为主（MR）、低功耗（LPR）和掉电。MR 用在传统意义上的调节模式（运行模式）；LPR 用在停止模式；掉电用在待机模式。调压器输出为高阻，核心电路掉电，包括零消耗（寄存器和 SRAM 的内容不会丢失）。

（11）低功耗模式：STM32F103xx 支持 3 种低功耗模式，从而在低功耗、短启动时间和可用唤醒源之间达到一个最好的平衡点。休眠模式，即只有 CPU 停止工作，所有外设继续运行，在中断/事件发生时唤醒 CPU。停止模式，即唤醒后自动选择 HSI RC 振荡器为系统时钟，看自己的应用是否需要重新配置，一般都需要重新配置，直接调用系统时钟配置函数。停机模式唤醒后，flash 程序是从中断或事件开始执行的。设备可以通过外部中断线从停止模式唤醒，外部中断源可以是 16 个外部中断线之一、PVD 输出。待机模式，即追求最少的功耗，内部调压器被关闭，这样 1.8V 区域断电，PLL、HSI 时钟和 HSE 时钟 RC 振荡器也被关闭。在进入待机模式之后，除了备份寄存器和待机电路，SRAM 和寄存器的内容也会丢失。当外部复位（NRST 引脚）、IWDG 复位、WKUP 引脚出现上升沿时，设备退出待机模式。进入停止模式或者待机模式时，IWDG 和相关的时钟源不会停止。

14.2.3　STM32F103VET6 的引脚

STM32F103VET6 比 STM32F103ZET6 少了两个接口：PF 口和 PG 口，其他资源一样。

为了简化描述，后续的内容以 STM32F103VET6 为例进行介绍。STM32F103VET6 采用 LQFP100 封装，外形和引脚如图 14-4 所示。

(a) STM32F103VET6外形

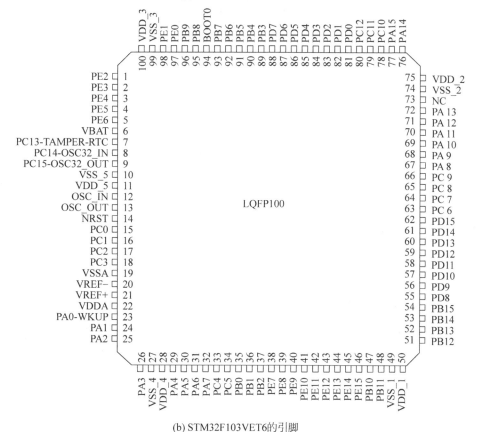

(b) STM32F103VET6的引脚

图 14-4 STM32F103VET6 的外形和引脚

14.2.4 STM32F103VET6 最小系统设计

STM32F103VET6 最小系统是指能够让 STM32F103VET6 正常工作的包含最少元器件的系统。STM32F103VET6 片内集成了电源管理模块(包括滤波复位输入、集成的上电复位/掉电复位电路、可编程电压检测电路)、8MHz 高速内部 RC 振荡器、40kHz 低速内部 RC 振荡器等部件,外部只需 7 个无源器件就可以让 STM32F103VET6 工作。然而,为了使用方便,在最小系统中加入了 USB 转 TTL 串口、发光二极管等功能模块。

最小系统核心电路原理图如图 14-5 所示,其中包括了复位电路、晶体振荡电路和启动设置电路等模块。

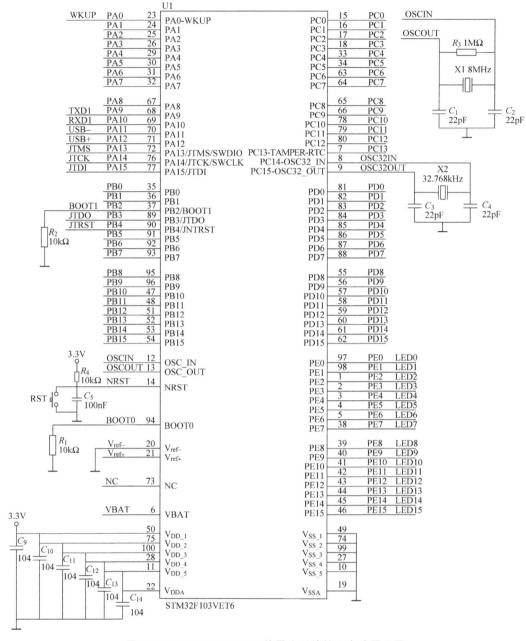

图 14-5　STM32F103VET6 的最小系统核心电路原理图

1. 复位电路

STM32F103VET6 的 NRST 引脚输入中使用 CMOS 工艺,它连接了一个不能断开的上拉电阻 R_{pu},其典型值为 $40k\Omega$,外部连接了一个上拉电阻 R_4、按键 RST 及电容 C_5,当 RST 按键按下时 NRST 引脚电位变为 0,通过这个方式实现手动复位。

2. 晶体振荡电路

STM32F103VET6 一共外接了两个高振:一个 8MHz 的晶振 X1 提供高速外部时钟;一个 32.768kHz 的晶振 X2 提供全低速外部时钟。

3. 启动设置电路

启动设置电路由启动设置引脚 BOOT1 和 BOOT0 构成。二者均通过 10kΩ 的电阻接地。从用户 Flash 启动。

4. JTAG 接口电路

为了方便系统采用 J-Link 仿真器进行下载和在线仿真,在最小系统中预留了 JTAG 接口电路用来实现 STM32F103VET6 与 J-Link 仿真器进行连接,JTAG 接口电路原理图如图 14-6 所示。

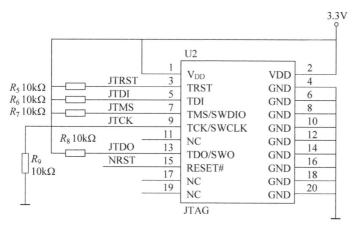

图 14-6　JTAG 接口电路

5. 流水灯电路

最小系统板载 16 个 LED 流水灯,对应 STM32F103VET6 的 PE0～PE15 引脚,电路原理如图 14-7 所示。

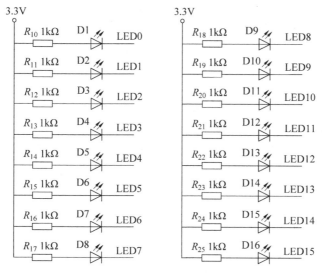

图 14-7　流水灯电路原理

另外,还设计有 USB 转 TTL 串口电路(采用 CH340G)、独立按键电路、ADC 采集电路(采用 10kΩ 电位器)和 5V 转 3.3V 电源电路(采用 AMS1117-3.3V),具体电路从略。

14.3　STM32 开发工具——Keil MDK

Keil 公司是一家业界领先的微控制器软件开发工具的独立供应商,由两家私人公司联合运营,这两家公司分别是德国慕尼黑的 Keil Elektronik GmbH 和美国德克萨斯的 Keil Software Inc。Keil 公司制造和销售种类广泛的开发工具,包括 ANSI C 编译器、宏汇编程序、调试器、连接器、库管理器、固件和实时操作系统核心。

MDK 即 RealView MDK(Microcontroller Development Kit,微控制器开发工具)或 MDK-Arm,是 Arm 公司收购 Keil 公司以后,基于 μVision 界面推出的针对 Arm7、Arm9、Cortex-M 系列、Cortex-R4 等 Arm 处理器的嵌入式软件开发工具。

Keil MDK 的全称是 Keil Microcontroller Development Kit,中文名称为 Keil 微控制器开发套件,经常能看到的 Keil MDK-Arm、Keil MDK、RealView MDK、I-MDK、μVision5(老版本为 μVision4 和 μVision3),这几个名称都是指同一个产品。Keil MDK 由一家业界领先的微控制器软件开发工具的独立供应商 Keil 公司(2005 年被 Arm 收购)推出。它支持 40 多个厂商超过 5000 种的基于 Arm 的微控制器器件和多种仿真器,集成了行业领先的 Arm C/C++编译工具链,符合 Arm Cortex 微控制器软件接口标准(Cortex MicrocontrollerSoftware Interface Standard,CMSIS)。Keil MDK 提供了软件包管理器和多种实时操作系统(RTX、Micrium RTOS、RT-Thread 等)、IPv4/IPv6、USB 外设和 OTG 协议栈、IoT 安全连接以及 GUI 库等中间件组件;还提供了性能分析器,可以评估代码覆盖、运行时间以及函数调用次数等,指导开发者进行代码优化;同时提供了大量的项目例程,帮助开发者快速掌握 Keil MDK 的强大功能。Keil MDK 是一个适用于 Arm7、Arm9、Cortex-M、Cortex-R 等系列微控制器的完整软件开发环境,具有强大的功能和方便易用性,深得广大开发者认可,成为目前常用的嵌入式集成开发环境之一,能够满足大多数苛刻的嵌入式应用开发的需要。

MDK-Arm 主要包含以下四个核心组成部分:

(1) μVision IDE:是一个集项目管理器、源代码编辑器、调试器于一体的强大集成开发环境。

(2) RVCT:是 Arm 公司提供的编译工具链,包含编译器、汇编器、链接器和相关工具。

(3) RL-Arm:实时库,可将其作为工程库使用。

(4) U-Link/J-Link USB-JTAG 仿真器:用于连接目标系统的调试接口(JTAG 或 SWD 方式),帮助用户在目标硬件上调试程序。

μVision IDE 是一个基于 Windows 操作系统的嵌入式软件开发平台,集编译器、调试器、项目管理器和一些 Make 工具于一体。具有如下主要特征:

(1) 项目管理器用于产生和维护项目。

(2) 处理器数据库集成了一个能自动配置选项的工具。

(3) 带有用于汇编、编译和链接的 Make 工具。

(4) 全功能的源码编辑器。

(5) 模板编辑器可用于在源码中插入通用文本序列和头部块。

(6) 源码浏览器用于快速寻找、定位和分析应用程序中的代码和数据。

(7) 函数浏览器用于在程序中对函数进行快速导航。

(8) 函数略图(Function sketch)可形成某个源文件的函数视图。

(9) 带有一些内置工具,例如 Find in Files 等。

（10）集模拟调试和目标硬件调试于一体。

（11）配置向导可实现图形化地快速生成启动文件和配置文件。

（12）可与多种第三方工具和软件版本控制系统接口。

（13）带有 Flash 编程工具对话窗口。

（14）丰富的工具设置对话窗口。

（15）完善的在线帮助和用户指南。

MDK-Arm 支持的 Arm 处理器如下：

（1）Cortex-M0/M0＋/M3/M4/M7。

（2）Cortex-M23/M33 non-secure。

（3）Cortex-M23/M33 secure/non-secure。

（4）Arm7、Arm9、Cortex-R4、SecurCore® SC000 和 SC300。

（5）Armv8-M Architecture。

使用 MDK-Arm 作为嵌入式开发工具，其开发的流程与其他开发工具基本一样，一般可以分以下几步：

（1）新建一个工程，从处理器库中选择目标芯片。

（2）自动生成启动文件或使用芯片厂商提供的基于 CMSIS 标准的启动文件及固件库。

（3）配置编译器环境。

（4）用 C 语言或汇编语言编写源文件。

（5）编译目标应用程序。

（6）修改源程序中的错误。

（7）调试应用程序。

MDK-Arm 集成了业内最领先的技术，包括 μVision5 集成开发环境与 RealView 编译器 RVCT（RealView Compilation Tools，RealView 编译工具）。MDK-Arm 支持 Arm7、Arm9 和最新的 Cortex-M 核处理器，自动配置启动代码，集成 Flash 烧写模块，有强大的 Simulation（设备模拟）、性能分析等功能。

强大的设备模拟和性能分析等单元以及出众的性价比使得 Keil MDK 开发工具迅速成为 Arm 软件开发工具的标准。目前，Keil MDK 在我国 Arm 开发工具市场的占有率在 90％以上。Keil MDK 主要能够为开发者提供以下开发优势。

（1）启动代码生成向导。启动代码和系统硬件结合紧密，只有使用汇编语言才能编写启动代码，因此启动代码成为许多开发者难以跨越的门槛。Keil MDK 的 μVision5 工具可以自动生成完善的启动代码，并提供图形化的窗口，方便修改。无论是对于初学者还是对于有经验的开发者而言，Keil MDK 都能大大节省开发时间，提高系统设计效率。

（2）设备模拟器。Keil MDK 的设备模拟器可以仿真整个目标硬件，如快速指令集仿真、外部信号和 I/O 端口仿真、中断过程仿真、片内外围设备仿真等。这使开发者在没有硬件的情况下也能进行完整的软件设计开发与调试工作，软硬件开发可以同步进行，大大缩短了开发周期。

（3）性能分析器。Keil MDK 的性能分析器可辅助开发者查看代码覆盖情况、程序运行时间、函数调用次数等高端控制功能，帮助开发者轻松地进行代码优化，提高嵌入式系统设计开发的质量。

（4）RealView 编译器。Keil MDK 的 RealView 编译器与 Arm 公司以前的工具包

ADS 相比,其代码尺寸比 ADS1.2 编译器的代码尺寸小 10%,其代码性能也比 ADS1.2 编译器的代码性能提高了至少 20%。

(5) ULINK2/Pro 仿真器和 Flash 编程模块。Keil MDK 无须寻求第三方编程软硬件的支持。通过配套的 ULINK2 仿真器与 Flash 编程工具,可以轻松地实现 CPU 片内 Flash 和外扩 Flash 烧写,并支持用户自行添加 Flash 编程算法,支持 Flash 的整片删除、扇区删除、编程前自动删除和编程后自动校验等功能。

(6) Cortex 系列内核。Cortex 系列内核具备高性能和低成本等优点,是 Arm 公司最新推出的微控制器内核,是单片机应用的热点和主流。而 Keil MDK 是第一款支持 Cortex 系列内核开发的开发工具,并为开发者提供了完善的工具集,因此,可以用它设计与开发基于 Cortex-M3 内核的 STM32 嵌入式系统。

(7) 提供专业的本地化技术支持和服务。Keil MDK 的国内用户可以享受专业的本地化技术支持和服务,如电话、E-mail、论坛和中文技术文档等,这将为开发者设计出更有竞争力的产品提供更多的助力。

此外,Keil MDK 还具有自己的实时操作系统(RTOS),即 RTX。传统的 8 位或 16 位单片机往往不适合使用实时操作系统,但 Cortex-M3 内核除了为用户提供更强劲的性能、更高的性价比,还具备对小型操作系统的良好支持,因此在设计和开发 STM32 嵌入式系统时,开发者可以在 Keil MDK 上使用 RTOS。使用 RTOS 可以为工程组织提供良好的结构,并提高代码的重复使用率,使程序调试更加容易、项目管理更加简单。

14.4 STM32F103 开发板的选择

本章应用实例是在野火 F103-霸道开发板上调试通过的,该开发板可以在淘宝上购买,价格因模块配置的区别而不同。

野火 F103-霸道实验平台使用 STM32F103ZET6 作为主控芯片,使用 3.2 寸液晶屏进行交互。可通过 Wi-Fi 的形式接入互联网,支持使用串口(TTL)、485、CAN、USB 协议与其他设备通信,板载 Flash、EEPROM、全彩 RGB LED 灯,还提供了各式通用接口,能满足各种各样的学习需求。

野火 F103-霸道开发板如图 14-8 所示。

图 14-8　野火 F103-霸道开发板

14.5 STM32 仿真器的选择

开发板可以采用 ST-Link、J-Link 或野火 fireDAP(使用 CMSIS-DAP 调试固件)下载器(符合 CMSIS-DAP Debugger 规范)下载程序。ST-Link、J-Link 仿真器需要安装驱动程序;CMSIS-DAP 仿真器不需要安装驱动程序。

1. CMSIS-DAP 仿真器

CMSIS-DAP 是支持访问 CoreSight 调试访问端口(DAP)的固件规范和实现,以及各种 Cortex 处理器提供 CoreSight 调试和跟踪。

如今众多 Cortex-M 处理器能这么方便调试,在于有一项基于 Arm Cortex-M 处理器设备的 CoreSight 技术,该技术引入了强大的调试(Debug)和跟踪(Trace)功能。

CoreSight 两个主要功能就是调试和跟踪功能。

(1) 调试功能。

① 运行处理器的控制,允许启动和停止程序。

② 单步调试源代码和汇编代码。

③ 在处理器运行时设置断点。

④ 即时读取/写入存储器内容和外设寄存器。

⑤ 编程内部和外部 Flash 存储器。

(2) 跟踪功能。

① 串行线查看器(Serial Wire Viewer,SWV)提供程序计数器(PC)采样,数据跟踪,事件跟踪和仪器跟踪信息。

② 指令(Embedded Trace Macrocell,ETM,嵌入式跟踪宏单元)跟踪直接流式传输到 PC,从而实现历史序列的调试,软件性能分析和代码覆盖率分析。

野火 fireDAP 高速仿真器如图 14-9 所示。

图 14-9 野火 fireDAP 高速仿真器

2. J-Link

J-Link 是 SEGGER 公司为支持仿真 Arm 内核芯片推出的 JTAG 仿真器。它是通用的开发工具,配合 MDK-Arm、IAR EWArm 等开发平台,可以实现对 Arm7、Arm9、Arm11、Cortex-M0/M1/M3/M4、Cortex-A5/A8/A9 等大多数 Arm 内核芯片的仿真。J-Link 需要安装驱动程序,才能配合开发平台使用。J-Link 仿真器有 J-Link Plus、J-Link Ultra、J-Link Ultra+、J-Link Pro、J-Link EDU、J-Trace 等多个版本,可以根据不同的需求选择不同的产品。

J-Link 仿真器如图 14-10 所示。

J-Link 仿真器具有如下特点:

(1) JTAG(Joint Test Action Group,联合测试行动组)最高时钟频率可达 15MHz。

图 14-10 J-Link 仿真器

(2) 目标板电压范围为 1.2~3.3V,5V 兼容。

（3）具有自动速度识别功能。

（4）支持编辑状态的断点设置，并在仿真状态下有效。可快速查看寄存器和方便配置外设。

（5）带 J-Link TCP/IP server，允许通过 TCP/IP 网络使用 J-Link。

3. ST-Link

ST-Link 是意法半导体公司为 STM8 系列和 STM32 系列微控制器设计的仿真器。ST-Link V2 仿真器如图 14-11 所示。

图 14-11　ST-Link V2 仿真器

ST-Link 仿真器具有如下特点：

（1）编程功能：可烧写 Flash ROM、EEPROM 等，需要安装驱动程序才能使用。

（2）仿真功能：支持全速运行、单步调试、断点调试等调试方法。

（3）可查看 I/O 状态、变量数据等。

（4）仿真性能：采用 USB2.0 接口进行仿真调试，单步调试，断点调试，反应速度快。

（5）编程性能：采用 USB2.0 接口，进行 SWIM/JTAG/SWD 下载，下载速度快。

14.6　STM32 的 GPIO 输出应用实例

GPIO 输出应用实例是使用固件库点亮 LED 灯。

14.6.1　STM32 的 GPIO 输出应用硬件设计

STM32F103 与 LED 的连接如图 14-12 所示。这是一个 RGB LED 灯，由红蓝绿 3 个 LED 灯构成，使用 PWM 控制时可以混合成 256 种不同的颜色。

这些 LED 的阴极都连接到 STM32F103 的 GPIO 引脚，只要控制 GPIO 引脚的电平输出状态，即可控制 LED 的亮灭。如果使用的开发板中 LED 的连接方式或引脚不一样，只需修改程序的相关引脚即可，程序的控制原理相同。

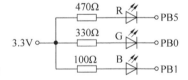

图 14-12　STM32F103 与 LED 的连接

14.6.2　STM32 的 GPIO 输出应用软件设计

为了使工程更加有条理，把 LED 控制相关的代码独立分开存储，方便以后移植。在"工程模板"之上新建 bsp_led.c 及 bsp_led.h 文件，其中的 bsp 即 Board Support Packet 的缩写（板级支持包）。

编程要点如下：

（1）使能 GPIO 端口时钟；

（2）初始化 GPIO 目标引脚为推挽输出模式；

（3）编写简单测试程序，控制 GPIO 引脚输出高、低电平。

1. bsp_led.h 头文件

```
#ifndef __LED_H
#define __LED_H

#include "stm32f10x.h"

/* 定义 LED 连接的 GPIO 端口，用户只需要修改下面的代码即可改变控制的 LED 引脚 */
// R-红色
#define LED1_GPIO_PORT      GPIOB                       /* GPIO 端口 */
#define LED1_GPIO_CLK        RCC_APB2Periph_GPIOB        /* GPIO 端口时钟 */
#define LED1_GPIO_PIN        GPIO_Pin_5                  /* 连接到 SCL 时钟线的 GPIO */

// G-绿色
#define LED2_GPIO_PORT      GPIOB                       /* GPIO 端口 */
#define LED2_GPIO_CLK        RCC_APB2Periph_GPIOB        /* GPIO 端口时钟 */
#define LED2_GPIO_PIN        GPIO_Pin_0                  /* 连接到 SCL 时钟线的 GPIO */

// B-蓝色
#define LED3_GPIO_PORT      GPIOB                       /* GPIO 端口 */
#define LED3_GPIO_CLK        RCC_APB2Periph_GPIOB        /* GPIO 端口时钟 */
#define LED3_GPIO_PIN        GPIO_Pin_1                  /* 连接到 SCL 时钟线的 GPIO */

/** the macro definition to trigger the led on or off
  * 1 - off
  * 0 - on
  */
#define ON 0
#define OFF 1

/* 使用标准的固件库控制 I/O */
#define LED1(a)   if (a)  \
                    GPIO_SetBits(LED1_GPIO_PORT,LED1_GPIO_PIN);\
                    else    \
                    GPIO_ResetBits(LED1_GPIO_PORT,LED1_GPIO_PIN)

#define LED2(a)   if (a)  \
                    GPIO_SetBits(LED2_GPIO_PORT,LED2_GPIO_PIN);\
                    else    \
                    GPIO_ResetBits(LED2_GPIO_PORT,LED2_GPIO_PIN)

#define LED3(a)   if (a)  \
                    GPIO_SetBits(LED3_GPIO_PORT,LED3_GPIO_PIN);\
                    else    \
                    GPIO_ResetBits(LED3_GPIO_PORT,LED3_GPIO_PIN)


/* 直接操作寄存器的方法控制 I/O */
#define     digitalHi(p,i)        {p->BSRR = i;}        //输出为高电平
#define digitalLo(p,i)        {p->BRR = i;}             //输出低电平
#define digitalToggle(p,i) {p->ODR ^= i;} //输出反转状态


/* 定义控制 I/O 的宏 */
#define LED1_TOGGLE          digitalToggle(LED1_GPIO_PORT,LED1_GPIO_PIN)
#define LED1_OFF             digitalHi(LED1_GPIO_PORT,LED1_GPIO_PIN)
#define LED1_ON              digitalLo(LED1_GPIO_PORT,LED1_GPIO_PIN)
```

```
#define LED2_TOGGLE        digitalToggle(LED2_GPIO_PORT,LED2_GPIO_PIN)
#define LED2_OFF           digitalHi(LED2_GPIO_PORT,LED2_GPIO_PIN)
#define LED2_ON            digitalLo(LED2_GPIO_PORT,LED2_GPIO_PIN)

#define LED3_TOGGLE        digitalToggle(LED3_GPIO_PORT,LED3_GPIO_PIN)
#define LED3_OFF           digitalHi(LED3_GPIO_PORT,LED3_GPIO_PIN)
#define LED3_ON            digitalLo(LED3_GPIO_PORT,LED3_GPIO_PIN)

/* 基本混色,后面高级用法使用 PWM 可混出全彩颜色,且效果更好 */

//红
#define LED_RED \
                   LED1_ON;\
                   LED2_OFF\
                   LED3_OFF

//绿
#define LED_GREEN     \
                   LED1_OFF;\
                   LED2_ON\
                   LED3_OFF

//蓝
#define LED_BLUE    \
                   LED1_OFF;\
                   LED2_OFF\
                   LED3_ON


//黄(红+绿)
#define LED_YELLOW    \
                   LED1_ON;\
                   LED2_ON\
                   LED3_OFF
//紫(红+蓝)
#define LED_PURPLE    \
                   LED1_ON;\
                   LED2_OFF\
                   LED3_ON

//青(绿+蓝)
#define LED_CYAN \
                   LED1_OFF;\
                   LED2_ON\
                   LED3_ON

//白(红+绿+蓝)
#define LED_WHITE    \
                   LED1_ON;\
                   LED2_ON\
                   LED3_ON

//黑(全部关闭)
#define LED_RGBOFF    \
                   LED1_OFF;\
                   LED2_OFF\
```

```
            LED3_OFF

void LED_GPIO_Config(void);

#endif /* __LED_H */
```

这部分宏控制 LED 亮灭的操作是直接向 BSRR、BRR 和 ODR 这 3 个寄存器写入控制指令实现的,对 BSRR 写 1 输出高电平;对 BRR 写 0 输出低电平;对 ODR 寄存器某位进行异或操作可反转位的状态。

RGB 彩灯可以实现混色。

代码中的"\"是 C 语言中的续行符语法,表示续行符的下一行与续行符所在的代码是同一行。因为代码中宏定义关键字"#define"只对当前行有效,所以使用续行符连接起来。以下的代码是等效的:

```
#define LED_YELLOW LED1_ON; LED2_ON; LED3_OFF
```

应用续行符的时候要注意,在"\"后面不能有任何字符(包括注释、空格),只能直接换行。

2. bsp_led.c 程序

```c
#include "bsp_led.h"

/**
  * @brief 初始化控制 LED 的 I/O
  * @param 无
  * @retval 无
  */
void LED_GPIO_Config(void)
{
        /* 定义一个 GPIO_InitTypeDef 类型的结构体 */
        GPIO_InitTypeDef GPIO_InitStructure;

        /* 开启 LED 相关的 GPIO 外设时钟 */
        RCC_APB2PeriphClockCmd( LED1_GPIO_CLK | LED2_GPIO_CLK | LED3_GPIO_CLK, ENABLE);
        /* 选择要控制的 GPIO 引脚 */
        GPIO_InitStructure.GPIO_Pin = LED1_GPIO_PIN;

        /* 设置引脚模式为通用推挽输出 */
        GPIO_InitStructure.GPIO_Mode = GPIO_Mode_Out_PP;

        /* 设置引脚速率为 50MHz */
        GPIO_InitStructure.GPIO_Speed = GPIO_Speed_50MHz;

        /* 调用库函数,初始化 GPIO */
        GPIO_Init(LED1_GPIO_PORT, &GPIO_InitStructure);

        /* 选择要控制的 GPIO 引脚 */
        GPIO_InitStructure.GPIO_Pin = LED2_GPIO_PIN;

        /* 调用库函数,初始化 GPIO */
        GPIO_Init(LED2_GPIO_PORT, &GPIO_InitStructure);

        /* 选择要控制的 GPIO 引脚 */
        GPIO_InitStructure.GPIO_Pin = LED3_GPIO_PIN;

        /* 调用库函数,初始化 GPIO */
```

```
        GPIO_Init(LED3_GPIO_PORT, &GPIO_InitStructure);

        /* 关闭 LED1 灯  */
        GPIO_SetBits(LED1_GPIO_PORT, LED1_GPIO_PIN);

        /* 关闭 LED2 灯  */
        GPIO_SetBits(LED2_GPIO_PORT, LED2_GPIO_PIN);

        /* 关闭 LED3 灯  */
        GPIO_SetBits(LED3_GPIO_PORT, LED3_GPIO_PIN);
    }
```

初始化 GPIO 端口时钟时采用了 STM32 库函数。

函数执行流程如下:

（1）使用 GPIO_InitTypeDef 定义 GPIO 初始化结构体变量,以便后面用于存储 GPIO 配置。

（2）调用库函数 RCC_APB2PeriphClockCmd()使能 LED 的 GPIO 端口时钟。该函数有 2 个输入参数:第 1 个参数用于指示要配置的时钟,如本例中的 RCC_APB2Periph_GPIOB,应用时使用"|"操作同时配置 3 个 LED 的时钟;函数的第 2 个参数用于设置状态,可输入 Disable 关闭或 Enable 使能时钟。

（3）向 GPIO 初始化结构体赋值,把引脚初始化成推挽输出模式,其中的 GPIO_Pin 使用宏 LEDx_GPIO_PIN 赋值,使函数的实现便于移植。

（4）使用以上初始化结构体的配置,调用 GPIO_Init 函数向寄存器写入参数,完成 GPIO 的初始化。这里的 GPIO 端口使用 LEDx_GPIO_PORT 宏赋值,也是为了程序移植方便。

（5）使用同样的初始化结构体,只修改控制的引脚和端口,初始化其他 LED 使用的 GPIO 引脚。

（6）使用宏控制 RGB 灯默认关闭。

编写完 LED 的控制函数后,就可以在 main 函数中测试了。

3. main.c 程序

```
#include "stm32f10x.h"
#include "bsp_led.h"

#define SOFT_DELAY Delay(0x0FFFFF);

void Delay(__IO u32 nCount);

/**
  * @brief 主函数
  * @param 无
  * @retval 无
  */
int main(void)
{
    /* LED 端口初始化 */
    LED_GPIO_Config();

    while (1)
```

```
    {
        LED1_ON;                        //亮
        SOFT_DELAY;
        LED1_OFF;                       //灭

        LED2_ON;                        //亮
        SOFT_DELAY;
        LED2_OFF;                       //灭

        LED3_ON;                        //亮
        SOFT_DELAY;
        LED3_OFF;                       //灭

        /*轮流显示 红绿蓝黄紫青白 颜色*/
        LED_RED;
        SOFT_DELAY;

        LED_GREEN;
        SOFT_DELAY;

        LED_BLUE;
        SOFT_DELAY;

        LED_YELLOW;
        SOFT_DELAY;

        LED_PURPLE;
        SOFT_DELAY;

        LED_CYAN;
        SOFT_DELAY;

        LED_WHITE;
        SOFT_DELAY;

        LED_RGBOFF;
        SOFT_DELAY;
    }
}
void Delay(__IO uint32_t nCount)    //简单的延时函数
{
    for(; nCount != 0; nCount -- );
}
```

在 main 函数中,调用定义的 LED_GPIO_Config 初始化好 LED 的控制引脚,然后直接调用各种控制 LED 亮灭的宏实现 LED 的控制。

以上就是一个使用 STM32 标准软件库开发应用的流程。

程序编写完成后,通过 Keil MDK 开发环境进行编译,生成 *.hex 文件,如图 14-13 所示。

单击图 14-13 中的程序下载按钮🌟,把编译好的程序下载到开发板并复位,可以看到 RGB 彩灯轮流显示不同的颜色。

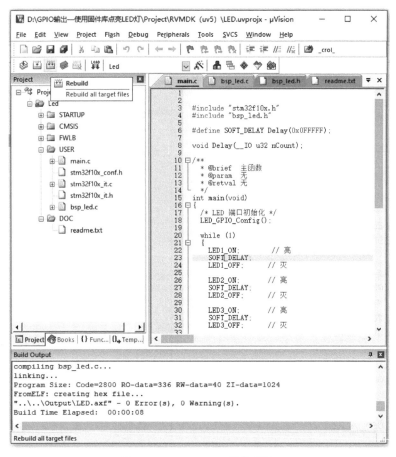

图 14-13　Keil MDK 开发环境

14.7　STM32 的 GPIO 输入应用实例

GPIO 输入应用实例是使用固件库的按键检测。

14.7.1　STM32 的 GPIO 输入应用硬件设计

按键机械触点断开、闭合时，由于触点的弹性作用，按键开关不会马上稳定接通或一下子断开，使用按键时会产生抖动信号，需要用软件消抖处理滤波，不方便输入检测。本实例开发板连接的按键附带硬件消抖功能，如图 14-14 所示。它利用电容充放电的延时消除了波纹，从而简化软件的处理，软件只需要直接检测引脚的电平即可。

从按键检测电路可知，这些按键在没有被按下的时候，GPIO 引脚的输入状态为低电平（按键所在的电路不通，引脚接地）；当按键按下时，GPIO 引脚的输入状态

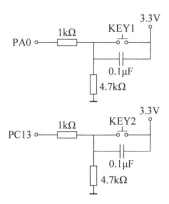

图 14-14　按键检测电路

为高电平(按键所在的电路导通,引脚接到电源)。只要按键检测引脚的输入电平,即可判断按键是否被按下。

若使用的开发板按键的连接方式或引脚不一样,只需根据工程修改引脚即可,程序的控制原理相同。

14.7.2 STM32 的 GPIO 输入应用软件设计

为了使工程更加有条理,把与按键相关的代码独立分开存储,方便以后移植。在"工程模板"之上新建 bsp_key.c 及 bsp_key.h 文件。

编程要点如下:

(1) 使能 GPIO 端口时钟;

(2) 初始化 GPIO 目标引脚为输入模式(浮空输入);

(3) 编写简单测试程序,检测按键的状态,实现按键控制 LED。

1. bsp_key.h 头文件

```
# ifndef __KEY_H
# define __KEY_H

# include "stm32f10x.h"

// 引脚定义
# define   KEY1_GPIO_CLK    RCC_APB2Periph_GPIOA
# define   KEY1_GPIO_PORT   GPIOA
# define   KEY1_GPIO_PIN     GPIO_Pin_0

# define   KEY2_GPIO_CLK    RCC_APB2Periph_GPIOC
# define   KEY2_GPIO_PORT   GPIOC
# define   KEY2_GPIO_PIN     GPIO_Pin_13

  /*
   * 按键按下为高电平,设置 KEY_ON = 1,KEY_OFF = 0
   * 若按键按下为低电平,把宏设置成 KEY_ON = 0,KEY_OFF = 1 即可
   */
# define KEY_ON   1
# define KEY_OFF   0

void Key_GPIO_Config(void);
uint8_t Key_Scan(GPIO_TypeDef * GPIOx,uint16_t GPIO_Pin);

# endif / *  __KEY_H  * /
```

2. bsp_key.c 程序

```
# include "./key/bsp_key.h"

/ **
   * @brief 配置按键用到的 I/O 口
   * @param 无
   * @retval 无
   * /
void Key_GPIO_Config(void)
{
 GPIO_InitTypeDef GPIO_InitStructure;
```

```
/ * 开启按键端口的时钟 * /
RCC_APB2PeriphClockCmd(KEY1_GPIO_CLK|KEY2_GPIO_CLK,ENABLE);

//选择按键的引脚
GPIO_InitStructure.GPIO_Pin = KEY1_GPIO_PIN;
// 设置按键的引脚为浮空输入
GPIO_InitStructure.GPIO_Mode = GPIO_Mode_IN_FLOATING;
//使用结构体初始化按键
GPIO_Init(KEY1_GPIO_PORT, &GPIO_InitStructure);

//选择按键的引脚
GPIO_InitStructure.GPIO_Pin = KEY2_GPIO_PIN;
//设置按键的引脚为浮空输入
GPIO_InitStructure.GPIO_Mode = GPIO_Mode_IN_FLOATING;
//使用结构体初始化按键
GPIO_Init(KEY2_GPIO_PORT, &GPIO_InitStructure);
}
```

函数执行流程如下：

（1）使用 GPIO_InitTypeDef 定义 GPIO 初始化结构体变量，以便后面用于存储 GPIO 配置。

（2）调用库函数 RCC_APB2PeriphClockCmd()使能按键的 GPIO 端口时钟，调用时使用"1"操作同时配置两个按键的时钟。

（3）向 GPIO 初始化结构体赋值，把引脚初始化成浮空输入模式，其中的 GPIO_Pin 使用宏 KEYx_GPIO_PIN 赋值，使函数实现方便移植。由于引脚的默认电平受按键电路影响，所以设置成浮空输入。

（4）使用以上初始化结构体的配置，调用 GPIO_Init()函数向寄存器写入参数，完成 GPIO 的初始化，这里的 GPIO 端口使用 KEYx_GPIO_PORT 宏赋值，也是为了程序移植方便。

（5）使用同样的初始化结构体，只修改控制的引脚和端口，初始化其他按键检测时使用的 GPIO 引脚。

```
/ *********************************************
 * 函数名：Key_Scan
 * 描述   ：检测是否有按键按下
 * 输入   ：GPIOx: x 可以是 A,B,C,D 或者 E
 *          GPIO_Pin: 待读取的端口位
 * 输出 ：KEY_OFF(没按下按键)、KEY_ON(按下按键)
 ********************************************* /
uint8_t Key_Scan(GPIO_TypeDef * GPIOx,uint16_t GPIO_Pin)
{
/ * 检测是否有按键按下  * /
 if(GPIO_ReadInputDataBit(GPIOx,GPIO_Pin) == KEY_ON )
 {
     / * 等待按键释放  * /
     while(GPIO_ReadInputDataBit(GPIOx,GPIO_Pin) == KEY_ON);
     return   KEY_ON;
 }
 else
     return KEY_OFF;
}
```

这里定义了一个 Key_Scan() 函数用于扫描按键状态。GPIO 引脚的输入电平可通过读取 IDR 寄存器对应的数据位来感知,而 STM32 标准库提供了库函数 GPIOReadinputDamBit() 获取位状态、该函数输入 GPIO 端口及引脚号。返回该引脚的电平状态:高电平返回 1,低电平返回 0。

Key_Scan() 函数中用 GPIO_ReadoutputDataBit 的返回值与自定义的宏 KEY_ON 对比:若检测到按键按下,则使用 while 循环持续检测按键状态,直到按键释放,按键释放后 Key_Scan() 函数返回一个 KEY_ON 值;若没有检测到按键按下,则函数直接返回 KEY_OFF。若按键的硬件没有做消抖处理,则需要在这个 Key_Scan 函数中做软件滤波,防止波纹抖动引起误触发。

3. main.c 程序

```c
# include "stm32f10x.h"
# include "bsp_led.h"
# include "bsp_key.h"
/ * * * * * * * * * * * * * * * * * * * *
   *  @brief 主函数
   *  @param 无
   *  @retval 无
 * * * * * * * * * * * * * * * * * * * * /
int main(void)
{
 / * LED 端口初始化 * /
 LED_GPIO_Config();
 LED1_ON;

 / * 按键端口初始化 * /
 Key_GPIO_Config();

 / * 轮询按键状态,若按键按下则反转 LED * /
 while(1)
 {
     if( Key_Scan(KEY1_GPIO_PORT,KEY1_GPIO_PIN) == KEY_ON )
     {
         / * LED1 反转 * /
         LED1_TOGGLE;
     }

     if( Key_Scan(KEY2_GPIO_PORT,KEY2_GPIO_PIN) == KEY_ON )
     {
         / * LED2 反转 * /
         LED2_TOGGLE;
     }
 }
}
```

代码中初始化 LED 及按键后,在 while() 函数里不断调用 Key_Scan() 函数,并判断其返回值,若返回值表示按键按下,则反转 LED 的状态。

把编译好的程序下载到开发板并复位,按下 KEY1 和 KEY2 按键分别可以控制 LED 的亮、灭状态。

<table>
<tr>
<td>

第 15 章

CHAPTER 15

</td>
<td>

电子系统综合设计——FPGA
可编程逻辑器件及其应用

</td>
</tr>
</table>

本章讲述了电子系统综合设计——FPGA 可编程逻辑器件及其应用,包括可编程逻辑器件概述、FPGA 的内部结构、Intel 公司的 FPGA、FPGA 的生产厂商、FPGA 的应用领域、FPGA 开发工具、基于 FPGA 的开发流程、Verilog、FPGA 开发板、Quartus Ⅱ 软件的安装和 Quartus Ⅱ 软件的应用实例。

15.1　可编程逻辑器件概述

可编程逻辑器件(Programmable Logic Device,PLD)是 20 世纪 70 年代发展起来的新型逻辑器件。PLD 与传统逻辑器件的区别在于其功能不固定,属于一种半定制逻辑器件,可以通过软件的方法对其编程从而改变其逻辑功能。微电子技术的发展,使设计与制造集成电路的任务已不完全由半导体厂商独立承担,系统设计师们可以在更短的设计周期里,在实验室里设计需要的专用集成电路(Application Specific Integrated Circuit,ASIC)芯片。对于 PLD 有一种说法为"What you want is what you get"(所见即所得),这是 PLD 的一个优势。由于 PLD 可编程的灵活性以及科学技术的快速发展,PLD 也正向高集成、高性能、低功耗、低价格的方向发展,并具备了与 ASIC 同等的性能。近几年 PLD 的应用有了突飞猛进的增长,被广泛地使用在各行各业的电子及通信设备里。PLD 的规模不断扩大,例如 Altera Stratix 10 系列单芯片,采用了 Altera 的 3D SiP 异构架构,整合了 550 万逻辑门、HBM2(HBM,High Bandwidth Memory,高带宽存储器)内存以及四核 Arm Cortex-A53 处理器,被视为高性能 FPGA 的代表。

HBM 是超微半导体和 SK Hynix 发起的一种基于 3D 堆栈工艺的高性能 DRAM,适用于 HBM 需求的应用场合,像是图形处理器、网络交换及转发设备(如路由器、交换机)等。首个使用 HBM 的设备是 AMD Radeon Fury 系列显示核心。2013 年 10 月 HBM 成为 JEDEC 通过的工业标准,第二代 HBM——HBM2,也于 2016 年 1 月成为工业标准,NVIDIA 公司在该年发表的新款旗舰型 Tesla 运算加速卡——Tesla P100、AMD 的 Radeon RX Vega 系列、Intel 的 Knight Landing 也采用了 HBM2。

15.1.1　PLD 的发展历史

PLD 是指一切通过软件手段更改、配置器件内部连接结构和逻辑单元,完成既定设计功能的数字集成电路。目前常用的 PLD 主要有简单逻辑阵列(PAL/GAL)、复杂 PLD

(CPLD)和现场可编程逻辑阵列(FPGA)三大类。

早期的 PLD 只有可编程只读存储器(PROM)、紫外线可擦除只读存储器(EPROM)和电可擦除只读存储器(EEPROM)三种。由于结构的限制,它们只能完成简单的数字逻辑功能。其后,出现了一类结构上稍复杂的 PLD,完成各种数字逻辑功能。典型的 PLD 由一个"与"门和一个"或"门阵列组成,而任意一个组合逻辑都可以用"与—或"表达式描述,所以,PLD 能以乘积和的形式完成大量的组合逻辑功能。这一阶段的产品主要有 PAL 和 GAL,GAL 是在 PAL 的基础上发展起来的一种通用阵列逻辑,如 GAL16V8、GAL22V10 等。它采用了 EEPROM 工艺,实现了电可擦除、电可改写,其输出结构是可编程的逻辑宏单元,因而它的设计具有很强的灵活性,至今仍有许多人在使用。这些早期 PLD 的一个共同特点是可以实现速度特性较好的逻辑功能,但其过于简单的结构也使它们只能实现规模较小的电路。为了弥补这一缺陷,20 世纪 80 年代中期,Altera 和 Xilinx 分别推出了类似于 PAL 结构的扩展型 CPLD 和与标准门阵列类似的 FPGA,它们都具有体系结构和逻辑单元灵活、集成度高以及适用范围宽等特点。这两种器件兼容了 PLD 和通用门阵列的优点,可实现较大规模的电路,编程也很灵活。与门阵列等其他 ASIC 相比,它们又具有设计开发周期短、设计制造成本低、开发工具先进、标准产品无须测试、质量稳定以及可实时在线检验等优点,因此被广泛应用于产品的原型设计和产品生产。

谈到 FPGA 的发展不妨先看看数字电路的发展,在数字集成电路中,门电路是最基本的逻辑单元,用以实现最基本的逻辑运算(与、或、非)和复合逻辑运算(与非、异或等)。与上述逻辑运算相对应,常用的门电路有与门、或门、非门、与非门、异或门等。

在最初的数字逻辑电路中,每个门电路都是用若干个分立的半导体器件和电阻、电容连接而成的。不难想象,用这种单元电路组成大规模的数字电路是非常困难的,这就严重制约了数字电路的普遍应用。1961 年,美国德州仪器公司率先将数字电路的元器件制作在同一片硅片上,制成了集成电路(Intergrated Circuits,IC),并迅速取代了分立器件电路。

早期的数字逻辑设计需要设计师在一块电路板上或者面包板上用导线将多个芯片连接在一起。每个芯片包含一个或多个逻辑门,或者一些简单的逻辑结构(比如触发器或多路复用器等)。

20 世纪 60 年代以来,随着集成电路工艺水平的不断进步,集成电路的集成度也不断提高。数字集成电路经历了从小规模集成电路(Small Scale Integrated Circuit,SSI);到中规模集成电路(Medium Scale Integrated Circuit,MSI);再到大规模集成电路(Large Scale Integrated Circuit,LSI);然后是超大规模集成电路(Very Large Scale Integrated Circuit,VLSI);以及甚大规模集成电路(Ultra Large Scale Integrated Circuit,ULSI)的发展过程。

从逻辑功能的特点上将数字集成电路分类,可以分为通用型和专用型两类。前面介绍到的中、小规模集成电路(如 74 系列)都属于通用型数字集成电路。它们的逻辑功能都比较简单,而且是固定不变的。由于它们的这些功能在组成复杂数字系统时经常要用到,所以这些器件具有很强的通用性。

从理论上来讲,用这些通用型的中、小规模集成电路可以组成任何复杂的数字系统。随着集成电路的集成度越来越高,如果能把所设计的数字系统做成一片大规模集成电路,则不仅能减小电路的体积、重量和功耗,而且可以使电路的可靠性大为提高。像这种为某种专门用途而设计的集成电路称为专用集成电路,即所谓的 ASIC。

ASIC 的使用在生产、生活中非常普遍,比如手机、平板电脑中的主控芯片都属于 ASIC。

虽然 ASIC 有诸多优势,但是在用量不大的情况下,设计和制造这样的专用集成电路不仅成本很高,而且设计制造的周期也很长。PLD 的出现成功解决了这个矛盾。

PLD 是作为一种通用器件生产,但它的逻辑功能是由用户通过对器件进行编程设定的。而且有些 PLD 的集成度很高,足以满足设计一般数字系统的需要。这样就可以由设计人员自行编程从而将一个数字系统"集成"在一片 PLD 上,做成"片上系统"(System on Chip,SoC),而不必去请芯片制造厂商设计和制作 ASIC 芯片了。

最后,再来总结这三种数字集成电路之间的差异。通用型数字集成电路和 ASIC 内部的电路连接都是固定的,所以它们的逻辑功能也是固定不变的;而 PLD 则不同,它们内部单元之间的连接是通过"写入"编程数据来确定的,写入不同的编程数据就可以得到不同的逻辑功能。

自 20 世纪 70 年代以来,PLD 的研制和应用得到了迅速的发展,相继开发出了多种类型和型号的产品。

目前常见的 PLD 大体上可以分为 SPLD(Simple PLD,简单 PLD)、CPLD(Complex Programmable Logic Device,复杂可编程逻辑器件)和 FPGA(Field Programmable Gate Array,现场可编程门阵列)。SPLD 中又可分为 PLA、PAL 和 GAL 几种类型;FPGA 也是一种 PLD,但由于在电路结构上与早期已经广为应用的 PLD 不同,所以采用 FPGA 这个名称,以示区别。

通过对数字电路的学习知道,任何一个逻辑函数式都可以变换成与—或表达式,因而任何一个逻辑函数都能用一级与逻辑电路和一级或逻辑电路实现。PLD 最初的研制思想就来源于此。

可以用图 15-1 描述 PLD 沿着时间推进的发展流程。

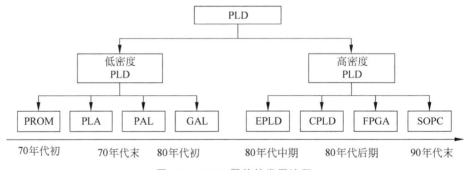

图 15-1　PLD 器件的发展流程

从集成上,可以把 PLD 分为低密度和高密度两种类型,其中低密度 PLD(LDPLD)通常指那些集成度小于 1000 逻辑门的 PLD。20 世纪 70 年代初期至 80 年代中期的 PLD,如 PROM(Programmable Read Only Memory)、PLA(Programmable Logic Array)、PAL(Programmable Array Logic)和 GAL(Generic Array Logic)均属于 LDPLD,低密度 PLD 与中小规模集成电路相比,有着集成度高、速度快、设计灵活方便、设计周期短等优点,因此在推出之初得到了广泛的应用。

低密度 PLD 的基本结构如图 15-2 所示。

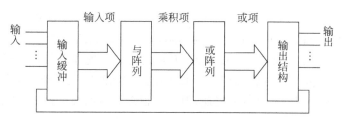

图 15-2　低密度 PLD 的基本结构

它是根据逻辑函数的构成原则提出的,由输入缓冲、与阵列、或阵列和输出结构四部分组成。其中,由与门构成的与阵列用来产生乘积项;由或门构成的或阵列用来产生乘积项之和,因此与阵列和或阵列是电路的核心;输入缓冲电路可以产生输入变量的原变量和反变量;输出结构相对于不同的 PLD 差异很大,有组合输出结构、时序输出结构、可编程的输出结构等。输出信号往往可以通过内部通路反馈到与阵列,作为反馈输入信号。虽然与/或阵列的组成结构简单,但是所有复杂的 PLD 都是基于这种原理发展而来的。根据与阵列和或阵列可编程性,将低密度 PLD 分为上述四种基本类型,如表 15-1 所示。

表 15-1　低密度 PLD 器件

PLD 类型	阵　　列		输　　出
	与	或	
PROM	固定	可编程,一次性	三态,集电极开路
PLA	可编程,一次性	可编程,一次性	三态,集电极开路寄存器
PAL	可编程,一次性	固定	三态 I/O 寄存器互补带反馈
GAL	可编程,多次性	固定或可编程	输出逻辑宏单元,组态由用户定义

随着科学技术发展,低密度 PLD 无论是资源、I/O 端口性能,还是编程特性都不能满足实际需要,已被淘汰。高密度 PLD(HDPLD)通常指那些集成度大于 1000 门的 PLD。20 世纪 80 年代中期以后产生的 EPLD(Erasable Programmable Logic Device)、CPLD 和 FPGA均属于 HDPLD。EPLD 结构上类似 GAL,EPLD 与 GAL 相比,无论是与阵列的规模还是输出逻辑宏单元的数目都有了大幅度增加,EPLD 的缺点主要是内部互联能力较弱。

15.1.2　PAL/GAL

PAL 是 Programmable Array Logic 的缩写,即可编程阵列逻辑;GAL 是 Generic Array Logic 的缩写,即通用可编程阵列逻辑。PAL/GAL 是早期 PLD 的发展形势,其特点是大多基于 EEPROM 工艺,结构简单,仅能适用于简单的数字逻辑电路。

PAL 由一个可编程的“与”平面和一个固定的“或”平面构成,或门的输出可以通过触发器有选择地被置为寄存状态。PAL 器件是现场可编程的,它的实现工艺有反熔丝技术、EPROM 技术和 EEPROM 技术。还有一类结构更为灵活的逻辑器件是 PLA,它也由一个“与”平面和一个“或”平面构成,但是这两个平面的连接关系是可编程的。PLA 器件既有现场可编程的,也有掩膜可编程的。

GAL 是从 PAL 发展过来的,其采用了 EECMOS 工艺使得该器件的编程非常方便,另外,由于其输出采用了逻辑宏单元结构(Output Logic Macro Cell,OLMC),使得电路的逻辑设计更加灵活。GAL 具有电可擦除的功能,克服了采用熔断丝技术只能一次编程的缺点,其可改写的次数超过 100 次;另外,GAL 还具有加密的功能,保护了知识产权;GAL 在器件中开设了一个存储区域用来存放识别标志,即电子标签的功能。

虽然 PAL/GAL 可编程单元密度较低,但是它们一出现即以其低功耗、低成本、高可靠性、软件可编程、可重复更改等特点引发了数字电路领域的巨大震动。虽然目前较复杂的逻辑电路一般使用 CPLD 甚至 FPGA 实现,但对于很多简单的数字逻辑,GAL 等简单的 PLD 仍然被大量使用。

15.1.3 CPLD

CPLD 是从 PAL 和 GAL 器件发展出来的器件,一般采用 EEPROM 工艺,也有少数厂家采用 Flash 工艺,其基本结构由可编程 I/O 单元、基本逻辑单元、布线池和其他辅助功能模块构成。相比 PAL/GAL,CPLD 规模大、结构复杂,属于大规模集成电路范围,是一种用户根据需要而自行构造逻辑功能的数字集成电路。其基本设计方法是借助集成开发软件平台,用原理图、硬件描述语言等方法,生成相应的目标文件,通过下载电缆将代码传送到目标芯片中,实现设计的数字系统。

CPLD 主要是由可编程逻辑宏单元围绕中心的可编程互连矩阵单元组成。其中,宏单元结构较复杂,并具有复杂的 I/O 单元互连结构,可由用户根据需要生成特定的电路结构,完成一定的功能。由于 CPLD 内部采用固定长度的金属线进行各逻辑块的互连,所以设计的逻辑电路具有时间可预测性,避免了分段式互连结构时序不完全预测的缺点。

CPLD 具有编程灵活、集成度高、设计开发周期短、适用范围宽、开发工具先进、设计制造成本低、对设计者的硬件经验要求低、标准产品无须测试、保密性强、价格大众化等特点,可实现较大规模的电路设计,因此被广泛应用于产品的原型设计和产品生产(一般在 10000 件以下)之中。几乎所有应用中小规模通用数字集成电路的场合均可应用 CPLD。

CPLD 已成为电子产品不可缺少的组成部分,它的设计和应用成为电子工程师必备的一项技能。

CPLD 可实现的逻辑功能比 PAL/GAL 有大幅度的提升,可以完成较复杂、较高速度的逻辑功能,经过几十年的发展,许多公司都开发出了 CPLD。CPLD 的主要器件供应商为 Altera、Xilinx 和 Lattice 等。

15.1.4 FPGA

FPGA 是在 PAL、GAL、CPLD 等可编程器件的基础上进一步发展起来的高性能 PLD。它是作为 ASIC 领域中的一种半定制电路而出现的,既解决了定制电路的不足,又克服了原有可编程器件门电路数有限的缺点。FPGA 可以通过 Verilog 或 VHDL 进行电路设计,然后经过综合与布局,快速地烧录至 FPGA 上进行测试。FPGA 一般采用 SRAM 工艺,也有一些采 Flash 工艺或反熔丝(Anti-Fuse)工艺等。FPGA 集成度很高,其器件密度从数万门到上千万门,可以完成复杂的时序与组合逻辑电路功能,适用于高速、高密度的高端数字逻辑电路设计领域。FPGA 的基本组成部分有可编程输入/输出单元、基本可编程单元、嵌入式 RAM、丰富的布线资源、底层嵌入功能单元、内嵌专用硬核(Hard Core)等。FPGA 的主要器件供应商为 Altera、Xilinx、Lattice、Actel-Lucent 等。

15.1.5 CPLD 与 FPGA 的区别

CPLD 和 FPGA 的主要区别是它们的系统结构。CPLD 是一个有点限制性的结构,这个结构有一个或多个可编辑的结果之和的逻辑组列和一些相对少量的锁定的寄存器,这样的结构缺乏编辑灵活性,但是却有可以预计的延迟时间和逻辑单元对连接单元高比率的优点;而 FPGA 却有很多的连接单元,这样虽然让它可以更加灵活地编辑,但是结构却复杂得多。

CPLD 和 FPGA 另外一个区别是大多数的 FPGA 含有高层次的内置模块(如加法器和乘法器)和内置的记忆体,因此很多新的 FPGA 支持完全的或者部分的系统内重新配置。允许它们的设计随着系统升级或者动态重新配置而改变。一些 FPGA 可以让设备的一部分重新编辑而其他部分继续正常运行。

FPGA 与 CPLD 的辨别和分类主要根据其结构特点和工作原理。通常的分类方法如下。

(1)将以乘积项结构方式构成逻辑行为的器件称为 CPLD,如 Lattice 公司的 ispLSI 系列、Xilinx 公司的 XC9500 系列、Altera 公司的 MAX7000S 系列和 Lattice 的 MACH 系列等。

(2)将以查表法结构方式构成逻辑行为的器件称为 FPGA,如 Xilinx 公司的 SPARTAN 系列、Altera 公司的 FLEX10K 或 ACEX1K 系列等。

尽管 FPGA 和 CPLD 都是可编程器件,有很多共同特点,但由于 CPLD 和 FPGA 结构上的差异,又有各自的特点。

(1)CPLD 在工艺和结构上与 FPGA 有一定的区别。FPGA 一般采用 SRAM 工艺,如 Altera、Xilinx、Lattice 公司的 FPGA 器件,其基本结构是基于查找表加寄存器的结构;而 CPLD 一般是基于乘积项结构的,如 Altera 公司的 MAX7000、MAX3000 系列器件,Lattice 公司的 ispMACH4000、ispMACH5000 系列器件。因而 FPGA 适合于完成时序逻辑,而 CPLD 更适合完成各种算法和组合逻辑。

(2)CPLD 的连续式布线结构决定了它的时序延迟是均匀的和可预测的;而 FPGA 的分段式布线结构决定了其延迟的不可预测性,所以对于 FPGA 而言,时序约束和仿真非常重要。

(3)在编程方式上,CPLD 主要是基于 EPROM 或 Flash 存储器编程,无需外部存储器芯片,使用简单,编程次数可达 1 万次,优点是系统断电时编程信息也不丢失。CPLD 又可分为在编程器上编程和在系统编程两类。FPGA 大部分是基于 SRAM 编程,编程信息在系统断电时丢失,每次上电时,需从器件外部将编程数据重新写入 SRAM 中。其优点是可以编程任意次,可在工作中快速编程,从而实现板级和系统级的动态配置,缺点是掉电后程序丢失,使用较复杂。相对来说,CPLD 比 FPGA 使用起来更方便。

(4)FPGA 的集成度比 CPLD 高,新型 FPGA 可达千万门级,因而 FPGA 一般用于复杂的设计,CPLD 用于简单的设计。

(5)CPLD 的速度比 FPGA 快,并且具有较大的时间可预测性。FPGA 是门级编程,并且 CLB 之间采用分布式互连,具有丰富的布线资源;而 CPLD 是逻辑块级编程,并且其逻辑块之间的互连是集总式的。FPGA 布线灵活,但时序难以规划,一般需要通过时序约束、静态时序分析等手段提高和验证时序性能。

（6）CPLD 保密性好，FPGA 保密性差。目前一些采用 Flash 加 SRAM 工艺的新型 FPGA 器件，在内部嵌入了加载 Flash，可以提供更高的保密性。

尽管 FPGA 与 CPLD 在硬件结构上有一定的差别，但 FPGA 与 CPLD 的设计流程是类似的，使用 EDA 软件的设计方法也没有太大差别。

CPLD 和 FPGA 是可编程逻辑器件的两种主要类型。其中，CPLD 的结构包含可编程逻辑宏单元、可编程 I/O 单元和可编程内部连线等几部分。在 CPLD 中数目众多的逻辑宏单元被排成若干阵列块，丰富的内部连线为阵列块之间提供了快速、具有固定时延的通路。Xilinx 公司的 XC7000 和 XC9500 系列，Lattice 公司的 ispLSI 系列，Altera 公司的 MAX9000 系列，以及 AMD 公司的 MACH 系列都属于 CPLD。

FPGA 结构包含可编程逻辑块、可编程 I/O 模块和可编程内连线。可编程逻辑块排列成阵列，可编程内连线围绕着阵列。通过对内连线编程，将逻辑块有效地组合起来，实现逻辑功能。FPGA 与 CPLD 之间主要的差别是 CPLD 修改具有固定内连电路的逻辑功能进行编程；而 FPGA 则是通过修改内部连线进行编程。许多器件公司都有自己的 FPGA 产品。例如，Xilinx 公司的 SPARTAN 系列和 VIRTEX 系列，Altera 公司的 Stratix 系列和 Cyclone 系列，Actel 公司的 Axcelerator 系列等。

在这两类 PLD 中，FPGA 提供了较高的逻辑密度、较丰富的特性和较高的性能；而 CPLD 提供的逻辑资源相对较少，但是其可预测性较好，因此对于关键的控制应用 CPLD 较为理想。简单地说，FPGA 就是将 CPLD 的电路规模、功能、性能等方面强化之后的产物。FPGA 与 CPLD 的主要区别如表 15-2 所示。

表 15-2　FPGA 与 CPLD 的主要区别

项　　目	CPLD	FPGA
组合逻辑的实现方法	乘积项（product-term），查找表（Look Up Table，LUT）	查找表（Look Up Table，LUT）
编程元素	非易失性（Flash，EEPROM）	易失性（SRAM）
特点	非易失性，立即上电，上电后立即开始运行，可在单芯片上运作	内建高性能硬件宏功能：PLL、存储器模块、DSP 模块、高集成度、高性能、需要外部配置 ROM
应用范围	偏向用于简单的控制通道应用以及逻辑连接	偏向用于较复杂且高速的控制通道应用以及数据处理
集成度	小至中规模	中至大规模

PLD 生产厂商众多，公司有 Xilinx、Altera（现并入 Intel 公司内）、Actel、Lattice 和 Atmel 等，其中以 Xilinx 和 Altera 公司的产品较有代表性，且占有绝大部分的市场份额。不同公司的 PLD 产品结构不同，且有高低端产品系列之分，因此没有可比性，产品设计时可根据具体的需求决定。

目前，PLD 产业正以惊人的速度发展，PLD 在逻辑器件市场的份额正在增长。高密度的 FPGA 和 CPLD 作为 PLD 的主流产品，继续向着高密度、高速度、低电压、低功耗的方向发展，并且 PLD 厂商开始注重在 PLD 上集成尽可能多的系统级功能，使 PLD 真正成为 SoC，用于解决更广泛的系统设计问题。

15.1.6 SOPC

用可编程逻辑技术把整个系统放到一块硅片上,称作SOPC。可编程片上系统(System On Programmable Chip,SOPC)是一种特殊的嵌入式系统:首先,它是片上系统(SoC),即由单个芯片完成整个系统的主要逻辑功能;其次,它是可编程系统,具有灵活的设计方式,可裁减、可扩充、可升级,并具备软硬件在系统可编程的功能。SOPC结合了SoC、PLD和FPGA各自的优点,一般具备以下基本特征:至少包含一个嵌入式处理器内核;具有小容量片内高速RAM资源;丰富的IP Core资源可供选择;足够的片上可编程逻辑资源;处理器调试接口和FPGA编程接口;可能包含部分可编程模拟电路;单芯片,低功耗,微封装。Altera公司支持SOPC的FPGA芯片有Cyclone系列和Stratix系列。

15.1.7 IP核

电子系统的设计越向高层发展,基于IP核复用的技术越显示出优越性。IP核(Intellectual Property Core)就是知识产权核或知识产权模块的意思,在IC设计领域,可将其理解为实现某种功能的设计模块,IP核通常已经通过了设计验证,设计人员以IP核为基础进行专用集成电路或FPGA的逻辑设计,可以缩短设计所需的周期。因此IP核在EDA技术开发中具有十分重要的地位。

IP核分为软核、固核和硬核。软核通常是与工艺无关、具有寄存器传输级硬件描述语言描述的设计代码,可以进行后续设计;硬核是前者通过逻辑综合、布局、布线之后的一系列工艺文件,具有特定的工艺形式、物理实现方式;固核则通常介于上面两者之间,它已经通过功能验证、时序分析等过程,设计人员可以以逻辑门级网表的形式获取。

15.1.8 FPGA框架结构

尽管FPGA、CPLD和其他类型PLD的结构各有其特点和长处,但概括起来,它们是由三大部分组成的:

(1)可编程输入/输出模块(Input/Output Block,I/OB)。位于芯片内部四周,主要由逻辑门、触发器和控制单元组成。在内部逻辑阵列与外部芯片封装引脚之间提供一个可编程接口。

(2)可配置逻辑模块CLB(Configurable Logic Block)。FPGA的核心阵列,用于构造用户指定的逻辑功能,每个CLB主要由查找表LUT(Look Up Table)、触发器、数据选择器和控制单元组成。

(3)可编程内部连线(Programmable Interconnect,PI)。位于CLB之间,用于传递信息,编程后形成连线网络,提供CLB之间、CLB与I/OB之间的连线。

以原Altera公司的FLEX/ACEX芯片为例,结构如图15-3所示。其中,四周为可编程的输入/输出单元IOE,灰色为可编程行/列连线;中间为可编程的逻辑阵列块LAB(Logic Array Block),以及RAM块(图15-3中未表示出)。在FLEX/ACEX中,一个LAB包括8个逻辑单元(LE,Logic Element),每个LE包括一个LUT、一个触发器和相关逻辑。LE是Altera公司的FPGA实现逻辑的最基本结构,具体性能请参阅数据手册。

后期生产的高性能的FPGA芯片都是在此结构的基础上添加了其他的功能模块构成

的,如图 15-4 所示,Cyclone Ⅳ 系列中添加了嵌入式乘法器、PLL 等。

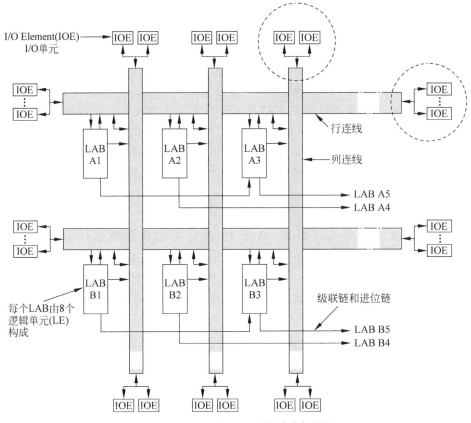

图 15-3　FLEX/ACEX 芯片的内部结构

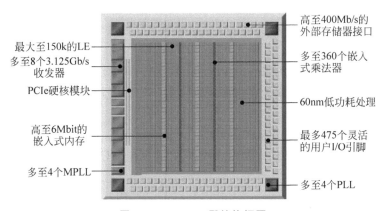

图 15-4　Cyclone Ⅳ 结构框图

15.2　FPGA 的内部结构

简化的 FPGA 基本结构由 6 部分组成,分别为可编程输入/输出单元、基本可编程逻辑单元、嵌入式块 RAM、丰富的布线资源、底层嵌入功能单元和内嵌专用硬核,如图 15-5 所示。

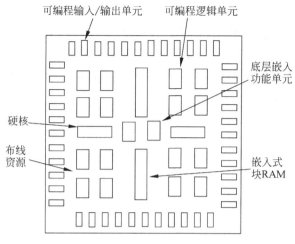

图 15-5　简化的 FPGA 基本结构

15.2.1　可编程输入/输出单元

输入/输出(Input/Output)单元简称 I/O 单元,它们是芯片与外界电路的接口部分,完成不同电气特性下对 I/O 信号的驱动与匹配需求,为了使 FPGA 具有更灵活的应用,目前大多数 FPGA 的 I/O 单元被设计为可编程模式,即通过软件的灵活配置,可以适配不同的电气标准与 I/O 物理特性;可以调整匹配阻抗特性、上下拉电阻,以及调整驱动电流的大小等。

可编程 I/O 单元支持的电气标准因工艺而异,不同芯片商、不同器件的 FPGA 支持的 I/O 标准不同,一般来说,常见的电气标准有 LVTTL,LVCMOS,SSTL,HSTL,LVDS,LVPECL 和 PCI 等。值得一提的是,随着 ASIC 工艺的飞速发展,目前可编程 I/O 单元支持的最高频率越来越高,一些高端 FPGA 通过 DDR 寄存器技术,甚至可以支持高达 2Gb/s 的数据效率。

15.2.2　基本可编程逻辑单元

基本可编程逻辑单元是可编程逻辑的主体,可以根据设计灵活地改变其内部连接与配置,完成不同的逻辑功能。FPGA 一般是基于 SRAM 工艺的,其基本可编程逻辑单元几乎都是由 LUT 和寄存器(Register)组成。FPGA 内部 LUT 一般为 4 输入,LUT 一般完成纯组合逻辑功能。FPGA 内部寄存器结构相当灵活,可以配置为带同步/异步复位或置位,时钟使能的触发器,也可以配置成锁存器,FPGA 依赖寄存器完成同步时序逻辑设计。一般来说,比较经典的基本可编程逻辑单元的配置是一个寄存器加一个 LUT,但是不同厂商的寄存器与 LUT 也有一定的差异,而且寄存器与 LUT 的组合模式也不同。例如,Altera 公司可编程逻辑单元通常被称为 LE(Logic Element),由 1 个寄存器加 1 个 LUT 构成。Altera 公司大多数 FPGA 将 10 个 LE 有机地组合在一起,构成更大的功能单元——逻辑阵列模块(LAB,Logic Array Block),LAB 中除了 LE 还包含 LE 之间的进位链,LAB 控制信号,局部互联线资源,LUT 级联链,寄存器级联链等连线与控制资源。Xilinx 公司的可编程逻辑单元叫 Slice,它是由上、下两部分组成,每部分都由 1 个寄存器加 1 个 LUT 组成,被称为 LC(Logic Cell,逻辑单元),两个 LC 之间有一些共用逻辑,可以完成 LC 之间的配合与级联。Lattice 公司的底层逻辑单元叫 PFU(Programmable Function Unit,可编程功能单元),它是由 8 个 LUT 和 8~9 个寄存器构成,当然这些可编程逻辑单元的配置结构随着器件的不断发展也在不断更新,最新的一些 PLD 常常根据需求设计新的 LUT 和寄存器的配置比率,并优化其内部的连接构造。

学习底层配置单元的 LUT 和寄存器比率的一个重要意义在于器件选型和规模估算。很多器件手册上用器件的 ASIC 门数或等效的系统门数表示器件的规模。但是由于目前 FPGA 内部除了基本可编程逻辑单元外,还包含丰富的嵌入式 RAM,PLL 或 DLL,专用 Hard IP Core(如 PCIE、Serdes 硬核)等,这些功能模块也会等效出一定规模的系统门,所以用系统门权衡基本可编程逻辑单元的数量是不准确的,常常混淆设计者。比较简单科学的方法是用器件的寄存器或 LUT 的数量衡量,例如,Xilinx 公司的 Spartan 系列的 XC3S1000 有 15360 个 LUT,而 Lattice 公司的 EC 系列 LFEC15E 也有 15360 个 LUT,所以这两款 FPGA 的可编程逻辑单元数量基本相当,属于同一规模的产品。同样道理,Altera 公司的 Cyclone Ⅳ 器件族的 EP4CE10 的 LUT 数量是 10320 个,就比前面提到的两款 FPGA 规模略小。需要说明的是,器件选型是一个综合性的问题,需要将设计的需求、成本、规模、速度等级、时钟资源、I/O 特性、封装、专用功能模块等诸多因素综合考虑进来。

15.2.3 嵌入式块 RAM

目前大多数 FPGA 都有内嵌的块 RAM(Block RAM),FPGA 内部嵌入可编程 RAM 模块,大大地拓展了 FPGA 的应用范围和使用灵活性。FPGA 内嵌的块 RAM 一般可配置为单口 RAM,双口 RAM,伪双口 RAM,CAM,FIFO 等常用存储结构。RAM 的概念和功能读者应该非常熟悉,在此不再赘述。FPGA 中其实并没有专用的 ROM 硬件资源,实现 ROM 的思路是对 RAM 赋予初值。所谓 CAM,即内容地址存储器,这种存储器在其每个存储单元都包含了一个内嵌的比较逻辑,写入 CAM 的数据会和其内部存储的每个数据进行比较,并返回与端口数据相同的所有内部数据的地址。概括地讲,RAM 是一种根据地址读、写数据的存储单元;而 CAM 和 RAM 恰恰相反,它返回的是端口数据相同的所有内部地址。CAM 的应用也十分广泛,比如在路由器中的交换表等。FPGA 内部实现 RAM,ROM,CAM,FIFO 等存储结构都可以基于嵌入式块 RAM 单元。

不同器件商或不同器件族内嵌的块 RAM 的结构不同,Xilinx 公司常见的块 RAM 大小是 4kbit 和 18kbit 两种结构;Lattice 公司常用的块 RAM 大小是 9K 位;Altera 公司的块 RAM 最灵活,一些高端器件内部同时含有 3 种块 RAM 结构,分别是 M512 RAM,M4K RAM,M9K RAM。

需要补充的一点是,除了块 RAM,还可以灵活地将 LUT 配置成 RAM、ROM、FIFO 等存储结构,这种技术被称为分布式 RAM。根据设计需求,块 RAM 的数量和配置方式也是器件选型的一个重要标准。

15.2.4 丰富的布线资源

布线资源连通 FPGA 内部的所有单元,而连线的长度和工艺决定着信号在连线上的驱动能力和传输速度。FPGA 芯片内部有着丰富的布线资源,这些布线资源根据工艺、长度、宽度和分布位置的不同而划分为 4 类不同的类别：

第 1 类是全局布线资源，用于芯片内部全局时钟和全局复位/置位的布线；

第 2 类是长线资源，用以完成芯片 Bank 间的高速信号和第二全局时钟信号的布线；

第 3 类是短线资源，用于完成基本逻辑单元之间的逻辑互连和布线；

第 4 类是分布式的布线资源，用于专有时钟、复位等控制信号线。

在实际中，设计者不需要直接选择布线资源，布局/布线器可自动地根据输入逻辑网表的拓扑结构和约束条件选择布线资源来连通各个模块单元。从本质上讲，布线资源的使用方法和设计的结果有直接的关系。

15.2.5 底层嵌入功能单元

底层嵌入功能单元的概念比较笼统，这里指的是那些通用程度较高的嵌入式功能模块，比如 PLL（Phase Locked Loop，锁相环）、DLL（Delay Locked Loop，延迟锁相环）、DSP、CPU 等。随着 FPGA 的发展，这些模块被越来越多地嵌入 FPGA 的内部，以满足不同场合的需求。

目前大多数 FPGA 厂商都在 FPGA 内部集成了 DLL 或者 PLL 硬件电路，用以完成时钟的高精度、低抖动的倍频、分频、占空比调整、相移等功能。目前，高端 FPGA 产品集成的 DLL 和 PLL 资源越来越丰富，功能越来越复杂，精度越来越高。Altera 公司芯片集成的是 PLL；Xilinx 公司集成的是 DLL；Lattice 公司的新型 FPGA 同时集成了 PLL 与 DLL 以适应不同的需求。Altera 公司芯片的 PLL 模块分为增强型 PLL 和快速 PLL 等。Xilinx 公司芯片 DLL 的模块名称为 CLKDLL，在高端 FPGA 中，CLKDLL 的增强型模块为 DCM。

越来越多的高端 FPGA 产品将包含 DSP 或 CPU 等软处理核，从而 FPGA 将由传统的硬件设计手段逐步过渡到系统级设计平台。例如 Altera 公司的 Stratix Ⅳ、Stratix Ⅴ 等器件族内部集成了 DSP core，配合同样逻辑资源，还可实现 ARM、MIPS、NIOS Ⅱ 等嵌入式处理系统；Xilinx 公司的 Virtex Ⅱ 和 Virtex Ⅱ pro 系列 FPGA 内部集成了 Power PC450 的 CPU Core 和 MicroBlaze RISC 处理器 Core；Lattice 公司的 ECP 系列 FPGA 内部集成了系统 DSP Core 模块，这些 CPU 或 DSP 处理模块的硬件主要由一些加、乘、快速进位链、Pipelining 和 Mux 等结构组成，加上用逻辑资源和块 RAM 实现的软核部分，就组成了功能强大的软运算中心。这种 CPU 或 DSP 比较适合实现 FIR 滤波器、编码解码、FFT 等运算密集型应用。FPGA 内部嵌入 CPU 或 DSP 等处理器，使 FPGA 在一定程度上具备了实现软/硬件联合系统的能力，FPGA 正逐步成为 SOPC 的高效设计平台。

Altera 公司的系统级开发工具是 SOPC Builder 和 DSP Builder，专用硬件结构与软/硬件协同处理模块等；Xilinx 公司的系统设计工具是 EDK 和 Platform Studio；Lattice 公司的嵌入式 DSP 开发工具是 MATLAB 的 Simulink。

15.2.6 内嵌专用硬核

这里的内嵌专用硬核与前面的底层嵌入单元是有区分的，这里讲的内嵌专用硬核主要指那些通用性相对较弱，不是所有 FPGA 器件都包含硬核。称 FPGA 和 CPLD 为通用逻辑器件，是区分于 ASIC 而言的。其实 FPGA 内部也有两个阵营：一方面是通用性较强，目标市场范围很广，价格适中的 FPGA；另一方面是针对性较强，目标市场明确，价格较高的

FPGA。前者主要指低成本 FPGA；后者主要指某些高端通信市场的 PLD。

15.3　Intel 公司的 FPGA

Intel 公司于 2015 年收购了当时全球第二大 PLD 生产厂商 Altera，其 FPGA 生产总部仍设在美国硅谷圣何塞(SAN Jose)。Intel 公司的 FPGA 提供了可配置嵌入式 SRAM、高速收发器、高速 I/O、逻辑模块和路由，嵌入式知识产权与出色的软件工具相结合，减少了 FPGA 开发时间、功耗和成本。其目前的 FPGA 产品主要有适用于接口设计的 MAX 系列；适用于低成本、大批量设计的 Cyclone 系列；适用于中端设计的 Arria 系列；适用于高端设计的 Stratix 系列，具有高性能、高集成度和高性价比等优点。

15.3.1　Cyclone 系列

Cyclone 系列是一款简化版的 FPGA，具有低功耗、低成本和相对高的集成度的特点，非常适宜小系统设计使用。Cyclone 器件内嵌了 M4K RAM，最多提供 294Kbit 存储容量，能够支持多种存储器的操作模式，如 RAM、ROM、FIFO 及单口和双口等模式。Cyclone 器件支持各种单端 I/O 接口标准，如 3.3V、2.5V、1.8V、LVTTL、LVCMOS、SSTL 和 PCI 标准。具有两个可编程 PLL，实现频率合成、可编程相移、可编程延迟和外部时钟输出等时钟管理功能。Cyclone 器件具有片内热插拔特性，这一特性在上电前和上电期间起到了保护器件的作用。Intel 公司的 Cyclone 系列产品如表 15-3 所示。

表 15-3　Cyclone 系列产品

产　　品	推出时间/年	工 艺 技 术	产　　品	推出时间/年	工 艺 技 术
Cyclone	2002	130nm	Cyclone Ⅳ	2009	60nm
Cyclone Ⅱ	2004	90nm	Cyclone Ⅴ	2011	28nm
Cyclone Ⅲ	2007	65nm	Cyclone10	2013	20nm

其中，Cyclone(飓风)是 2002 年推出的中等规模 FPGA，130nm 工艺，1.5V 内核供电，与 Stratix 结构类似，是一种低成本 FPGA 系列；Cyclone Ⅱ 是 Cyclone 的下一代产品，2004 年推出，90nm 工艺，1.2V 内核供电，性能和 Cyclone 相当，提供了硬件乘法器单元；Cyclone Ⅲ 系列 FPGA 于 2007 年推出，采用台积电(TSMC)65nm 低功耗工艺技术制造，以相当于 ASIC 的价格，实现了低功耗；Cyclone Ⅳ 系列 FPGA 于 2009 年推出，60nm 工艺，面向低成本的大批量应用；Cyclone Ⅴ 系列 FPGA 于 2011 年推出，28nm 工艺，集成了丰富的硬核知识产权(IP)模块，便于以更低的系统总成本和更短的设计时间完成更多的工作；2013 年推出的 Cyclone10 系列 FPGA 与前几代 Cyclone FPGA 相比，成本和功耗更低，且具有 10.3Gb/s 的高速收发功能模块、1.4Gb/s LVDS 以及 1.8Mb/s 的 DDR3 接口。

下面以 Cyclone Ⅴ 系列 FPGA 为例进行介绍。Cyclone Ⅴ 系列 FPGA 包括了 6 个子系列型号的产品：Cyclone Ⅴ E、Cyclone Ⅴ GX、Cyclone Ⅴ GT、Cyclone Ⅴ SE、Cyclone Ⅴ SX、Cyclone Ⅴ ST，每个子系列又包括多个不同型号的产品。其中后 3 种子系列属于 SoC FPGA，其内部嵌入了基于 Arm 的硬核处理器系统 HPS，其余与 E、GX、GT 三个子系列的区别相同。而 E、GX、GT 三个子系列的区别在于 E 系列只提供逻辑，GX 额外提供 3.125Gb/s 收发器，GT 额外提供 6.144Gb/s 收发器。

15.3.2　Cyclone Ⅳ系列芯片

Altera 公司的 Cyclone Ⅳ 系列 FPGA 器件巩固了 Cyclone 系列在低成本、低功耗 FPGA 市场的领导地位。

并且 Cyclone Ⅳ 器件旨在用于大批量、成本敏感的应用上，使系统设计师在降低成本的同时又能够满足不断增长的带宽要求。

Cyclone Ⅳ 器件系列是建立在一个优化的低功耗工艺基础之上，并提供以下两种型号：

（1）Cyclone Ⅳ E—最低的功耗，通过最低的成本实现较高的功能性。

（2）Cyclone Ⅳ GX—最低的功耗，集成了 3.125Gb/s 收发器的最低成本的 FPGA。

Cyclone Ⅳ 系列 FPGA 芯片的主要特点如下：

（1）低成本、低功耗的 FPGA 架构。

（2）6k~150k 个逻辑单元。

（3）6.3MB 的嵌入式存储器。

（4）360 个 18×18 乘法器，实现 DSP 处理密集型应用。

（5）协议桥接应用，实现小于 1.5W 的总功耗。

（6）Cyclone Ⅳ GX 器件提供高达 8 个高速收发器以支持。

（7）3.125Gb/s 的数据速率。

（8）8B/10B 编码器/解码器。

（9）8 位或者 10 位物理介质附加子层（PMA，Physical Media Additional sublayer）到物理编码子层（PCS，Physical Coding Sublayer）接口。

（10）字节串化器/解串器（SERDES）。

（11）字对齐器。

（12）速率匹配 FIFO（First In First Out，先进先出）。

（13）公共无线电接口（CPRI，Common Public Radio Interface）的 TX 位滑块。

（14）电路空闲。

（15）动态通道重配置以实现数据速率及协议的即时修改。

（16）静态均衡及预加重以实现最佳的信号完整性。

（17）每通道 150mW 的功耗。

（18）灵活的时钟结构以支持单一收发器模块中的多种协议。

（19）Cyclone Ⅳ GX 器件对 PCI Express（PCIe）（PIPE）Gen 1 提供了专用的硬核 IP。

（20）×1、×2 和×4 通道配置。

（21）终点和根端口配置。

（22）256 字节的有效负载。

（23）1 个虚拟通道。

（24）2KB 重试缓存。

（25）4KB 接收（Rx）缓存。

（26）Cyclone Ⅳ GX 器件提供多种协议支持。

（27）PCIe（PIPE）Gen 1×1、×2，和×4（2.5Gb/s）。

（28）千兆以太网（1.25Gb/s）。

（29）CPRI（3.072Gb/s）。CPRI（Common Public Radio Interface）是通用公共无线电接口。

（30）XAUI（3.125Gb/s）。XAUI 接口中的"AUI"指的是以太网连接单元接口（Ethernet Attachment Unit Interface）。"X"代表罗马数字 10，它意味着每秒万兆（10Gb/s）。

（31）三倍速率串行数字接口（SDI），通信速率为 2.97Gb/s。

（32）串行 RapidIO，通信速率 3.125Gb/s。RapidIO 是由 Motorola 和 Mercury 等公司率先倡导的一种高性能、低引脚数、基于数据包交换的互连体系结构，是为满足现有和未来高性能嵌入式系统需求而设计的一种开放式互连技术标准。RapidIO 主要应用于嵌入式系统内部互连，支持芯片到芯片、板到板间的通信，可作为嵌入式设备的背板（Backplane）连接。

（33）Basic 模式，通信速率为 3.125Gb/s。

（34）V-by-One，通信速率 3.0Gb/s。V-by-One 是日本赛恩电子公司（THine）推出的信号标准，是专门面向高清数字图像信号传输而开发的信号标准，由 1～8 组配对信号组成，既解决了配线时滞问题；还大大降低了 EMI 干扰；又提高了每组信号的最大传输速度（达 3.75Gb/s）；并且传输线数量大幅减少。

（35）DisplayPort，通信速率为 2.7Gb/s。DisplayPort 也是一种高清数字显示接口标准，这种接口可以为 PC、监视器、显示面板、投影仪，以及高分辨率内容应用提供多种不同的连接解决方案。

（36）串行高级技术附件（Serial Advanced Technology Attachment，SATA），通信速率为 3.0Gb/s。

（37）OBSAI，通信速率为 3.072Gb/s。OBSAI（Open Base Station Architecture Initiative，开放式基站架构）组织成员包括：爱立信、华为、NEC、北电、西门子、诺基亚、中兴、LG、三星、Hyundai。

（38）532 个用户 I/O。

图 15-6　EP4CE10 芯片外形

（39）通信速率为 840Mb/s 的发送器（Tx），通信速率为 875Mb/s 的接收器（Rx）的 LVDS 接口。

（40）支持高达 200MHz 的 DDR2 SDRAM 接口。

（41）支持高达 167MHz 的 QDR Ⅱ SRAM 和 DDR SDRAM。

（42）每器件中高达 8 个 PLLs。

（43）支持商业与工业温度等级。

EP4CE10 芯片外形如图 15-6 所示。

15.3.3　配置芯片

由于 FPGA 是基于 SRAM 生产工艺的，所以配置数据在掉电后将丢失，因此 FPGA 在产品中使用时，必须考虑其在系统上电时的配置问题，而采用专用配置芯片是一种常用的解决方案。Intel 公司的 FPGA 配置芯片都是基于 EEPROM 生产工艺的，具有在系统可编程（ISP）和重新编程能力，且生命周期比商用串行闪存产品更长。表 15-4 所示为 Intel 公司提供的 FPGA 串行配置芯片。

表 15-4 Intel 公司 FPGA 配置芯片

配置器件系列	配置器件	容量/Mb	封　装	电压/V	FPGA 产品系列兼容性
EPCQ-L	EPCQL256	256	24-ball BGA	1.8	兼容 Arria 10 和 Stratix 10 FPGA
	EPCQL512	512	24-ball BGA	1.8	
	EPCQL1024	1024	24-ball BGA	1.8	
EPCQ	EPCQ16	16	8-pin SOIC	3.3	兼容 28nm 以及早期的 FPGA
	EPCQ32	32	8-pin SOIC	3.3	
	EPCQ64	64	16-pin SOIC	3.3	
	EPCQ128	128	16-pin SOIC	3.3	
	EPCQ256	256	16-pin SOIC	3.3	兼容 28nm FPGA
	EPCQ512	512	16-pin SOIC	3.3	
EPCS	EPCS1	1	8-pin SOIC	3.3	兼容 40nm 和更早的 FPGA,但是建议新设计使用 EPCQ
	EPCS4	4	8-pin SOIC	3.3	
	EPCS16	16	8-pin SOIC	3.3	
	EPCS64	64	16-pin SOIC	3.3	
	EPCS128	128	16-pin SOIC	3.3	

15.4 FPGA 的生产厂商

FPGA 的生产厂商,目前国际市场是两大巨头和一些小的公司,其中两大巨头分别是 Altera 和 Xilinx。

15.4.1 Xilinx(赛灵思)

它是全球领先的可编程逻辑完整解决方案的供应商。Xilinx 公司研发、制造并销售范围广泛地高级集成电路、软件设计工具以及作为预定义系统级功能的 IP 核。客户使用 Xilinx 公司及其合作伙伴的自动化软件工具和 IP 核对器件进行编程,从而完成特定的逻辑操作。Xilinx 公司成立于 1984 年,首创了 FPGA 这一创新性的技术,并于 1985 年首次推出商业化产品。

Xilinx 公司满足了全世界对 FPGA 产品一半以上的需求。Xilinx 产品线还包括 CPLD。在某些控制应用方面 CPLD 通常比 FPGA 速度快,但其提供的逻辑资源较少。 Xilinx 公司可编程逻辑解决方案缩短了电子设备制造商开发产品的时间并加快了产品面市的速度,从而减小了制造商的风险。与采用传统方法如固定逻辑门阵列相比,利用 Xilinx 可编程器件,客户可以更快地设计和验证它们的电路。由于 Xilinx 器件是只需要进行编程的标准部件,客户不需要像采用固定逻辑芯片时那样等待样品或者付出巨额成本。

Xilinx 产品已经被广泛应用于从无线电话基站到 DVD 播放机的数字电子应用技术中。

传统的半导体公司只有几百个客户,而 Xilinx 在全世界有 7500 多家客户及 50000 多个设计开端。其客户包括 Alcatel、Cisco Systems、EMC、Ericsson、Fujitsu、Hewlett-Packard、 IBM、Lucent Technologies、Motorola、NEC、Nokia、Nortel、Samsung、Siemens、Sony、Oracle 以及 Toshiba。目前 Xilinx 比较流行的具有代表性的 FPGA 芯片有 SPARTAN7 系列、

图 15-7　Xilinx 公司的 logo

Artix7 系列、Kintex7 系列、VIRTEX7 系列以及 Zynq 系列，其中 Zynq 系列内嵌 Arm 核，可以实现嵌入式和 FPGA 的联合开发。Xilinx 公司的 logo 如图 15-7 所示。

15.4.2　Altera（阿尔特拉）

Altera 秉承了创新的传统，是世界上可编程芯片系统解决方案倡导者。Altera 结合带有软件工具的可编程逻辑技术、知识产权和技术服务，在世界范围内为 14000 多个客户提供高质量的可编程解决方案。在 2015 年，Intel 公司宣布以 167 亿美元收购 FPGA 厂商 Altera，这是 Intel 公司历史上规模最大的一笔收购。随着收购完成，Altera 将成为 Intel 公司旗下可编程解决方案事业部。Altera 使用最广泛的是 Cyclone 系列 FPGA 芯片，用得比较多的是 Cyclone Ⅳ 和 Cyclone Ⅴ 系列的 FPGA 芯片，其中大家需要注意一下 Cyclone Ⅴ，因为该系列包括 6 种型号，有只含逻辑的 E 型号、3.125Gb/s 收发器 GX 型号、5Gb/s 收发器 GT 型号，还有集成了基于双核 Arm 的硬核处理器系统的 SE、SX、STSoC 型号。除了 Cyclone 系列，Altera 公司还有 Agilex 系列 Stratix 系列、Arria 系列、Max 系列。

1. Agilex 系列

Agilex 系列是首款采用 10nm 工艺和第二代 Intel Hyperflex FPGA 架构，可将性能提升多达 40%，将数据中心、网络和边缘计算应用的功耗降低 40%。Intel Agilex SoC FPGA 还集成了四核 Arm Cortex-A53 处理器，可提供高集成系统级水平的开发，该系列属于超高性能的 SoC 芯片，一般用于高端市场。

2. Stratix 系列

Stratix 系列也是属于高端高性能产品，拥有高密度、高性能和丰富的 I/O 特性，可最大程度地提高系统带宽，实现多种多样的功能设计。主要应用于 Open CL 高性能计算、高速数据采集、高速串行通信高频交互等领域。

3. Arria 系列

Arria 系列定位为中端产品，它兼顾性能和成本，是一款性价比非常高的 FPGA 芯片，它内存资源丰富，信号处理能力和数据运算性能相对来说都还不错，并且收发器速度高达 25.78Gb/s，支持用户集成更多功能并最大限度地提高系统带宽。此外，Arria Ⅴ 和 Intel Arria 设备家族的 SoC 产品可提供基于 Arm 的硬核处理器系统，从而进一步提高集成度和节省更多成本。

4. Max 系列

Max 系列是比较低端的，准确地说这个系列是 CPLD 产品，主要是应对成本敏感型的设计应用，虽然低端但是它功能也还是可圈可点的，它提供支持模数转换器（ADC）的瞬时接通双配置，和特性齐全的 FPGA 功能，尤其对各种成本敏感型的大容量应用进行了优化，要注意的是除了 MAX 10 以外，该系列的其他产品都是 CPLD。

Altera 公司的 Logo 如图 15-8 所示。

国内的 FPGA 厂商主要有紫光同创、京微雅格、高云半导体、上海安路、西安智多晶等，但是同国外领先厂商相比，国产 FPGA 厂商不论从产品性能、功耗、功能上都有较大差距。

图 15-8　Altera 公司的 Logo

15.5 FPGA 的应用领域

FPGA 的应用领域大概可以分成 6 大类。

1. 通信领域

FPGA 在通信领域的应用可以说是无所不能,这得益于 FPGA 内部结构的特点,它可以很容易地实现分布式的算法结构,这一点对于实现无线通信中的高速数字信号处理十分有利。因为在无线通信系统中,许多功能模块通常都需要大量的滤波运算,而这些滤波函数往往需要大量的乘和累加操作。通过 FPGA 实现分布式的算术结构,就可以有效地实现这些乘和累加操作。尤其是 Xilinx 公司的 FPGA 内部集成了大量的适合通信领域的一些资源,比如基带处理(通道卡)、接口和连接功能以及 RF 应用(射频卡)3 大类:

(1) 基带处理资源。

基带处理主要包括信道编解码(LDPC、Turbo、卷积码以及 RS 码的编解码算法)和同步算法的实现(WCDMA 系统小区搜索等)。

(2) 接口和连接功能资源。

接口和连接功能主要包括无线基站对外的高速通信接口(PCI Express、以太网 MAC、高速 AD/DA 接口)以及内部相应的背板协议(OBSAI、CPRI、EMIF、LinkPort)的实现。

(3) RF 应用资源。

RF 应用主要包括调制/解调、上/下变频(WiMAX、WCDMA、TD-SCDMA 以及 CDMA2000 系统的单通道、多通道 DDC/DUC)、削峰(PC-CFR)以及预失真(Predistortion)等关键技术的实现。

2. 数字信号处理领域

在数字信号处理领域,FPGA 最大优势是其并行处理机制,即利用并行架构实现数字信号处理的功能。这一并行机制使得 FPGA 特别适合于完成 FIR(Finite Impulse Response,有限脉冲响应)等数字滤波这样重复性的数字信号处理任务,对于高速并行的数字信号处理任务来说,FPGA 性能远远超过通用 DSP 的串行执行架构,还有就是它接口的电压和驱动能力都是可编程配置的不像传统的 DSP 需要受指令集控制,因为指令集时钟周期的限制,不能处理太高速的信号,对于速率级为 Gb/s 的 LVDS 之类的信号就难以涉及。所以在数字信号处理领域 FPGA 的应用也是十分广泛。

3. 视频图像处理领域

随着时代的变换,人们对图像的稳定性、清晰度、亮度和颜色的追求越来越高,像以前的标清(SD)慢慢演变成高清(HD),到现在人们更是追求蓝光品质的图像。这使处理芯片需要实时处理的数据量越来越大,并且图像的压缩算法也是越来越复杂,使单纯地使用 ASSP(Application Specific Standard Parts,专用标准产品,是为在特殊应用中使用而设计的集成电路),或者 DSP 已经满足不了如此大的数据处理量了。这时 FPGA 的优势就凸显出来了,它可以更加高效地处理数据,所以在图像处理领域,在综合考虑成本后,FPGA 也越来越受到市场的欢迎。

4. 高速接口设计领域

其实看了 FPGA 在通信领域和数字信号处理领域的表现,大家应该也已猜到了在高速接口设计领域,FPGA必然也是有一席之地的。它的高速处理能力和多达成百上千个的I/O决定了它在高速接口设计领域的独特优势。比如,需要和PC端做数据交互,将采集到的数据送给PC机处理,或者将处理后的结果传给PC机进行显示。PC机与外部系统通信的接口比较丰富,如ISA、PCI、PCI Express、PS/2、USB等。传统的做法是对应的接口使用对应的接口芯片,例如PCI接口芯片,当需要很多接口时就需要多个这样的接口芯片,这无疑会使硬件外设变得复杂,体积变得庞大,会很不方便,但是如果使用FPGA,优势立马就出来了,因为不同的接口逻辑都可以在FPGA内部实现,完全不需要那么多的接口芯片,在配合DDR的使用,将使接口数据的处理变得更加得心应手。

5. 人工智能领域

FPGA在人工智能系统的前端部分得到了广泛的应用,例如自动驾驶,需要对行驶路线、红绿灯、路障和行驶速度等各种交通信号进行采集,需要用到多种传感器,对这些传感器进行综合驱动和融合处理就可以使用FPGA。还有一些智能机器人,需要对图像进行采集和处理,或者对声音信号进行处理都可以使用FPGA去完成,所以FPGA在人工智能系统的前端信息处理上使用起来得心应手。

6. IC验证领域

PCB设计与IC比较,PCB是用一个个元器件在印制线路板上搭建一个特定功能的电路组合;而IC设计是用一个个MOS管、PN节在硅基衬底上搭建一个特定功能的电路组合,一个宏观一个微观。PCB如果设计废了大不了重新设计再打样也不会造成太大损失;但是如果IC设计废了再重新设计那损失就很惨重了,光刻胶贵得要命,光刻板开模也不便宜,加上其他多达几百上千道工序,其中人力、物力、机器损耗、机器保养,绝对是让人肉疼的损失,所以IC设计都要强调一版成功。保证IC一版成功就要进行充分的仿真测试和FPGA验证,仿真验证是在服务器上面跑仿真软件进行测试,类似ModelSim/VCS软件;FPGA验证主要是把IC的代码移植到FPGA上面,使用FPGA综合工具进行综合、布局、布线到最终生成bit文件,然后下载到FPGA验证板上面进行验证,对于复杂的IC还可以拆成几部分功能去分别验证,每个功能模块放在一个FPGA上面,FPGA生成的电路非常接近真实的IC芯片。这样极大方便IC设计人员去验证自己的IC设计。

15.6　FPGA 开发工具

PLD的问世及其发展圆了系统设计师和科研人员的梦想:利用价格低廉的软件工具在实验室里快速设计、仿真和测试数字系统,然后,以最短的时间将设计编程到一块PLD芯片中,并立即投入实际应用。FPGA的开发涉及硬件和软件两方面的工作。一个完整的FPGA开发环境主要包括运行于PC上的FPGA开发工具、编程器或编程电缆、FPGA开发板。图15-9是USB Blaster下载器连接示意图。

通常所说的FPGA开发工具主要是指运行于PC上的EDA开发工具,或称EDA开发

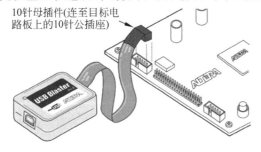

10针母插件(连至目标电路板上的10针公插座)

图 15-9　USB Blaster下载器连接示意图

平台。EDA开发工具有两大来源：软件公司开发的通用软件工具和PLD制造厂商开发的专用软件工具。其中软件公司开发的通用软件工具以三大软件巨头Cadence、Mentor、Synopsys的EDA开发工具为主，内容涉及设计文件输入、编译、综合、仿真、下载等FPGA设计的各个环节，是工业界认可的标准工具。其特点是功能齐全，硬件环境要求高，软件投资大，通用性强，不面向具体公司的PLD器件。PLD制造厂商开发的专用软件工具则具有硬件环境要求低、软件投资小的特点，并且很多PLD厂商开发的工具是免费提供的，因此其市场占有率非常大，据Form-10K数据显示，世界上最重要的PLD厂商Xilinx公司和Altera公司（现Intel公司）的开发工具占据了60%以上的市场份额；缺点是只针对本公司的PLD器件，有一定的局限性。Altera公司开发的工具包括早先版本的MAX+plusⅡ、QuartusⅡ以及目前推广的Quartus Prime，Quartus Prime支持绝大部分Altera公司的产品，集成了全面的开发工具、丰富的宏功能库和IP核，因此，该公司的PLD产品获得了广泛应用。Xilinx公司开发的工具包括早先版本的Foundation、后期的ISE，以及目前主推的Vivado。

通过FPGA开发工具的不同功能模块，可以完成FPGA开发流程中的各个环节。

15.7 基于FPGA的开发流程

下面讲述基于FPGA的开发流程，包括FPGA设计方法概论、典型FPGA开发流程、FPGA的配置和基于FPGA的SoC设计方法。

15.7.1 FPGA设计方法概论

与传统的自底向上的设计方法不同，FPGA的设计方法属于自上而下的设计方法，一开始并不考虑采用哪一型号的器件，而是从系统的总体功能和要求出发，先设计规划好整个系统，然后再将系统划分成几个不同功能的部分或模块，采用可完全独立于芯片厂商及其产品结构的描述语言，对这些模块从功能描述的角度出发，进行设计。整个过程并不考虑具体的电路结构是怎样的，功能的设计完全独立于物理实现。

与传统的自底向上的设计方法相比，自上而下的设计方法具有如下优点：

（1）完全符合设计人员的设计思路，从功能描述开始，到物理实现的完成。

（2）设计更加灵活。自底向上的设计方法受限于器件的制约，器件本身的功能以及工程师对器件了解的程度都将影响电路的设计，限制了设计师的思路和器件选择的灵活性。而功能设计使工程师可以将更多的时间和精力放在功能的实现和完善上，只在设计过程的最后阶段进行物理器件的选择或更改。

（3）设计易于移植和更改。由于设计完全独立于物理实现，所以设计结果可以在不同的器件上进行移植，应用于不同的产品设计中，做到成果的再利用。同时也可以方便地对设计进行修改、优化或完善。

（4）易于进行大规模、复杂电路的设计实现。FPGA器件的高集成度以及深亚微米生产工艺的发展，使得复杂系统的SoC设计成为可能，为设计系统的小型化、低功耗、高可靠性等提供了物理基础。

（5）设计周期缩短。由于功能描述可完全独立于芯片结构，在设计的最初阶段，设计师可不受芯片结构的约束,集中精力进行产品设计,进而避免了传统设计方法所带来的重新再设计的风险,大大缩短了设计周期,同时提高了性能,使得产品竞争力加强。据统计,采用自上而下设计方法的生产率可达到传统设计方法的 2~4 倍。

15.7.2 典型 FPGA 开发流程

典型 FPGA 的开发流程如图 15-10 所示。

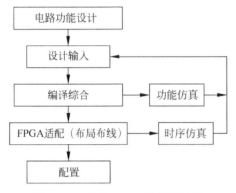

图 15-10 典型 FPGA 的开发流程

典型 FPGA 的开发流程如下。

第 1 步:首先要明确所设计电路的功能,并对其进行规划,确定设计方案,根据需要可以将电路的设计分为几个不同的模块分别进行设计。

第 2 步:进行各个模块的设计,通常是用硬件描述语言(Hardware Description Language,HDL)对电路模块的逻辑功能进行描述,得到一个描述电路模块功能的源程序文件,从而完成电路模块的设计输入。

第 3 步:对输入的文件进行编译综合,从而确定设计文件有没有语法错误,并将设计输入文件从高层次的系统行为描述翻译为低层次的门级网表文件。这之后,可以进行电路的功能仿真,通过仿真检验电路的功能设计是否满足设计需求。

第 4 步:进行 FPGA 适配,即确定选用的 FPGA 芯片,并根据选定芯片的电路结构,进行布局布线,生成与之对应的门级网表文件。如果在编译之前已经选定了 FPGA 芯片,则第 3 步和第 4 步可以合为一个步骤。

第 5 步:进行时序仿真,根据芯片的参数以及布局布线信息验证电路的逻辑功能和时序是否符合设计需求。如若仿真验证正确,则进行程序的下载;否则,返回去修改设计输入文件。

第 6 步:下载或配置,即将设计输入文件下载到选定的 FPGA 芯片中,完成对器件的布局布线,生成所需的硬件电路,通过实际电路的运行检验电路的功能是否符合要求,如若符合,则电路设计完成;否则,返回去修改设计输入文件。

15.7.3 FPGA 的配置

FPGA 的下载称之为配置,可进行在线重配置(In Circuit Reconfigurability,ICR),即在系统正常工作时进行下载、配置 FPGA,其功能跟 ISP 类似。FPGA 采用 SRAM 存储编程信息,SRAM 属于易失元件,所以系统需要外接配置芯片或存储器存储编程信息。每次系统加电在整个系统工作之前,先要将存储在配置芯片或存储器中的编程数据加载到 FPGA 器件的 SRAM 中,之后系统才开始工作。

CPLD 的下载称之为编程,常说的在系统可编程(In System Programmability,ISP)是针对 CPLD 器件而言的。在系统可编程器件采用的是 EEPROM 或者闪存存储器 Flash 存储编程信息,这类器件的编程信息断电后不会丢失,由于器件设有保密位,所以器件的保密性强。

1. 配置方式

FPGA 的配置有多种方式,大致分为主动配置和被动配置两种方式。主动配置是指由

FPGA 器件引导配置过程,是在产品中使用的配置方式,配置数据存储在外部 ROM 中,上电时由 FPGA 引导从 ROM 中读取数据并下载到 FPGA 器件中;被动配置是指由外部计算机或者控制器引导配置过程,在调试和实验阶段常采用这种配置方式。每个 FPGA 厂商有各自的术语技术和协议,FPGA 配置细节不完全一样。

2. 下载电缆

下载电缆用于将不同配置方式下的配置数据由 PC 传送到 FPGA 器件中,下载电缆不仅可以用于配置 FPGA 器件,也可以实现对 CPLD 器件的编程。Altera 公司目前主要提供引脚三种类型的下载电缆,ByteBlaster Ⅱ、USB-Blaster 和 Ethernet Blaster 下载电缆。其中,ByteBlaster Ⅱ 下载电缆通过使用 PC 的打印机并口,可以实现 PC 对 Altera 器件的配置或编程;USB-Blaster 下载电缆通过使用 PC 的 USB 口,可以实现 PC 对 Altera 器件的配置或编程。两种电缆都支持 1.8V、2.5V、3.3V 和 5.0V 的工作电压,支持 SignalTap Ⅱ 的逻辑分析,支持 EPCS 配置芯片的 AS 配置模式。另外 USB-Blaster 下载电缆还支持对嵌入Nios Ⅱ 处理器的通信及调试。Ethernet Blaster 下载电缆通过使用以太网的 RJ-45 接口,可以实现以太网对 Altera 器件的远程配置或编程。各下载电缆如图 15-11 所示。

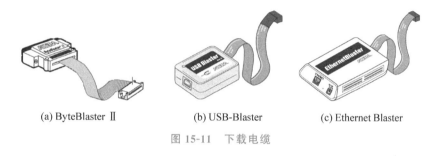

(a) ByteBlaster Ⅱ　　　　(b) USB-Blaster　　　　(c) Ethernet Blaster

图 15-11　下载电缆

15.7.4　基于 FPGA 的 SoC 设计方法

SoC 是半导体和电子设计自动化技术发展的产物,也是业界研究和开发的焦点。国内外学术界一般倾向将 SoC 定义为将微处理器、模拟 IP 核、数字 IP 核和存储器(或片外存储控制接口)集成在单一芯片上,它通常是客户定制的,或是面向特定用途的标准产品。所谓SoC,是将原来需要多个功能单一的 IC 组成的板级电子系统集成到一块芯片上,从而实现芯片即系统,芯片上包含完整系统并嵌有软件。SoC 又是一种技术,用以实现从确定系统功能开始,到软/硬件划分,并完成设计的整个过程。

高集成度使 SoC 具有低功耗、低成本的优势,并且容易实现产品的小型化,在有限的空间中实现更多的功能,提高系统的运行速度。

SoC 设计的关键技术主要包括总线架构技术、IP 核可复用技术、软件及硬件协同设计技术,SoC 验证技术、可测性设计技术、低功耗设计技术、超深亚微米电路实现技术等,此外还要做嵌入式软件移植、开发研究,是一门跨学科的新兴研究领域。基于 FPGA 的 SoC 设计流程如图 15-12 所示。

在进行 SoC 设计的过程中,应注意采用 IP 核的重用设计方法,通用模块的设计尽量选择已有的设计模块,例如各种微处理器,通信控制器、中断控制器、数字信号处理器、协处理器、密码处理器、PCI 总线以及各种存储器等,把精力放在系统中独特的设计部分。

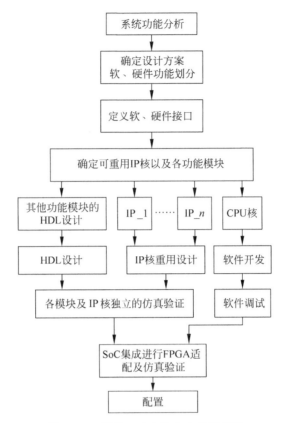

图 15-12　基于 FPGA 的 SoC 设计流程

1. 系统功能集成是 SoC 的核心技术

在传统的应用电子系统设计中,需要根据设计要求的功能模块对整个系统进行综合,即根据设计要求的功能,寻找相应的集成电路,再根据设计要求的技术指标设计所选电路的连接形式和参数。这种设计的结果是一个以功能集成电路为基础、器件分布式的应用电子系统结构。设计结果能否满足设计要求不仅取决于电路芯片的技术参数,而且与整个系统PCB版图的电磁兼容特性有关。同时,对于需要实现数字化的系统,往往还需要有微控制器等参与,所以还必须考虑分布式系统对电路固件特性的影响。很明显,传统应用电子系统的实现,采用的是分布功能综合技术。

对于 SoC 来说,应用电子系统的设计也是根据功能和参数要求设计系统,但与传统方法有着本质的差别。SoC 不是以功能电路为基础的分布式系统综合技术,而是以功能 IP 为基础的系统固件和电路综合技术。首先,功能的实现不再针对功能电路进行综合,而是针对系统整体固件实现进行电路综合,也就是利用 IP 技术对系统整体进行电路结合;其次,电路设计的最终结果与 IP 功能模块和固件特性有关,而与 PCB 上电路分块的方式和连线技术基本无关。因此使设计结果的电磁兼容特性得到极大提高。换句话说,就是所设计的结果十分接近理想设计目标。

2. 固件集成是 SoC 的基础设计思想

在传统分布式综合设计技术中,系统的固件特性往往难以达到最优,原因是所使用的是分布式功能综合技术,一般情况下,功能集成电路为了满足尽可能多的使用面,必须考虑两个设计目标：一个是能满足多种应用领域的功能控制要求目标；另一个是考虑满足较大范围应用功能和技术指标。因此,功能集成电路(也就是定制式集成电路)必须在 I/O 和控制方面附加若干电路,以使一般用户能得到尽可能多的开发性能。从而导致定制式电路设计的应用电子系统不易达到最佳,特别是固件特性更是具有相当大的分散性。

对于 SoC 来说,从 SoC 的核心技术可以看出,使用 SoC 技术设计应用电子系统的基本设计思想就是实现全系统的固件集成。用户只需根据需要选择并改进各部分模块和嵌入结构,就能实现充分优化的固件特性,而不必花时间熟悉定制电路的开发技术。固件集成的突出优点就是系统能更接近理想系统,更容易实现设计要求。

3. 嵌入式系统是 SoC 的基本结构

在使用 SoC 技术设计的应用电子系统中,可以十分方便地实现嵌入式结构。各种嵌入式结构的实现十分简单,只要根据系统需要选择相应的内核,再根据设计要求选择与之相配合的 IP 模块,就可以完成整个系统硬件结构。尤其是采用智能化电路综合技术时,可以更充分地实现整个系统的固件特性,使系统更加接近理想设计要求。必须指出,SoC 的这种嵌入式结构可以大大地缩短应用系统设计开发周期。

4. IP 是 SoC 的设计基础

传统应用电子设计工程师面对的是各种定制式集成电路,而使用 SoC 技术的电子系统设计工程师所面对的是一个巨大的 IP 库,所有设计工作都是以 IP 模块为基础。SoC 技术使应用电子系统设计工程师变成了一个面向应用的电子器件设计工程师。由此可见,SoC 是以 IP 模块为基础的设计技术,IP 是 SoC 设计的基础。

15.8 Verilog

自 1947 年美国贝尔实验室的肖克莱、巴丁、布拉坦发明晶体管以来,集成电路技术得到了飞速的发展。集成电路工艺水平已从十年前的 22nm 发展到现在的 5nm,目前正向 2nm 工艺迈进。晶体管密度达到每平方毫米超过 1 亿个晶体管,Intel 公司 2018 年打造的首款 10nm 工艺 CPU,其晶体管密度就达到每平方毫米 1 亿个晶体管。多媒体技术和数据通信的发展,特别是移动通信的飞速发展,对集成电路提出了更高的要求,越来越多的系统要求把包括 CPU、DSP 等在内的系统集成到一块芯片上,即 SoC。2019 年 9 月华为发布的麒麟 9905G 移动终端 SoC 芯片,集成了 5G 基带芯片巴龙 5000,同时支持 SA/NSA 两种 5G 组网模式,单片集成了 103 亿个晶体管。由于集成电路设计技术的发展速度远远落后于集成电路工艺发展速度,在数字逻辑设计领域,迫切需要一种共同的工业标准来统一对数字逻辑电路及系统的描述,这样就能把系统设计工作分解为逻辑设计(前端)、电路实现(后端)和验证三个相互独立而又相关的部分。Verilog HDL 和 VHDL 这两种工业标准的产生顺应了时代的潮流,因而得到了迅速的发展,Verilog HDL 和 VHDL 这两种语言都得到了集成电路和 FPGA 仿真及综合等 EDA 工具的广泛支持,如 Synopsys 公司的 VCS,Cadence 公司的 NCVerilog 等,Mentor Graphics 公司的 Modelsim 支持 Verilog HDL 和 VHDL 的混合仿真。为支持更高抽象级别的设计,在 Verilog 基础上又发展了 System C 和 System Verilog 语言,在系统芯片 SoC 的验证中得到了广泛的应用。

虽然通过 HDL 可以很方便地实现描述不同层次的数字系统,然后通过成熟的 EDA 工具进行仿真、综合,并通过版图设计后进行流片实现各种 ASIC 或 SoC,但由于 ASIC 和 SoC 的设计周期长、MASK 改版成本高、灵活性低,严重制约了其应用范围,因而 IC 设计工程师们希望有一种更灵活的设计方法,根据需要在实验室就能设计和更改大规模的数字逻辑,研制自己的 ASIC 或 SoC 并马上投入使用。因此 FPGA 和 SOPC 就应运而生。

15.8.1　Verilog HDL 和 VHDL 的发展

HDL 已有许多种,但目前最流行和通用的只有 Verilog HDL 和 VHDL 两种。

Verilog 最初于 1983 年由美国 GDA(Gateway Design Automation)公司的 PhilMoorby 开发成功,是一种在 C 语言基础上发展起来的硬件描述语言。Verilog 最初只设计了一个仿真与验证工具,之后又陆续开发了相关的故障模拟与时序分析工具。1984—1985 年, Moorby 设计出了一个名为 Verilog-XL 的仿真器,获得了巨大成功;1986 年又提出了用于快速门级仿真的 XL 算法,从而使 Verilog HDL 得到了迅速的推广和使用;1989 年,美国 Cadence 公司收购了 GDA 公司,Verilog HDL 成为 Cadence 公司的专利;1990 年,Cadence 公司公开发表了 Verilog HDL,并成立 OVI(Open Verilog International)组织负责促进 Verilog HDL 的发展。基于 Verilog HDL 的优越性,1995 年 Verilog HDL 成为 IEEE 标准,即 IEEE Std 1364—1995,2001 年和 2005 年又相继发布了 Verilog HDL 1364—2001 和 Verilog HDL 1364—2005 标准。特别是 2005 年 System Verilog IEEE 1800—2005 标准的公布,更使得 Verilog 语言在仿真、综合、验证和 IP 模块的重用等方面都有大幅提高。2009 年,IEEE 1364—2005 和 System Verilog IEEE 1800—2005 两部分合并为 IEEE 1800— 2009,成为一个新的统一的 System Verilog 硬件描述验证语言(Hardware Description and Verification Language,HDVL)。

Verilog 语言不仅定义了语法,而且给每个语法结构都清晰定义了仿真语义,从而便于仿真调试。Verilog 语言继承了 C 语言的很多操作符和语法结构,对初学者而言易学易用。此外,Verilog 语言具有很强的扩展性,Verilog 2001 标准大大扩展了 Verilog 的应用灵活性。

VHDL 是 Very High Speed Integrated Circuit HDL 的缩写。VHDL 是在 Ada 语言基础上发展起来的,诞生于 1982 年。由于 VHDL 得到美国国防部的支持,并于 1987 年就成为 IEEE 标准(IEEE Standard 1076—1987),此后,各 EDA 公司相继推出了自己的 VHDL 设计环境,从而使得 VHDL 在电子设计领域得到了广泛的应用,并逐步取代了原有的非标准的硬件描述语言。1993 年,IEEE 对 VHDL 进行了修订,从更高的抽象层次和系统描述能力上扩展 VHDL 的内容,公布了新版本的 VHDL,即 IEEE 标准的 1076—1993 版本。

VHDL 主要用于描述数字系统的结构、行为、功能和接口。除了含有许多具有硬件特征的语句外,VHDL 的语言形式、描述风格与句法十分类似于一般的计算机高级语言。 VHDL 的程序结构特点是将设计实体分成外部和内部。在对一个设计实体定义了外部界面后,一旦其内部开发完成后,其他的设计就可以直接调用这个实体。这种将设计实体分成内外两部分的概念是 VHDL 系统设计的基本点。

15.8.2　Verilog HDL 和 VHDL 的比较

目前,Verilog HDL 和 VHDL 作为 IEEE 的工业标准硬件描述语言,得到了众多 EDA 公司的支持,在电子工程领域,已成为事实上的通用 HDL。从设计能力而言,都能胜任数字系统的设计要求。

Verilog HDL 和 VHDL 的共同点在于：都能抽象地表示电路的行为和结构；都支持层次化的系统设计；支持电路描述由行为级到门级网表的转换；硬件描述与流片工艺无关。

但是 Verilog HDL 与 VHDL 又有区别。Verilog HDL 最初是为更简洁、更有效地描述数字硬件电路和仿真而设计的，它的许多关键字和语法都继承了 C 语言的传统，因此易学易懂。只要有 C 语言的基础，很快可以采用 Verilog HDL 进行简单的 IC 设计和 FPGA 开发。

与 Verilog HDL 相比，VHDL 具有更强的行为描述能力，它的抽象性更强，从而决定了它成为系统设计领域最佳的 HDL，VHDL 也就更适合描述更高层次（如行为级或系统级）的硬件电路。强大的行为描述能力是避开具体的器件结构，从逻辑行为上描述和设计大规模电子系统的重要保证。另外，VHDL 丰富的仿真语句和库函数，使在任何大系统的设计早期就能查验设计系统的功能可行性，随时可对设计进行仿真模拟。

总之，Verilog 和 VHDL 本身并无优劣之分，而是各有所长。由于 Verilog HDL 在其门级描述的底层，也就是晶体管开关的描述方面比 VHDL 具有更强的功能，所以，即使是 VHDL 的设计环境，在底层实质上也是由 Verilog HIDL 描述的元件库所支持的。对于 Verilog HDL 的设计，时序和组合逻辑描述清楚，初学者可以快速了解硬件设计的基本概念，因此，对于初学者来说，学习 Verilog HDL 更为容易。

15.8.3 Verilog HDL 基础

数字系统设计的过程实质上是系统高层次功能描述（又称行为描述）向低层次结构描述的转换。为了把待设计系统的逻辑功能、实现该功能的算法、选用的电路结构和逻辑模块，以及系统的各种非逻辑约束输入计算机，就必须有相应的描述工具，HDL 便应运而生了。HDL 是一种利用文字描述数字电路系统的方法，可以起到和传统的电路原理图描述相同的效果。描述文件按照某种规则（或者说是语法）进行编写，之后利用 EDA 工具进行综合、布局布线等工作，就可以转换为实际电路。

HDL 的出现，使得数字电路迅速发展，同时，数字电路系统的迅速发展也在很大程度上促进了 HDL 的发展。到目前为止，已经出现了上百种 HDL，使用最多的有两种：一种是本节要讨论的 Verilog HDL；另一种则是 VHDL。为了迎合数字电路系统的飞速发展而出现的新的语言，也正逐步成为数字电路设计新的宠儿，如 System Verilog、System C 等。

Verilog HDL 是当今世界上应用最广泛地 HDL 之一，其允许工程师从不同的抽象级别对数字系统建模，被建模的数字系统对象的复杂性可以介于简单的门和完整的电子数字系统之间。

Verilog HDL 的描述能力可以通过使用编程语言接口（PLI）进一步扩展，PLI 是允许外部函数访问 VerilogHDL 模块内信息，允许设计者与模拟器交互的例程集合。

Verilog HDL 作为一种高级的硬件描述编程语言，有着类似 C 语言的风格。其中有许多语句如 if 语句、case 语句等和 C 语言中对应语句十分相似。如果读者已经掌握了 C 语言编程的基础，那么学习 Verilog HDL 并不困难，只要对 Verilog HDL 某些语句的特殊方面着重理解，并加强上机练习就能很好地掌握它，利用它的强大功能设计复杂的数字逻辑电路。

一个典型的数字系统 FPGA/CPLD 设计流程如图 15-13 所示,如果是 ASIC 设计,则不需要"代码下载到硬件电路"这个环节,而是将综合后的结果交给后端设计组(后端设计主要包括版图、布线等)或直接交给集成电路生产厂家。

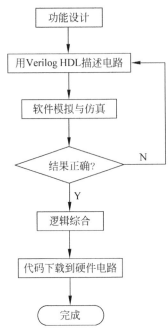

图 15-13　Verilog HDL 设计流程

传统的数字逻辑电路的设计方法,通常是根据设计要求,抽象出状态图,并对状态图进行化简,以求得到最简逻辑函数式,再根据逻辑函数式设计出逻辑电路。这种设计方法在电路系统庞大时,设计过程就显得烦琐且有难度,因此人们希望有一种更高效且方便地方法完成数字电路的设计,这种需求推动了 EDA 技术的发展。所谓 EDA 技术,是指以计算机为工作平台,融合了应用电子技术、计算机技术、智能化技术的最新成果而开发出的电子 CAD 通用软件包,它根据 HDL 描述的设计文件,自动完成逻辑、化简、分割、综合、优化、布局布线及仿真,直至完成对于特定目标芯片的适配编译、逻辑映射和编程下载等工作。EDA 的工作范围很广,涉及 IC 设计、电子电路设计、PCB 设计等多个领域。

Verilog HDL 最早由 Gateway Design Automation 公司于 1981 年提出,最初是为其仿真器开发的硬件建模语言。1985 年,仿真器增强版 Verilog-XL 推出。Cadence 公司于 1989 年收购了 Gateway Design Automation 公司,并于 1990 年将 Verilog HDL 推向市场。1995 年,Verilog HDL 在 OVI(Open Verilog International)的努力下成为 IEEE 标准,称为 IEEE Std1364—1995。

Verilog HDL 作为描述硬件电路设计的语言,允许设计者进行各种级别的逻辑设计,以及数字逻辑系统的仿真验证、时序分析、逻辑综合。能形式化地抽象表示电路的结构和行为,支持逻辑设计中层次与领域的描述。Verilog HDL 比较适合系统级、算法级、寄存器传输级、门级、开关级等的设计。与 VHDL 语言相比,Verilog HDL 语言最大的特点就是易学易用,另外,该语言的功能强,从高层的系统描述到底层的版图设计,都能很好地支持。

15.8.4　Verilog 概述

Verilog 是一种 HDL,以文本形式描述数字系统硬件的结构和行为的语言,用它可以表示逻辑电路图、逻辑表达式,还可以表示数字逻辑系统所完成的逻辑功能。

数字电路设计者利用这种语言,可以从顶层到底层逐层描述设计思想,用一系列分层次的模块表示极其复杂的数字系统;然后利用 EDA 工具,逐层进行仿真验证,再把其中需要变为实际电路的模块组合,经过自动综合工具转换到门级电路网表;接下来,再用 ASIC 或 FPGA 自动布局布线工具,把网表转换为要实现的具体电路结构。

Verilog 语言于 1995 年成为 IEEE 标准,称为 IEEE Std1364—1995,也就是通常所说的 Verilog-95。

设计人员在使用 Verilog-95 的过程中发现了一些可改进之处。为了解决用户在使用此版本 Verilog 过程中反映的问题,Verilog 进行了修正和扩展,这个扩展后的版本后来成为电气电子工程师学会 Std1364—2001 标准,即通常所说的 Verilog-2001。Verilog-2001 是对 Verilog-95 的一个重大改进版本,它具备一些新的实用功能,例如敏感列表、多维数组、生成语句块、命名端口连接等。目前,Verilog-2001 是 Verilog 的最主流版本,被大多数商业 EDA 软件支持。

1. 为什么需要 Verilog

FPGA 设计里面有多种设计方式,如原理图设计方式、编写描述语言(代码)等方式。一开始很多工程师对原理图设计方式很钟爱,这种输入方式能够很直观地看到电路结构并快速理解,但是随着电路设计规模的不断增加,逻辑电路设计也越来越复杂,这种设计方式已经越来越不能满足实际的项目需求,这个时候 Verilog 语言就取而代之了,目前 Verilog 已经在 FPGA 开发及 IC 设计领域占据绝对的领导地位。

2. Verilog 和 VHDL 区别

这两种语言都是用于数字电路系统设计的 HDL,而且都已经是 IEEE 的标准。VHDL 于 1987 年成为标准,而 Verilog 是 1995 年才成为标准的。这是因为 VHDL 是美国军方组织开发的,而 Verilog 是由一个公司的私有财产转化而来。为什么 Verilog 能成为 IEEE 标准呢？它一定有其独特的优越性才行,所以说 Verilog 有更强的生命力。

但是两者也各有特点。Verilog 拥有广泛地设计群体,成熟的资源,且 Verilog 容易掌握,只要有 C 语言的编程基础,通过比较短的时间,经过一些实际的操作,可以在 1 个月左右掌握这种语言；而 VHDL 设计相对要难一点,这个是因为 VHDL 不是很直观,一般认为至少要半年以上的专业培训才能掌握。

10 年来,EDA 界一直在对数字逻辑设计中究竟用哪一种 HDL 争论不休,目前在美国,高层次数字系统设计领域中,应用 Verilog 和 VHDL 的比率是 80% 和 20%；日本与中国台湾和美国差不多；而在欧洲 VHDL 发展得比较好；在中国很多集成电路设计公司都采用 Verilog。本书推荐大家学习 Verilog,本教程全部的例程都是使用 Verilog 开发的。

3. Verilog 和 C 语言的区别

Verilog 是 HDL,在编译下载到 FPGA 之后,FPGA 会生成电路,所以 Verilog 全部是并行处理与运行的；C 语言是软件语言,编译下载到微控制器/CPU 之后,还是软件指令,而不会根据代码生成相应的硬件电路,微控制器/CPU 处理软件指令需要取址、译码、执行,是串行执行的。

Verilog 和 C 语言的区别也是 FPGA 和微控制器/CPU 的区别,由于 FPGA 全部并行处理,所以处理速度非常快,这个是 FPGA 的最大优势,这一点是微控制器/CPU 替代不了的。

15.8.5　Verilog 基础知识

本节主要讲解了 Verilog 的基础知识,包括 5 个小节,下面分别给大家介绍这 5 个小节的内容。

1. Verilog 的逻辑值

先看下逻辑电路中有 4 种值,即 4 种状态:

(1) 逻辑 0:表示低电平,也就是对应电路的 GND。

（2）逻辑 1：表示高电平，也就是对应电路的 V_{CC}。

（3）逻辑 X：表示未知，有可能是高电平，也有可能是低电平。

（4）逻辑 Z：表示高阻态，外部没有激励信号是一个悬空状态。

Verilog 逻辑值如图 15-14 所示。

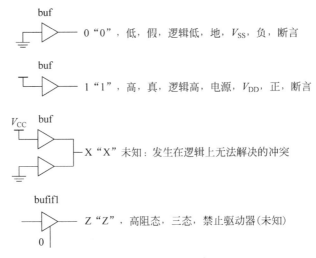

图 15-14　Verilog 逻辑值

2. Verilog 的标识符

（1）定义。

标识符（Identifier）用于定义模块名、端口名和信号名等。Verilog 的标识符可以是任意一组字母、数字、$ 和 _（下画线）符号的组合，但标识符的第一个字符必须是字母或者下画线。另外，标识符是区分大小写的。

以下是标识符的几个例子：

Count

COUNT //与 Count 不同。

R56_68

FIVE$

虽然标识符写法很多，但是要简洁、清晰、易懂，推荐写法如下：

count

fifo_wr

不建议大小写混合使用，普通内部信号建议全部小写，参数定义建议大写，另外信号命名最好体现信号的含义。

（2）规范建议。

以下是一些书写规范的要求：

① 用有意义的有效的名字如 sum、cpu_addr 等。

② 用下画线区分词语组合，如 cpu_addr。

③ 采用一些前缀或后缀，比如，时钟采用 clk 前缀：clk_50m，clk_cpu；低电平采用 _n 后缀：enable_n。

④ 统一缩写，如全局复位信号 rst。

⑤ 同一信号在不同层次保持一致性,如同一时钟信号必须在各模块保持一致。

⑥ 自定义的标识符不能与保留字(关键词)同名。

⑦ 参数统一采用大写,如定义参数使用 SIZE。

3. Verilog 的数字进制格式

Verilog 数字进制格式包括二进制、八进制、十进制和十六进制,一般常用的为二进制、十进制和十六进制。

二进制表示如下:4'b0101 表示 4 位二进制数字 0101;

十进制表示如下:4'd2 表示 4 位十进制数字 2(二进制为 0010);

十六进制表示如下:4'ha 表示 4 位十六进制数字 a(二进制为 1010),十六进制的计数方式为 0,1,2,…,9,a,b,c,d,e,f,最大计数为 f(f 在十进制表示为 15)。

当代码中没有指定数字的位宽与进制时,默认为 32 位的十进制,比如 100,实际上表示的值为 32'd100。

4. Verilog 的数据类型

Verilog 语法中,主要有三大类数据类型,即寄存器类型、线网类型和参数类型。从名称中可以看出,真正在数字电路中起作用的数据类型应该是寄存器类型和线网类型。

(1) 寄存器类型。

寄存器类型表示一个抽象的数据存储单元,它只能在 always 语句和 initial 语句中被赋值,并且它的值从一个赋值到另一个赋值过程中被保存下来。如果该过程语句描述的是时序逻辑,即 always 语句带有时钟信号,则该寄存器变量对应为寄存器;如果该过程语句描述的是组合逻辑,即 always 语句不带有时钟信号,则该寄存器变量对应为硬件连线;寄存器类型的缺省值是 x(未知状态)。

寄存器数据类型有很多种,如 reg、integer、real 等,其中最常用的就是 reg 类型,它的使用方法如下:

```
//reg define
reg  [31:0]  delay_cnt;          //延时计数器
reg  key_flag ;                   //按键标志
```

(2) 线网类型。

线网表示 Verilog 结构化元件间的物理连线,它的值由驱动元件的值决定,例如连续赋值或门的输出。如果没有驱动元件连接到线网,线网的缺省值为 z(高阻态)。线网类型同寄存器类型一样也是有很多种,如 tri 和 wire 等,其中最常用的就是 wire 类型,它的使用方法如下:

```
//wire define
wire   data_en;                  //数据使能信号
wire   [7:0];                    //数据
```

(3) 参数类型。

再来看下参数类型,参数其实就是一个常量,常被用于定义状态机的状态、数据位宽和延迟大小等,由于它可以在编译时修改参数的值,因此它又常被用于一些参数可调的模块中,使用户在实例化模块时,可以根据需要配置参数。在定义参数时,可以一次定义多个参数,参数与参数之间需要用逗号隔开。这里需要注意的是参数的定义是局部的,只在当前模块中有效。它的使用方法如下:

```
//parameter define
parameter   DATA_WIDTH = 8;        //数据位宽为 8 位
```

5. Verilog 的运算符

看完了 Verilog 的数据类型,再来介绍下 Verilog 的运算符。Verilog 中的运算符按照功能可以分为下述类型:算术运算符、关系运算符、逻辑运算符、条件运算符、位运算符、移位运算符、拼接运算符。下面分别对这些运算符进行介绍。

(1)算术运算符。

算术运算符简单来说就是数学运算里面的加、减、乘、除,数字逻辑处理有时候也需要进行数字运算,所以需要算术运算符。常用的算术运算符主要包括加、减、乘、除和模除(模除运算也叫取余运算)如表 15-5 所示。

表 15-5　算术运算符

符　　号	使 用 方 法	说　　明
+	a+b	a 加上 b
—	a—b	a 减去 b
*	a * b	a 乘以 b
/	a/b	a 除以 b
%	a%b	a 模除 b

大家要注意下,Verilog 实现乘、除比较浪费组合逻辑资源,尤其是除法。一般 2 的指数次幂的乘、除法使用移位运算来完成运算,详情可以看后面移位运算符小节。非 2 的指数次幂的乘、除法一般是调用现成的 IP,Quartus/Vivado 等工具软件会有提供,不过这些工具软件提供的 IP 也是由最底层的组合逻辑(与门或非门等)搭建而成的。

(2)关系运算符。

关系运算符主要是用来作一些条件判断用的,在进行关系运算时,如果声明的关系是假的,则返回值是 0;如果声明的关系是真的,则返回值是 1。所有的关系运算符有着相同的优先级别,关系运算符的优先级别低于算术运算符的优先级别,如表 15-6 所示。

表 15-6　关系运算符

符　　号	使 用 方 法	说　　明
>	a>b	a 大于 b
<	a<b	a 小于 b
>=	a>=b	a 大于或等于 b
<=	a<=b	a 小于或等于 b
==	a==b	a 等于 b
!=	a!=b	a 不等于 b

(3)逻辑运算符。

逻辑运算符是连接多个关系表达式用的,可实现更加复杂的判断,一般不单独使用,都需要配合具体语句实现完整的意思,如表 15-7 所示。

(4)条件运算符。

条件运算符一般构建从两个输入中选择一个作为输出的条件选择结构,功能等同于 always 中的 if-else 语句,如表 15-8 所示。

表 15-7　逻辑运算符

符　号	使用方法	说　明
!	!a	a 的非,如果 a 为 0,那么 a 的非是 1。
&&	a&&b	a 与上 b,如果 a 和 b 都为 1,a&&b 结果才为 1,表示真。
||	a||b	a 或上 b,如果 a 或者 b 有一个为 1,a||b 结果为 1,表示真。

表 15-8　条件运算符

符　号	使用方法	说　明
?:	a?b: c	如果 a 为真,就选择 b,否则选择 c

（5）位运算符。

位运算符是一类最基本的运算符,可以认为它们直接对应数字逻辑中的与、或、非门等逻辑门。常用的位运算符如表 15-9 所示。

表 15-9　位运算符

符　号	使用方法	说　明
~	~a	将 a 的每位进行取反
&	a&b	将 a 的每位与 b 相同的位进行相与
|	a|b	将 a 的每位与 b 相同的位进行相或
^	a^b	将 a 的每位与 b 相同的位进行异或

位运算符的与、或、非与逻辑运算符逻辑与、逻辑或、逻辑非使用时候容易混淆,逻辑运算符一般用在条件判断上,位运算符一般用在信号赋值上。

（6）移位运算符。

移位运算符包括左移位运算符和右移位运算符,这两种移位运算符都用 0 填补移出的空位,具体如表 15-10 所示。

表 15-10　移位运算符

符　号	使用方法	说　明
<<	a<<b	将 a 左移 b 位
>>	a>>b	将 a 右移 b 位

假设 a 有 8 位(bit)数据位宽,那么 a<<2,表示 a 左移 2 位,a 还是 8 位数据位宽,a 的最高 2 位数据被移位丢弃了,最低 2 位数据固定补 0;如果 a 是 3(二进制:00000011),那么 3 左移 2 位,3<<2,就是 12(二进制:00001100)。一般使用左移位运算代替乘法,右移位运算代替除法,但是这种也只能表示 2 的指数次幂的乘、除法。

（7）位拼接运算符。

Verilog 中有一个特殊的运算符是 C 语言中没有的,就是位拼接运算符。用这个运算符可以把两个或多个信号的某些位拼接起来进行运算操作,如表 15-11 所示。

表 15-11　位拼接运算符

符　号	使用方法	说　明
{}	{a,b}	将 a 和 b 拼接起来,作为一个新信号

（8）运算符的优先级。

介绍完了这么多运算符,大家可能会想到究竟哪个运算符优先级高,哪个运算符优先级低。为了便于大家查看这些运算符的优先级,将它们制作成了表,如表 15-12 所示。

表 15-12　运算符的优先级

运　算　符	优　先　级
!、～	最高
＊、/、%	次高
＋、－	
<<、>>	
<、<=、>、>=	
==、!=、===、!==	
&	
^、^～	
|	
&&	
||	次低
?	最低

15.8.6　Verilog 程序框架

在介绍 Verilog 程序框架之前,先看下 Verilog 的一些基本语法,基础语法主要包括注释和关键字。

1. 注释

Verilog HDL 中有两种注释的方式,一种是以"/＊"符号开始,"＊/"结束,在两个符号之间的语句都是注释语句,因此可扩展到多行。如:

```
/* statement1,
statement2,
…
statementn */
```

以上 n 个语句都是注释语句。

另一种是以//开头的语句,它表示以//开始到本行结束都属于注释语句。如:

```
//statement1
```

建议的写法:使用//作为注释。

2. 关键字

Verilog 和 C 语言类似,都因编写需要定义一系列保留字,叫作关键字(或关键词)。这些关键字是识别语法的关键,给大家列出了 Verilog 中的关键字,如表 15-13 所示。

表 15-13　Verilog 的所有关键字

and	always	assign	begin	buf
bufif0	bufif1	case	casex	casez
cmos	deassign	default	defparam	disable

edge	else	end	endcase	endfunction
endprimitive	endmodule	endspecify	endtable	endtask
event	for	force	forever	fork
function	highz0	highz1	if	ifnone
initial	inout	input	integer	join
large	macromodule	medium	module	nand
negedge	nor	not	notif0	notif1
nmos	or	output	parameter	pmos
posedge	primitive	pulldown	pullup	pull0
pull	remos	real	realtime	reg
release	repeat	rnmos	rpmos	rtran
rtranif0	rtranif1	scalared	small	specify
specparam	strength	strong0	strong1	supply0
supply1	table	task	tran	tranif0
tranif1	time	tri	triand	trior
trireg	tri0	tri1	vectored	wait
wand	weak0	weak1	while	wire
wor	xnor	xor		

虽然表 15-13 列了很多,但是实际经常使用的不是很多,经常使用的主要如表 15-14 所示。

表 15-14　Verilog 常用的关键字

关　键　字	含　　义
module	模块开始定义
input	输入端口定义
output	输出端口定义
inout	双向端口定义
parameter	信号的参数定义
wire	wire 信号定义
reg	reg 信号定义
always	产生 reg 信号语句的关键字
assign	产生 wire 信号语句的关键字
begin	语句的起始标志
end	语句的结束标志
posede/negedge	时序电路的标志
case	Case 语句起始标志
default	Case 语句的默认分支标志
endcase	Case 语句结束标志
if	if/else 语句标志
else	if/else 语句标志
for	for 语句标志
endmodule	模块结束定义

15.9　FPGA 开发板

正点原子公司目前已经拥有多款 STM32、I.MXRT 以及 FPGA 开发板,这些开发板常年稳居淘宝销量冠军,累计出货超过 10W 套。这款新起点 FPGA 开发板,既适合于初学者入门 FPGA,同时也适合有一定经验的 FPGA 工程师提升开发水平。

新起点 FPGA 开发板的资源图,如图 15-15 所示。

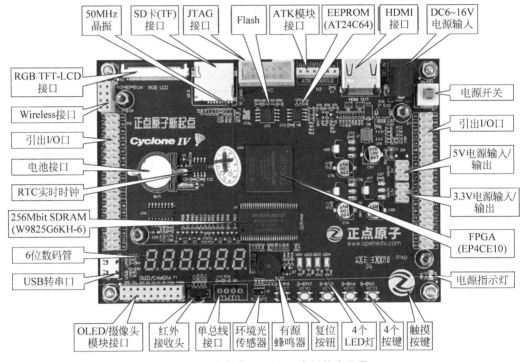

图 15-15　新起点 FPGA 开发板的资源图

从图 15-15 可以看出,新起点 FPGA 开发板的资源十分丰富,把 FPGA EP4CE10 的内部资源发挥到了极致,同时扩充了丰富的接口和功能模块,整个开发板显得十分大气。

开发板的外形尺寸为 90mm×128.3mm,板子充分考虑了人性化设计,并结合正点原子公司多年的开发板设计经验,经过多次改进,最终确定了这样的设计。

新起点 FPGA 开发板板载资源如下:

(1) 主控芯片:EP4CE10F17C8N,封装为 BGA256。

(2) 晶振:50MHz。

(3) Flash:W25Q16,容量为 16M 位(2MB)。

(4) SDRAM:W9825G6KH-6,容量为 256M 位(32MB)。

(5) EEPROM:AT24C64,容量为 64Kbit(8KB)。

(6) 1 个电源指示灯(蓝色)。

(7) 4 个状态指示灯(DS0~DS3:红色)。

(8) 1 个红外接收头,并配备一款小巧的红外遥控器。

(9) 1 个无线模块接口,支持 NRF24L01 无线模块。

(10) 1 路单总线接口,支持 DS18B20/DHT11 等单总线传感器。

(11) 1 个 ATK 模块接口,支持正点原子蓝牙/GPS/MPU6050/RGB 灯模块。

(12) 1 个环境光传感器,采用 AP3216C 芯片。

(13) 1 个标准的 RGB TFT-LCD 接口。

(14) 1 个 OLED/摄像头模块接口。

(15) 1 个 USB 串口。

(16) 1 个有源蜂鸣器。

(17) 1 个 SD 卡接口(在 PCB 背面)。

(18) 1 个 HDMI 接口。

(19) 1 个标准的 JTAG 调试下载口。

(20) 1 组 5V 电源供应/接入口。

(21) 1 组 3.3V 电源供应/接入口。

(22) 1 个直流电源输入接口(输入电压范围:DC6~16V)。

(23) 1 个 RTC 后备电池座,并带电池(PCB 在板背面)。

(24) 1 个 RTC 实时时钟,采用 PCF8563 芯片。

(25) 1 个复位按钮,可作为 FPGA 程序执行的复位信号。

(26) 4 个功能按钮。

(27) 1 个电容触摸按键。

(28) 1 个电源开关,控制整个开发板的电源。

(29) 2 排 20×2 扩展口,共 72 个扩展 I/O 口(除去电源和地)。

新起点 FPGA 开发板的特点包括:

(1) 接口丰富。板子提供了丰富的标准外设接口,可以方便地进行各种外设的实验和开发。

(2) 设计灵活。板上很多资源都可以灵活配置,以满足不同条件下的使用。其中芯片两侧引出 2 排 24×2 扩展口,共 72 个扩展 I/O 口。

(3) 资源充足。主控芯片采用自带 414K 位嵌入式 RAM 块的 EP4CE10F17C8N,并外扩 256M 位(32MB)SDRAM 和 64K 位(8KB)的 EEPROM,满足大内存需求和大数据存储。板载 HDMI(High Definition Multimedia Interface,高清晰度多媒体接口)、LCD 接口、UART 串口、环境光传感器以及其他各种芯片接口,满足各种不同应用的需求。

(4) 人性化设计。各个接口都有丝印标注,且用方框框出,使用起来一目了然;部分常用外设用大丝印标出,方便查找;接口位置设计合理,方便顺手;资源搭配合理,物尽其用。

15.10 Quartus Ⅱ 软件的安装

Quartus Ⅱ 是 Altera 公司的综合性 FPGA 开发软件,可以完成从设计输入硬件配置的完整 FPGA 设计流程。本章将学习如何安装 Quartus Ⅱ 软件以及 Quartus Ⅱ 软件的使用方法,为接下来学习实战篇打下基础。

Altera 公司每年都会对 Quartus Ⅱ 软件进行更新,各个版本之间除界面以及其他性能的优化之外,基本的使用功能都是一样的,本书配套光盘中提供的是相对稳定的 Quartus Ⅱ

13.1 版本,接下来安装 Quartus Ⅱ 13.1 版本的软件。

首先找到 Quartus Ⅱ 的安装包文件,文件列表如图 15-16 所示。

名称 ^	修改日期	类型	大小
cyclone-13.1.0.162.qdz	2018/1/29 21:29	QDZ 文件	561,597 KB
QuartusSetup-13.1.0.162.exe	2018/1/29 21:42	应用程序	1,674,665
安装说明.txt	2018/7/12 14:09	文本文档	1 KB

图 15-16　Quartus Ⅱ 安装包文件夹

双击运行 QuartusSetup-13.1.0.162.exe 文件,进入如图 15-17 所示的 Quartus Ⅱ 软件的安装引导页面。

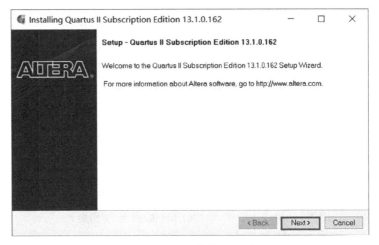

图 15-17　Quartus Ⅱ 安装引导-欢迎页面

直接单击 Next 按钮,进入如图 15-18 所示页面。

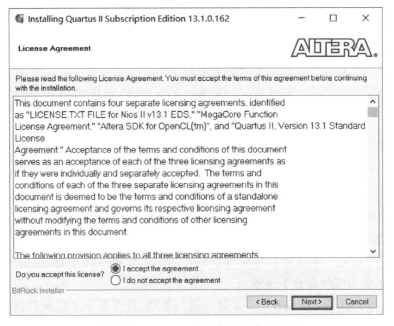

图 15-18　Quartus Ⅱ 安装引导-声明页面

先选中"I accept the agreement",然后单击 Next 按钮,进入如图 15-19 所示页面。

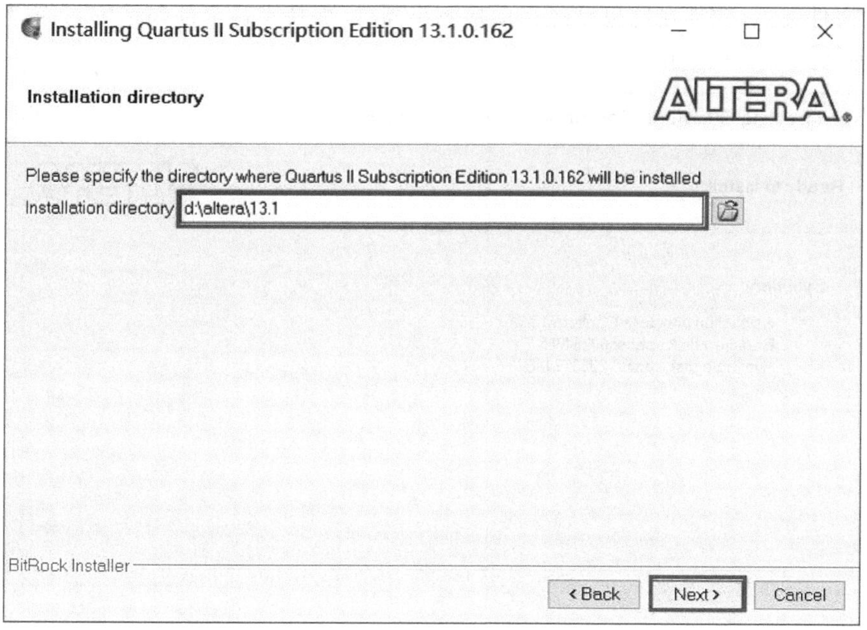

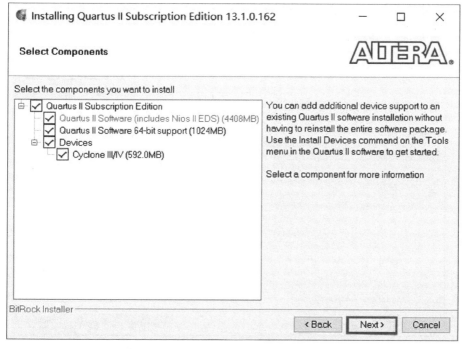

图 15-19 Quartus Ⅱ 安装引导-安装路径选择页面

在这里,选择的路径是 D:\altera\13.1(一定要注意不能出现中文路径),Quartus Ⅱ 软件需要大约 6G 的安装空间,可根据电脑磁盘空间的大小选择相应的路径,注意安装路径中不能出现中文、空格以及特殊字符等。接下来单击 Next 按钮,进入如图 15-20 所示页面。

图 15-20 Quartus Ⅱ 安装引导-器件选择页面

图 15-20 是 FPGA 的器件安装页面,由于软件安装包和 Cyclone 系列器件支持包放在了同一个文件夹下,软件在这里已经自动检测出器件,保持默认全部勾选的页面,单击 Next 按钮,进入如图 15-21 所示页面。

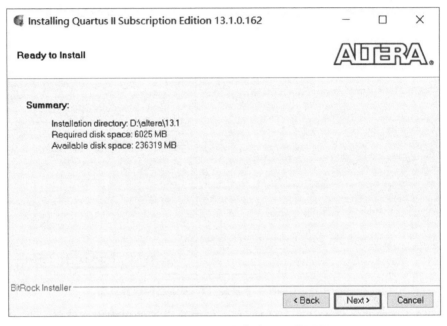

图 15-21　Quartus Ⅱ 安装引导-总结页面

由图 15-21 可知,Quartus Ⅱ 软件需要大约 6G 的安装空间,直接单击 Next 按钮,进入如图 15-22 所示页面。

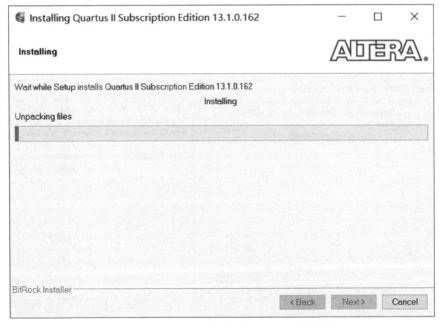

图 15-22　Quartus 安装引导-正在安装页面

接下来,进入正式安装过程,此过程会耗费较长的时间,具体时间跟计算机配置有关。经过一段时间的等待之后,Quartus Ⅱ软件安装完成,进入如图 15-23 所示页面。

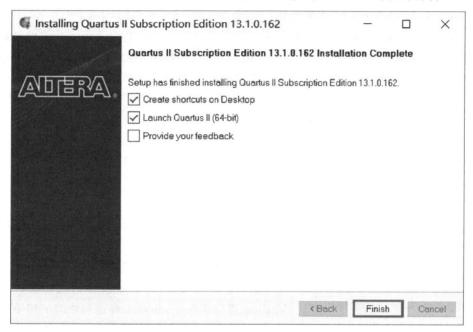

图 15-23　Quartus Ⅱ 安装引导-安装完成页面

至此,Quartus Ⅱ软件安装完成,直接单击 Finish 按钮,接下来会弹出如图 15-24 所示页面。

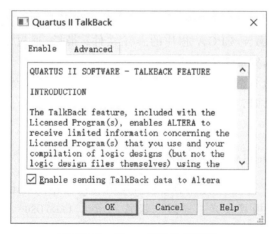

图 15-24　Altera 反馈选择页面

在图 15-24 的页面中,直接单击 OK 按钮。

15.11　Quartus Ⅱ 软件的应用实例

全球提供 FPGA 开发工具的厂商有近百家之多,大体分为两类:一类是专业软件公司研发的 FPGA 开发工具,独立于半导体器件厂商;另一类是半导体器件厂商为了推广本公司产品研发的 FPGA 开发工具,只能用来开发本公司的产品。本节介绍的 Quartus 开发工具属于后者,早期的 Quartus 由原 Altera 公司研发,Quartus 15.1 版本之前的所有版本称作 Quartus Ⅱ,从 Quartus 15.1 开始软件称作 Quartus Prime,Quartus Prime 由 Intel 公司维护。Quartus Prime 是在 Altera 公司成熟可靠而且用户友好的 Quartus Ⅱ 软件基础上的优化,采用了新的高效能 Spectra-Q 引擎。使用 Spectra-Q 引擎的 Quartus Prime 采用一组更快、更易于扩展的新算法,减少了设计迭代;同时具有分层数据库,保留了 IP 模块的布局布线,保证了设计的稳定性,避免了不必要的时序收敛投入,使其所需编译时间在业界最短,增强了 FPGA 和 SoC FPGA 设计性能。

Quartus Ⅱ 和 Quartus Prime 的主要功能基本相同,只是有些界面有所不同。本节以 Quartus Ⅱ(13.1)的基本使用方法为例进行设计开发环境的介绍。

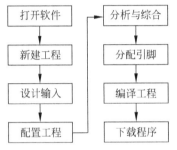

图 15-25　Quartus Ⅱ 软件使用流程

在开始使用 Quartus Ⅱ 软件之前,先来了解一下 Quartus Ⅱ 软件的使用流程,如图 15-25 所示。

从图 15-25 可以看出,首先打开 Quartus Ⅱ 软件,然后新建一个工程,在新建工程的时候,可以通过创建工程向导的方式创建;工程建立完成后,需要新建一个 Verilog 顶层文件,然后将设计的代码输入新建的 Verilog 顶层文件中,并对工程进行配置;接下来就可以对设计文件进行分析与综合了,此时 Quartus Ⅱ 软件会检查代码,如果代码出现语法错误,那么 Quartus Ⅱ

软件将会给出相关错误提示,如果代码语法正确,Quartus Ⅱ 软件将会显示编译完成;工程编译完成后,还需要给工程分配引脚,引脚分配完成后,接下来就开始编译整个工程了;在编译过程中,Quartus Ⅱ 软件会重新检查代码,如果代码及其他配置都正确后,Quartus Ⅱ 软件会生成一个用于下载至 FPGA 芯片的.sof 文件;最后,通过下载工具将编译生成的.sof 文件下载至开发板,完成整个开发流程。

在这里,只是简单地介绍了一下上述的流程图,让大家有个大致的了解,接下来以 LED 流水灯实例的工程为例,对每个流程进行详细的操作演示,一步步、手把手带领大家学习使用 Quartus Ⅱ 软件。

15.11.1　LED 灯硬件设计

发光二极管与普通二极管一样具有单向导电性。给它阳极加上正向电压后,通过 5mA 左右的电流就可以使二极管发光。通过二极管的电流越大,发出的光亮度越强,不过一般将电流限定在 3～20mA,否则电流过大就会烧坏二极管。

发光二极管的原理图如图 15-26 所示,LED0～LED3 这 4 个发光二极管的阴极都连到地(GND)上,阳极分别与 FPGA 相应的管脚相连。原理图中 LED 与地之间的电阻起到限流作用。

在本实例中,系统时钟、按键复位以及 LED 端口的管脚分配,如表 15-15 所示。

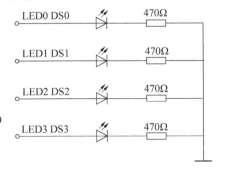

图 15-26　发光二极管的原理图

表 15-15　LED 灯实验管脚分配

信　号　名	方　　向	管　　脚	端　口　说　明
sys_clk	input	M2	系统时钟,50M
sys_rst_n	input	M1	系统复位,低有效
led[0]	output	D11	LED0
led[1]	output	C11	LED1
led[2]	output	E10	LED2
led[3]	output	F9	LED3

对应的 TCL 约束语句如下：

```
set_location_assignment PIN_M2 - to sys_clk
set_location_assignment PIN_M1 - to sys_rst_n
set_location_assignment PIN_D11 - to led[0]
set_location_assignment PIN_C11 - to led[1]
set_location_assignment PIN_E10 - to led[2]
set_location_assignment PIN_F9 - to led[3]
```

15.11.2　LED 灯程序设计

下面讲述 FPGA 的 LED 灯程序设计。

1. 新建工程

在创建工程之前,建议在硬盘中新建一个文件夹用于存放 Quartus Ⅱ 工程,这个工程目录的路径名应该只有字母、数字和下画线,以字母为首字符,且不要包含中文和其他符号。

在电脑的 E 盘 Verilog 文件夹中创建一个 flow_led 文件夹,用于存放本次 LED 流水灯实验的工程,工程文件夹的命名要能反映出工程实现的功能,本次以 LED 流水灯的实验为例,所以这里将文件夹命名为 flow_led。然后在 flow_led 文件夹下创建 4 个子文件夹,分别命名为 doc、par、rtl 和 sim。doc 文件夹用于存放项目相关的文档；par 文件夹用于存放 Quartus Ⅱ 软件的工程文件；rtl 文件夹用于存放源代码；sim 文件夹用于存放项目的仿真文件。创建的文件夹目录如图 15-27 所示。

建议在开始创建工程之前都要先创建这 4 个文件夹,如果说工程相对简单,不需要相关参考文档或者仿真文件的话,doc 文件夹和 sim 文件夹可以为空；但是对于复杂的工程,相关文档的参考与记录以及仿真测试几乎是必不可少的,所以从简单的实例开始就要养成良好的习惯,为设计复杂的工程打下基础。

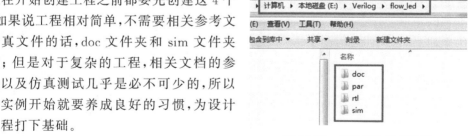

图 15-27　创建的文件夹目录

接下来启动 Quartus Ⅱ 软件,直接双击桌面上的 Quartus Ⅱ 13.1(64-bit)软件图标(如果是 32 位系统,桌面图标是 Quartus Ⅱ 13.1 (32-bit)),打开 Quartus Ⅱ 软件,Quartus Ⅱ软件主界面如图 15-28 所示。

Quartus Ⅱ软件默认由菜单栏、工具栏、工程文件导航窗口、编译流程窗口、主编辑窗口以及信息提示窗口组成。在菜单栏上选择 File→New Project Wizard 命令新建一个工程。如图 15-29 所示。

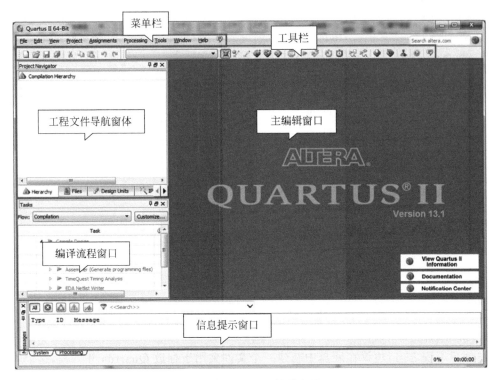

图 15-28　Quartus Ⅱ 软件主界面

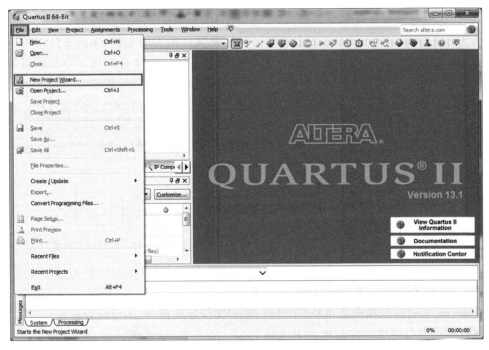

图 15-29　新建工程操作界面

新建工程向导介绍页面如图 15-30 所示。

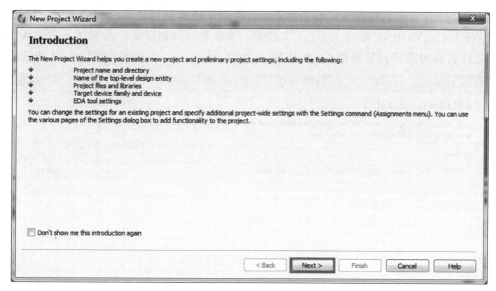

图 15-30 新建工程向导-介绍页面

在 Introduction 页面中,可以了解到在新建工程的过程中要完成以下 5 个步骤:

(1) 工程的命名以及指定工程的路径。

(2) 指定工程的顶层文件名称。

(3) 添加已经存在的设计文件和库文件。

(4) 指定器件型号。

(5) EDA 工具设置。

接下来可以单击图 15-30 页面下面的 Next 按钮进入图 15-31 所示页面。

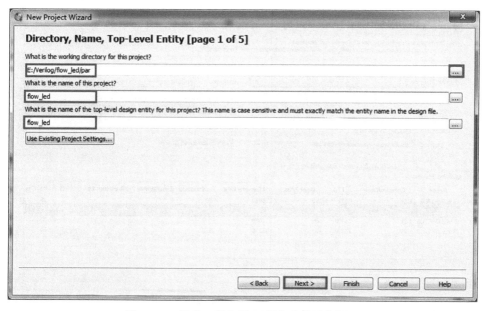

图 15-31 新建工程向导-工程名称及路径页面

图 15-31 的第 1 栏用于指定工程所在的路径；第 2 栏用于指定工程名称，这里建议直接使用顶层文件的实体名称作为工程名称；第 3 栏用于指定顶层文件的实体名。这里设置的工程路径为 E：/Verilog/flow_led/par 文件夹；工程名称与顶层文件的实体名称同为 flow_led。文件名称和路径设置完毕后，单击 Next 按钮，进入下一个页面，如图 15-32 所示。

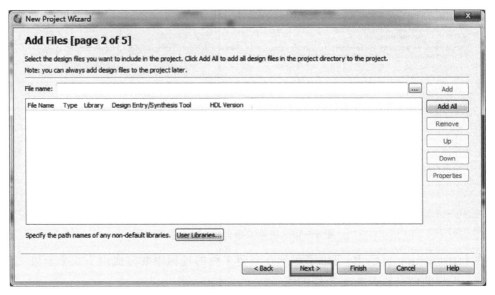

图 15-32　新建工程向导-添加设计文件页面

在该页面中，可以通过单击"…"符号按钮添加已有的工程设计文件（Verilog 或 VHDL 文件），由于这里是一个完全新建的工程，没有任何预先可用的设计文件，所以不用添加，直接单击 Next 按钮，进入如图 15-33 所示页面。

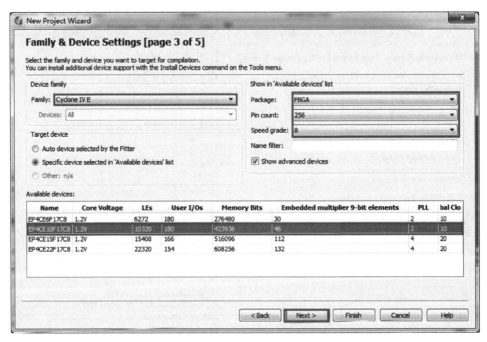

图 15-33　新建工程向导-选择器件页面

这里要根据实际所用的 FPGA 型号选择目标器件，由于新起点 FPGA 开发板主芯片是 Cyclone Ⅳ E 系列的 EP4CE10F17C8，所以在 Device Family 一栏中选择 Cyclone Ⅳ E。 Cyclone Ⅳ E 系列的产品型号较多，为了方便在 Available devices 一栏中快速找到开发板的芯片型号，在 Pin count 选择 256（引脚），在 Speed grade（速度等级）一栏中选择 8，之后在 Available devices（可选择的器件）中只能看见 4 个符合要求的芯片型号了，选中 EP4CE10F17C8，接着再单击 Next 按钮进入如图 15-34 所示页面。

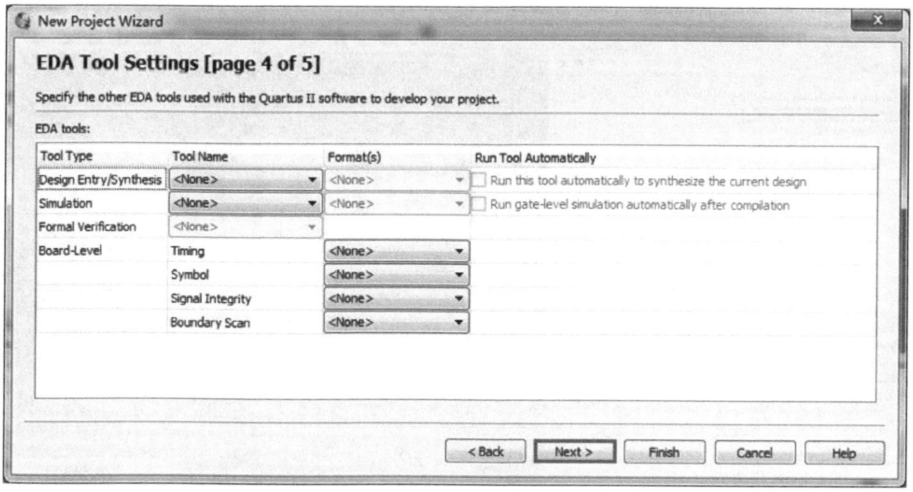

图 15-34　新建工程向导-EDA 工具设置页面

如图 15-34 所示，在"EDA Tool Settings"页面中，可以设置工程各个开发环节中需要用到的第三方 EDA 工具，比如：仿真工具 Modelsim、综合工具 Synplify。由于本实例着重介绍 Quartus Ⅱ 软件，并没有使用任何的 EDA 工具，所以此页面保持默认不添加第三方 EDA 工具，直接单击 Next 按钮进入图 15-35 所示页面。

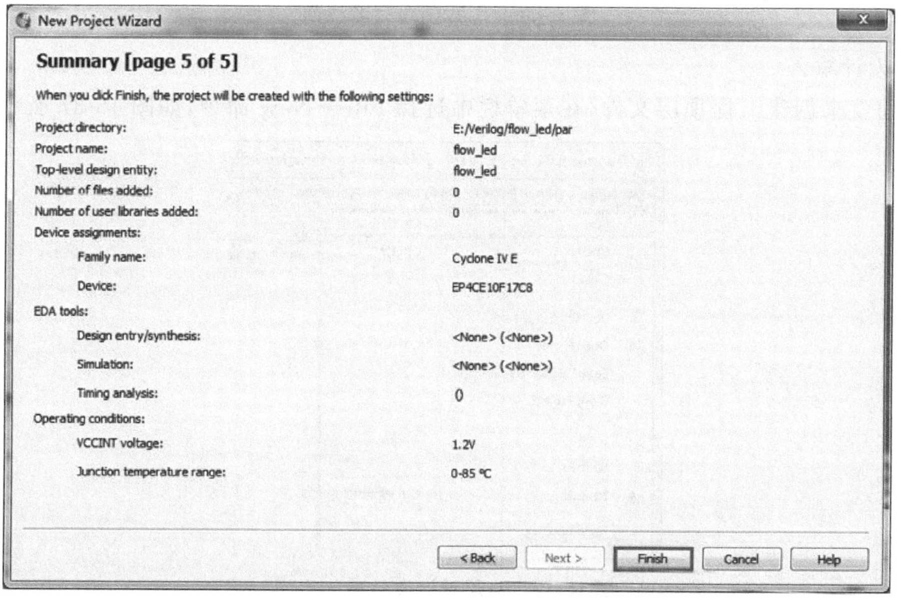

图 15-35　新建工程向导-总结页面

从该页面中,可以看到工程文件配置信息报告,接下来单击 Finish 按钮完成工程的创建。

此时返回到 Quartus II 软件界面,可以在工程文件导航窗口中看到刚才新建的 flow_led 工程,如果需要修改器件的话,直接双击工程文件导航窗口中的"Cyclone Ⅳ E: EP4CE10F17C8"即可,Quartus Ⅱ 显示界面如图 15-36 所示。

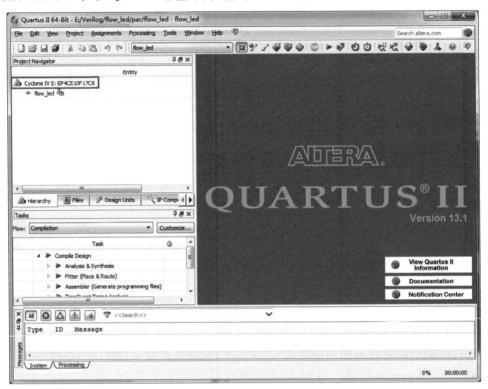

图 15-36　工程创建完成界面

2. 设计输入

下面就来创建工程顶层文件,在菜单栏中选择 File→New 命令,如图 15-37 所示。

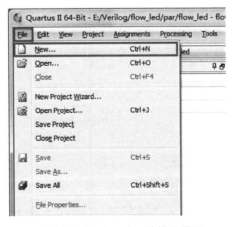

图 15-37　新建设计文件操作界面

弹出如图 15-38 所示页面,由于使用 Verilog HDL 作为工程的设计文件输入,所以在 Design Files 一栏中选择 Verilog HDL File,然后单击 OK 按钮。

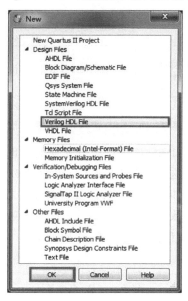

图 15-38 选择语言

这里会出现一个 Verilog1.v 文件的设计界面,用于输入 Verilog 代码,如图 15-39 所示。

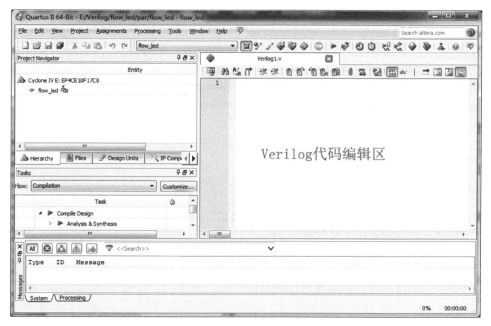

图 15-39 创建 Verilog 文件界面

3. 程序设计

由于发光二极管的阳极与 FPGA 的管脚相连,只需要改变与 LED 灯相连的 FPGA 管脚的电平,LED 灯的亮/灭状态就会发生变化。当 FPGA 管脚为高电平时,LED 灯点亮;为低电平时,LED 灯熄灭。

本次设计的模块端口及信号连接如图 15-40 所示。

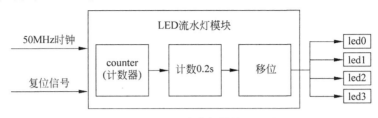

图 15-40　LED 流水灯模块原理图

由于人眼的视觉暂留效应,LED 流水灯状态变换间隔时间最好不要低于 0.1s,否则就不能清晰地观察到流水效果。这里让 LED 流水灯每间隔 0.2s 变化一次。在程序中需要用一个计数器累加计数来计时,计时达 0.2s 后计数器清零并重新开始计数,这样就得到了固定的时间间隔。每当计数器计数满 0.2s,就让灯发光状态变化一次。

接下来在该文件中编写 LED 流水灯代码,代码如下:

```
module flow_led(
    input sys_clk ,             //系统时钟
    input sys_rst_n,            //系统复位,低电平有效
    output reg [3:0] led        //4 个 LED 灯
    );

//reg define
reg [23:0] counter;

// ***********************************************
// *                  main code
// ***********************************************
//计数器对系统时钟计数,计时 0.2 秒
always @(posedge sys_clk or negedge sys_rst_n) begin
    if (!sys_rst_n)
        counter <= 24'd0;
    else if (counter < 24'd1000_0000)
        counter <= counter + 1'b1;
    else
        counter <= 24'd0;
end

//通过移位寄存器控制 I/O 口的高低电平,从而改变 LED 灯的显示状态
always @(posedge sys_clk or negedge sys_rst_n) begin
    if (!sys_rst_n)
        led <= 4'b0001;
    else if(counter == 24'd1000_0000)
        led[3:0] <= {led[2:0],led[3]};
    else
        led <= led;
end

endmodule
```

本程序中输入时钟为 50MHz,所以一个时钟周期为 20ns(1/50MHz)。因此计数器(counter)通过对 50MHz 系统时钟计数,计时到 0.2s,需要累加 0.2s/20ns＝10000000 次。

在代码的"counter <= 24'd0;"这一行,每当计时到 0.2s 计数器清零一次。

同时,每当计数器计数到 10000000 时,将各 LED 灯的状态左移一位,并将最高位的值移动到最低位,循环往复。其他时间,LED 灯的状态不变。

需要说明的是,led 的初始值必须是一位为 1,其他位为 0,在循环左移的过程中才会呈现 LED 流水灯的效果;而如果 led 的初始值为 0,则左移后 led 的状态仍然为 0。代码中 led 的初始值是由复位信号(sys_rst_n)控制的,这里的复位信号对应的就是板载的复位按键,尽管在上电后没有按下复位按键,由于 FPGA 芯片内部有一个上电检测模块,一旦检测到电源电压超过检测门限后,就会产生一个上电复位脉冲(Power On Reset)送给所有的寄存器,led 的初始值就是在这个时候复位成 4'b0001 的。

代码编写完成后,在软件中显示的界面如图 15-41 所示。

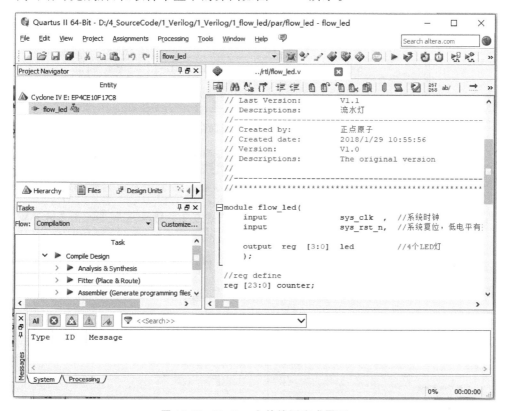

图 15-41　Verilog 文件编写完成界面

接下来保存编辑完成后的代码,按快捷键 Ctrl+S 或在界面选择 File→Save,则会弹出一个对话框提示输入文件名称和保存路径,默认文件名称会和所命名的 module 名称一致,默认路径也会是当前的工程文件夹,将存放的路径修改为 rtl 文件夹下,如图 15-42 所示。

在图 15-42 的界面中,单击"保存"按钮即可保存代码文件,然后可以在工程文件导航窗口 Files 一栏中找到新建的 flow_led.v 文件,如图 15-43 所示。

设计输入除了像上述直接创建新文件之外,还可以把事先写好的源文件直接加载进工程里。这里在加载源文件之前一定要把源文件拷贝到工程的 rtl 文件夹下(.v 文件放到 rtl 文件夹里)然后再加载到工程里去,有些粗心的同学在移植源文件的时候源文件并没有拷贝到工程文件夹里,虽然功能也能正常执行,但是当将工程拷贝到另一台电脑的时候就会发现

图 15-42　Verilog 代码保存界面

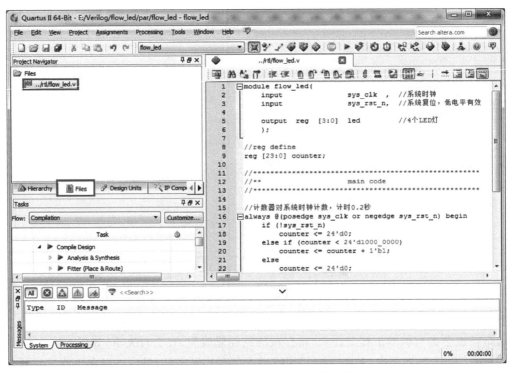

图 15-43　工程文件导航窗口中的文件

报路径错误,所以在移植源文件时一定要记得把文件拷贝到工程文件夹下。下面演示如何把源文件添加到工程里去,这里还以 LED 流水灯为例,先把刚刚已经创建好的 LED 流水灯工程的源文件从工程中移除,如图 15-44 所示。

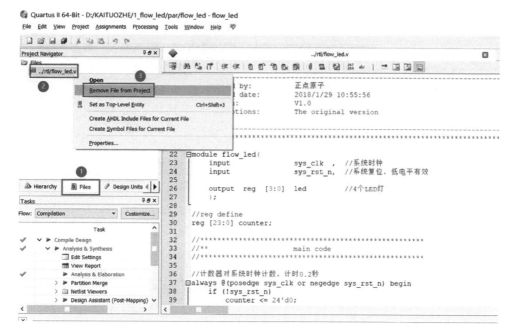

图 15-44　移除文件

移除后,LED 流水灯工程就又是一个空壳工程了,但是需要注意,把文件从工程中移除并不意味着删除文件,刚刚移除的 LED 流水灯源文件虽然不在工程中了,但是它依然保存在之前创建好的 rtl 文件夹里。现在再把刚刚移除的源文件添加回工程,如图 15-45所示。

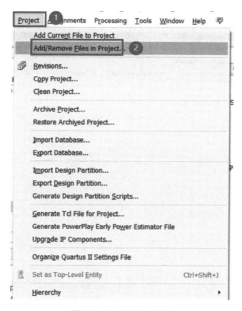

图 15-45　添加文件

如图 15-45 所示,先单击工具栏的 Project 再单击 Add/Remove Files in Project 打开添加文件选择窗口,如图 15-46 所示。

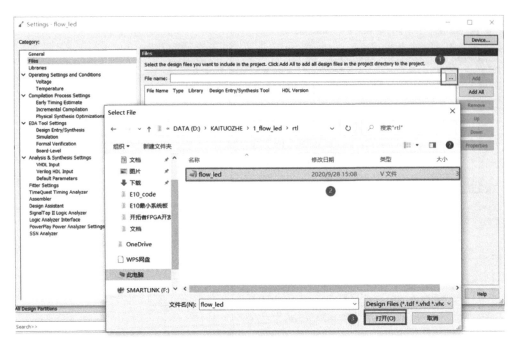

图 15-46　选择文件

如图 15-46 所示，先单击 File name 一栏后的"…"符号按钮弹出文件选择窗口，找到要添加的文件，选中它后单击"打开"按钮，这样就选中了要添加的文件了，接下来把文件加载到工程去，如图 15-47 所示。

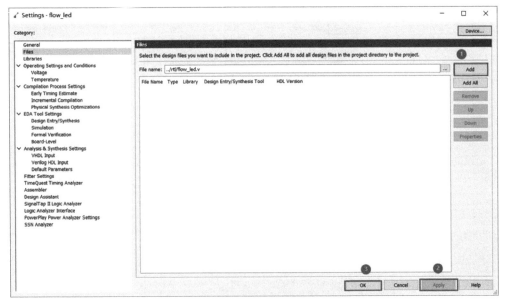

图 15-47　加载文件

按照图 15-47 中标号①、②、③的步骤就可以把文件加载到工程里了，加载好后回到 Quartus Ⅱ 的工程文件导航窗口 Files 一栏中，可以看到刚刚移除的源文件又回来了，如图 15-48 所示。

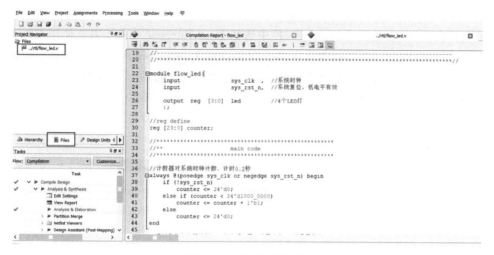

图 15-48 成功加载文件

到这里,文件的移除和加载就讲解完了,不仅仅.v 文件可以这么加载,其他类型的文件也是同样的步骤去移除或加载。

4. 配置工程

在工程中,需要配置双用的管脚。首先在 Quartus Ⅱ软件的菜单栏中选择 Assignments→Device 命令,出现如图 15-49 所示页面。

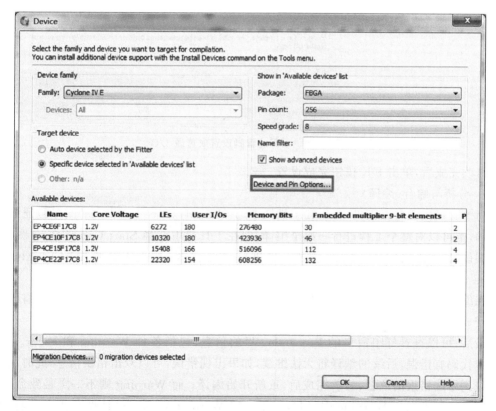

图 15-49 器件选择页面

图 15-49 页面就是可以重新选择器件页面,然后单击"Device and Pin Options"按钮,会弹出一个设置页面,在左侧 Category 一栏中选择 Dual-Purpose Pins。需要使用 EPCS 器件的引脚时,需要将图 15-50 页面中所有的引脚都改成 Use as regular I/O,如果不确定工程中是否用到 EPCS 器件时,可以全部修改。本次实例只修改了 nCEO 一栏,将 Use as programming pin 修改为 Use as regular I/O,设置界面如图 15-50 所示。

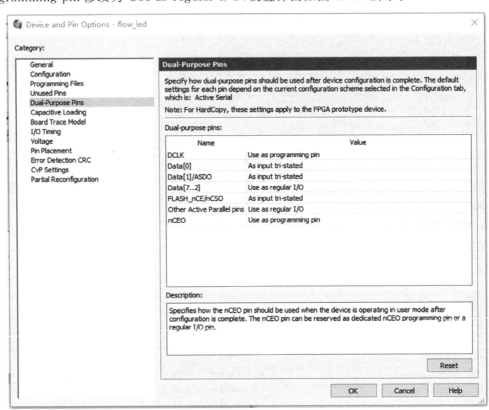

图 15-50　双用的管脚设置成普通 I/O

修改完成后,单击 OK 按钮完成设置。

5. 分析与综合(编译)

为了验证代码是否正确,可以在工具栏中选择"Analysis & Synthesis"图标验证语法是否正确,也可以对整个工程进行一次全编译,即在工具栏中选择 Start Compilation 图标,不过全编译耗时会比较长。接下来对工程进行语法检查,单击工具栏中的"Analysis & Synthesis"图标,图标的位置如图 15-51 所示。

在编译过程中如果没有出现语法错误,编译流程窗口"Analysis & Synthesis"前面的问号会变成对钩,表示编译通过,如图 15-52 所示。

最后,可以查看打印窗口的 Processing 里的信息,包括各种 Warning 和 Error。Error 意味着代码有错误,后续的编译将无法继续,如果出现错误,可以双击错误信息,此时编辑器会定位到语法错误的位置,修改完成后,重新开始编译;而 Warning 则不一定是致命的,有些潜在的问题可以从 Warning 中寻找,如果一些 Warning 信息对设计没有什么影响,也可以忽略。信息提示窗口界面如图 15-53 所示。

图 15-51　分析与综合工具图标

图 15-52　编译完成界面

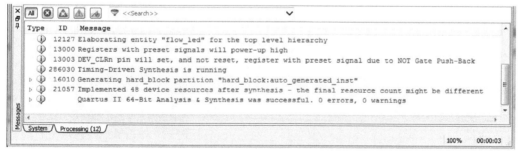

图 15-53　信息提示窗口界面

6. 分配引脚

编译通过以后,接下来就需要对工程中输入、输出端口进行引脚分配。可以在菜单栏中选择 Assignments→Pin Planner 命令或者在工具栏中单击 Pin Planner 的图标,操作界面如图 15-54 所示。

引脚分配界面如图 15-55 所示。

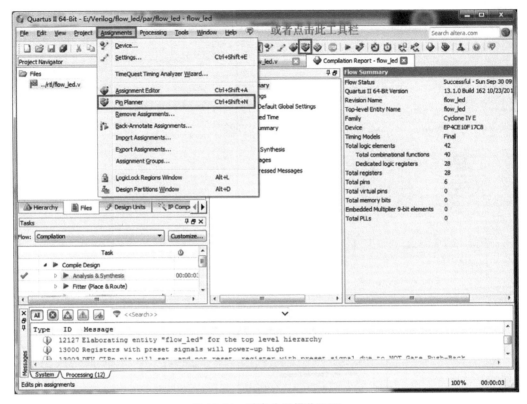

图 15-54　引脚分配操作界面

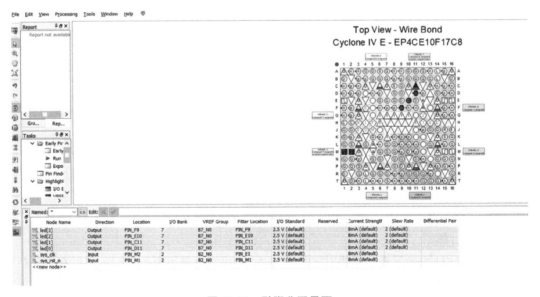

图 15-55　引脚分配界面

可以看到该界面出现了 6 个端口分别是 4 个 LED、时钟和复位，可以参考电路图对引脚进行分配。

FPGA_CLK 连接 FPGA 的引脚 M2 和晶振；RESET 连接 FPGA 的引脚 M1 和复位按键，所以在对引脚进行分配时，输入的时钟 sys_clk 引脚分配到 M2；sys_rst_n 引脚分配到 M1，LED 的引脚查看方法同理。引脚分配完成后如图 15-56 所示。比如分配 sys_clk 引脚为 PIN_M2，先单击 sys_clk 信号名 Location 下面的空白位置，可以选择 PIN_M2，也可以直接输入 M2 接下来按下 Enter 键。

Named: *	Edit:									
Node Name	Direction	Location	I/O Bank	VREF Group	Fitter Location	I/O Standard	Reserved	Current Strength	Slew Rate	Differential Pair
led[3]	Output	PIN_F9	7	B7_N0	PIN_F9	2.5 V (default)		8mA (default)	2 (default)	
led[2]	Output	PIN_E10	7	B7_N0	PIN_E10	2.5 V (default)		8mA (default)	2 (default)	
led[1]	Output	PIN_C11	7	B7_N0	PIN_C11	2.5 V (default)		8mA (default)	2 (default)	
led[0]	Output	PIN_D11	7	B7_N0	PIN_D11	2.5 V (default)		8mA (default)	2 (default)	
sys_clk	Input	PIN_M2	2	B2_N0	PIN_M2	2.5 V (default)		8mA (default)		
sys_rst_n	Input	PIN_M1	2	B2_N0	PIN_M1	2.5 V (default)		8mA (default)		
<<new node>>										

图 15-56　引脚分配完成界面

引脚分配完成后，直接关闭引脚分配窗口，软件会在工程所在位置生成一个 .qsf 文件用来存放引脚信息。

当然也可以生成一个 TCL 文件，这样下次在使用的时候就可以直接运行 TCL 文件自动分配引脚，如图 15-57 所示。

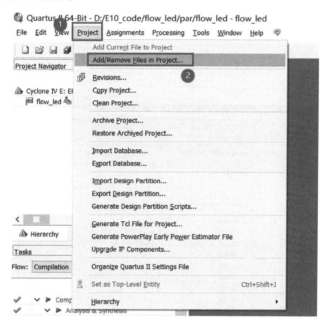

图 15-57　添加 TCL 文件

先单击 Project 然后选择 Add/Remove Files in Project，随后弹出如图 15-58 所示界面。

在图 15-58 界面中单击"..."符号按钮后，弹出选择文件窗口如图 15-59 所示。

在图 15-59 的窗口中找到存放 TCL 的路径，找到事先写好的 TCL 文件，选中它并把它加入工程中，如图 15-60 所示。

按图 15-60 中所示步骤添加完 TCL 文件后就可以运行它了，如图 15-61 所示。

按照图 15-61 中所示的步骤操作完后会出现 TCL 文件运行窗口，如图 15-62 所示。

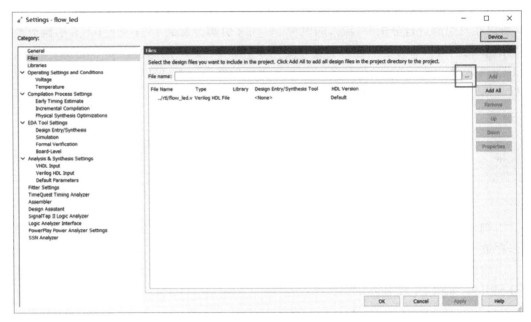

图 15-58　选择要添加的文件

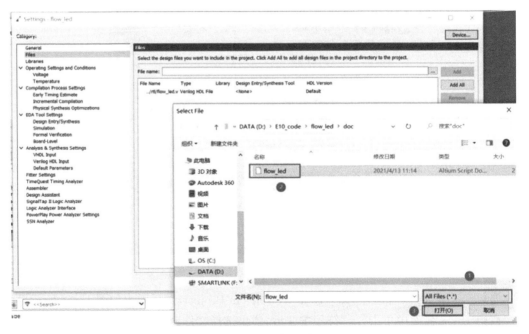

图 15-59　选择文件

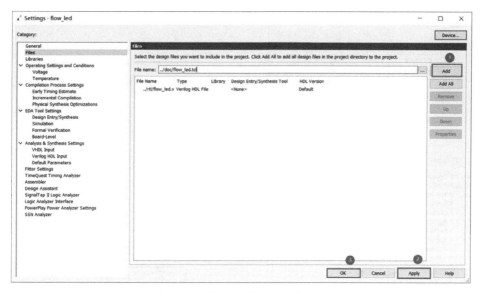

图 15-60　将 TCL 文件添加到工程

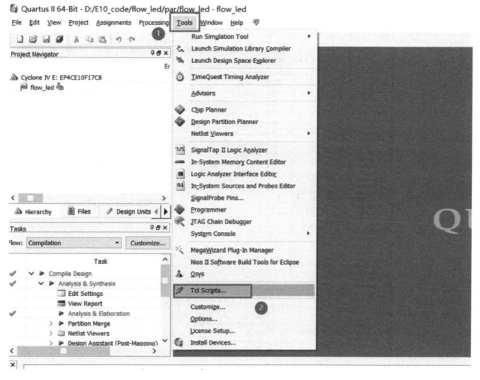

图 15-61　运行 TCL 文件

如图 15-62 所示,选中添加的 TCL 文件,然后单击 Run 按钮,这样引脚就自动分配好了,这里要注意代码中的端口名和 TCL 文件中定义的是否一致,尤其要注意大小写。

7. 编译工程

分配完引脚之后,需要对整个工程进行一次全编译,在工具栏中选择 Start Compilation 图标,操作界面如图 15-63 所示。

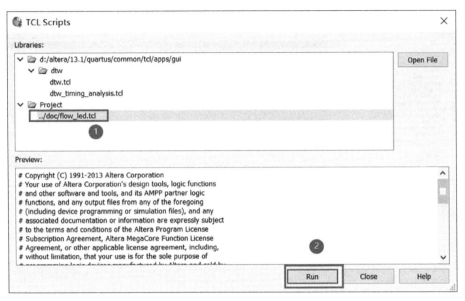

图 15-62　TCL 文件运行窗口

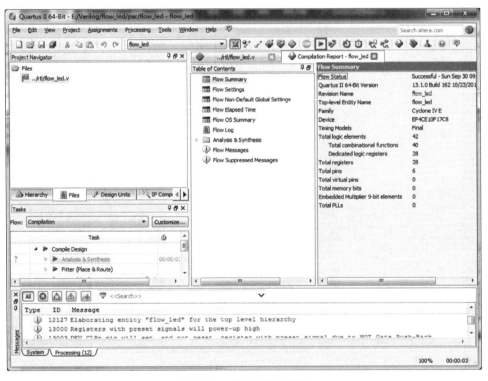

图 15-63　全编译操作界面

编译完成后的界面如图 15-64 所示。

在图 15-64 界面中,左侧编译流程窗口全部显示打钩,说明工程编译通过,右侧 Flow Summary 观察 FPGA 资源使用的情况。

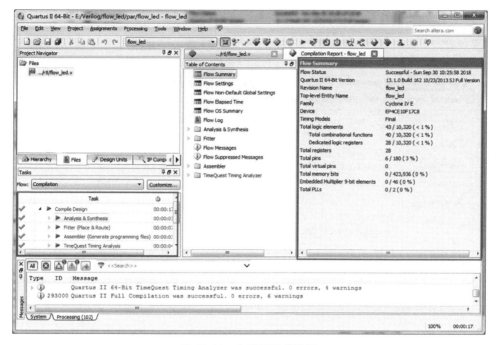

图 15-64　全编译完成界面

8. 下载程序

编译完成后，就可以给开发板下载程序，来验证程序能否正常运行。首先将 USB-Blaster 下载器一端连接电脑，另一端与开发板上的 JTAG 接口相连接；然后连接开发板电源线，并打开电源开关。

接下来在工具栏上找到 Programmer 按钮或者选择菜单栏 Tools→Programmer 命令，操作界面如图 15-65 所示。

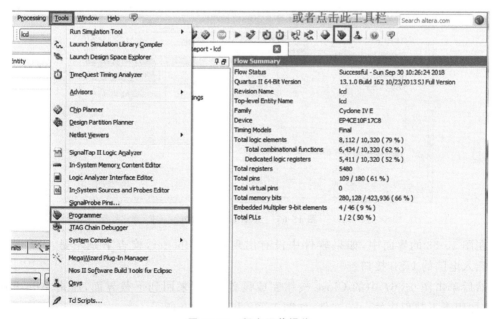

图 15-65　程序下载操作

程序下载界面如图 15-66 所示。

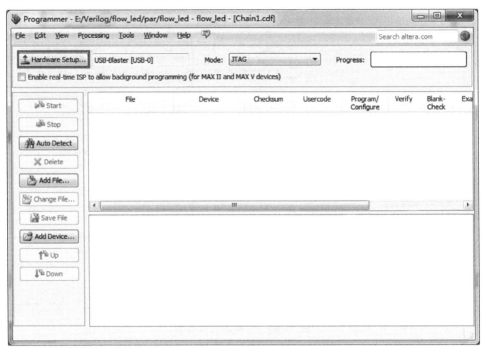

图 15-66　程序下载界面

单击图 15-66 页面中的"Hardware Setup"按钮,在如图 15-67 所示界面中,选择"USB-Blaster"选项。

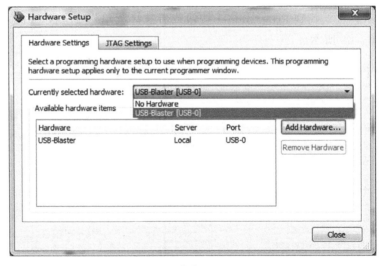

图 15-67　选中 USB-Blaster

在图 15-68 的界面中,如果软件中没有出现 USB-Blaster,检查下是不是 USB-Blaster没有插入电脑的 USB 接口。

然后单击图 15-67 中的 Close 按钮完成设置,接下来回到下载界面,单击 Add File 按钮,添加用于下载程序的.sof 文件,如图 15-68 和图 15-69 所示。

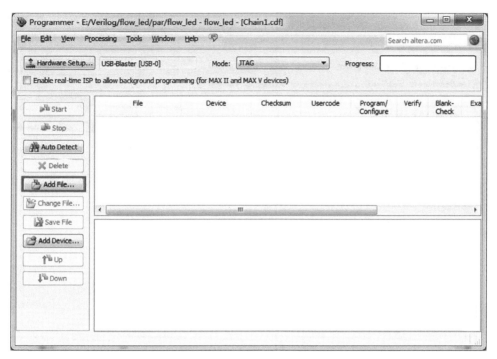

图 15-68　程序下载界面

图 15-69　选择 sof 文件

找到 output_files 下面的 flow_led. sof 文件单击 Open 按钮即可。

接下来就可以下载程序了,单击 Start 按钮下载程序,操作界面如图 15-70 所示。

下载程序时,可以在 Progress 一栏中观察下载进度,程序下载完成后,可以看到下载进度为 100%(Successful),如图 15-71 所示。

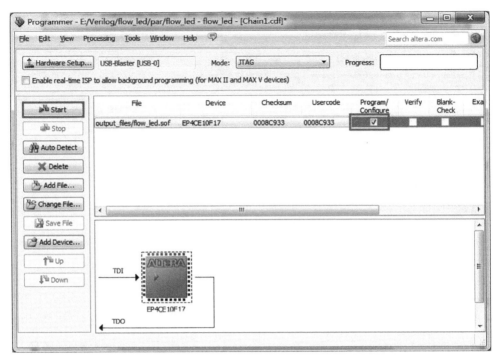

图 15-70　程序下载界面

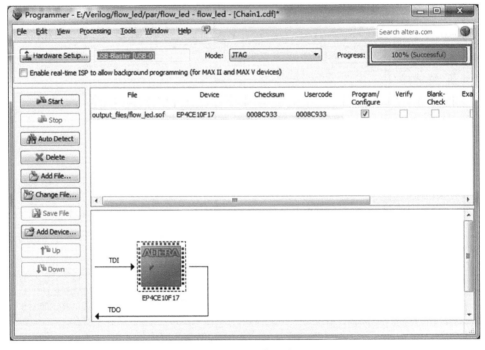

图 15-71　程序下载完成界面

下载完成之后,可以看到 FPGA 开发板上的 LED0～LED3 灯按顺序点亮,呈现出 LED 流水灯的效果。

参 考 文 献

［1］ 李正军,李潇然. Arm Cortex-M4 嵌入式系统——基于 STM32Cube 和 HAL 库的编程与开发[M]. 北京：清华大学出版社,2023.

［2］ 李正军. Arm 嵌入式系统原理及应用——STM32F103 微控制器架构、编程与开发[M]. 北京：清华大学出版社,2023.

［3］ 李正军. Arm 嵌入式系统案例实战——手把手教你掌握 STM32F103 微控制器项目开发[M]. 北京：清华大学出版社,2023.

［4］ 李正军,李潇然. STM32 嵌入式单片机原理与应用[M]. 北京：机械工业出版社,2023.

［5］ 李正军,李潇然. STM32 嵌入式系统设计与应用[M]. 北京：机械工业出版社,2023.

［6］ 李正军. 计算机控制系统[M]. 4 版. 北京：机械工业出版社,2022.

［7］ 李正军. 计算机控制技术[M]. 北京：机械工业出版社,2022.

［8］ 张金. 电子设计与制作 100 例[M]. 3 版. 北京：电子工业出版社,2022.

［9］ 孟培,段荣霞. Altium Designer 20 电路设计与仿真从入门到精通[M]. 北京：人民邮电出版社,2020.

［10］ 程春雨,商云晶,吴雅楠等. 模拟电路实验与 Multisim 仿真实例教程[M]. 北京：电子工业出版社,2020.

［11］ 赵全利. Multisim 电路设计与仿真——基于 Multisim 14.0 平台[M]. 北京：机械工业出版社,2022.

［12］ 贾立新. 电子系统设计[M]. 北京：机械工业出版社,2022.

［13］ 冯占荣,王利霞,李冀. STM32 单片机原理及应用——基于 Proteus 的虚拟仿真[M]. 武汉：华中科技大学出版社,2022.

［14］ 林红,郭典,林晓曦等. 数字电路与逻辑设计[M]. 4 版. 北京：清华大学出版社,2022.

［15］ 李莉. 深入理解 FPGA 电子系统设计——基于 Quartus Prime 与 VHDL 的 Altera FPGA 设计[M]. 北京：清华大学出版社,2020.

［16］ 赵倩,叶波,邵洁等. Verilog 数字系统设计与 FPGA 应用[M]. 2 版. 北京：清华大学出版社,2022.

［17］ 李胜铭,王贞炎,刘涛. 全国大学生电子设计竞赛备赛指南与案例分析——基于立创 EDA[M]. 北京：电子工业出版社,2022.

［18］ 谭辉. 物联网及低功耗蓝牙 5.x 高级开发[M]. 北京：电子工业出版社,2022.

［19］ 吴建平,彭颖. 传感器原理及应用[M]. 4 版. 北京：机械工业出版社,2022.